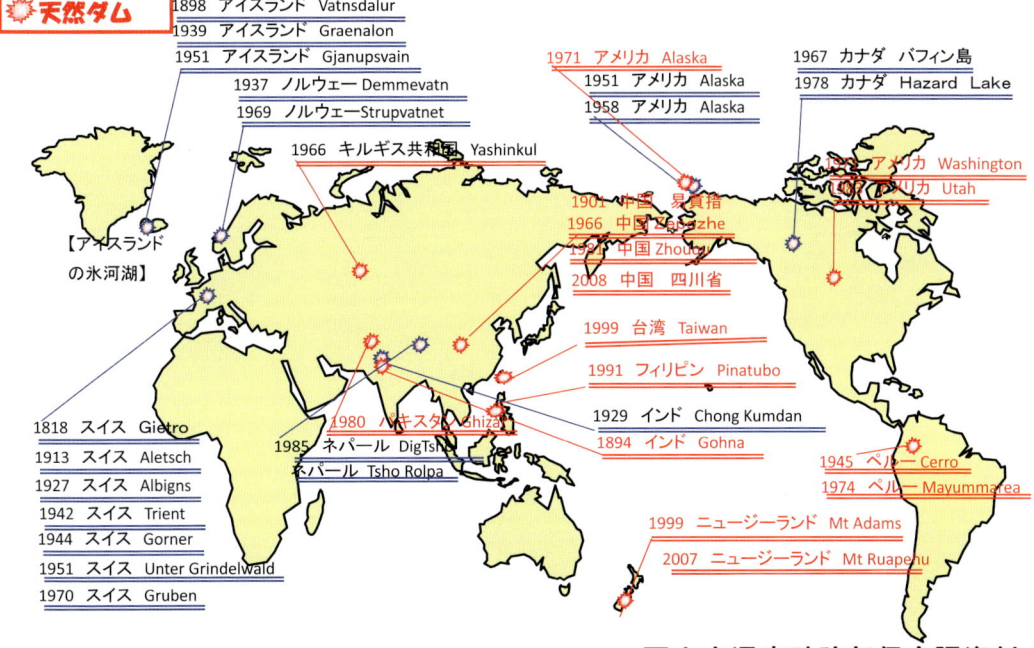

口絵1　世界の天然ダム災害、氷河湖決壊の分布

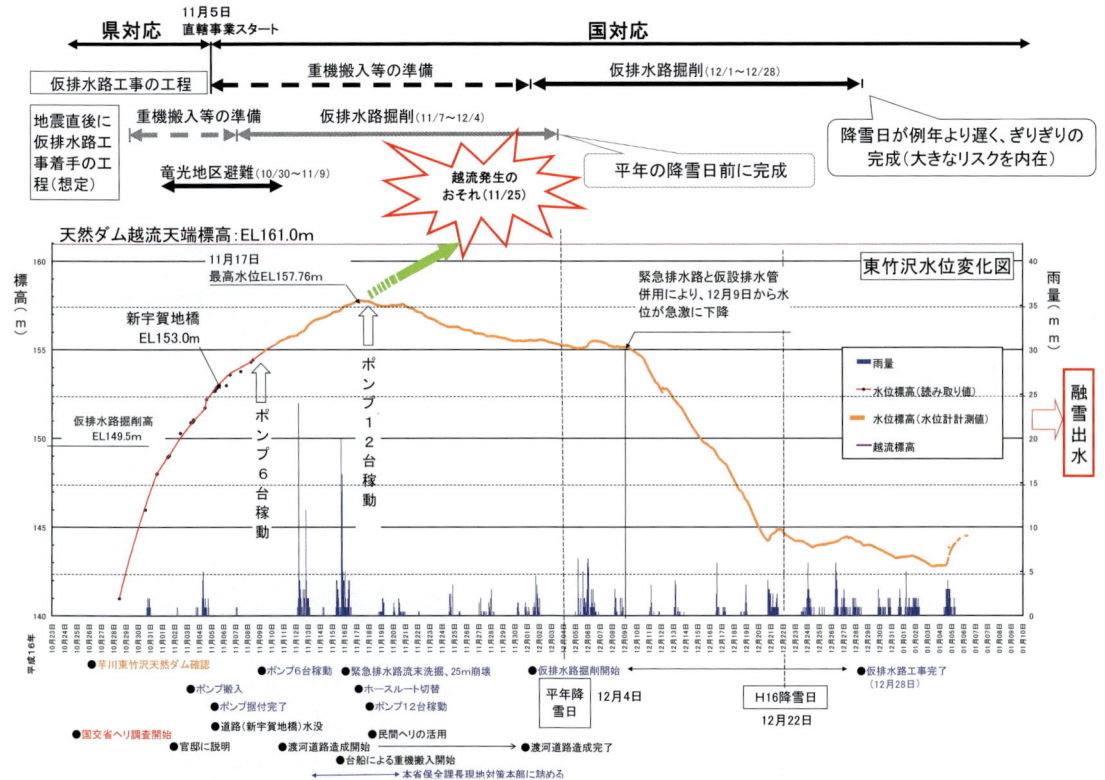

口絵2　東竹沢河道閉塞地点の水位変動と天然ダム対策の経緯（国土交通省北陸地方整備局 2004b）

b

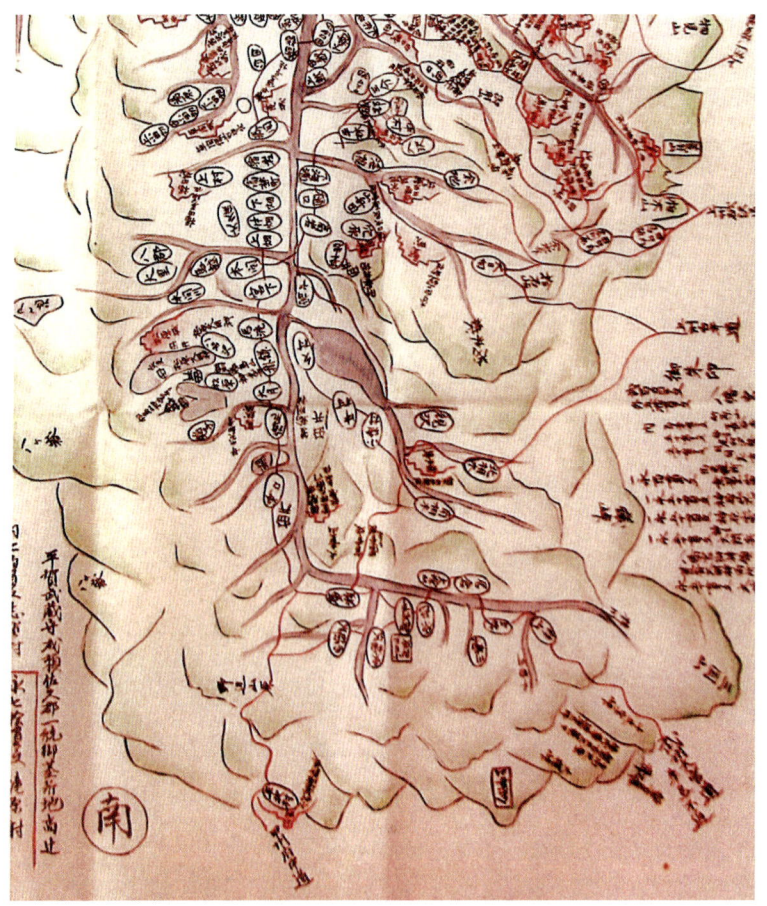
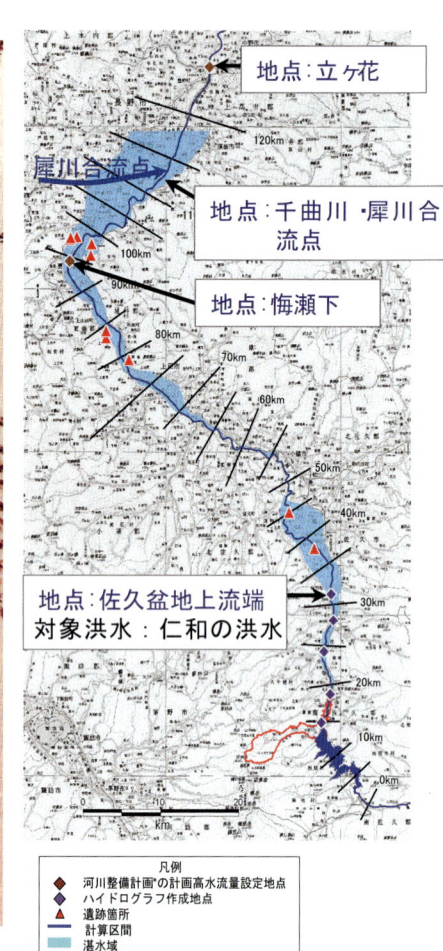

口絵3（上）　榑沢絵図の佐久郡南部（榑沢竜吉氏蔵）
口絵4（右）　仁和洪水の範囲とマニング式の計算断面位置

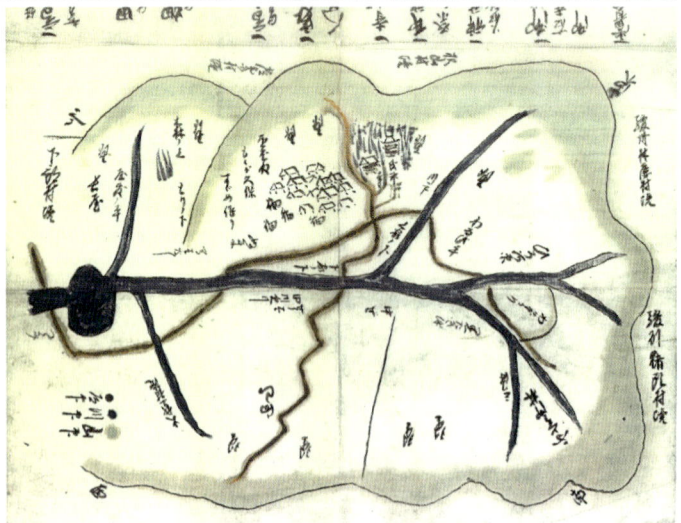

口絵5（上）　湯奥村絵図，天保九年四月（1838年5月）湯之奥金山博物館
口絵6（右）　下部川の航空写真による判読図（国土地理院1975年撮影，CCB-75-17, C14-3）
口絵7（右頁上）　右頁上　天明三年浅間山噴火に伴う堆積物と災害の分布（井上2004，2009a）
口絵8（右頁下）　天明泥流に覆われた遺跡と泥流の到達範囲図と赤色立体図（アジア航測株式会社作成），長野原〜吾妻渓谷

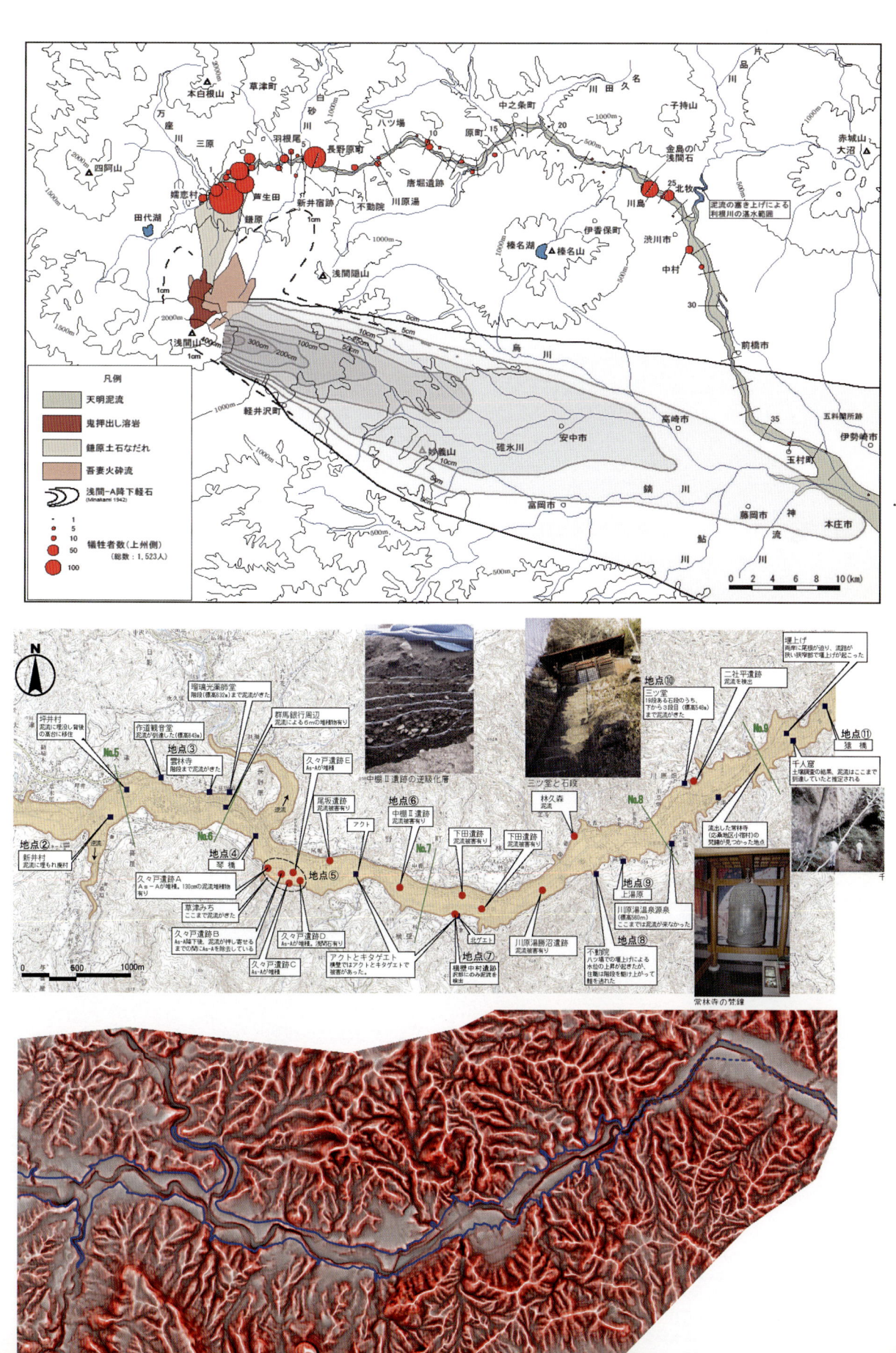

口絵10 龍神村下柳瀬の災害状況図（1/2.5万「西」図幅）

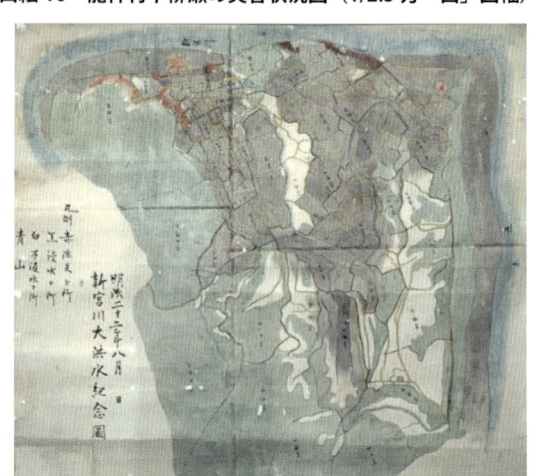

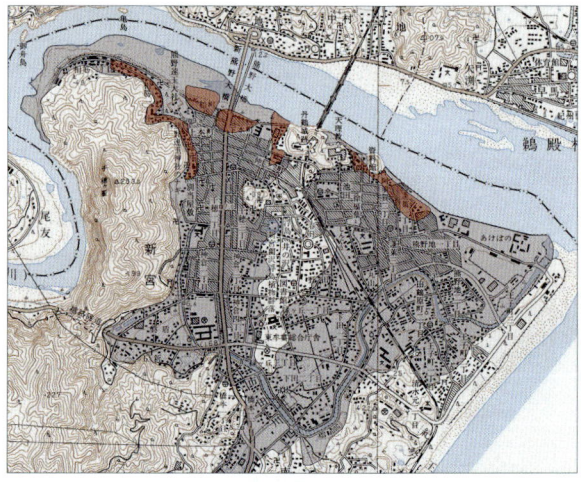

口絵11（中） 新宮川大水害記念図（新宮市）
口絵12（下） 絵図から見る新宮市街地の被害状況推定図
　　　　　　　（1/2.5万地形図「新宮」図幅）

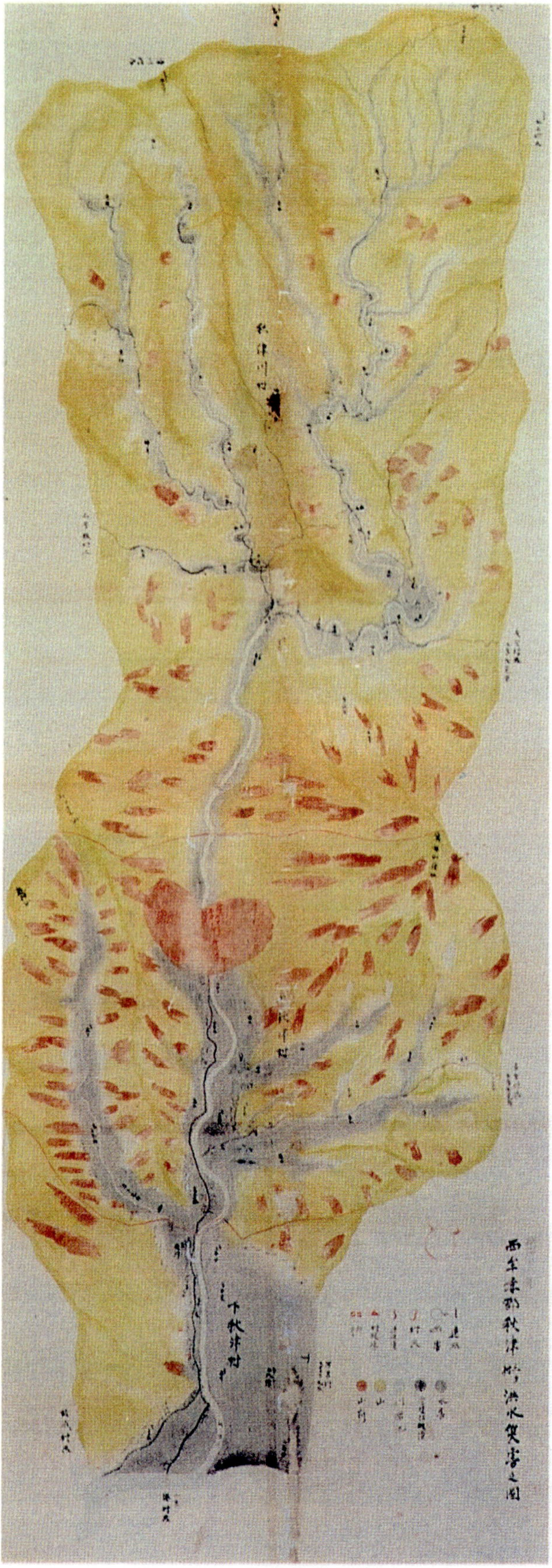

口絵9　秋津川流域被災図（榎本全部作）
　　　　（明治大水害誌編集委員会 1989）

日本の天然ダムと対応策

水山高久 監修

財団法人砂防フロンティア整備推進機構

森　俊勇

坂口哲夫

井上公夫

　編著

古今書院

監修のことば

京都大学大学院農学研究科教授
水山高久

　地震や豪雨によって大規模な崩壊や土石流が発生し、その土砂が河道を閉塞して天然ダムを形成することがあります。天然ダムに水が溜まり、上流では浸水被害が発生し、やがて越流が始まります。その際、急激に侵食が進んで、大きな土石流や洪水を引き起こすことがあります。一方、閉塞した土塊の浸透流量が流入する流量より多くて越流決壊が発生しないもの、越流しても侵食が穏やかで災害を発生することなく消滅するもの、残存するものもあると考えられ、実際にそのようなものも見られます。

　著者ら（一部）は 2002 年に、古今書院より『天然ダムと災害』を出版しました。そこでは国内外の天然ダムのデータを収集し、その規模や決壊の特性を整理しました。さらに、国内の天然ダムによる災害事例を示して、形成と決壊過程を分析しました。米国の事例、氷河湖の決壊にもふれ、天然ダム決壊時のピーク流量の予測手法の現状について整理し、決壊による下流域への影響について常願寺川上流立山カルデラの鳶崩れを対象として示して、最後に、天然ダム形成時の対応と対策を示しました。この本が出版された時点では、それまで防災の対象としてあまり重視されて来なかった、天然ダムによる災害を関係者に認識していただくのが、大きな目的でした。この出版をきっかけに、天然ダムの形成を想定した情報収集・伝達、対応の訓練も始まりました。

　その後、思いがけず 2004 年 10 月に新潟県中越地震が発生し、多くの天然ダムが形成されて、現実に対応することになりました。この災害後の対応への反省を踏まえ、試行錯誤を経て、天然ダム決壊時の流量を予測する手法（LADOF モデル）が実用に供せられるまで開発され、対策工法の議論も進みました。2005 年 9 月には宮崎県耳川で豪雨によって天然ダムが形成され、50 分程度で決壊しました。さらに、2008 年 6 月に岩手・宮城内陸地震が発生し、そこでも多くの天然ダムが形成され、中越地震の経験、教訓を生かした対応がなされました。

　本書は、前書（2002）以降に発生したこれらの事例を整理し、さらに著者の一人である井上公夫が中心となって作業し、新たに明らかになった過去の天然ダム災害を紹介すると共に、研究が進んだ天然ダムの決壊過程をモデル化した決壊時流量の推定法、最近の災害を踏まえて整理された天然ダム形成時の対応策を示したものです。

　財団法人砂防フロンティア整備推進機構は、本書に掲載された図や写真をカラーで見て頂くために、ホームページで 2012 年より公開する予定です。

　本書が、今後の天然ダムの形成、決壊により引き起こされる土砂災害、洪水災害の防止、軽減に役立てば幸いです。

　　　2011 年 9 月

目次

監修のことば　　　　　　　　　　　　　（京都大学大学院農学研究科教授　水山　高久）

第1章　『天然ダムと災害』（2002）以後の発生事例　　　（井上）　　　1

 1.1　河道閉塞と天然ダムの用語について　　　　　　　（井上・土志田）　　1
 1.2　天然ダム事例の集計　　　　　　　　　　　　　　（井上）　　4
 1.3　新潟県中越地震（2004）による天然ダム　　　　　（井上）　　14
 1.4　宮崎県耳川（2005）の豪雨による天然ダム　　　　（千葉）　　21
 1.5　岩手・宮城内陸地震（2008）による天然ダム　　　（檜垣）　　24
 コラム1　寺田寅彦『天災は忘れられたる頃来る』　　　（井上）　　30

第2章　2002年以後に判明した主な天然ダム災害　　　（井上）　　　31

 2.1　八ヶ岳大月川岩屑なだれによる天然ダムの形成（887）と決壊　（井上・服部・町田）　31
 2.2　宝永南海地震（1707）による仁淀川中流の天然ダム　　　（井上）　45
 2.3　宝永東南海地震（1707）による富士川・下部湯之奥の天然ダム　（井上）　49
 2.4　信州小谷地震（1714）による姫川・岩戸山の天然ダム　　（井上・鈴木）　52
 2.5　豪雨（1757）による梓川上流・トバタ崩れと天然ダム　　（井上）　58
 2.6　浅間山天明噴火（1783）時の天明泥流による吾妻川の狭窄部における天然ダムの形成・決壊　（井上）　61
 2.7　寛政西津軽地震（1793）による追良瀬川上流の天然ダム　（檜垣・白石・古澤）　69
 2.8　山形県真室川町大沢地すべりによる河道閉塞（1877）　（檜垣・井上）　74
 2.9　十津川水害時（1889）の和歌山県側の天然ダム　　　　（井上）　78
 2.10　富士川支流・大柳川における天然ダムの形成と災害対策　（井上）　84
 2.11　豪雨（1911）後の稗田山崩れと天然ダムの形成と決壊　（井上）　88
 2.12　豪雨（1914）による安倍川中流・蕨野の河道閉塞と静岡市街地の水害　（井上）　104
 コラム2　自然災害などを題材とした小説のアンケート結果　（井上）　110

第3章　天然ダムの決壊過程と決壊時流量の推定　　　（森）　　　113

 3.1　解析モデル（LADOFモデル）の構築　　　　　　　113
 3.2　実際に発生した天然ダム決壊事例へのLADOFモデルの適用・検証　116
  3.2.1　徳島県那賀川流域の高磯山　　　　　　　　　116
  3.2.2　側岸侵食を考慮した天然ダム決壊シミュレーション（芋川における試算例）　120

	3.2.3　宮崎県耳川流域の野々尾地区の天然ダムにおける検証	123
	3.2.4　隣接する島戸地区における天然ダムの想定と，その形状の相違による洪水流量の算定	125
	3.2.5　中国四川省唐家山（Tangjiashan）の天然ダムへの適用	128
	3.2.6　水理模型実験による天然ダムの越流決壊状況	134
3.3	LADOF モデルの応用例	135
	3.3.1　LADOF モデルを活用した天然ダムのリスク分析と現場の安全管理の応用	135
	3.3.2　岩手・宮城内陸地震により形成された湯浜地区の天然ダム対策計画への応用	137

第4章　天然ダム形成時の対応策　　　　　　　　　　　　（坂口）　　141

4.1	実災害時の対応	141
	4.1.1　新潟県中越地震（2004）	141
	4.1.2　岩手宮城内陸地震（2008）	148
4.2	大規模土砂災害危機管理計画	155
4.3	天然ダム対応マニュアル	158
4.4	天然ダム対応の防災訓練	161

参考・引用文献　　　　　　　　　　　　　　　　　　　　　　　　170

『地震砂防』（2000年刊行　中村浩之・土屋智・井上公夫・石川芳治編著）目次　　183

『天然ダムと災害』（2002年刊行　田畑茂清・水山高久・井上公夫著）目次　　184

あとがき　　　　　　　　　　　　　　　　　　　　　　　　　　　185

図表写真目次

表紙　北八ヶ岳大月川岩屑なだれと千曲川の天然ダムの湛水範囲図（赤色立体図は国土地理院 10mDEM を用いてアジア航測㈱が作成）
裏表紙　日本の天然ダムの形成地点一覧図（防災科学技術研究所・土志田正二氏作成）
裏見返し　1889，1953 年災害と 2011 年災害の比較図

口絵リスト
口絵 1　世界の天然ダム災害，氷河湖決壊の分布
口絵 2　東竹沢河道閉塞地点の水位変動と天然ダム対策の経緯（国土交通省北陸地方整備局，2004b）
口絵 3　栩沢絵図の佐久郡南部（栩沢竜吉氏蔵）
口絵 4　仁和洪水の範囲とマニング式の計算断面位置
口絵 5　湯奥村絵図，天保九年四月（1838 年 5 月）湯之奥金山博物館蔵
口絵 6　下部川の航空写真による判読図（国土地理院 1975 年撮影，CCB-75-17,C14-3）
口絵 7　天明三年浅間山噴火に伴う堆積物と災害の分布（井上，2004, 2009a）
口絵 8　天明泥流に覆われた遺跡と泥流の到達範囲図と赤色立体図（アジア航測㈱作成，長野原～吾妻渓谷）
口絵 9　秋津川流域被災図（榎本全部作）（明治大水害誌編集委員会，1989）
口絵 10　龍神村下柳瀬の災害状況図（1/2.5 万「西」図幅）
口絵 11　新宮川大水害記念図（新宮市，所蔵者不明）
口絵 12　絵図から見る新宮市街地の被害状況推定図　（1/2.5 万「新宮」図幅）

図リスト
図 1.1　世界の天然ダム災害，氷河湖決壊の分布
図 1.2　日本の天然ダムの形成地点一覧図（防災科学技術研究所・土志田正二氏作成）
図 1.3　河道閉塞土砂の水平距離と比高の概念図（田畑ほか 2002）
図 1.4　天然ダムの H1, D, L, H2, A3 の概念図（田畑ほか 2002）
図 1.5　芋川流域の地質図（1/5 万地質図幅「小千谷」（柳沢ほか 1986）をもとに作成）
図 1.6　東山丘陵の接峰面図（1km 谷埋め法）（井上・向山 2007）
図 1.7　芋川の河床断面図と天然ダム（井上・向山 2007）
図 1.8　新潟県中越地震災害状況図（国土地理院 10 月 24 日撮影，10 月 29 日判読結果公表）
図 1.9　新潟県中越地震災害状況図（国土地理院 10 月 28 日撮影，11 月 01 日判読結果公表）
図 1.10　新潟県中越地震災害状況図（国土地理院 11 月 08 日撮影，11 月 12 日判読結果公表）
図 1.11　写真判読による地すべり地形分類図　寺野地区 a: 災害後，b：災害前（大八木 2005, 07）
図 1.12　写真判読による地すべり地形分類図　東竹沢地区 a: 災害後，b：災害前（大八木 2005, 07）
図 1.13　東竹沢地区河道閉塞箇所の横断図（国土交通省北陸地方整備局 2004b）
図 1.14　東竹沢河道閉塞地点の水位変動と天然ダム対策の経緯（国土交通省北陸地方整備局 2004b）
図 1.15　耳川の天然ダム位置図（千葉ほか 2007）
図 1.16　天然ダム決壊前後の山須原ダム流入量 (a) と天然ダム直上流及び直下流での推定流量 (b)（千葉ほか 2007）
図 1.17　諸塚（AMeDAS）の雨量
図 1.18　塚原ダムから山須原ダムまでの縦断図（千葉ほか 2007）
図 1.19　野々尾地区の天然ダム平面図（宮崎県，2005）
図 1.20　天然ダム形状の模式図（宮崎県 2005）
図 1.21　天然ダムの縦断形状の模式図（宮崎県 2005）
図 1.22　岩手・宮城内陸地震による斜面変動と河道閉塞・土砂流入箇所の分布（八木ほか 2009 に追記）
図 1.23　湯ノ倉地区の崩壊性地すべりによる河道閉塞（基図は国土地理院 1/2.5 万数値地図「切留」）
図 1.24　湯ノ倉地区の崩壊性地すべりの模式断面図（小川内ほか 2009）
図 1.25　小川原地区の崩壊性地すべりによる河道閉塞（基図は国土地理院 1/2.5 万数値地図「花山湖」「切留」）

図 1.26　小川原地区の崩壊性地すべりによる河道閉塞前後の地形変化
図 1.27　市野々原地すべりの模式断面図（林野庁東北森林管理局 2008）

図 2.1　北八ヶ岳大月川岩屑なだれと千曲川の天然ダムの湛水・決壊洪水範囲図（赤色立体図は国土地理院 10mDEM を用いてアジア航測㈱が作成）
図 2.2　八ヶ岳大月川岩屑なだれと天然ダム，及び洪水の範囲と「仁和の洪水砂」に覆われた遺跡の分布（井上ほか 2010）
図 2.3　八ヶ岳の山体崩壊の範囲と大月川岩屑なだれの堆積範囲（河内 1983 を一部改変）
図 2.4　大月川流域の地形分類図（町田・田村 2010）
図 2.5　千曲川上流の地形分類図（井上ほか，2010）
図 2.6　千曲川の河床断面と大月川岩屑なだれ・天然ダム，仁和洪水に覆われた遺跡の分布（井上ほか 2010）
図 2.7　栩沢絵図の佐久郡南部（栩沢竜吉氏蔵）
図 2.8　計算に使用した地形モデル
図 2.9　決壊シミュレーション結果（天然ダムの縦断形状の変化および決壊後のハイドログラフ）
図 2.10　仁和洪水の範囲とマニング式の計算断面位置
図 2.11　マニング式による仁和洪水の流下断面と到達時間
図 2.12　仁淀川越知町の天然ダムの河道閉塞地点と湛水範囲，石碑の位置（井上・桜井 2009）
図 2.13　河道閉塞地点の横断面図（井上・桜井 2009）
図 2.14　宝永地震（1707）による富士川周辺の大規模土砂移動
図 2.15　天然ダムと下部温泉との関係
図 2.16　湯奥村絵図，天保九年四月（1838 年 5 月）湯之奥金山博物館蔵
図 2.17　レーザープロファイラーによる天然ダム地点の地形強調図（富士川砂防事務所，2010 年作成）
図 2.18　岩戸山崩落と塞き止め湖の湛水範囲（鈴木ほか 2009，一部修正）
図 2.19　岩戸山の地質推定断面図（鈴木ほか 2009，一部修正）
図 2.20　岩戸山周辺の地すべり地形学図（鈴木ほか 2009，一部修正）
図 2.21　栂池岩屑流による古白馬湖の形成と姫川の転流（上野 2009，2010）
図 2.22　姫川第 2 ダム付近の断面図（上野 2010）
図 2.23　糸魚川静岡構造線ストリップマップ（糸魚川静岡構造線ストリップマップ 2000）
図 2.24　神城盆地北部東側の標高 750 m 付近の段丘面分類図（松多ほか 2001）
図 2.25　岩戸山大規模地すべりによる想定湛水域（井上 2010b）
図 2.26　梓川上流の奈川渡ダムとトバタ崩れ・天然ダムの位置図（1/2.5 万地形図「梓湖」，2001 年修正測量）
図 2.27　梓川流域の河床縦断面図とトバタ崩れ・天然ダム，発電ダム・貯水池の位置関係（森ほか 2008）
図 2.28　天然ダムより 12km 下流付近の決壊洪水の推定範囲（1/2.5 万地形図「波田」，2001 年修正測量）
図 2.29　天明三年浅間山噴火に伴う堆積物と災害の分布（井上 2004，2009a）
図 2.30　天明泥流に覆われた遺跡と泥流の到達範囲（長野原〜吾妻渓谷）（井上 2009a）
図 2.31　中之条盆地付近の史料や絵図による天明泥流の復原（大浦 2008 を修正，井上 2009a）
図 2.32　吾妻川と利根川の河床断面と天明泥流の流下水位（井上 2009a）
図 2.33　利根川中・下流，江戸川沿いの天明災害供養碑の分布（井上 2009a）
図 2.34　追良瀬川流域の地すべり地形分布図（防災科学技術研究所作成 2000，第 3 集「弘前・深浦」から 1/5 万「深浦」「川原平」図幅をもとに編図した）
図 2.35　寛政西津軽地震関係図，及び追良瀬川流域の地すべり・天然ダムの湛水範囲
図 2.36　追良瀬 2 号堰堤右岸の地すべり断面図
図 2.37　大谷地地すべりの地形区分（大八木 2007）
図 2.38　大谷地区の地形区分（嶋崎ほか 2008）
図 2.39　大谷地区地すべり及び明治 10 年地すべりの推定滑動範囲・方向（檜垣ほか 2009）
図 2.40　M − N 地形断面と推定すべり面（檜垣ほか 2009）
図 2.41　鮭川沿いの地形・地質（山形県最上地方事務所 1991 を修正）
図 2.42　奈良・和歌山県の郡市別の山崩れ数（明治大水害誌編集委員会 1989）
図 2.43　奈良・和歌山県の郡市別の山崩れ数（明治大水害誌編集委員会 1989）
図 2.44　秋津川・富田川流域の水害激甚地の町村別犠牲者数（明治大水害誌編集委員会 1989）
図 2.45　明治 22 年（1889）大水害の和歌山県・奈良県における被害状況（関係市町村誌及び明治大水害誌編集委員

1989 をもとに作成）
図 2.46　秋津川上流・高尾山と槙山の災害状況図
図 2.47　秋津川流域被災図（榎本全部作）（明治大水害誌編集委員会 1989）
図 2.48　田辺地域の洪水氾濫範囲と記念碑・石碑の位置図（1/2.5 万地形図「紀伊田辺」図幅）
図 2.49　龍神村下柳瀬の災害状況図（1/2.5 万地形図「西」図幅）
図 2.50　新宮川大水害記念図（新宮市，所蔵者不明）
図 2.51　絵図から見る新宮市街地の被害状況推定図（1/2.5 万地形図「新宮」図幅）
図 2.52　明治時代の富士川・大柳川周辺の状況（堀内ほか 2008）
図 2.53　大柳川流域の天然ダムと集落の位置関係（堀内ほか 2008）
図 2.54　姫川流域の地形分類図（真那板山，稗田山等の大規模崩壊と天然ダム，井上 1997 を修正）
図 2.55　真那板山崩壊と葛葉峠斜面の形成（建設省松本砂防事務所 1999）
図 2.56　姫川と支流の河床縦断面図と天然ダム（井上原図，稗田山崩れ 100 年シンポジウム実行委員会 2011）
図 2.57　天気図（1911 年 8 月 4 日午後 10 時，経済安定本部資源調査会事務局 1949）
図 2.58　長野県北安曇郡南小谷村浦川奥崩壊地付近地質図（横山 1912）
図 2.59　稗田山崩れによる地形変化（町田 1964,67 を 1/2.5 万地形図「越後平岩」「雨飾山」「白馬岳」「雨中」に転記）
図 2.60　稗田山の推定地質断面図（町田原図，稗田山崩れ 100 年シンポジウム実行委員会 2011）
図 2.61　浦川の石坂付近の河床横断面図（町田原図，稗田山崩れ 100 年シンポジウム実行委員会 2011）
図 2.62　3 時期の来馬災害地図（松本 1949）
図 2.63　安倍川水系概略図（井上ほか 2008）
図 2.64　文政十一年（1828）と大正 3 年（1914）の安倍川下流の洪水の被災状況（基図は 1889 年測図 1/2 万「美和村」，「静岡」）（井上ほか 2008）
図 2.65　1889 年の安倍川中流右岸・蕨野地区の斜面状況（1/2 万正式図「玉川村」，1889 年測図）
図 2.66　安倍川中流右岸・蕨野地区の斜面変化（1/5 万地形図「清水」，1896，1916，1940，1974 年測図）
図 2.67　安倍川中流右岸・蕨野地区の崩壊状況（1/5000 安倍川砂防平面図，静岡河川工事事務所 1978 年測図）
図 2.68　安倍川中流・蕨野地区の河道閉塞地点の横断面図（井上ほか，2008）

図 3.1　二層流モデルの模式図（高濱ほか 2000，一部加筆）
図 3.2　LADOF モデルにおける側岸侵食の模式図（里深ほか 2007a）
図 3.3　計算河道の縦断状況と川幅（里深ほか 2007a）
図 3.4　天然ダム形状の模式図（里深ほか 2007a）
図 3.5　計算結果と推定値との比較（里深ほか 2007a）
図 3.6　流量の時間変化（n = 0.05 の場合）（里深ほか 2007a）
図 3.7　天然ダム地点の河床変動の時間変化（里深ほか 2007a）
図 3.8　天然ダム地点の水位の時間変化（里深ほか 2007a）
図 3.9　芋川流域における塩谷川の位置
図 3.10　川幅の変化（里深ほか 2007c）
図 3.11　天然ダム直下におけるピーク流量（里深ほか 2007c）
図 3.12　天然ダム天端河床部の侵食速度（里深ほか 2007c）
図 3.13　天然ダム天端側岸部における侵食速度（里深ほか 2007c）
図 3.14　天然ダム天端高の時間変化（里深ほか 2007c）
図 3.15　野々尾地すべり，天然ダムと発電ダム等の位置図（1/2.5 万地形図「諸塚」「清水岳」に加筆）
図 3.16　野々尾天然ダムの想定形状（宮崎県 2005，一部加筆）
図 3.17　天然ダム決壊前後の山須原ダム流入量（千葉ほか 2007，一部加筆）
図 3.18　天然ダム堤体材料の粒径別の計算結果（宮崎県 2005，一部加筆）
図 3.19　島戸地区天然ダム形成平面図（全体ブロック崩壊の場合）（宮崎県 2005）
図 3.20　島戸地区天然ダム想定断面図（主側線）（宮崎県 2005）
図 3.21　島戸地区で想定した天然ダムの縦断形状（宮崎県 2005）
図 3.22　決壊時ピーク流量（流入量 2000m 3 /s）の計算結果（宮崎県 2005 一部加筆）
図 3.23　Google map による天然ダム形成箇所（Google map 及び個人投稿写真に一部加筆）
図 3.24　唐家山天然ダムの河川縦断図，川幅（SFF2009a）

図 3.25　計算に用いた唐家山天然ダムの形態（SFF2009a）
図 3.26　排水路掘削後のイメージ（SFF2009a）
図 3.27　唐家山天然ダムの平面図（Google map に加筆）
図 3.28　唐家山天然ダムの LADOF モデルによるハイドログラフ（SFF2009a）
図 3.29　天然ダム決壊流量の実績値（中国政府水利部発表）と計算値との比較（SFF2009a）
図 3.30　唐家山天然ダム決壊時の湛水池の水位変化（SFF2009a）
図 3.31　α を変えた場合の天然ダム決壊流量の試算値（左：1,500、右：150,000）（SFF2009a）
図 3.32　天然ダムの断面図
図 3.33　天然ダム決壊時における各ケースのハイドログラフ（SFF2009a）
図 3.34　排水路を掘削しない場合の洪水ハイドログラフ（SFF2009a）
図 3.35　岩手・宮城内陸地震による天然ダム形成箇所と計算対象天然ダム（国土交通省河川局砂防部保全課記者発表資料，2008 年 6 月 19 日）
図 3.36　迫川上流付近の天然ダム（「岩手・宮城内陸地震」空中写真素図，アジア航測作成）
図 3.37　迫川流域における天然ダム決壊時のハイドログラフ（SFF2008）
図 3.38　迫川上流の天然ダム決壊前後の断面図（SFF2008）
図 3.39　湯浜地区の計算縦断面及び河床幅（SFF2009b）
図 3.40　計算範囲平面図（SFF2009b、アジア航測㈱作成）
図 3.41　天然ダムの天端（頂部）直下のハイドログラフ（SFF2009b）
図 3.42　支流合流点におけるハイドログラフ（SFF2009b）
図 3.43　粒径＝ 0.2 m，流入量＝ 10 年超過確率の場合の侵食量（SFF2009b）
図 3.44　粒径＝ 0.2 m，流入量＝計画規模の場合の侵食量（SFF2009b）

図 4.1　東竹沢地区の地震発生から応急対策の完成までの湛水池の水位変化と主な対応（国土交通省北陸地方整備局 2004b）
図 4.2　芋川流域河道閉塞監視機器設置位置図（国土交通省北陸地方整備局 2004b）
図 4.3　東竹沢全体平面図（国土交通省北陸地方整備局 2004b）
図 4.4　平成 20 年岩手・宮城内陸地震における河道閉塞（天ダム）
図 4.5　岩手・宮城内陸地震時の大規模土砂災害（天然ダム）対応の流れ
図 4.6　テックフォース派遣制度
図 4.7　応援要請　支援状況
図 4.8　応援要請　支援体制と役割分担
図 4.9　警戒避難体制の整備　監視観測体制（迫川　湯温地区の例）
図 4.10　専門家による助言の活用①　専門家によるサポート
図 4.11　専門家による助言の活用②　専門家によるサポート
図 4.12　警戒避難体制の整備　市への住民避難基準の提案
図 4.13　警戒避難体制の整備　市への住民避難基準のための連絡体制の提案
図 4.14　大規模土砂災害危機管理計画構成図
図 4.15　天然ダムに関わるマニュアル等の関係（国土技術政策総合研究所 2010）
図 4.16　天然ダム対応の流れのフロー（国土技術政策総合研究所 2010）
図 4.17　RP 訓練の仕組み
図 4.18　RP 訓練の訓練イメージ
図 4.19　RP 訓練の手順（計画・実施・評価）
図 4.20　RP 訓練の参加機関
図 4.21　災害シナリオ作成のポイント
図 4.22　災害対応シナリオ作成のポイント
図 4.23　総合的 RP 訓練シナリオ
図 4.24　RP 訓練の運営計画のポイント
図 4.25　状況付カードの作成例
図 4.26　訓練会場の配置計画平面図
図 4.27　天然ダム形成確認後の緊急危険度評価（簡易解析）
図 4.28　RP 訓練の流れと反省点

図 4.29　RP 訓練結果による防災体制や防災業務計画への反映
図 4.30　住民等の実働避難訓練
図 4.31　災害対策資機材の活用
図 4.32　災害対策用ヘリコプターを活用した画像伝送及び飛行ルート

表リスト

表 1.1　河道閉塞による湛水現象の変遷（井上 2005）
表 1.2　日本の天然ダムの年次別災害一覧表
表 1.3　日本の天然ダムの事例一覧表（田畑ほか，2002 に事例を追記）
表 1.4　日本の天然ダムの湛水量の順位
表 1.5　日本の天然ダムの湛水高の順位
表 1.6　寺野と東竹沢の天然ダムの比較（北陸地方整備局中越地震復旧対策室・湯沢砂防事務所 2004）
表 1.7　天然ダムの土砂移動量（宮崎県 2005）
表 1.8　岩手・宮城内陸地震の河道閉塞を発生させた斜面変動のタイプと地形・地質条件

表 2.1　大月川岩屑なだれ堆積物中の放射性炭素年代（井上ほか 2010）
表 2.2　「仁和の洪水砂」に覆われた遺跡の一覧表（井上ほか 2010）
表 2.3　計算ケースの想定形状
表 2.4　千曲湖 1 の決壊氾濫計算結果の一覧表（井上ほか 2011）
表 2.5　マニング式で計算した「仁和洪水」の想定水位・流量・流速・流下時間
表 2.6　天明泥流の流下時刻の記述（関 2006 に修正・追記，井上 2009a）
表 2.7　マニング式で計算した天明泥流の想定水位・流量・流速・流下時間（国土交通省利根川水系砂防事務所，2004，井上 2009a）
表 2.8　天明泥流に流されて助かった人の名前（国土交通省利根川水系砂防事務所 2004，井上 2009a）
表 2.9　寛政四, 五年の津軽地方の天気表（『御国日記』より作成）
表 2.10　大柳川（五開村）で発生した地すべりの被害状況（堀内ほか 2008）
表 2.11　明治 29 年（1896）9 月～明治 34 年（1901）7 月までの大柳川の災害対応（堀内ほか 2008）
表 2.12　信濃毎日新聞などによる稗田山崩れの経緯
表 2.13　文政十一年と大正 3 年災の破堤箇所一覧（井上ほか 2008）
表 2.14　天然ダム決壊前後のピーク流量（井上ほか 2008）
表 2.15　手越地点と牛妻地点の既往洪水順位（井上ほか 2008）
表 2.16　自然災害などを題材とした小説の著者・題名等の一覧表（2011 年 9 月 28 日）

表 3.1　決壊時のピーク流量の算定結果（宮崎県 2005）
表 3.2　計算に用いた唐家山天然ダムの基本諸元（SFF2009a）
表 3.3　計算ケースとピーク流量（SFF2009a）
表 3.4　DAMBRK モデルによる想定洪水（中国政府水利部，インターネットによる資料を元に作成，一部不明な文字有）
表 3.5　迫川流域の天然ダムの計算条件と計算ケース（SFF2008）
表 3.6　迫川流域の天然ダム決壊時のピーク流量（SFF2008）
表 3.7　湯浜地区の天然ダムの計算ケース（SFF2009b）
表 3.8　湯浜地区の計算に使用した諸元（SFF2009b）
表 3.9　湯浜地区の天然ダム決壊時のピーク流量（SFF2009b）

表 4.1　ステージごとの対応項目
表 4.2　防災訓練の種類と特徴
表 4.3　ロールプレイング（RP）訓練方式
表 4.4　RP 訓練方式の目的，訓練項目
表 4.5　訓練スケジュールの策定

写真リスト

写真 1.1　地震前の寺野地区の立体写真（1975年10月16日，CCB-75-11, C31-60,61）
写真 1.2　地震後の寺野地区の立体写真（2004年10月28日，CCB-2004-1, C23-0966,0967）
写真 1.3　地震前の東竹沢地区の立体写真（1976年11月02日，CCB-76-3, C3-34,35）
写真 1.4　地震後の東竹沢地区の立体写真（2004年10月28日，C26-0917,0918）
写真 1.5　耳川の天然ダム（日本工営㈱撮影）
写真 1.6　一迫川・湯浜地区の天然ダム（2011年5月1日，井上撮影）
写真 1.7　寺田寅彦邸の門（井上撮影）

写真 2.1　戦後の開拓地「新開」からみた北八ヶ岳の大規模な山体崩壊の跡地形（井上撮影）
写真 2.2　北八ヶ岳の山体崩壊と岩屑なだれ堆積物（防災科学技術研究所　井口隆氏撮影）
写真 2.3　小海町本間の千曲川河成段丘上の大転石（地点A，山頂から22km）
写真 2.4　小海の相木川と千曲川に挟まれた段丘面上の大転石（地点B，山頂から19km）
写真 2.5　大月川岩屑なだれの埋もれ木（地点C）（川崎保氏撮影）
写真 2.6　海ノ口付近の千曲川河床（地点D，河道閉塞地点より6km上流）
写真 2.7　新開付近の大月川岩屑なだれ上の大転石（井上撮影）
写真 2.8　屋代遺跡群地之目遺跡発掘の皿と壺（2009年4月18日の現地説明会　山頂から92km）
写真 2.9　屋代遺跡群地之目遺跡の東側斜面（条里制遺構の上に仁和の洪水砂が載っている，井上撮影）
写真 2.10　海ノ口の湊神社（井上撮影）
写真 2.11　天狗岳北斜面からみた稲子岳の巨大な移動岩塊（飯島滋裕氏1999年6月撮影）
写真 2.12　ニュウ～中山峠からみた稲子岳の凹地（左が稲子岳，右は天狗岳，奥は硫黄岳，井上撮影）
写真 2.13　天然ダムを形成した仁淀川左岸の崩壊地形（鎌井田の林道から望む，井上撮影）
写真 2.14　仁淀川右岸の巨礫岩塊が多く存在する台地（対岸の県道から望む，井上撮影）
写真 2.15　対岸に厚く堆積する巨大な角礫層（井上撮影）
写真 2.16　対岸からみた地すべり性崩壊地（井上撮影）
写真 2.17　巨大な硬質角礫が密集する台地（井上撮影）
写真 2.18　柴尾の観音堂と石碑（左側は吉岡町長，井上撮影）
写真 2.19　柴尾の石碑（越知町柴尾地先，井上撮影）
写真 2.20　女川の石碑（越知町女川地先，井上撮影）
写真 2.21　越知盆地の電信柱の洪水水位標識（井上撮影）
写真 2.22　柳瀬川の洪水水位標識（標高61m，井上撮影）
写真 2.23　洗浄され，読みやすくなった石碑と説明看板（2011年9月1日，山本武美氏撮影）
写真 2.24　市川大門町　一宮浅間神社（井上撮影）
写真 2.25　下部川の航空写真による判読図（国土地理院1975年撮影，CCB-75-17,C14-3）
写真 2.26　対岸の林道から大規模崩壊地を望む（森林に覆われ地すべり地形は良く分からない）
写真 2.27　天然ダムの堆砂敷（井上撮影）（地元では「海河原」と呼んでいる）
写真 2.28　修復された道路擁壁（2010年10月，井上撮影）
写真 2.29　姫川右岸の岩戸山（防災科学技術研究所，井口隆氏撮影）
写真 2.30　岩戸山周辺の航空写真（山－657，C6－12，1973年8月13日撮影）
写真 2.31　岩戸山の大岩若宮社と石段（2009年10月，井上撮影）
写真 2.32　梓湖右岸入山地区から見たトバタ崩れ（2006年11月，井上撮影）
写真 2.33　梓湖湛水前のトバタ崩れ付近の航空写真（山－535，C25－11,12,13，1968年9月20日撮影）
写真 2.34　追良瀬川右岸の地点Fの露頭（2010年8月，古澤撮影）
写真 2.35　明治大水害記念碑（田辺市民総合センター前）（2004年10月，井上撮影）
写真 2.36　彦五郎人柱之碑（2004年10月，井上撮影）
写真 2.37　溺死招魂碑（2004年10月，井上撮影）
写真 2.38　下柳瀬の地すべり・河川閉塞跡地（2004年10月，今村隆正氏撮影）
写真 2.39　下山瀬の水難碑（2004年10月，今村隆正氏撮影）
写真 2.40　十谷地区の緩斜面と集落（2006年12月，井上撮影）
写真 2.41　十谷地区（切コツ）で発生した地すべりと天然ダム（山梨県砂防課蔵）
写真 2.42　排水假樋工事（箱桶）の設置状況と拡大写真（1900年2月27日通水）（山梨県砂防課蔵）

写真 2.43　切コツ地すべり地下流の大柳川本川で施工された砂防堰堤（山梨県砂防課蔵）
写真 2.44　対策工実施前の真那板山の巨大な崩落岩塊（旧国道 148 号・国界橋，1997 年 10 月，井上撮影）
写真 2.45　対策工がほぼ完成した真那板山の巨大な崩落岩塊（旧国道 148 号・国界橋，2011 年 6 月，森撮影）
写真 2.46　浦川上流・稗田山崩れの斜め航空写真（防災科学技術研究所，井口隆氏撮影）
写真 2.47　松ヶ峰から浦川の土砂堆積・稗田山崩れを望む（小谷村役場蔵）
写真 2.48　姫川合流点から浦川上流・稗田山崩れの斜め航空写真（防災科学技術研究所，井口隆氏撮影）
写真 2.49　浦川を流下・堆積した流れ山（小谷村役場蔵）
写真 2.50　姫川対岸・外沢から松ヶ峯？を望む（小谷村役場蔵）
写真 2.51　姫川対岸・外沢から松ヶ峰・浦川を望む（2011 年 6 月，森撮影）
写真 2.52　姫川対岸・外沢から松ヶ峯を望む（2011 年 6 月，井上撮影）
写真 2.53　水没し始めた下里瀬集落（左車坂，正面平倉山，小谷村役場蔵）
写真 2.54　土石流に襲われた来馬集落（1911 年 8 月 12 日頃）（小谷村役場蔵）
写真 2.55　蕨野地区のほぼ正面から見た安倍川中流右岸の崩壊地形（2007 年 5 月 10 日，井上撮影）
写真 2.56　安倍川中流・蕨野地区の航空写真（SHIZUOKA,C38-1046,1047，1985 年 1 月撮影）
写真 2.57　自然災害を題材とした小説（砂防図書館にて，2011 年 9 月，井上撮影）

写真 3.1　昭和 20 年頃　田野氷柱観音付近の那珂川（鷲敷町 1990：80 年のあしあと）
写真 3.2　野々尾地すべりと決壊した天然ダム（日本工営㈱撮影）
写真 3.3　唐家山天然ダム満水後の流出状況　上：6 月 8 日午後，中国政府水利部，下：6 月 10 日午前の状況，新華社通信
写真 3.4　天然ダムの越流決壊に関する水理模型実験（(財)建設技術研究所提供，実験の様子は同財団のホームページで公開されている）

写真 4.1　東竹沢の地震直後の土砂移動状況（北陸地方整備局中越地震対策室，2004）
写真 4.2　H16.11.29 木籠地区家屋浸水状況
写真 4.3　H16.12.14 東竹沢仮排水路　開削とのり面工
写真 4.4　天然ダムの監視カメラ
写真 4.5　衛星アンテナ（監視カメラの映像は Ku-SAT により通信衛星を通じて配信）
写真 4.6　自衛隊ヘリによる資機材・人員輸送
写真 4.7　ヘリによるブロック据え付け
写真 4.8　台船による重機搬入
写真 4.9　前沢川渡河道路造成
写真 4.10　H16.11.17 東竹沢　呑み口が侵食され、約 25m 後退。上流水位も上昇中
写真 4.11　H16.10.26　小松倉～東竹沢への国道 291 号
写真 4.12　応援に駆けつけた各地方整備局のポンプ
写真 4.13　ポンプの設置にも重機が必要
写真 4.14　異常事態に対応する体制
写真 4.15　日々新たな問題発生
写真 4.16　H16.12.09　山古志村木籠集落の住民に現地説明会実施
写真 4.17　H16.12.17　報道関係者への現地説明会
写真 4.18　市野々地区の対策工事完成後（2011 年 5 月 1 日，井上撮影）
写真 4.19　状況付与資料（天然ダム関連 CG）
写真 4.20　DIG 訓練の状況①（危険個所等の抽出）
写真 4.21　DIG 訓練の状況②（危険個所等を地形図で確認）
写真 4.22　DIG 訓練の状況③（避難ルート等の抽出）

第1章　『天然ダムと災害』(2002) 以後の発生事例

1.1 河道閉塞と天然ダムの用語について

　2002年に『天然ダムと災害』が発刊されてから、2年後の2004年10月23日17時56分に新潟県中越地震（M6.8）が発生した。この地震によって、中越地方の多くの河谷斜面で崩壊・地すべりが発生して、河道が閉塞され、数十箇所に「天然ダム」が形成された。その後、決壊による災害を防止するために、ハード・ソフト様々な対応策が実施された。

　「天然ダム」という用語は、地形学や防災関係者でしばしば使われていた用語であったが、中越地震後の新聞投書で「天然という言葉が良いイメージにつながる」という指摘があり、当時の山古志村の長島忠美村長は、「天然はきれいなものような印象を与える」と発言した。このため、国土交通省では2004年11月12日から「河道閉塞」という言葉を使うようになった。岩手・宮城内陸地震（2008）時には、報道機関では「土砂ダム」「土砂崩れダム」「地すべりダム」という用語がしばしば使われた。

　研究者や報道機関によって（2011年9月28日のGoogle検索結果）、「自然ダム」（1090万件）、「天然ダム」（397万件）、「土砂ダム」（222万件）、「土砂崩れダム」（46万件）、「震災ダム」（1070万件）、「地すべりダム」（19万件）、「河道埋塞」（43万件）、「河道閉塞」（5万件）等の用語が使われ、混乱したままの状態となっている。

　筆者らにも多くの問い合わせがあったので、最初に用語について整理してみる。

1)「天然ダム」という用語

　Shuster (1986) は、『Landslide dams』の中で、このような現象を詳しく説明している。Shusterはこのような現象を、

- Constructed dam
- Landslide dam
- Glacial dam

と分類している。つまり、LandslideをConstructedの対句として使用している。

　O'Connor & Costa (2004) は、世界の最も激甚な洪水災害の事例を収集・整理し、原因を

- Ice-dam failure
- Ice jam and snowmelt
- Proglacial-lake overflow
- Landslide-dam failure
- Caldera-lake breach
- Lake basin overflow
- Rainfall

と分類している。

　英文のGoogle検索結果によれば、Natural damが1億1800万件、Landslide damが253万件、Natural landslide damが180万件となっている。

　英語のLandslideという用語は、Verns (1958、1978) のように、落石・崩壊・土石流、泥流など、土砂移動のかなり広い意味で使用されている（WP/WLI 1993、Cruden & Verns 1996）。

　日本地すべり学会の地すべりに関する地形地質用語委員会編（2004）では、地すべりという用語を海外で広く使われている意味で「広義の地すべり」という用語を説明している。しかし、日本では「狭義の地すべり」の意味で、地すべりという用語が使われている場合が多い。

　日本地すべり学会関係者は、「狭義の地すべり」だけでなく、崩壊や土石流も含むという研究範囲を拡大する動きもあって、Schuster (1986) の『Landslide dams』を受けて、すべての現象で「地

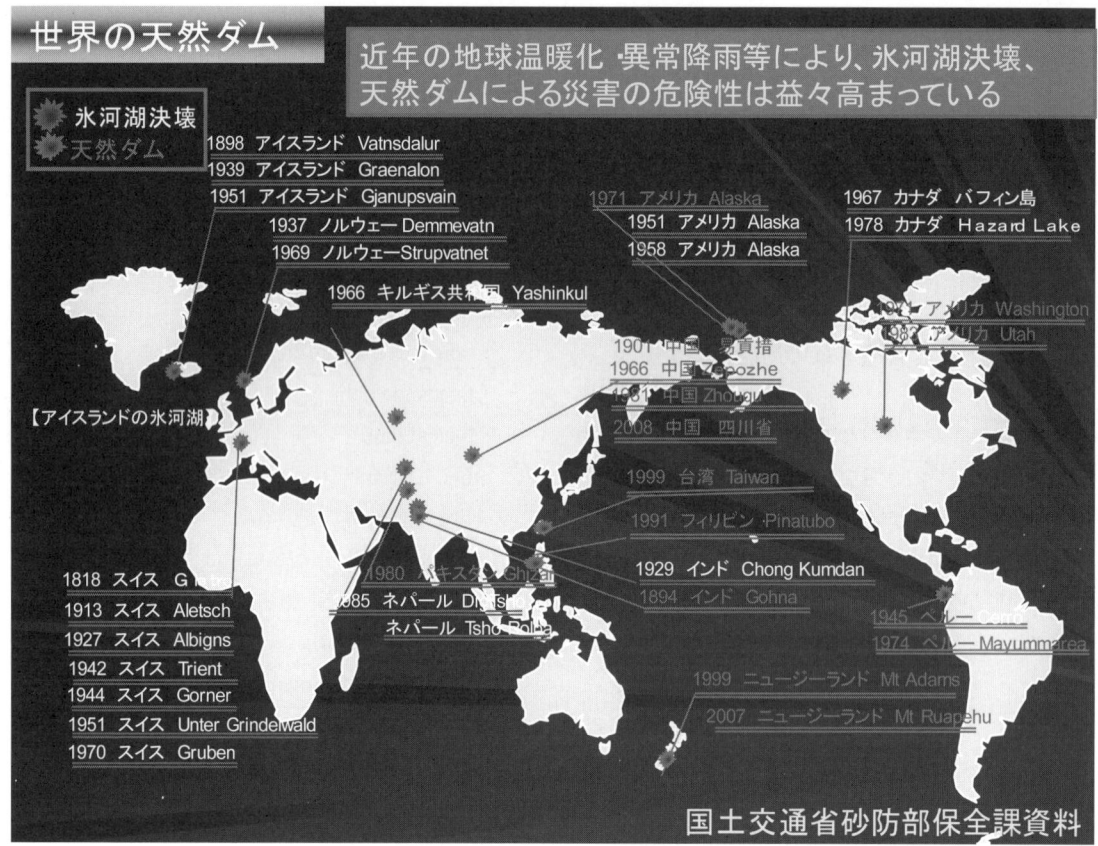

図1.1 世界の天然ダム災害、氷河湖決壊の分布

すべりダム」という用語を使っている（丸井ほか2005、日本地すべり学会2010など）。

（社）全国防災協会の二次災害防止研究会（1986~1994）は『二次災害の予知と対策』（No.1~No.5）で、「天然ダム」と「河道埋塞」という用語を用いている。特に、水山（1994）はNo.5の第1編で「河道埋塞」の発生機構について詳しく説明している。

以上の状況に鑑み、田畑・水山・井上（2002）では、本のタイトルを『天然ダムと災害』とした。本書でも、天然ダムという用語を用いる。

国土交通省河川局（2005）の『国土交通省河川砂防技術基準同解析、計画編』では、「天然ダム等…」と表現されている。

2008年の岩手・宮城内陸地震後の対応策では、国土交通省砂防部などの広報では、「天然ダム」という用語が使用されている。

2011年9月の台風12号では、「土砂ダム」「土砂崩れダム」「せき止め湖」「天然ダム」などの用語が使われている。

図1.1（口絵1）は、世界の天然ダム災害の分布を「氷河湖決壊」と「大規模土砂移動による天然ダム」に分けて示したものである。氷河湖決壊現象はスイスで1818年から発生しており、産業革命以後の近代化に伴って発生していることが分かる。ヒマラヤでは地球温暖化とは縁遠い生活（化石燃料を使っていない）をしている住民が一番先に地球温暖化の影響を受けているようである（山田2002、ICIMOD 2011）。

2) 当時の人はどう表現したか

過去の天然ダム関係の土砂災害事例を調査すると、河道閉塞によって天然ダムが形成された事例も多い。表1.1は、河道閉塞による湛水現象の表現の変遷を示したものである（井上2005c）。突然河道が閉塞され、上流側が湛水して徐々に水位が上昇し

表 1.1 河道閉塞による湛水現象の表現の変遷 (井上 2005c)

時代区分	西暦	和暦	誘因・災害名	堰止めた崩壊	当時の表現
江戸以前	1586.01.18	天正十三年十一月二十九日	天正地震	帰雲山、他	「堰止メ…」等の動詞的表現
	「地震で山がゆり崩れ、山河多く堰き止められ、内嶋氏の在所へ大洪水が襲来した」(宇野主水著『宇野主水日記』)					
江戸(前期)	1611.09.27	慶長十六年八月二十一日	会津地震	太平、他	沼、新湖
	「太平の山慶長十六年八月の地震に抜け落ちて沼と成れり」、「山崎前大川地形動上て流水湛、四方七里に横流す新湖となり」『新宮雑葉記』					
	1662.06.16	寛文二年五月一日	琵琶湖西岸地震	町居割れ	大池
	「坊村の人家は浮流し、十五日辰下刻、切れて水位が低下したが、その後も町居から明王院の下付近まで湛水が残り、大池となっていた」『明王院文書』					
江戸(中期)	1683.10.20	天和三年九月一日	天和地震	葛老山崩壊	湖水、(五十里湖)
	「戸板山東斜面が大音響とともに崩れ落ちて、二つの河川を一気に堰き止めた。…二十四日後には小田川原という所まで湖水になった。」『新古郷案内記』					
	1707.10.28	宝永四年十月四日	宝永地震	大谷崩れ	大池
	「安倍川の本川である三河内川を堰止め、天然ダムを形成した。この天然ダムは大池と呼ばれており」田畑・水山・井上(2002)天然ダムと災害、20 大池という名称の起源は記されている原本は不明。					
江戸(後期)	1847.05.08	弘化四年二月二十四日	善光寺地震	岩倉山、他	湛水
	「山中虚空蔵山また岩倉山抜け崩れ、犀川の大河を止め湛水に民家浮沈」小林計一郎(1985)善光寺地震、一地震後世俗語之種一、銀河書房、269p.					
	1854.12.23	安政元年十一月四日	安政東海地震	白鳥山崩壊	「堰止メ…」等の動詞的表現
	「富士川を三日間堰き止めた後決壊し」静岡県、1996、静岡県史、109 原本は不明					
	1858.04.09	安政五年二月二十六日	飛越地震	鳶崩れ	水溜、大水溜
	「大水溜、水溜」安政大地震大鳶山小鳶山々崩大水淀見取絵図『杉木文書』					
明治	1889.08.20	明治22年	十津川災害	古屋山、他	新湖
	「河原樋川ヲ遮断シ一大新湖ヲ生ゼシガ此ニ至テ決壊シ」宇智吉野郡役所(1891)吉野郡水災誌、巻之壱〜巻之十一(復刻版(1981)十津川村)					
	1891.10.28	明治24年	濃尾地震	板所山、他	潴水
	「潴水」岐阜日日新聞、明治24年11月12日号の「水鳥の潴水と板所山の崩壊の図」より					
大正	1914.03.15	大正3年	秋田仙北地震	布又沢、他	新ニ生ゼシ水面
	「新ニ生ゼシ水面」壁海(1915)震災予防調査会報告、82、31-36、大橋(1915)震災予防調査会報告、82、37-42のどちらかだと思う					
	1923.09.01	大正12年	関東地震	秦野の地すべり	(震生湖)
	「関東ローム層が地すべりを起こし、丘陵地内の小渓流を堰止め「震生湖」が形成された」田畑・水山・井上(2002)天然ダムと災害、32、震生湖という名称の起源が記されている原本は不明					
昭和	1930.11.26	昭和5年	北伊豆地震	梶山、他	「堰止メ…」等の動詞的表現
	「大野村入口に大なる山崩れあり。川を一時堰き止めて今尚小湖水をなす。」中央気象台(1930)昭和五年十一月二十六日北伊豆地震報告、134-135					
	1984.09.14	昭和59年	長野県西部地震	御岳崩れ	自然湖、ダム湖
	「王滝川をせきとめてできた自然湖」長野県西部地震の記録編纂委員会(1986)『まさか王滝に！』367p.「王滝川まるでダム湖」『まさか王滝に！』の本文中へ掲載の1985.9.17新聞記事(新聞社不明)より					
平成	1995.01.17	平成7年	兵庫県南部地震	仁川地すべり	天然ダム
	「多量の崩土が仁川を堰止め、小規模な天然ダムができました。」建設省河川局砂防部(1995)地震と土砂災害 61p.					

て行く現象や満水後の決壊による洪水被害を目の当たりにした当時の住民や為政者は驚異に感じたであろう。

このため、天正地震（1586）時には「堰止メ」、会津地震（1611）時には「沼、新湖」、琵琶湖西岸地震（1662）や宝永地震（1707）時には「大池」、天和地震（1683）時には「湖水、五十里湖」、善光寺地震（1847）時には「湛水」、飛越地震（1858）時には「水溜、大水溜」、十津川水害（1889）時には「新湖」、濃尾地震（1891）時には「豬水」、秋田仙北地震（1914）時には「新ニゼシ水面」、関東地震（1923）時には「震生湖」、長野県西部地震（1984）時には「自然湖、ダム湖」、兵庫県南部地震（1995）時には「天然ダム」など、様々な表現が使用されており、今までこれらの現象に対する用語についての学会などでの統一見解は出されていない。

また、1963年にイタリアのバイオントダムで発生した貯水池周辺の地すべり災害後（尾崎1966、奥田1972、井上2004b）、日本でも貯水池周辺の地すべり対策に多くの関心が集まるようになった（国土技術研究センター編2010）。

1.2 天然ダム事例の集計

1) 天然ダム事例の一覧表

建設省中部地方建設局（1987）、井上・南・安江（1987）は、1984年の長野県西部地震による御岳崩れ（伝上崩れ）による天然ダムの形成などをきっかけとして、日本国内で形成された天然ダムのうち、発生年月日と形成地点（1/2.5万地形図上で位置と形態）、継続時間などがわかっている被災事例を収集・整理した。田畑・水山・井上（2002）の『天然ダムと災害』では、その後の15年間の調査結果を踏まえて、表1.2 天然ダムによる被災事例の一覧を作成した。この一覧表では、29災害79事例の特性を整理している。1.3～1.5項で説明するように、2002年以降、新潟県中越地震（2004）、宮崎県耳川（2005）、岩手・宮城内陸地震（2008）な

表1.2 日本の天然ダムの年次別災害一覧表

事例No.	発生年月日	事例の名称	発生誘因	事例No.	発生年月日	事例の名称	発生誘因
1-1	714or715	天竜川・遠山川	○	33-1	1901.7.25	福島・半田新沼	■
2-1	887.8.22	千曲川・古千曲湖	○	34-1	1911.8.08	姫川・稗田山崩れ	■
3-1	1176.11.19	魚瀬川・布打	■?	35-1	1914.3.14	雄物川・布又沢	○
4-1	1441.7	高瀬川・鹿島川・八沢	■	36-1	1914.8.28	安倍川中流・蕨野	■
5-1	1502.1.28?	姫川・真那板山	■	37-1	1915.6.06	焼岳噴火・大正池	▲
6-1	1586.1.18	庄川・帰雲山	○	38-1	1923.9.01	秦野市・震生湖	○
7-1	1611.12.03	阿賀野川・山崎新湖	○	39-1	1930.11.26	狩野川・奥野山	○
8-1	1642.9.3	一ツ瀬川・三納	■	40-1	1931～33	大和川・亀の瀬	■?
9-1	1661決壊時	木曽川・大棚入山	○?	41-1	1939.4.29	姫川・風張山	■
10-1	1662.6.16	安曇川・町居崩れ	○	42-1	1943.9.18	番匠川・大刈野	■
11-1	1683.10.20	鬼怒川・五十里崩れ	○	43-1	1945.10.03	信濃川・梓川・島々谷	■
12-1	1707.10.28	安倍川・大谷崩れ・大池	○	44-1	1949.12.26	日光市・七里	○
13-1	1714.4.28	姫川・岩戸山	○	45-1	1953.7.17	有田川・金剛寺	■
14-1	1718.8.22	天竜川・遠山川・和田	○	46-1	1961.6.27	天竜川・大西山	■
15-1	1742.8.30	荒川・矢那瀬	■	47-1	1965.9.13	揖斐川・徳山白谷	○■
16-1	1751.5.21	名立川・小田島	○	48-1	1967.5.04	姫川・大所川・赤禿山	■
17-1	1757.6.24	梓川・トバタ崩れ	■	49-1	1971.7.16	姫川・小土山地すべり	■
18-1	1783.8.05	浅間山噴火・八ツ場	▲	50-1	1976.9.12	鏡川・敷ノ山	■
19-1	1788.8.27	物部川・堂の岡	■	51-1	1982.8.03	紀ノ川・和田地すべり	■
20-1	1793.2.08	追良瀬川中流	■	52-1	1984.9.14	木曽川・御岳崩れ	○
21-1	1847.5.08	犀川・岩倉山	○	53-1	1985.7.09	神戸市・清水	■
22-1	1854.12.23	安政東海地震	○	54-1	1991.3.23	浜田市・周布川	■
23-1	1858.4.09	常願寺川・鳶崩れ	○	55-1	1993.6.15	最上川・立谷沢川・濁沢	■
24-1	1870.9.18	木津川・伊賀上野	○■	56-1	1995.1.17	西宮市・仁川	○
25-1	1877	最上川・鮭川・大谷地	■	57-1	1997.5.05	信濃川・鬼無里村	■
26-1	1888.7.15	磐梯山・桧原湖	▲	58-1	2000.1.06	阿賀野川・上川村	○
27-1	1889.8.19	十津川・塩野新湖	■	59-1	2004.10.23	信濃川・芋川・東竹沢	○
28-1	1891.6.16	姫川・ガラガラ沢	■	60-1	2005.9.06	耳川・野々尾	■
29-1	1891.10.28	揖斐川・根尾川・水鳥	○	61-1	2008.6.14	北上川・湯ノ倉温泉	○
30-1	1892.7.25	那賀川・高礒山	■			発生誘因 地震	○
31-1	1892.7.25	雄物川・善知鳥沢	○			豪雨	■
32-1	1900.12.03	富士川・大柳川・十谷	■			噴火	▲

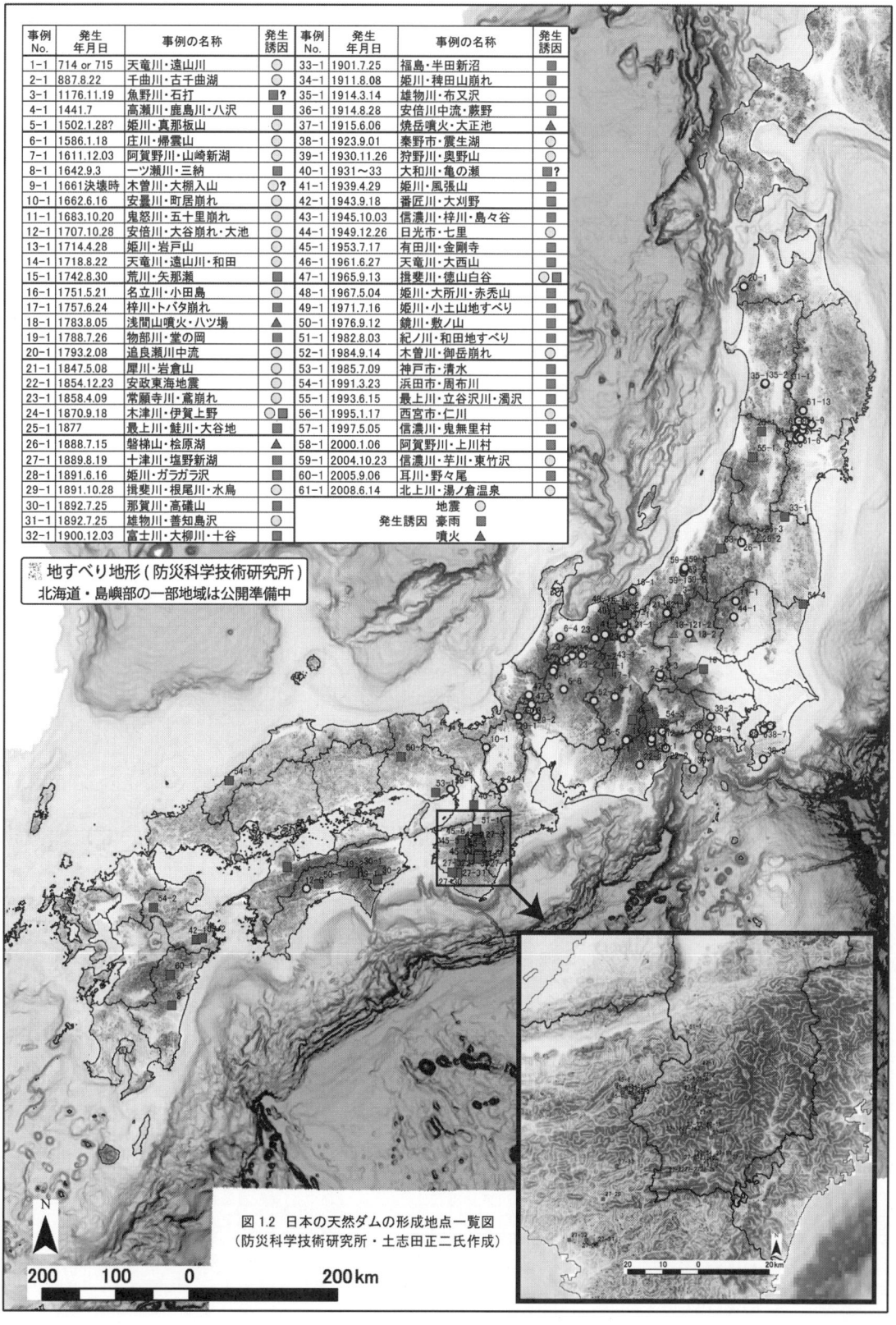

図 1.2 日本の天然ダムの形成地点一覧図
(防災科学技術研究所・土志田正二氏作成)

表1.3-1 日本の天然ダム事例一覧表（田畑ほか，2002に事例を追記）

事例No.	発生年月日	名称	東経(度)	北緯(度)	発生誘因 地震は名称とMを示す	流域面積 A1 (km²)	水系次数	地質	土砂移動の形態
1-1	714.7.15	天竜川・遠山川・遠山	137.95	35.33	遠江地震,M6.5-7.5	247	6	付加複合体	地すべり
1-2	又は715	天竜川・遠山川・池口	137.97	35.33	遠江地震	30	4	付加複合体	岩屑なだれ
2-1	887.8.22	千曲川・古千曲湖1	138.47	36.05	五畿七道,M8.0-8.5	353	7	第四系火山噴出物	岩屑なだれ
2-2	888.6.20	千曲川・古千曲湖2	138.47	36.05	二次岩屑なだれ	353	7	第四系火山噴出物	二次岩屑なだれ
2-3	888.6.20	相木川・古相木湖	138.49	36.09	二次岩屑なだれ	76	6	第四系火山噴出物	二次岩屑なだれ
3-1	1176.11.19	魚野川・石打	138.80	36.97	豪雨？	78	6	新第三系火山岩類	地すべり
4-1	1441.7	信濃川・高瀬川・鹿島川・八沢	137.81	36.56	豪雨	68	5	新第三系堆積岩類	土石流
5-1	1502.1.28?	姫川・真那板山	137.87	36.87	越後南西部,6.5-7.0	405	7	付加複合体	初生地すべり
5-2	1502.1.28?	姫川・中谷川・清水山	137.92	36.82	越後南西部,6.5-7.0	55	6	新第三系堆積岩類	地すべり
6-1	1586.1.18	庄川・帰雲山崩れ	136.90	36.21	天正地震,M7.8-8.1	554	7	中古生界火山岩類	初生地すべり
6-2	1586.1.18	庄川・三方崩山・東方	136.90	36.20	天正地震	80	6	古第三系火山岩類	土石流
6-3	1586.1.18	庄川・三方崩山・西方	136.88	36.16	天正地震	80	6	古第三系火山岩類	土石流
6-4	1586.1.18	庄川・前山地すべり	136.99	36.56	天正地震	1111	8	新第三系火山岩類	地すべり
6-5	1586.1.18	庄川・海	137.58	35.32	天正地震	99	7	深成岩類	地すべり
6-6	1586.1.18	長良川・吉田川・水沢上	137.04	35.94	天正地震	16	5	第四系火山岩類	地すべり
7-1	1611.12.03	阿賀野川・山崎新湖	139.82	37.61	会津地震,M6.9	2700	8	第四系火山岩類	断層変位
8-1	1642.9.3	一ツ瀬川・三納川・三納	131.34	32.14	豪雨	13	6	新第三系堆積岩類	地すべり
9-1	1661決壊時	木曽川・大棚入山	137.79	35.84	天正地震？	6.5	4	変成岩類	地すべり
10-1	1662.6.16	安曇川・町居崩れ	135.87	35.26	琵琶湖西岸,7.4-7.8	68	6	付加複合体	地すべり
11-1	1683.10.20	鬼怒川・五十里崩れ	139.69	36.92	日光南会津,M7.0	270	7	新第三系火山岩類	地すべり
12-1	1707.10.28	安倍川・大谷崩れ・大池	138.33	35.28	宝永東海地震,M	19	5	付加複合体	土石流
12-2	1707.10.28	大谷崩れ・西日陰沢	138.32	35.28	宝永東海 8.4-8.7	5.7	4	付加複合体	土石流
12-3	1707.10.28	大谷崩れ・タチ沢	138.33	35.33	宝永東海	2.3	4	付加複合体	土石流
12-4	1707.10.28	富士川・下部・湯之奥	138.49	35.41	宝永東海	18	4	新第三系堆積岩類	地すべり
12-5	1707.10.28	富士川・白鳥山	138.54	35.21	宝永東海	3620	9	新第三系堆積岩類	地すべり
12-6	1707.10.28	仁淀川・鎌井田舞ヶ鼻	133.24	33.57	宝永南海	1140	8	付加複合体	地すべり
13-1	1714.4.28	姫川・岩戸山	137.89	36.74	信州小谷地震,M6.4	180	6	新第三系堆積岩類	地すべり
14-1	1718.8.22	天竜川・遠山川・和田	137.94	35.32	遠山地震,M7.0	292	6	付加複合体	地すべり
15-1	1742.8.30	荒川・矢那瀬	139.15	36.13	寛保洪水	881	8	変成岩類	地すべり
16-1	1751.5.21	名立川・小田島	138.10	37.09	高田地震,M7.2	76	5	新第三系堆積岩類	土石流
17-1	1757.6.24	信濃川・梓川・トバタ崩れ	137.70	36.14	豪雨	280	6	中古生界火山岩類	地すべり
18-1	1783.8.05	吾妻川・八ツ場	138.72	36.56	浅間山噴火	708	8	第四系火山噴出物	天明泥流
18-2	1783.8.05	吾妻川・利根川合流	139.02	36.50	天明泥流	4000	9	第四系火山噴出物	天明泥流
19-1	1788.8.27	物部川・上韮生川・堂の岡	133.94	33.76	豪雨	40	5	付加複合体	地すべり
19-2	1788.8.27	物部川・上韮生川・久保高井	133.93	33.76	豪雨	43	5	付加複合体	土石流
19-3	1790頃	重信川・本谷川・音田	132.95	33.82	豪雨	10.6	4	付加複合体	土石流
20-1	1793.2.08	追良瀬川中流	140.06	40.64	寛政西津軽,6.8-7.1	117	5	新第三系堆積岩類	地すべり
21-1	1847.5.08	信濃川・犀川・岩倉山(虚空蔵山)	138.05	36.59	善光寺地震, M7.4	2630	8	新第三系火山岩類	地すべり
21-2	1847.5.08	信濃川・犀川・柳久保	138.95	36.56	善光寺地震	2.4	4	新第三系火山岩類	地すべり
21-3	1847.5.08	信濃川・犀川・裾花川・岩下	137.96	36.71	善光寺地震	78	6	新第三系火山岩類	地すべり
21-4	1847.5.08	信濃川・犀川・当信川	137.94	36.53	善光寺地震	5.7	3	新第三系火山岩類	地すべり
21-5	1847.5.08	信濃川・中津川・切明・南側	138.62	36.81	善光寺地震	112	5	新第三系火山岩類	地すべり
21-6	1847.5.08	信濃川・中津川・切明・西側	138.62	36.81	2箇所に形成	104	5	新第三系火山岩類	地すべり
22-1	1854.12.23	大井川・笹間川・遠見山	138.14	35.02	安政東海地震,M8.4	34	5	新第三系堆積岩類	地すべり
22-2	1854.12.23	富士川・白鳥山	138.54	35.21	安政東海地震,M8.4	3620	9	新第三系堆積岩類	地すべり
23-1	1858.4.09	鳶崩れ・常願寺川・真川	137.52	36.54	飛越地震,M7.0-7.1	79	6	第四系火山噴出物	岩屑なだれ
23-2	1858.4.09	鳶崩れ・常願寺川・湯川	137.32	36.34	飛越地震	10	5	第四系火山噴出物	岩屑なだれ
23-3	1858.4.09	神通川・宮川・円山	137.17	36.34	飛越地震	212	6	変性岩類	地すべり
23-4	1858.4.09	神通川・宮川・元田	137.03	36.28	飛越地震	183	6	変性岩類	地すべり
23-5	1858.4.09	神通川・宮川・保木林	137.08	36.3	飛越地震	1092	6	変性岩類	地すべり
23-6	1858.9?	黒部川・地蔵岳	137.67	36.58	飛越地震の余震	179	6	深成岩類	地すべり
24-1	1870.9.18	木津川・伊賀上野	136.11	34.78	伊賀上野,M7.2-7.3	490	7	第四系堆積岩類	16年後豪雨氾濫
25-1	1877	最上川・鮭川・大谷地	140.21	38.91	豪雨	176	6	新第三系堆積岩類	河道隆起
26-1	1888.7.15	磐梯山・桧原湖	140.06	37.65	水蒸気爆発	130	6	第四系火山噴出物	山体崩壊
26-2	1888.7.15	磐梯山・小野川湖	140.08	37.66	水蒸気爆発	36	6	第四系火山噴出物	山体崩壊
26-3	1888.7.15	磐梯山・安元湖	140.11	37.65	水蒸気爆発	132	5	第四系火山噴出物	山体崩壊

1)天然ダムは発生年月日，1/2.5万地形図で位置と形態の分かる事例 2)引用文献：章項は本書，震章項は中村ほか(2000)：地震砂防，
3)上記の文献にない数値は1/2.5万地形図をもとに計測した。 4)地質は産業総合研究所のシームレス地質図(2010年版)等を参考にした。

第1章 『天然ダムと災害』(2002)以後の発生事例

事例No.	発生源面積 A2 (m²)	移動土塊量 V1 (m³)	水平距離 (m)	比高 (m)	堰止高 H1 (m)	堰止幅 D (m)	堰止長 L (m)	堰止土量 V2 (m³)	堰止タイプ	湛水高 H2 (m)	湛水面積 A3 (m²)	湛水量 V3 (m³)	継続時間 T 秒(s)	年・日	引用文献
1-1	9.0E+05	9.0E+07	2500	970	80	500	900	1.6E+07	C	80	8.5E+05	2.0E+07	3.2E+09	100年上	寺岡ほか(2006)
1-2	9.0E+05	9.0E+07	1500	800	160	600	800	3.8E+07	A	130	7.1E+05	3.1E+07	－	－	寺岡ほか(2006)
2-1	6.0E+06	3.5E+08	12500	1646	130	800	1800	2.0E+07	C	130	1.3E+07	5.8E+08	1.1E+05	303日	2章1項
2-2	－	－	－	－	50	400	－	－	C	50	2.8E+06	4.1E+07	3.9E+09	123年	2章1項
2-3	－	－	－	－	30	300	－	－	C	30	6.6E+05	6.6E+06	1.9E+10	600年	2章1項
3-1	7.1E+05	2.1E+07	1500	580	80	500	600	9.6E+06	A	80	3.4E+05	9.2E+07	－	－	湯沢砂防(2001)
4-1	6.4E+05	6.4E+06	5200	1420	80	750	800	3.2E+07	A	70	1.7E+06	4.0E+07	2.6E+05	3日	信濃教育会(1979)
5-1	1.4E+06	5.0E+07	1200	820	150	500	200	5.0E+07	A	140	2.7E+05	1.2E+08	－	－	前2章1項
5-2	4.0E+06	8.0E+07	1300	180	50	500	250	4.0E+07	A	50	4.3E+05	7.1E+06	－	－	松本砂防(2003)
6-1	5.0E+05	2.5E+07	2400	450	100	700	600	1.9E+07	A	90	4.9E+06	1.5E+08	1.7E+06	20日	前2章2項
6-2	3.6E+05	2.4E+06	2700	1200	70	250	400	1.0E+06	C	60	2.8E+06	6.0E+07	－	－	前2章2項
6-3	4.4E+05	3.0E+06	2800	1200	90	300	300	1.2E+06	C	70	3.2E+06	6.4E+07	－	－	前2章2項
6-4	7.0E+05	3.0E+07	1100	250	50	400	750	1.0E+07	A	100	9.0E+05	2.0E+07	1.7E+06	20日	野崎ほか(2005)
6-5	2.6E+05	1.7E+07	550	260	50	650	200	－	A	50	4.0E+06	6.7E+06	3.2E+08	10年	鈴木ほか(2008)
6-6	7.0E+05	7.0E+07	1300	270	60	700	800	1.3E+07	A	60	8.0E+05	1.6E+06	6.3E+09	200年上	越美山系砂防(1999)
7-1	－	－	－	－	10	－	－	－	－	10	3.8E+07	1.8E+08	－	－	井口・八木(2010)
8-1	7.5E+04	3.0E+06	250	160	60	120	200	1.2E+06	A	50	2.2E+05	4.4E+06	－	－	宮崎県土木部(2006)
9-1	1.7E+06	4.3E+07	2100	800	50	400	500	2.0E+07	C	30	1.9E+05	1.9E+07	－	85年?	宍倉ほか(2006)
10-1	6.0E+05	2.4E+07	1350	725	110	350	362	2.4E+07	A	37	4.8E+05	5.9E+06	1.2E+06	14日	前2章3項
11-1	1.3E+05	3.8E+06	450	220	70	700	400	3.8E+06	C	58	4.2E+06	6.4E+07	1.3E+09	41年	前2章4項
12-1	1.2E+06	1.2E+08	5100	800	30	500	650	4.0E+06	C	30	4.7E+05	4.7E+06	土砂埋積・消滅		前2章5項
12-2	－	－	－	－	－	200	－	－	B	－	－	8.1E+04	土砂埋積・消滅		前2章5項
12-3	－	－	－	－	－	120	－	－	B	－	－	4.4E+04	土砂埋積・消滅		前2章5項
12-4	8.0E+04	1.2E+06	900	360	70	250	100	9.0E+05	A	70	1.6E+05	3.7E+06	土砂埋積・消滅		2章3項
12-5	1.0E+05	5.0E+06	1200	450	30	350	400	2.4E+06	C	30	1.4E+06	1.4E+07	2.6E+05	3日	震3章4項
12-6	1.3E+05	4.4E+06	500	300	18	200	180	2.4E+05	A	18	4.8E+05	2.9E+06	3.5E+05	4日	2章2項
13-1	2.0E+05	4.0E+06	400	220	80	200	500	2.0E+06	A	80	1.4E+05	3.8E+07	2.6E+05	3日	2章4項
14-1	4.0E+04	8.0E+05	700	230	20	300	400	4.0E+06	A	20	1.4E+06	9.3E+05	6.0E+05	7日	富士砂防(2007)
15-1	4.0E+04	8.0E+05	200	80	40	120	100	6.0E+06	A	38	1.6E+06	2.0E+07	－	－	町田ほか(2009)
16-1	2.5E+05	5.0E+06	2100	410	50	430	460	2.0E+06	C	40	6.1E+05	8.1E+06	－	－	井上・今村(1999)
17-1	3.0E+05	9.0E+06	900	750	130	400	400	4.0E+06	A	130	2.0E+06	8.5E+07	1.7E+05	2日	2章5項
18-1	－	－	－	－	65	－	－	－	B	65	2.5E+06	5.1E+07	348	6分	2章6項
18-2	－	－	－	－	10	－	－	－	C	10	6.9E+05	2.3E+06	3600	1時間	2章6項
19-1	1.3E+05	2.0E+06	300	320	50	400	500	2.0E+06	A	36	1.8E+05	2.2E+06	3.2E+07	1～2年	前2章6項
19-2	7.5E+04	7.5E+05	1400	570	36	130	330	4.0E+05	C	36	4.1E+04	4.9E+05	3.2E+07	1～2年	四国山地砂防(2004)
19-3	3.0E+04	3.0E+05	800	280	20	200	300	6.0E+04	C	20	4.1E+04	1.7E+05	2.6E+05	数日後	四国山地砂防(2004)
20-1	1.0E+06	8.8E+07	1000	500	40	180	100	6.4E+06	A	40	5.5E+05	5.0E+06	1.3E+06	－	2章7項
21-1	8.4E+05	8.4E+07	1400	220	65	650	1000	2.1E+07	A	65	8.7E+05	3.5E+08	1.6E+06	19日	前2章7項
21-2	1.8E+05	1.5E+06	900	180	35	150	250	6.5E+05	A	35	7.3E+04	1.4E+06	決壊せず・現存		前2章7項
21-3	8.5E+04	1.2E+06	700	230	54	300	250	1.2E+06	A	48	9.8E+05	1.6E+07	9.5E+06	110日	前2章7項
21-4	2.0E+05	6.0E+06	600	200	60	250	400	4.0E+06	A	60	4.3E+05	8.6E+06	－	－	前2章7項
21-5	4.0E+05	2.0E+07	1000	350	110	200	300	1.0E+07	A	110	9.4E+05	2.8E+07	徐々に決壊		湯沢砂防(2001)
21-6	4.0E+05	2.0E+07	1000	350	110	200	300	1.0E+07	A	110	9.0E+05	2.6E+07	徐々に決壊		湯沢砂防(2001)
22-1	8.5E+04	4.3E+05	550	290	30	180	220	2.8E+05	A	30	1.7E+05	1.7E+06	5.2E+06	60日	富士砂防(2007)
22-2	3.8E+05	6.0E+05	1200	250	15	200	400	5.0E+05	A	15	8.0E+05	8.6E+06	86400	1日	震3章4項
23-1	1.3E+06	1.3E+08	1500	860	150	600	200	4.0E+05	C	150	7.5E+05	3.8E+07	1.2E+06	14日	前2章8項
23-2	1.3E+06	1.3E+08	1500	860	20	620	700	1.2E+07	C	20	6.4E+05	4.1E+06	5.1E+06	59日	前2章8項
23-3	4.0E+05	3.6E+06	350	250	20	550	700	3.6E+06	C	20	7.0E+05	4.7E+06	2.1E+05	57時間	井上(2009)
23-4	1.5E+05	2.2E+06	540	260	30	320	300	2.2E+06	A	30	3.4E+05	3.4E+06	4.7E+04	13時間	井上(2009)
23-5	9.0E+04	9.4E+05	420	190	30	250	200	9.4E+05	A	30	3.4E+05	3.4E+06	1.3E+07	148日	井上(2009)
23-6	2.4E+05	7.2E+06	1250	670	90	575	300	7.2E+06	C	90	4.8E+05	1.4E+07	－	－	井上(2009)
24-1	伊賀上野地震(1854.7.9)の地震断層で木津川の下流側が隆起								－	8	9.0E+06	2.4E+07	－	－	井上・今村(1999)
25-1	1.6E+06	1.6E+07	1300	100	6	300	600	－	A	6	7.0E+05	1.4E+06	徐々に末端隆起		2章8項
26-1	4.8E+06	1.2E+09	4900	800	25	－	－	－	C	25	1.0E+07	1.5E+08	決壊せず・現存		前2章9項
26-2	4.8E+06	1.2E+09	6000	820	18	－	－	－	C	18	2.3E+06	1.4E+07	上部のみ決壊		前2章9項
26-3	4.8E+06	1.2E+09	6000	880	34	－	－	－	C	34	3.9E+05	4.4E+07	決壊せず・現存		前2章9項

前章項は田畑ほか(2002):天然ダムと災害の章項を示す。他事例の文献は1章末参照 3)東経・北緯は世界標準座標
5)河道閉塞のタイプ A:谷壁斜面の土砂移動, B:本流からの土砂流出, C:支流からの土砂流出

表1.3-2 日本の天然ダム事例一覧表（田畑ほか，2002に事例を追記）

事例 No.	発生 年月日	名 称	東経 (度)	北緯 (度)	発生誘因 地震は名称とMを示す	流域面積 A1 (km²)	水系次数	地 質	土砂移動の形態
27-1	1889.8.19	十津川・塩野新湖	135.76	34.20	十津川水害	184	6	付加複合体	地すべり
27-2	1889.8.19	十津川・辻堂新湖	135.76	34.17	十津川水害	276	6	付加複合体	土石流
27-3	1889.8.19	十津川・宇井新湖	135.74	34.16	十津川水害	282	6	付加複合体	地すべり
27-4	1889.8.19	十津川・牛ノ鼻新湖	135.74	34.14	十津川水害	324	6	付加複合体	その他
27-5	1889.8.19	十津川・立里新湖	135.70	34.16	十津川水害	28	5	付加複合体	土石流
27-6	1889.8.19	十津川・河原樋新湖	135.74	34.14	十津川水害	154	6	付加複合体	地すべり
27-7	1889.8.19	十津川・長殿新湖	135.77	34.13	十津川水害	437	7	付加複合体	地すべり
27-8	1889.8.19	十津川・旭新湖	135.78	34.12	十津川水害	51	4	付加複合体	地すべり
27-9	1889.8.19	十津川・林新湖	135.75	34.08	十津川水害	530	7	付加複合体	地すべり
27-10	1889.8.19	十津川・川津新湖	135.74	34.05	十津川水害	642	7	付加複合体	土石流
27-11	1889.8.19	十津川・杉新湖	135.69	34.03	十津川水害	83	6	付加複合体	土石流
27-12	1889.8.19	十津川・五百瀬新湖	135.70	34.04	十津川水害	86	6	付加複合体	地すべり
27-13	1889.8.19	十津川・内野新湖	135.71	34.05	十津川水害	101	6	付加複合体	土石流
27-14	1889.8.19	十津川・山天新湖	135.71	34.04	十津川水害	92	6	付加複合体	地すべり
27-15	1889.8.19	十津川・野広瀬新湖	135.77	34.05	十津川水害	656	7	付加複合体	土石流
27-16	1889.8.19	十津川・風屋新湖	135.78	34.04	十津川水害	657	7	付加複合体	地すべり
27-17	1889.8.19	十津川・野尻新湖	135.79	34.03	十津川水害	734	7	付加複合体	地すべり
27-18	1889.8.19	十津川・小原新湖	135.80	33.98	十津川水害	780	7	付加複合体	地すべり
27-19	1889.8.19	十津川・小川新湖	135.85	33.97	十津川水害	36	6	付加複合体	土石流
27-20	1889.8.19	十津川・山手新湖	135.76	33.96	十津川水害	7.3	4	付加複合体	地すべり
27-21	1889.8.19	十津川・柏渓新湖	135.77	33.95	十津川水害	3.2	4	付加複合体	地すべり
27-22	1889.8.19	十津川・無名新湖	135.66	33.94	十津川水害	0.6	3	付加複合体	地すべり
27-23	1889.8.19	十津川・突合新湖	135.74	34.10	十津川水害	7.0	5	付加複合体	土石流
27-24	1889.8.19	十津川・桂金新湖	135.74	33.98	十津川水害	15	5	付加複合体	地すべり
27-25	1889.8.19	十津川・久保谷新湖	135.74	33.97	十津川水害	61	6	付加複合体	地すべり
27-26	1889.8.19	十津川・大畑瀞	135.75	33.97	十津川水害	0.7	4	付加複合体	地すべり
27-27	1889.8.19	十津川・重里新湖	135.74	33.94	十津川水害	72	6	付加複合体	地すべり
27-28	1889.8.19	十津川・西ノ陰新湖	135.75	33.94	十津川水害	75	6	付加複合体	地すべり
27-29	1889.8.19	日高川・下柳瀬	135.6	33.88	和歌山豪雨災害	225	7	付加複合体	地すべり
27-30	1889.8.19	田辺川・右会津川・高尾山	135.41	33.78	和歌山豪雨災害	56	5	付加複合体	地すべり
27-31	1889.8.19	田辺川・会津川・横山	135.44	33.77	和歌山豪雨災害	29	5	付加複合体	地すべり
27-32	1889.8.19	芳養川・中芳養小学校前左岸	135.36	33.78	和歌山豪雨災害	23	6	付加複合体	地すべり
27-33	1889.8.19	富田川・生馬川・篠原	135.50	33.96	和歌山豪雨災害	1.5	4	付加複合体	地すべり
28-1	1891.6.16	姫川・松川・ガラガラ沢	137.79	36.71	豪雨	18	5		土石流
29-1	1891.10.28	揖斐川・根尾川・水鳥	136.62	35.62	濃尾地震,M8.0	258	7	付加複合体	断層変位
29-2	1891.10.28	根尾川・根尾西谷川	136.57	35.69	濃尾地震	104	6	付加複合体	地すべり
29-3	1891.10.28	揖斐川・坂内川・ナンノ崩壊	136.35	35.63	地震後豪雨	38	6	付加複合体	地すべり
30-1	1892.7.25	那賀川・高磯山	134.34	33.80	豪雨	480	5	付加複合体	地すべり
30-2	1892.7.25	海部川・保瀬	134.28	33.69	豪雨	56	6	付加複合体	地すべり
31-1	1896.8.31	雄物川・善知鳥沢・赤石台	140.67	39.44	陸羽地震,M7.2	3.5	4	新第三系火山岩類	地すべり
32-1	1900.12.03	富士川・大柳川・十谷	138.40	35.51	豪雨	24	5	新第三系堆積岩類	地すべり
33-1	1901.7.25	半田新沼	140.50	37.88	豪雨	1.5	3	新第三系堆積岩類	地すべり
34-1	1911.8.08	姫川・稗田山崩れ	137.94	36.82	豪雨	360	7	第四系火山岩類	地すべり
35-1	1914.3.14	雄物川・布又沢	140.30	39.47	秋田仙北地震,M7.1	1.3	4	新第三系堆積岩類	地すべり
35-2	1914.3.14	雄物川・猿井沢	140.31	39.48	秋田仙北地震	0.42	3	新第三系堆積岩類	地すべり
36-1	1914.8.28	安倍川中流・蕨野	138.36	35.13	豪雨	145	6	付加複合体	地すべり
37-1	1915.6.06	信濃川・梓川・大正池1	137.61	36.22	焼岳噴火	110	5	第四系火山岩類	噴火・土石流
37-2	1926.7.23	信濃川・梓川・大正池2	137.61	36.22	噴火後豪雨	110	5	第四系火山岩類	噴火・土石流
38-1	1923.9.01	秦野市・震生湖	139.21	35.36	関東地震,M7.9	0.19	2	第四系火山岩類	地すべり
38-2	1923.9.01	酒匂川・谷峨	139.04	35.36	関東地震	185	7		地すべり
38-3	1923.9.01	相模川・串川・鳥谷馬石	139.23	35.56	関東地震	7.8	4	新第三系火山岩類	地すべり
38-4	1923.9.01	小田原市・曽我谷・剣沢	139.19	35.31	関東地震	0.98	3	第四系堆積岩類	土石流
38-5	1923.9.01	和田町・白渚	139.99	35.03	関東地震	17	5	新第三系堆積岩類	地すべり
38-6	1923.9.01	養老川・市原市上原	140.12	35.42	関東地震	190	7	新第三系堆積岩類	地すべり
38-7	1923.9.01	小櫃川・袖ヶ浦市富川橋	140.02	35.38	関東地震	240	7	新第三系堆積岩類	地すべり
38-8	1923.9.01	小糸川・君津市人見	139.87	35.34	関東地震	130	7	新第三系堆積岩類	地すべり
39-1	1930.11.26	狩野川・奥野山	138.94	34.95	北伊豆地震,M7.3	0.36	2	第四系火山岩類	土石流
40-1	1931〜33	大和川・亀の瀬地すべり	135.68	34.58	河床隆起	700	7	新第三系堆積岩類	地すべり
41-1	1939.4.21	姫川・風張山	137.91	36.81	豪雨	190	6	新第三系堆積岩類	地すべり
42-1	1943.9.18	番匠川・大刈野	131.66	32.93	豪雨	19	5	付加複合体	地すべり

1)天然ダムは発生年月日，1/2.5万地形図で位置と形態の分かる事例　2)引用文献：章項は本書，震章項は中村ほか(2000)：地震砂防，
3)上記の文献にない数値は1/2.5万地形図をもとに計測した。　4)地質は産業総合研究所のシームレス地質図(2010年版)等を参考にした。

第1章 『天然ダムと災害』(2002)以後の発生事例

事例 No.	発生源 面積 A2 (m²)	移動土 塊量 V1 (m³)	水平距 離 L1 (m)	比高 (m)	堰止 高 H1 (m)	堰止 幅 D (m)	堰止 長 L (m)	堰止土 量 V2 (m³)	堰止 タイプ	湛水 高 H2 (m)	湛水面 積 A3 (m²)	湛水量 V2 (m³)	継続時間 T 秒(s)　年・日	引用文献
27-1	2.5E+05	5.0E+06	1100	630	80	180	350	2.5E+06	A	80	6.4E+06	1.7E+07	2.5E+04　7時間	前5章1項
27-2	4.6E+05	2.3E+07	1400	740	18	88	450	3.6E+04	C	18	1.3E+05	7.8E+05	3.6E+03　1時間	前5章1項
27-3	1.1E+05	1.6E+06	430	260	10	130	380	2.3E+05	A	10	2.8E+05	9.3E+05	1.8E+04　5時間	前5章1項
27-4	—	—	—	—	6	70	—	—	C	6	1.3E+05	2.6E+05	3.5E+05　4日	前5章1項
27-5	2.7E+05	5.4E+06	1500	570	140	400	180	3.4E+06	C	140	5.5E+05	2.6E+06	5.2E+05　6日	前5章1項
27-6	1.3E+06	2.6E+07	850	450	80	530	750	1.3E+07	A	80	1.5E+06	4.0E+07	1.5E+06　17日	前5章1項
27-7	9.4E+04	5.6E+06	950	410	12	230	200	2.7E+05	C	12	1.8E+05	7.2E+05	—	前5章1項
27-8	2.2E+05	8.8E+06	850	420	25	120	300	4.5E+05	A	25	1.1E+05	9.2E+05	1.8E+04　5時間	前5章1項
27-9	4.5E+05	3.7E+06	630	380	110	150	690	3.1E+06	A	63	2.4E+06	4.2E+07	6.1E+04　17時間	前5章1項
27-10	4.5E+05	3.6E+07	1600	720	10	150	200	1.5E+05	C	10	1.7E+05	5.6E+05	1.1E+04　3時間	前5章1項
27-11	2.6E+05	5.2E+06	1500	540	20	110	120	1.0E+05	C	15	1.2E+05	6.0E+05	3.6E+03　1時間	前5章1項
27-12	6.0E+04	1.5E+06	400	330	25	180	200	4.4E+05	A	25	2.2E+05	1.8E+06	—	前5章1項
27-13	1.2E+05	3.6E+06	1800	620	15	100	130	9.4E+04	C	15	2.5E+05	1.8E+06	1.8E+04　5時間	前5章1項
27-14	6.3E+04	1.3E+06	900	380	20	150	100	1.5E+05	C	20	1.6E+05	1.0E+06	—	前5章1項
27-15	1.0E+06	2.0E+07	1400	640	28	250	500	1.7E+06	A, C	28	3.5E+05	3.2E+06	—	前5章1項
27-16	1.7E+05	2.5E+06	600	380	50	180	300	8.5E+05	A	25	2.0E+05	1.5E+06	5.8E+04　16時間	前5章1項
27-17	1.1E+05	1.7E+06	380	230	10	130	280	2.8E+05	A	10	1.6E+05	5.2E+05	—	前5章1項
27-18	2.1E+05	1.1E+06	1200	450	7	130	250	7.3E+04	A	7	2.8E+05	6.5E+05	7.2E+03　2時間	前5章1項
27-19	5.0E+05	2.0E+07	900	370	190	600	500	1.0E+07	A	190	6.0E+06	3.8E+07	4.3E+05　5日	前5章1項
27-20	2.3E+05	6.6E+06	500	300	80	300	350	4.2E+06	A	80	4.5E+05	1.2E+07	1.9E+06　22日	前5章1項
27-21	1.6E+05	4.9E+06	450	320	70	170	450	2.6E+06	A	70	7.3E+04	1.7E+06	1.9E+06　22日	前5章1項
27-22	5.6E+04	3.4E+06	500	260	60	350	150	2.6E+06	A	50	7.0E+05	1.2E+06	8.6E+05　10日	前5章1項
27-23	4.5E+04	1.4E+06	800	340	75	450	90	1.1E+06	A	75	3.6E+05	9.0E+06	8.6E+04　1日	前5章1項
27-24	7.5E+04	1.5E+06	350	200	60	250	250	1.1E+06	A	60	3.2E+05	6.4E+06	3.6E+03　1時間	前5章1項
27-25	1.1E+05	4.4E+06	900	280	20	300	200	6.0E+05	A	20	1.9E+05	1.3E+06	3.2E+04　9時間	前5章1項
27-26	1.1E+05	4.4E+06	380	220	25	130	330	9.3E+05	A	15	2.1E+04	1.1E+05	決壊せず・現存	前5章1項
27-27	1.8E+05	3.7E+06	750	430	25	250	250	6.3E+05	A	25	2.1E+05	1.5E+06	3.2E+04　9時間	前5章1項
27-28	2.0E+04	3.0E+05	350	220	20	100	120	2.3E+05	A	20	5.5E+04	4.0E+05	3.2E+04　9時間	前5章1項
27-29	5.0E+04	5.0E+05	280	140	40	250	160	2.5E+06	A	40	9.6E+05	1.3E+07	—	2章9項
27-30	4.0E+05	4.0E+06	720	320	30	150	540	2.0E+06	A	30	3.8E+04	1.9E+05	1.1E+04　3時間	2章9項
27-31	2.4E+05	7.2E+06	900	400	30	250	540	3.6E+06	A	20	6.0E+05	4.0E+06	1.8E+04　5時間	2章9項
27-32	8.0E+04	8.0E+05	400	140	15	400	200	4.0E+06	A	15	5.3E+05	2.7E+06	—	2章9項
27-33	3.6E+05	3.6E+05	300	220	40	150	120	1.8E+06	A	30	6.8E+04	6.8E+05	1.3E+08　4年後	2章9項
28-1	2.1E+05	3.2E+06	1500	640	55	500	230	3.2E+06	C	55	1.7E+05	3.1E+06	決壊せず徐々に	前2章11項
29-1	4.4E+04	8.8E+04	400	—	—	—	—	—	—	6	6.8E+05	1.4E+06	決壊せず徐々に	前4章2項
29-2	3.7E+04	1.5E+06	320	150	60	235	250	1.8E+06	A	60	4.0E+05	8.1E+06	—	前4章2項
29-3	2.1E+05	1.5E+06	1200	500	38	110	250	9.6E+05	A	38	1.5E+05	2.0E+06	5.2E+05　6日	前4章2項
30-1	1.6E+05	4.0E+06	630	400	80	250	330	3.3E+06	A	80	2.8E+06	7.5E+07	1.9E+05　52時間	前2章13項
30-2	1.6E+05	2.0E+06	600	220	45	300	600	2.0E+06	A	45	9.5E+05	1.4E+07	1.1E+05　30時間	前2章14項
31-1	7.0E+04	2.0E+06	350	140	45	200	500	1.0E+07	A	45	8.3E+04	1.2E+06	—	山崎(1896)
32-1	1.5E+05	1.5E+06	700	350	60	120	200	4.0E+06	A	60	6.4E+04	1.3E+06	対策工徐々に決壊	2章10項
33-1	4.2E+04	1.3E+07	1300	470	—	—	—	—	—	—	2.8E+08	9年	前2章15項
34-1	3.0E+06	1.5E+08	6000	1000	60	250	500	1.9E+06	C	60	1.7E+06	3.4E+07	3.1E+05　87時間	2章11項
35-1	1.0E+04	2.6E+05	110	55	10	100	100	4.5E+04	A	10	1.0E+04	3.3E+04	—	碧海(1918)
35-2	1.8E+03	2.3E+04	35	20	8	60	100	4.5E+04	A	8	1.0E+04	2.7E+04	—	鷲谷(2002)
36-1	3.6E+04	3.0E+05	300	280	15	500	200	2.0E+05	A	15	3.2E+05	1.6E+06	3.0E+02　5分	2章12項
37-1	9.4E+04	1.7E+06	2100	800	4.5	600	330	9.0E+05	C	4.5	3.9E+05	5.3E+05	決壊せず徐々に	前2章17項
37-2	—	—	—	—	10	600	330	2.0E+06	C	10	3.5E+05	1.2E+06	決壊せず徐々に	前2章17項
38-1	1.4E+04	2.3E+05	130	25	10	120	200	1.8E+06	A	10	1.1E+05	3.7E+04	決壊せず・現存	前2章18項
38-2	2.3E+05	2.3E+06	900	350	10	100	200	1.0E+06	A	10	1.0E+05	3.4E+05	2.2E+04　6時間	井上(2008b)
38-3	4.0E+04	5.0E+05	200	130	10	150	200	2.5E+05	A	10	2.1E+05	6.5E+05	徐々に決壊	井上(2008b)
38-4	—	—	—	—	—	—	—	—	R	—	—	—	15日後豪雨で決壊	井上(2008b)
38-5	—	—	—	81	10	—	—	—	A	10	1.0E+04	3.0E+04	数時間後に決壊	井上(2008b)
38-6	—	—	200	80	—	—	40	—	A	—	—	—	人工開削	井上(2008b)
38-7	—	—	—	—	3	—	—	—	A	—	—	—	徐々に決壊	井上(2008b)
38-8	6.0E+03	6.0E+04	80	50	12	70	70	3.0E+04	A	12	—	2.2E+04	6時間	井上(2008b)
39-1	9.8E+04	4.8E+05	1200	6	320	200	150	6.0E+04	B	6	1.4E+05	2.7E+05	徐々に決壊	井上(2005)
40-1	2.7E+05	6.0E+07	1300	90	15	150	170	9.1E+05	A	10	2.0E+06	1.0E+07	人工開削	前2章19項
41-1	1.2E+05	6.5E+06	350	230	30	250	350	3.0E+06	A	23	2.2E+05	1.6E+06	8.6E+04　3日	尾沢ほか(1975)
42-1	1.4E+05	4.9E+06	320	140	60	300	80	1.5E+06	A	—	—	—	決壊日時不明	前2章20項

前章項は田畑ほか(2002):天然ダムと災害の章項を示す。他事例の文献は1章末参照　3)東経・北緯は世界標準座標
5)河道閉塞のタイプ　A:谷壁斜面の土砂移動, B:本流からの土砂流出, C:支流からの土砂流出

表1.3-3　日本の天然ダム事例一覧表（田畑ほか，2002に事例を追記）

事例No.	発生年月日	名称	東経(度)	北緯(度)	発生誘因 地震は名称とMを示す	流域面積 A1 (km²)	水系次数	地質	土砂移動の形態
43-1	1945.10.03	信濃川・梓川・島々谷	137.76	36.23	豪雨	55	5	中古生界火山岩類	土石流
44-1	1949.12.26	鬼怒川・大谷川・日光市七里	139.65	36.73	今市地震,M6.4	0.25	2	第四紀火山岩類	地すべり
45-1	1953.7.17	有田川・金剛寺	135.56	34.13	有田川水害	50	6	付加複合体	地すべり
45-2	1953.7.17	有田川・金剛寺小	135.56	34.13	有田川水害	51	6	付加複合体	土石流
45-3	1953.7.17	有田川・箕谷	135.55	34.13	有田川水害	2.5	3	付加複合体	土石流
45-4	1953.7.17	有田川・高野谷	135.54	34.14	有田川水害	59	6	付加複合体	土石流
45-5	1953.7.17	有田川・北寺	135.53	34.13	有田川水害	60	6	付加複合体	地すべり
45-6	1953.7.17	有田川・柳瀬一ノ谷	135.52	34.14	有田川水害	66	6	付加複合体	地すべり
45-7	1953.7.17	有田川・有中谷	135.53	34.15	有田川水害	3.1	4	付加複合体	地すべり
45-8	1953.7.17	有田川・臼谷	135.50	34.16	有田川水害	0.4	3	付加複合体	地すべり
45-9	1953.7.17	有田川・清水町板尾	135.48	34.12	有田川水害	99	6	付加複合体	地すべり
46-1	1961.6.27	天竜川・小渋川・大西山	138.04	35.56	三六水害	130	6	深成岩類	地すべり
47-1	1965.9.13	徳山白谷	136.52	35.71	濃尾地震後豪雨	7.4	5	付加複合体	地すべり
47-2	1965.9.13	越山谷	136.55	35.77	濃尾地震後豪雨	0.6	3	付加複合体	土石流
47-3	1965.9.13	真名川・西谷村中島	136.51	35.88	濃尾地震後豪雨	174	6	付加複合体	土石流
48-1	1967.5.04	姫川・大所川・赤禿山	137.82	36.89	融雪豪雨	80	5	新第三系堆積岩類	土石流
49-1	1971.7.16	姫川・小土山地すべり	137.91	36.77	豪雨	310	6	新第三系堆積岩類	地すべり
50-1	1976.9.12	鏡川・敷ノ山	133.42	33.63	台風17号災害	9.5	5	付加複合体	地すべり
50-2	1976.9.13	揖保川・福地・一宮の地すべり	134.61	35.05	台風17号災害	152	7	新第三系堆積岩類	地すべり
51-1	1982.8.03	紀ノ川・吉野川・和田	135.72	34.29	豪雨	140	7	付加複合体	地すべり
52-1	1984.9.14	木曽川・王滝川・御岳崩れ	137.48	35.8	長野県西部,M6.8	120	6	第四系火山噴出物	土石流
53-1	1985.7.09	神戸市北区山田町・清水	135.12	34.73	豪雨	2.4	5	新第三系堆積岩類	地すべり
54-1	1991.3.23	浜田市・周布川	132.07	34.83	豪雨	123	7	新第三系火山岩類	地すべり
54-2	1991.5.08	筑後川・矢部川・藪川	131.02	33.29	豪雨	1.6	4	新第三系火山岩類	地すべり
54-3	1991.9.19	富士川・市川大門町・神有	138.48	35.51	豪雨	0.04	1	新第三系堆積岩類	地すべり
54-4	1991.10.12	北茨城市上小津田・根古屋川	140.71	36.84	豪雨	0.12	2	古第三系堆積岩類	地すべり
55-1	1993.6.15	最上川・立谷沢川・濁沢	140.05	38.61	融雪豪雨	12	3	新第三系火山岩類	地すべり
55-2	1993.8.29	番匠川・佐伯市小半	131.75	32.95	豪雨	80	6	付加複合体	地すべり
56-1	1995.1.17	西宮市・仁川	135.34	34.77	兵庫県南部,M7.3	7.4	4	第四系堆積岩類	地すべり
57-1	1997.5.05	信濃川・裾花川・鬼無里村	138.01	36.81	豪雨	4.8	2	新第三系堆積岩類	土石流
58-1	2000.1.06	新潟県・上川村	139.48	37.55	豪雨	15	3	新第三系堆積岩類	地すべり
59-1	2004.10.23	信濃川・芋川・東竹沢	138.90	37.30	新潟県中越地震	19	5	新第三系堆積岩類	地すべり
59-2	2004.10.23	信濃川・芋川・十二平	138.90	37.29	新潟県中越,M6.8	24	5	新第三系堆積岩類	地すべり
59-3	2004.10.23	信濃川・芋川・楢木	138.91	37.32	新潟県中越	8.9	4	新第三系堆積岩類	地すべり
59-4	2004.10.23	信濃川・芋川・南平	138.92	37.33	新潟県中越	8.3	4	新第三系堆積岩類	地すべり
59-5	2004.10.23	信濃川・芋川・寺野	138.92	37.34	新潟県中越	4.8	3	新第三系堆積岩類	地すべり
60-1	2005.9.06	耳川・野々尾	131.30	32.50	豪雨	410	7	付加複合体	地すべり
61-1	2008.6.14	北上川・一迫川・湯ノ倉温泉	140.76	38.89	岩手・宮城内陸地震	25		第四系火山噴出物	地すべり
61-2	2008.6.14	北上川・一迫川・湯浜	140.73	38.92	岩手・宮城内陸,M7.2	17		第四系火山噴出物	地すべり
61-3	2008.6.14	北上川・一迫川・川原小屋沢	140.75	38.80	岩手・宮城内陸	15		第四系火山噴出物	地すべり
61-4	2008.6.14	北上川・一迫川・温湯	140.78	38.86	岩手・宮城内陸	44		第四系火山噴出物	地すべり
61-5	2008.6.14	北上川・一迫川・小川原	140.78	38.84	岩手・宮城内陸	71		第四系火山噴出物	地すべり
61-6	2008.6.14	北上川・一迫川・浅布	140.79	38.83	岩手・宮城内陸	74		第四系火山噴出物	地すべり
61-7	2008.6.14	北上川・一迫川・坂下	140.82	38.80	岩手・宮城内陸	76		第四系火山噴出物	地すべり
61-8	2008.6.14	北上川・二迫川・荒戸沢	140.85	38.90	岩手・宮城内陸	20		第四系火山噴出物	地すべり
61-9	2008.6.14	北上川・三迫川・沼倉裏沢	140.86	38.91	岩手・宮城内陸	17		第四系火山噴出物	地すべり
61-10	2008.6.14	北上川・三迫川・沼倉	140.86	38.90	岩手・宮城内陸	18		第四系火山噴出物	地すべり
61-11	2008.6.14	北上川・磐井川・産女川	140.87	38.95	岩手・宮城内陸	4.4		第四系火山噴出物	地すべり
61-12	2008.6.14	北上川・磐井川・須川	140.80	39.01	岩手・宮城内陸	17		第四系火山噴出物	地すべり
61-13	2008.6.14	北上川・磐井川・槻木平	140.88	39.13	岩手・宮城内陸	60		第四系火山噴出物	地すべり
61-14	2008.6.14	北上川・磐井川・市野々原	140.90	39.00	岩手・宮城内陸	67		第四系火山噴出物	地すべり
61-15	2008.6.14	北上川・磐井川・下真坂	141.01	38.96	岩手・宮城内陸	152		第四系火山噴出物	地すべり

1)天然ダムは発生年月日、1/2.5万地形図で位置と形態の分かる事例　2)引用文献：章項は本書、震章項は中村ほか(2000)：地震砂防，3)上記の文献にない数値は1/2.5万地形図をもとに計測した。　4)地質は産業総合研究所のシームレス地質図(2010年版)等を参考にした。

どで、多くの天然ダムが形成された。また、2章で詳述するように、史料調査の進展によって、11災害の天然ダムが明らかになった。上記以外にも重要と思われる事例を追加して、表1.2の日本の天然ダムの年次別災害一覧表（61災害）を作成した。集計整理できた天然ダムは、61災害168事例で、表

事例 No.	発生源面積 A2 (m²)	移動土塊量 V1 (m³)	水平距離 L1 (m)	比高 (m)	堰止高 H1 (m)	堰止幅 D (m)	堰止長 L (m)	堰止土量 V2 (m³)	堰止タイプ	湛水高 H2 (m)	湛水面積 A3 (m²)	湛水量 V2 (m³)	継続時間 T 秒(s) 年・日	引用文献
43-1	1.4E+04	7.0E+04	1000	530	15	50	100	3.0E+04	C	15	5.0E+03	2.5E+04	直ちに決壊	松本砂防(2003)
44-1	3.0E+03	9.0E+03	200	40	8	50	100	4.5E+03	A	8	2.0E+03	5.3E+03	決壊せず・現存	震4章5項
45-1	3.0E+04	5.2E+06	830	350	60	480	500	2.6E+06	A	60	8.4E+05	1.7E+07	3.6E+06　42日	前5章2項
45-2	1.4E+05	1.4E+06	1000	380	20	170	250	3.0E+05	C	—	—	—	直ちに決壊	前5章2項
45-3	—	—	—	—	3	50	—	—	B	3	4.0E+03	4.0E+03	—	前5章2項
45-4	—	—	—	—	10	30	80	1.7E+04	C	5	1.8E+04	3.0E+04	埋没して消滅	前5章2項
45-5	8.0E+04	6.4E+05	380	180	10	120	150	1.8E+05	A	10	1.4E+04	4.7E+04	6.0E+01　1分	前5章2項
45-6	1.0E+04	4.5E+04	150	110	5	40	120	2.4E+05	A	5	9.0E+03	1.5E+04	—	前5章2項
45-7	9.3E+04	4.6E+05	300	180	40	100	200	4.0E+05	A	35	2.3E+04	2.7E+05	5.8E+06　67日	前5章2項
45-8	2.5E+04	2.5E+05	180	30	25	80	90	9.0E+04	A	20	9.0E+03	6.0E+04	—	前5章2項
45-9	3.6E+04	1.8E+05	250	180	15	90	150	9.0E+04	A	15	1.6E+05	8.0E+05	直ちに決壊	2章9項
46-1	1.6E+05	3.0E+06	200	40	6	50	800	2.4E+06	A	6	2.0E+05	4.0E+05	直ちに決壊	前2章23項
47-1	4.1E+04	1.8E+06	5000	200	65	260	150	9.8E+05	A	50	1.2E+05	2.0E+06	一部決壊・開削	前4章2項
47-2	4.9E+04	9.8E+05	1200	10	70	280	450	6.3E+05	A	10	8.7E+05	2.9E+05	—	前4章2項
47-3	3.5E+04	2.0E+05	700	420	15	250	200	2.0E+05	A	15	2.9E+05	1.5E+06	4.8E+02　8分	高橋(1988)
48-1	1.2E+05	5.0E+05	1800	690	15	100	150	1.0E+05	C	15	4.0E+04	2.0E+05	6.9E+07　800日	松本砂防(2003)
49-1	2.4E+04	2.0E+06	200	75	—	60	150	—	A	—	2.5E+04	—	自然流出	前2章24項
50-1	5.0E+04	8.0E+05	400	300	20	100	150	1.5E+05	A	10	3.0E+04	3.3E+04	自然流出	鏡村(1976)
50-2	6.0E+04	8.1E+05	450	120	10	250	600	6.0E+05	A	10	1.0E+05	1.3E+05	人工開削	島(1987)
51-1	3.1E+04	5.0E+05	300	120	15	130	180	1.8E+05	A	15	2.5E+05	1.3E+05	人工開削	前2章25項
52-1	4.1E+04	3.4E+07	1300	650	40	280	3300	2.6E+07	C	22	3.3E+05	3.7E+06	現存, 流路工建設	前4章1項
53-1	2.2E+03	1.8E+04	65	35	6	7	30	1.2E+03	A	3	8.0E+02	8.0E+02	人工開削	前2章27項
54-1	2.0E+04	3.0E+05	150	210	15	30	100	5.0E+04	A	15	3.0E+04	1.5E+04	人工開削	島根県砂防課(1994)
54-2	4.0E+03	8.0E+03	40	30	10	50	150	8.0E+03	A	10	2.5E+03	8.0E+03	人工開削	大分県砂防課(1994)
54-3	2.0E+04	1.5E+05	200	80	—	—	100	1.0E+05	A	—	—	—	人工開削	山梨県砂防課(1994)
54-4	2.2E+04	2.2E+05	130	30	5	20	110	5.0E+03	A	—	—	—	人工開削	茨木県砂防課(1994)
55-1	2.0E+06	4.7E+07	600	500	—	—	300	1.3E+07	A	—	—	—	自然流出	柳原ほか(1994)
55-2	2.0E+04	2.0E+05	250	40	6	70	100	1.0E+05	A	6	7.0E+04	1.4E+05	大分県砂防(1984)
56-1	1.8E+04	3.6E+04	150	30	5	50	120	1.8E+04	A	5	—	—	人工開削	土砂災害年報(1996)
57-1	1.0E+05	9.3E+05	420	50	40	50	415	8.0E+04	A	22	6.3E+05	2.1E+05	人工開削	前2章28項
58-1	2.5E+03	3.6E+04	420	50	20	24	90	2.2E+04	A	20	2.3E+04	7.6E+04	土砂埋塞	前2章29項
59-1	1.0E+05	1.3E+06	350	100	32	300	350	6.6E+05	A	28	2.8E+05	2.6E+06	人工開削	1章3項
59-2	—	—	—	—	—	—	—	—	A	—	—	—	自然流出	1章3項
59-3	—	—	—	—	—	—	—	—	A	—	—	—	自然流出	1章3項
59-4	—	—	—	—	—	—	—	—	A	—	—	—	自然流出	1章3項
59-5	8.0E+04	1.0E+06	360	120	31	230	360	3.0E+05	A	26	4.5E+05	3.9E+05	人工開削	1章3項
60-1	1.5E+05	3.9E+06	500	250	57	120	370	2.0E+06	A	57	1.4E+05	2.6E+06	3.0E+03　50分	1章4項
61-1	6.1E+04	2.5E+06	500	270	32	90	660	8.1E+05	A	22	4.5E+04	4.6E+05	上部侵食・現存	1章5項
61-2	1.2E+05	3.0E+06	340	250	50	200	1000	2.2E+06	A	42	5.7E+04	7.9E+05	決壊せず現存	1章5項
61-3	3.0E+04	6.0E+05	200	70	24	170	400	2.7E+05	A	24	1.7E+04	1.1E+05	—	1章5項
61-4	2.6E+04	3.8E+05	270	220	3	80	580	7.4E+05	A	—	—	—	一部自然流出・現存	1章5項
61-5	4.2E+04	4.9E+05	340	130	18	200	520	4.9E+05	A	12	3.4E+03	2.7E+04	不明者捜索で開削	1章5項
61-6	1.7E+04	3.0E+05	200	120	7	220	220	3.0E+05	A	6	7.5E+03	1.0E+04	決壊せず現存	1章5項
61-7	3.5E+04	9.0E+04	130	130	3	20	80	9.0E+04	A	—	—	—	人工開削	1章5項
61-8	1.1E+06	6.7E+07	1300	150	—	—	—	—	A	—	—	—	—	1章5項
61-9	1.2E+05	2.9E+06	250	500	26	160	560	1.2E+06	A	26	5.4E+04	3.1E+05	6.0E+05　7日	1章5項
61-10	1.0E+05	2.7E+05	480	160	7	120	300	2.7E+05	A	—	—	—	不明者捜索で開削	1章5項
61-11	1.4E+05	1.3E+07	420	230	50	200	260	1.2E+07	A	—	—	—	小規模湛水多数	1章5項
61-12	4.6E+04	3.9E+05	300	140	10	130	280	3.9E+05	A	10	2.0E+04	9.5E+04	自然流出	1章5項
61-13	7.2E+03	8.0E+04	80	60	5	60	160	8.0E+04	A	—	—	—	LP時点で湛水無	1章5項
61-14	1.1E+05	8.4E+06	430	130	33	200	700	1.7E+06	A	29	2.0E+05	1.8E+06	一部人工開削・現存	1章5項
61-15	1.3E+03	1.0E+04	80	30	7	30	60	2.0E+04	A	—	—	—	LP時点で湛水無	1章5項

前章項は田畑ほか(2002): 天然ダムと災害の章項を示す。他事例の文献は1章末参照　3)東経・北緯は世界標準座標
5)河道閉塞のタイプ　A:谷壁斜面の土砂移動, B:本流からの土砂流出, C:支流からの土砂流出

1.3に示した。

　地球惑星科学関連学会2009年合同学会では小嶋智・諏訪浩・横山俊治（2009）がコンビーナとなっ

て、セッション（Y229）「地すべりダムとせき止め湖: 形成から発展、消滅まで」が開催され、14編の地すべりダム関連の発表が行われた。井上(2009)は、

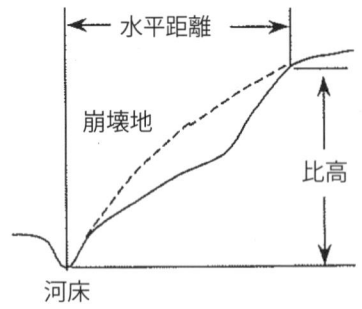

図 1.3 河道閉塞土砂の水平距離と比高の概念図（田畑ほか 2002）

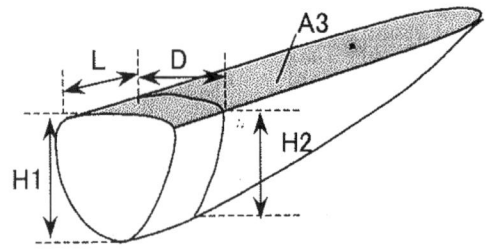

図 1.4 天然ダムの H1、D、 L、H2、A3 の概念図（田畑ほか 2002）

「大規模天然ダムの形成と決壊洪水の事例紹介」と題して、基調発表した。これらの発表の中には、形成年月日が判明していないため（^{14}C 年代などは判明している）、表 1.2 や表 1.3 に採択しなかった事例もある。これらの事例については、1 章末の文献を参照して頂きたい。

図 1.2 は、表 1.3 をもとに作成した日本の天然ダムの形成地点一覧図である。この図は、防災科学技術研究所の土志田正二氏に「地すべり地形分布図」をもとに、天然ダムの形成地点をプロットして頂いたものである。

2） 一覧表の作成方法

表 1.3 に示した天然ダムの一覧表は、田畑ほか（2002）『天然ダムと災害』に掲載されている事例はそのまま記載し（一部修正）、表の引用文献の欄に章・項を前章項として示した。また、中村ほか（2000）『地震砂防』の事例は、震章項として示した。『地震砂防』と『天然ダムと災害』の目次は本書の巻末を参照されたい。本書で新たに説明している事例は、本書の章項を示した。その他の事例については、1 章末の引用・参考文献を参照して頂きたい。上記の文献などに記載されていない項目については、田畑ほか（2002）と同じ手法で、1/2.5 万地形図をもとに計測したので、計測項目を簡単に説明する。

① 東経・北緯

天然ダムの形成地点の東経・北緯は、国土地理院の地図検索データから世界標準座標を示した。

② 発生誘因

天然ダムの発生誘因は、地震・豪雨・噴火に分けて示し、地震名や水害名も記した。

③ 流域面積（A1）

流域面積は、河道閉塞地点より上流部について、1/2.5 万地形図、1/20 万地勢図などをもとに計測した。

④ 水系次数

水系次数は河川のおおよその規模を知る上で重要な要素であるので、1/2.5 万地形図上で谷幅よりも谷の奥行きが大きな谷を 1 次谷とみなし、河道閉塞地点の Strahler（1952）の水系次数を示した。

⑤ 地質

地質は産業総合研究所の 1/20 万のシームレス地質図（2010 年版）などを参考に記載した。

⑥ 土砂移動の形態

河道閉塞した土砂移動のタイプを「地すべり」、「土石流」、「噴火」、「断層変位」などに分類して示した。

⑦ 発生源面積（A2）

発生源の面積は、文献中の数値、もしくは地形図から計測した。面積の計測にはプラニメーターやデジタイザーを持ちる方法と土砂移動の形状を三角形・台形・長方形などに近似して計測した。

⑧ 移動土砂量（V1）

V1 は A2 に平均の深さを想定して算出した。

⑨ 水平距離、比高

水平距離は土砂移動の頭部から河床までの距離、比高は土砂移動の頭部から河床までの比高を示す（図 1.3 参照）。

⑩ 堰止め高（H1）、堰止め幅（D）、堰止め長（L）、湛水高（H1）

これらの数値は、図1.4の概念図をもとに、文献中の数値、または1/2.5万地形図から計測した。

⑪ 堰止め土量（V2）

堰止め土量は、文献中の数値、または1/2.5万地形図から三角柱として、次式で計測した。

$V2 = 1/2 \times H1 \times D \times L$

⑫ 堰止めタイプ

堰止めタイプは以下の3つに区分した。

A: 谷壁斜面の崩壊・地すべりによる河道閉塞
B: 本流上流からの土砂流出による河道閉塞
C: 支川上流からの土砂流出による河道閉塞

⑬ 湛水面積（A3）

湛水面積は、文献中の数値、または1/2.5万地形図から湛水標高の等高線に囲まれた範囲を計測した。

⑭ 湛水量（V3）

湛水量は、文献中の数値、または湛水の形状を三角錐と想定して、次式で計測した。

$V3 = 1/3 \times A3 \times H2$

⑮ 継続時間（T）

継続時間は河道閉塞の時から天然ダムの湛水が消滅するまでの時間を秒と年月日で示した。満水後すぐに決壊している場合には、段波状の決壊洪水が生じている場合が多いが、長時間経過後の決壊では徐々に流出している場合も多い。徐々に土砂が流入して埋没してしまったものや開削工事によって解消された場合もある。また、決壊せず現存している天然ダムもあり、地域の貴重な水源や観光資源となっている場合もある。

3) 天然ダムの規模別順位

表1.3と図1.2を比較検証すると、天然ダムの疎密度があり、日本列島の地形・地質条件に関連していることが判る。図1.2の背景には、地形の起伏状況と防災科学技術研究所が公開している地すべり地形を示している。

表1.4と1.5は、表1.3をもとに集計した天然ダムの湛水量と湛水高の順位表である。

湛水量の最大値は、五畿七道地震（888）による八ヶ岳の古千曲湖1で、5.8億m^{3}にも達する。10位でも鬼怒川・五十里崩れ（1683）で、6400万m^{3}となっている。

湛水高の最大値は、十津川水害時（1889）の小川新湖で190mにも達する。10位でも天正地震（1586）時の庄川・前山地すべりで、100mにも達する。

このような大規模天然ダムが形成された場合、新潟県中越地震（2004）や岩手・宮城内陸地震（2008）時のような天然ダム対策（ハード対策）は困難であろう。湛水高が高く、湛水量が大きな天然ダムが形成された場合の対応策（警戒避難を主とするソフト対策）も検討しておく必要がある。

表1.4 日本の天然ダムの湛水量の順位

順位	事例No.	発生年月日	名　称	発生原因地震名称(M)	湛水高(m)	湛水量(m^3)
1	2-1	887.8.22	千曲川・古千曲湖1	五畿七道,M8.0-8.5	130	5.8E+08
2	21-1	1847.5.08	信濃川・犀川・岩倉山	善光寺地震, M7.4	65	3.5E+08
3	7-1	1611.12.03	阿賀野川・山崎新湖	会津地震,M6.9	10	1.8E+08
4	6-1	1586.1.18	庄川・帰雲山崩れ	天正地震,M7.8-8.1	90	1.5E+08
5	26-1	1888.7.15	磐梯山・桧原湖	水蒸気爆発	25	1.5E+08
6	5-1	1502.1.28?	姫川・真那板山	越後南西部,6.5-7.0	140	1.2E+08
7	3-1	1176.11.19	魚野川・石打	豪雨？	80	9.2E+07
8	17-1	1757.6.24	信濃川・梓川・トバタ崩れ	豪雨	130	8.5E+07
9	30-1	1892.7.25	那賀川・高磯山	豪雨	80	7.5E+07
10	11-1	1683.10.20	鬼怒川・五十里崩れ	日光南会津,M7.0	58	6.4E+07

表1.5 日本の天然ダムの湛水高の順位

順位	事例No.	発生年月日	名　称	発生原因地震名称(M)	湛水量(m^3)	湛水高(m)
1	27-19	1889.8.19	十津川・小川新湖	十津川水害	3.8E+07	190
2	23-1	1858.4.09	鳶崩れ・常願寺川・真川	飛越地震,M7.0-7.1	3.8E+06	150
3	5-1	1502.1.28?	姫川・真那板山	越後南西部,6.5-7.0	1.2E+08	140
4	27-5	1889.8.19	十津川・立里新湖	十津川水害	2.6E+07	140
5	1-2	714or715	天竜川・遠山川・池口	遠江地震	3.1E+07	130
6	2-1	887.8.22	千曲川・古千曲湖1	五畿七道,M8.0-8.5	5.8E+08	130
7	17-1	1757.6.24	信濃川・梓川・トバタ崩れ	豪雨	8.5E+07	130
8	21-5	1847.5.08	信濃川・中津川・切明・南側	善光寺地震	2.8E+07	110
9	21-6	1847.5.08	信濃川・中津川・切明・西側	2箇所に形成	2.6E+07	110
10	6-4	1586.1.18	庄川・前山地すべり	天正地震	2.0E+07	100

1.3 新潟県中越地震(2004)による天然ダム

2004年10月24日に新潟県中越地震では、砂防学会や日本地すべり学会、土木学会、地盤工学会などが調査団を派遣し、多くの調査結果を学会誌やホームページで公開している。また、多くの調査・研究者が学会や大学などの研究発表会で成果を公表している。

国土地理院や独立行政法人防災科学技術研究所なども、独自の調査結果を公表している。また、各航測会社も地震前後に撮影した航空写真や判読図などを公表している。

国土交通省北陸地方整備局・湯沢砂防事務所や新潟県では、天然ダム形成に伴うソフト・ハードの対応策を実施し、各機関などのホームページなどで、途中経過を含めて詳しく公表するようになった。

井上・向山(2007)では、2006年1月に新しく図化された1/2.5万地形図を用いた地形図判読によって作成した図表を紹介している。本項では、これらの図から新潟県中越地震の被災地域の地形・地質特性と天然ダムの形成状況について説明する。

1) 東山丘陵の地形・地質特性

新潟県の中越地方は、標高300～500mの丘陵性山地からなり、新第三紀層地すべりの多発地帯である。2004年の新潟県中越地震の震源は、魚野川東側の東山丘陵と呼ばれる地帯で、多くの土砂災害、天然ダムが形成された。東山丘陵の中央部を北から南方向に芋川(流域面積39.3km2)が流下し、小千谷市竜光地先で魚野川に流入している。

図1.5は、1/5万地質図「小千谷」図幅(柳沢ほか、1986、地質調査所)をもとに、白黒で編集し直したものである。図1.6は、1/2.5万地形図「小平尾」、「半蔵金」、「小千谷」、「片貝」の新図幅(地震直後に改測された)をもとに、1kmの谷埋め法で接峰面を作成したものである。

新第三紀中新世の溶岩・火山角礫岩からなる地帯が400～700mの起伏の大きな山地(猿倉岳)からなるのに対し、新第三紀鮮新世～第四紀更新世(塊

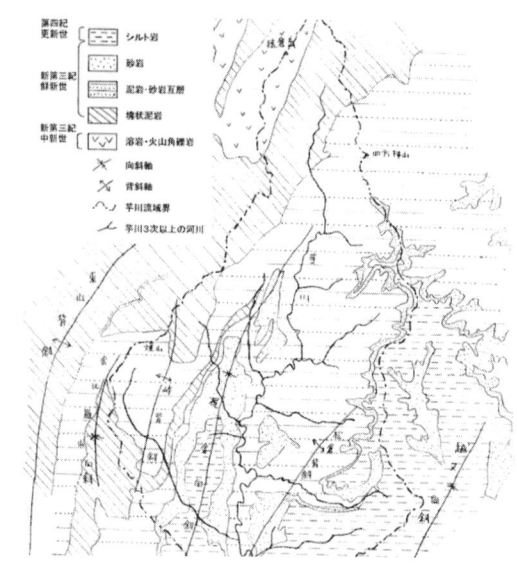

図1.5 芋川流域の地質図(1/5万地質図幅「小千谷」(柳沢ほか1986)をもとに作成)

状泥岩、泥岩・砂岩互層、砂岩、シルト岩)からなる地帯は、300～500mの丘陵性山地となっている。

芋川本川は北北東～南南東に延びる梶金向斜軸の東側を大きく陥入蛇行しながら流下していて、深い渓谷をなしている。接峰面(スカイラインに近似する)はかなり平坦であり、東山丘陵地帯の隆起が激しいことが判る。

芋川の水系網はこの地域の地質構造に調和している。しかし、完全に一致している訳ではなく、芋川の流路は向斜軸から東側に少しずれている。梶金向斜軸付近や東側の流域界になっている尾根部には、砂岩層が分布している。この地域の砂岩層はシルト岩・砂泥互層に比較し、透水性が高いため、侵食に対する抵抗性が高い。このため、芋川はより侵食されやすい東側の地区を選択して流下している。このため、大規模な河道閉塞を起こした寺野と東竹沢地区は20～30度の流れ盤構造を示している。

2) 中越地震による災害状況の分布

新潟県中越地震では、震源に近かった東山丘陵を中心に多くの崩壊や地すべり、土石流が発生した。東山丘陵を北から南に向かって、芋川が流下し、魚野川に流入している。芋川流域に存在した旧山古志村へ通じる道路はほぼ完全に通行不能となったた

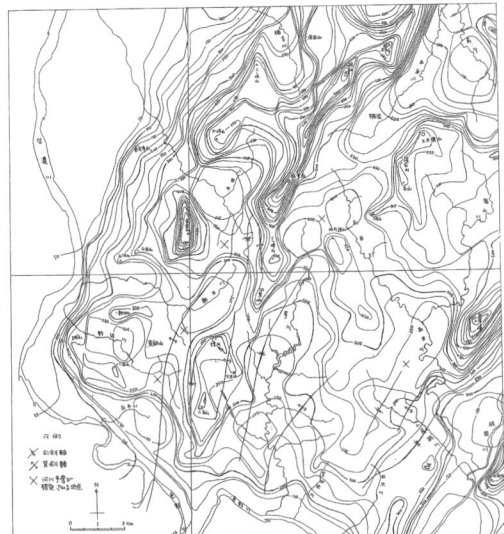

図 1.6 東山丘陵の接峰面図（1km 谷埋め法）
（井上・向山 2007）

表 1.6 寺野と東竹沢の天然ダムの比較

地　区		寺　野	東竹沢
流域面積		4.87km²	18.6km²
河道閉塞の規模	高さ	31.1m	31.5m
	最大長	260m	320m
	最大幅	123m	168m
	堰き止め土量	30.3万 m³	65.6 万 m³
	最大湛水量	38.8万 m³	256 万 m³
地すべりの規模	長さ	360m	350m
	幅	230m	295m
	想定深さ	25m	30m
	移動土砂量	104 万 m³	129 万 m³

北陸地方整備局中越地震復旧対策室・湯沢砂防事務所（2004）より編集

め、全村避難の緊急措置がとられた。この芋川流域の複数個所で河道閉塞現象が発生し、上流域で徐々に湛水が始まり、天然ダム（表 1.3 の事例 No.59）が形成されるようになった。

図 1.7 は、（株）パスコと国際航業（株）が中越地震翌日の 10 月 24 日に撮影した航空写真をもとに図化した 1/1 万平面図をもとに、芋川の河床断面図と天然ダムの河道閉塞位置を示したものである。河道閉塞の背後には天然ダムが最高水位となった時点の水位標高と湛水範囲を示してある。芋川の河床勾配は、魚野川合流地点で 0.6%（魚野川本川 0.3%）、東竹沢地点で 1.0%、寺野地点で 3.5%となっている。寺野地点は土石流が流下した場合の停止勾配（2%）よりも急勾配となっている。

その他の河道閉塞地点の天然ダムは堰止め高が

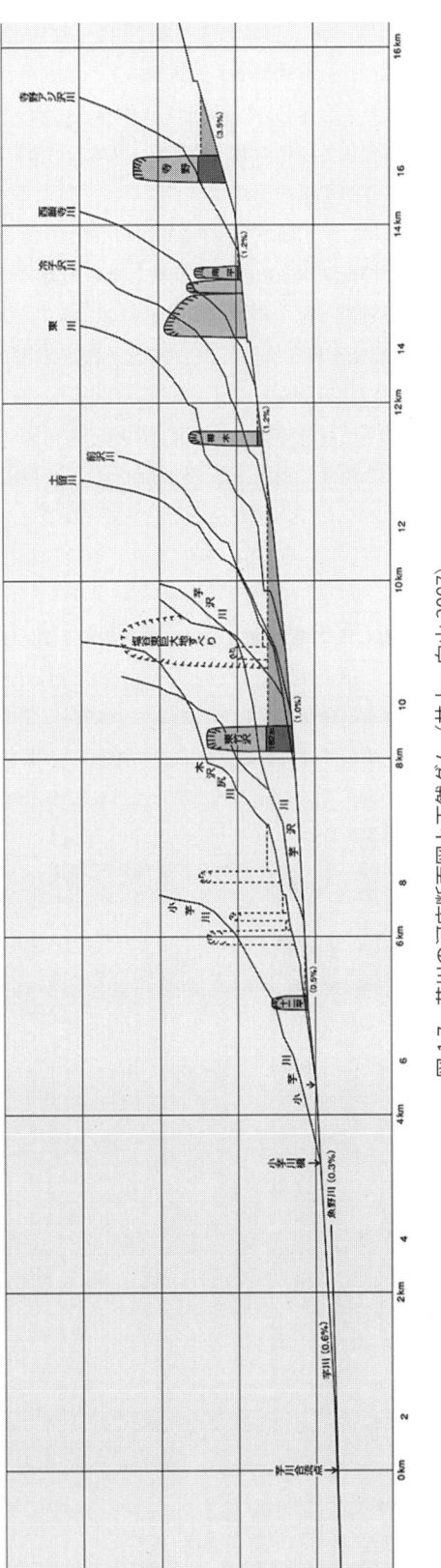

図 1.7 芋川の河床断面図と天然ダム（井上・向山 2007）

10m以下で、湛水量はあまり多くない。これらの天然ダムは、自然消滅や人工開削によって安全な状態になった。しかし、堆砂による天然ダムの消滅は、河床上昇による河積の減少や道路・人家・田畑の埋没という現象を引き起こした。

表1.6は、芋川流域で最も規模の大きかった寺野と東竹沢の天然ダムの状況を比較したものである。

国土地理院では、中越地震翌日の2004年10月24日に航空写真を撮影し、災害状況の写真判読を行い、10月29日に公表している（図1.8）。この時点では芋川流域で数箇所の河道閉塞箇所を認めているが、上流部に湛水はしていなかった。5日後の10月28日に航空写真を撮影し、判読結果を11月1日に公表している（図1.9）。また、16日後の11月08日に航空写真を撮影し、判読結果を11月12日に公表している（図1.10）。図1.8～1.10を比較すると、河道閉塞された上流部に湛水が始まり、次第に湛水範囲が拡大しつつあることが判る。

特に、上流部の寺野地区と東竹沢地区の天然ダムは規模が大きく、4章で詳述するように様々な対応策が構築された。

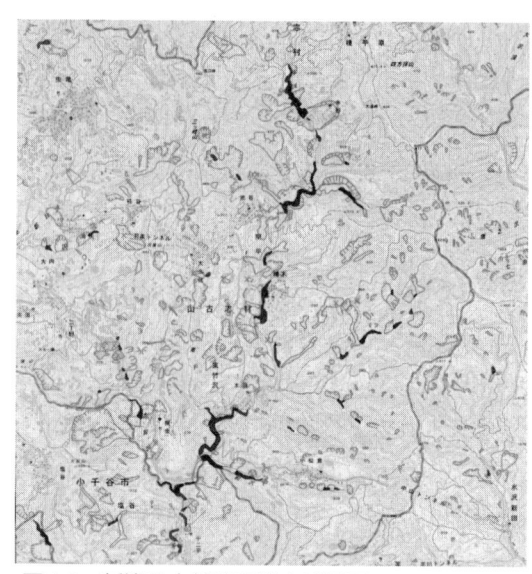

図1.9　新潟県中越地震災害状況図
　　　（国土地理院10月28日撮影、11月01日判読結果公表）

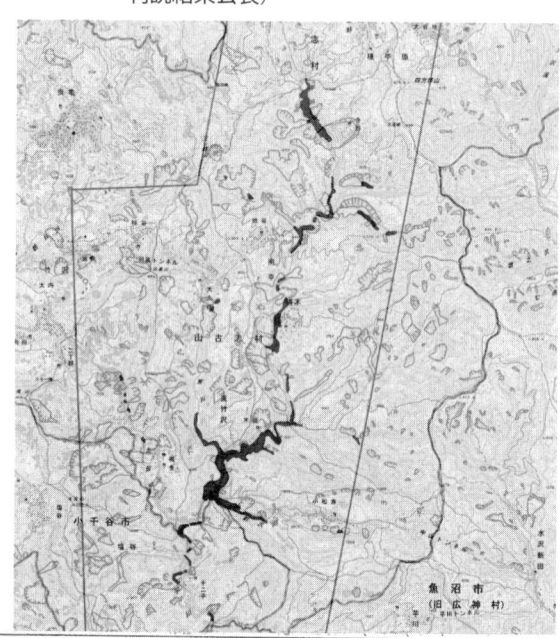

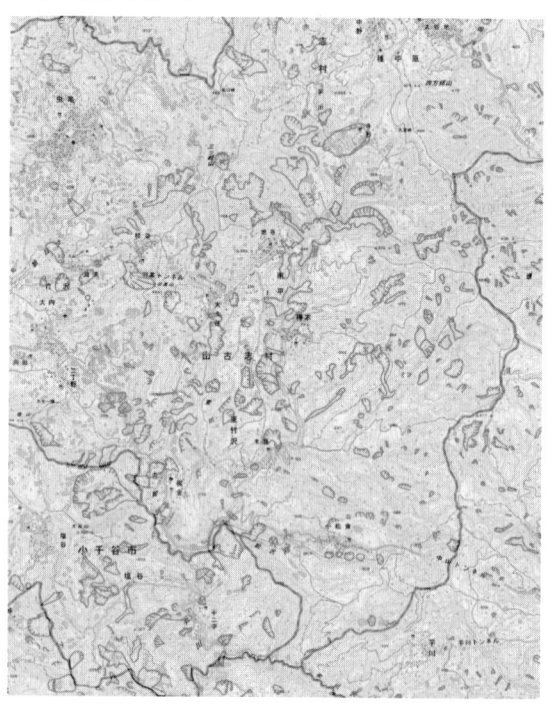

図1.8　新潟県中越地震災害状況図
　　　（国土地理院10月24日撮影、10月29日判読結果公表）

図1.10　新潟県中越地震災害状況図
　　　（国土地理院11月08日撮影、11月12日判読結果公表）

3) 寺野と東竹沢の地形変化

財団法人深田地質研究所の大八木規夫理事は、2000～06年の『Fukadaken News』に、「地すべり地形の判読」を長期にわたって連載した。図1.11、図1.12は寺野地区と東竹沢地区の新潟県中越地震前後の写真判読結果（大八木2005）を示したものである。

写真1.1、1.2は寺野地区、写真1.3、1.4は東竹沢地区の地震前後の航空写真で、立体視できるように配列してある。これらの写真を立体視して、図1.11、図1.12の判読結果を比較検証して欲しい。大八木（2007）には、詳細な判読結果が詳述されている。

① 寺野地区

寺野地区で今回土砂移動した範囲は、地震前の航空写真によれば、大きな地すべりブロックの中・下部斜面が急激な地すべり変動を起こし、芋川を河道

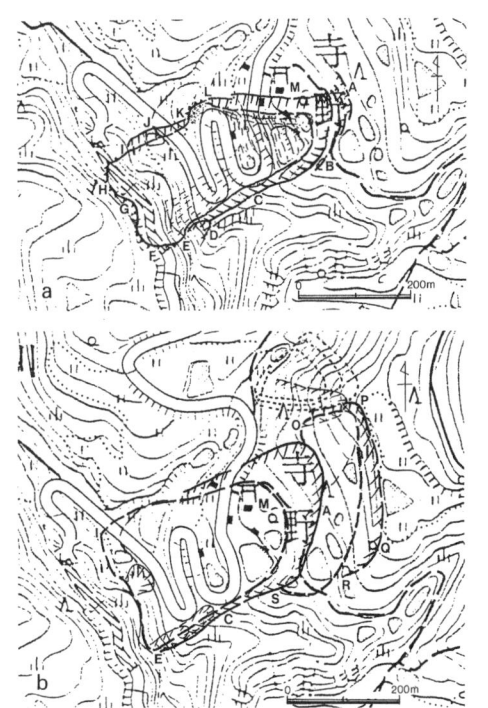

図1.11　写真判読による地すべり地形分類図寺野地区（a: 災害後、b: 災害前）
写真判読は大八木（2005、07）による。

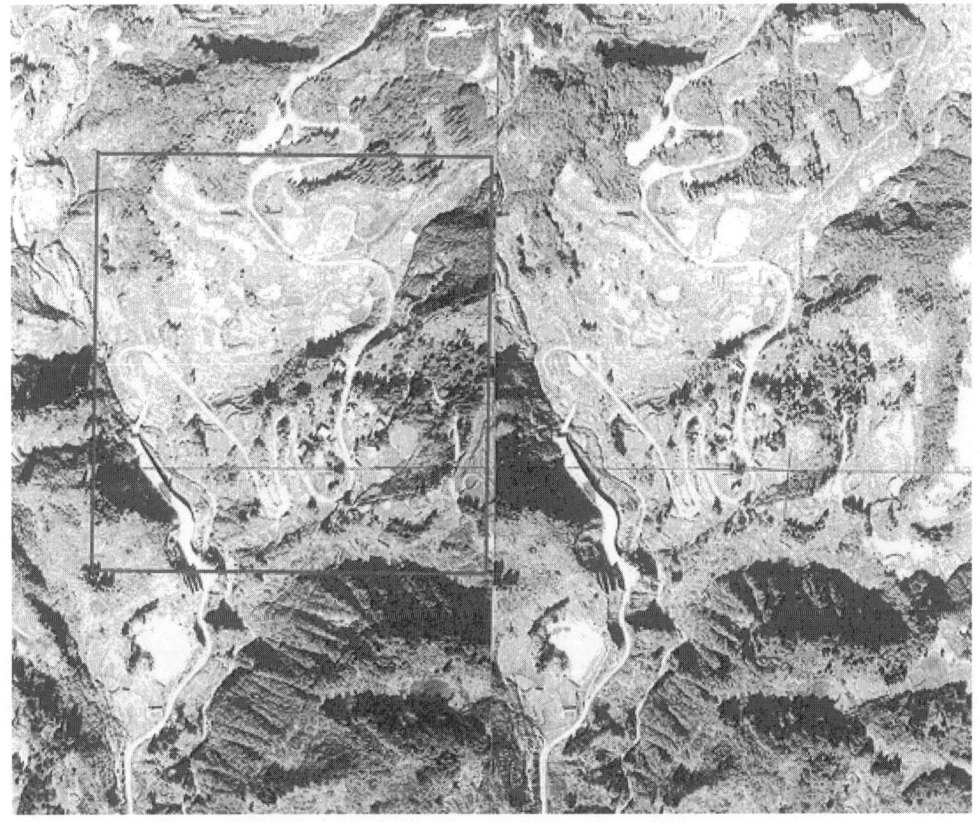

写真1.1　地震前の寺野地区の立体写真（1975年10月16日、CCB-75-11、C31-60, 61）

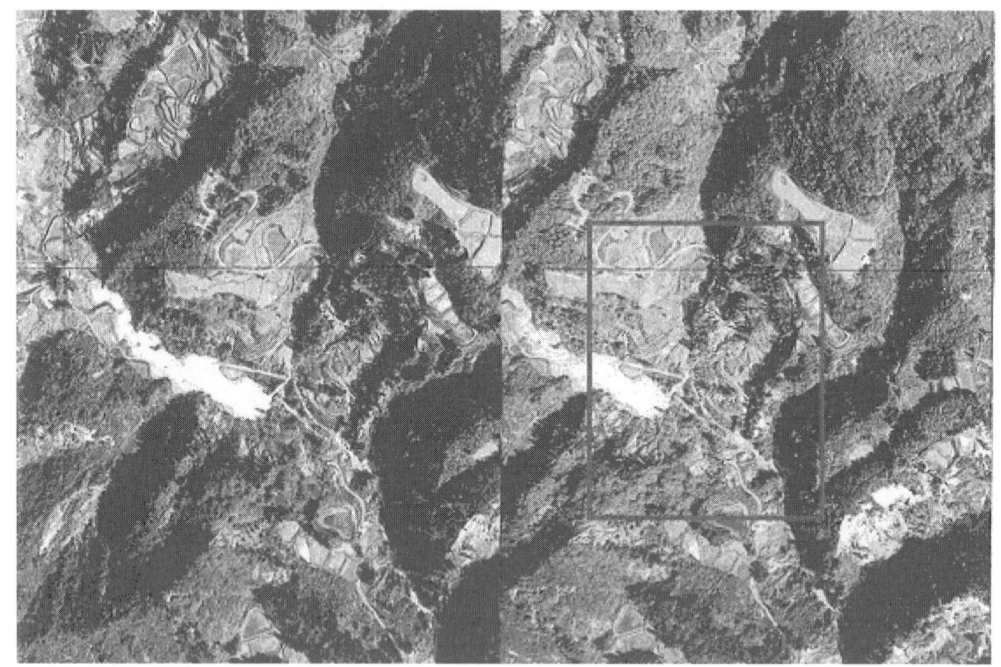

写真1.2 地震後の寺野地区の立体写真（2004年10月28日、CCB-2004-1、C23-0966, 0967）

閉塞したことが判る。地震後の写真は4日後の10月28日の撮影であるため、上流側の湛水が広がり始めている。対岸を通っていた雪崩対策の覆工は、地すべり土塊でほぼ完全に押し潰されている。地震前に寺野地区に存在した曲がりくねった道路は、ほぼ完全に破壊されている。寺野地区を含む東山丘陵（芋川流域）は、地すべり地帯で「魚沼こしひかり」で有名な棚田地帯である。また、錦鯉の養殖池も多く存在した。これらの棚田や養殖池も中越地震の強震動で大打撃を受けたことが判る。

② 東竹沢地区

当地区は芋川流域で最も大規模な天然ダムが形成された地区であり、国土交通省北陸地方整備局湯沢砂防事務所で適切な天然ダム対策が施工された地区である。図1.9の判読に使用した写真は地震から5日後の10月28日であるため、湛水域はそれほど広がっていない。表1.3、1.6に示したように、天然ダムの高さが31.5m、湛水容量が256万m^2とかなり大きかったため、満水になるまでの時間が天然ダム対策の余裕時間となった（詳細は4章参照）。

芋川の右岸側には旧東竹沢小学校（1977年に開

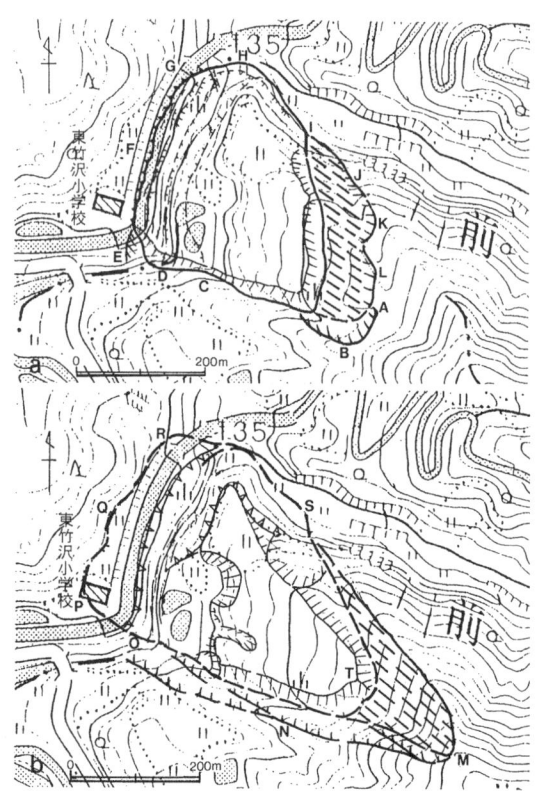

図1.12 写真判読による地すべり地形分類図東竹沢地区（a: 災害後、b: 災害前）写真判読は、大八木（2005、07）による

校されたが、2000年には山古志小学校に統合された（井上2007）。この校舎が中越地震時には残っており、緊急の天然ダム対策の施工ヤードとして、役に立った。現在は天然ダム対策工事の進捗に伴い、校舎も撤去された。東竹沢地区は、図1.13の断面図に示されているように、流れ盤の層すべりであった。斜面上部からの急激な地すべり変動によって、芋川は高さ30m以上も河道閉塞された。図1.14

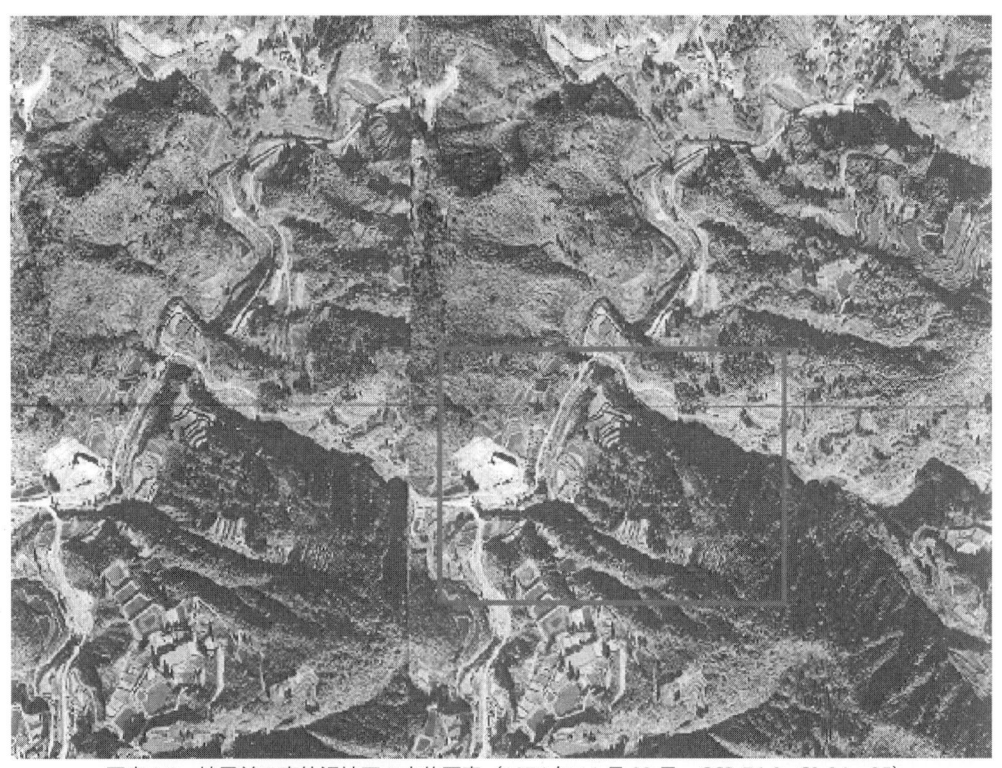

写真1.3　地震前の東竹沢地区の立体写真（1976年11月02日、CCB-76-3、C3-34，35）

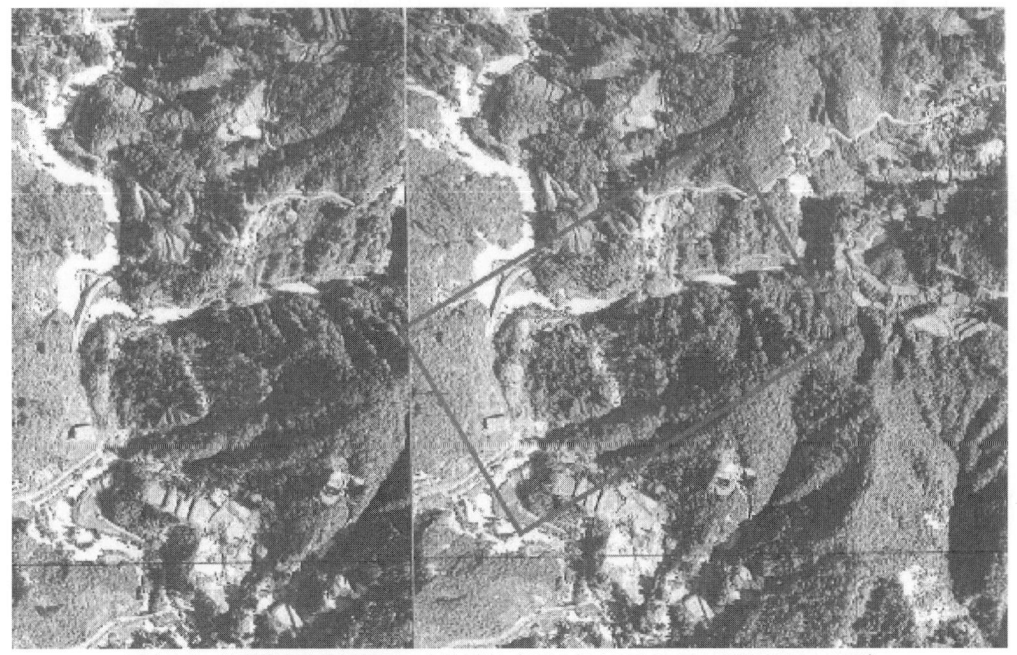

写真1.4　地震後の東竹沢地区の立体写真（2004年10月28日、C26-0917，0918）

（口絵2）は中越地震の10月23日から翌年の1月初めまでの水位変動と天然ダムの対応策を示している。天然ダムの満水位EL.161.0mに達する（湛水容量256万m³）と越流し始め、洪水段波を生じ、芋川下流の竜光地区に大きな被害を与える危険性があった。

このため、芋川の下流域では監視カメラや水位計・ワイヤーセンサーを設置し、洪水段波が生じた場合に、警戒・避難体制を充実させた。

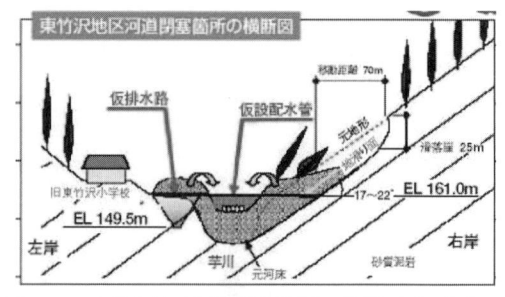

図1.13 東竹沢地区河道閉塞箇所の横断図（国土交通省北陸地方整備局、2004b）

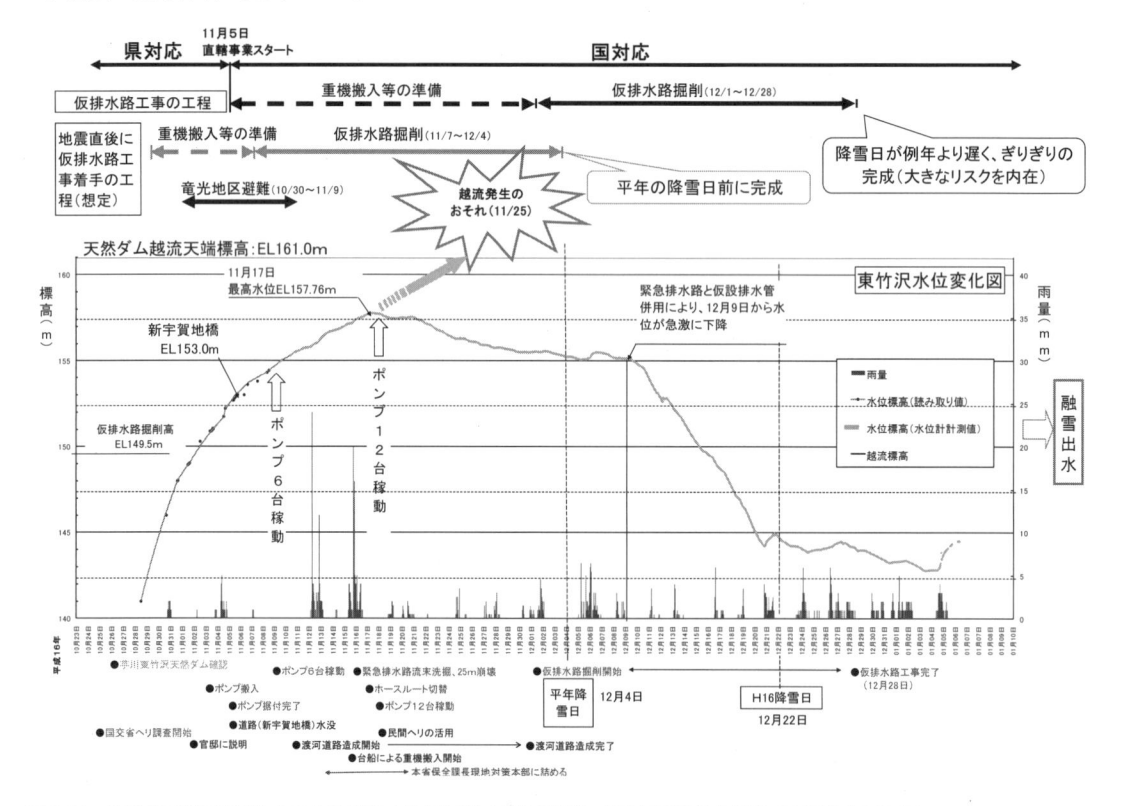

図1.14 東竹沢河道閉塞地点の水位変動と天然ダム対策の経緯（国土交通省北陸地方整備局 2004b）

天然ダムの湛水対策としては、当初はポンプ排水によって、水位の上昇を抑える工法が採用された。ポンプ排水の設備は次第に整備された（11月9日よりポンプ6台、11月18日よりポンプ12台にて排水）。11月17日には越流高から3m低いEL.158mで水位上昇を抑えることができた。

その後、緊急排水路と仮設排水管の設置工事が急ピッチで施工され、12月9日には完成したため、徐々に水位は低下し始め、緊急事態は解除された。12月20日には、所定のEL.144mまで天然ダムの水位を低下させることができ、長い積雪期を迎えることができた。

1.4　宮崎県耳川（2005）の豪雨による天然ダム

　平成 18 年（2005）9 月 6 日夜、台風 14 号により、宮崎県東臼杵郡西郷村野々尾地区直下において、大規模崩壊が発生した（図 1.15）。この崩壊が耳川をせき止め、天然ダム（表 1.3 の事例 No.60-1）を形成し、短時間で決壊したと考えられる。天然ダム形成地点の上下流に発電用のダムが設置されていたことから、不明であることが多かった天然ダム形成から決壊までの流量の変化が記録された。本項では、宮崎県（2005）や千葉ほか（2006）による調査結果等により、この現象の概要及びその際の情報伝達体制について述べる。

　なお、本項中の市町村のうち、西郷村は平成 18 年 1 月 1 日に南郷村、北郷村と合併して「美郷町」となった。また東郷町は、平成 18 年 2 月 25 日に日向市と合併し、新「日向市」となったが、本項では合併前の町村名で記載する。

写真 1.5　耳川の天然ダム（日本工営㈱撮影）

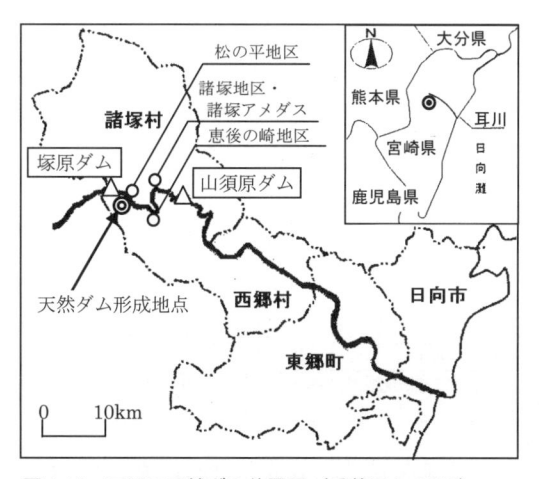

図 1.15　耳川の天然ダム位置図（千葉ほか 2007）

1）崩壊発生時の状況

　耳川流域では、台風 14 号により 9 月 4 日明け方からほぼ全域で雨となり、5 日夜から 6 日昼過ぎにかけて強い雨が降り続いた。諸塚観測所（AMeDAS）（図 1.16）のデータによると、9 月 4 日 1 時～6 日 24 時の総雨量が 986mm に達した。これにより耳川が増水し、諸塚村では、耳川の支川である柳原川と七ツ山川の合流点を中心とした商店街や住宅地で、床上・床下浸水の被害が発生したほか、国道等にも大きな被害を受けた。

　谷口ほか（2005）によれば、多量の降雨により厚さ 30～40m の崖錐堆積物と砂岩の風化層内で過剰間隙水圧が発生したことと、右岸山脚部が水衝により激しい侵食作用をうけて不安定化したことが崩壊の原因とされている。崩壊の規模は、千木良（2007）による縮尺 1/2.5 万地形図及び現地でのレーザー測距から、斜面長 505m、幅 330m、深さ 50m、体積 390 万 m^3 と見積もられている。

2）天然ダム現象の推定
①天然ダムの発生時刻

　崩壊発生地点より下流約 10km に位置する山須原ダム（流域面積 598.6km^2）での流量は、図 1.16 (a) に示すとおりで、22 時あたりで流量の急激な変化が見られる。また大規模崩壊地の対岸上部に位置する松の平地区の住民によると、9 月 6 日 21 時 50 分に自宅でテレビを見ているとき、ダムの放流とは違う音がしたため、自宅前に出てみたところ、ガラガラという音が続いており、最後にその音を確認したのが、22 時 20 分であったとのことである。このことから、天然ダムの形成された時刻は 22 時 00 分前後と推定される。

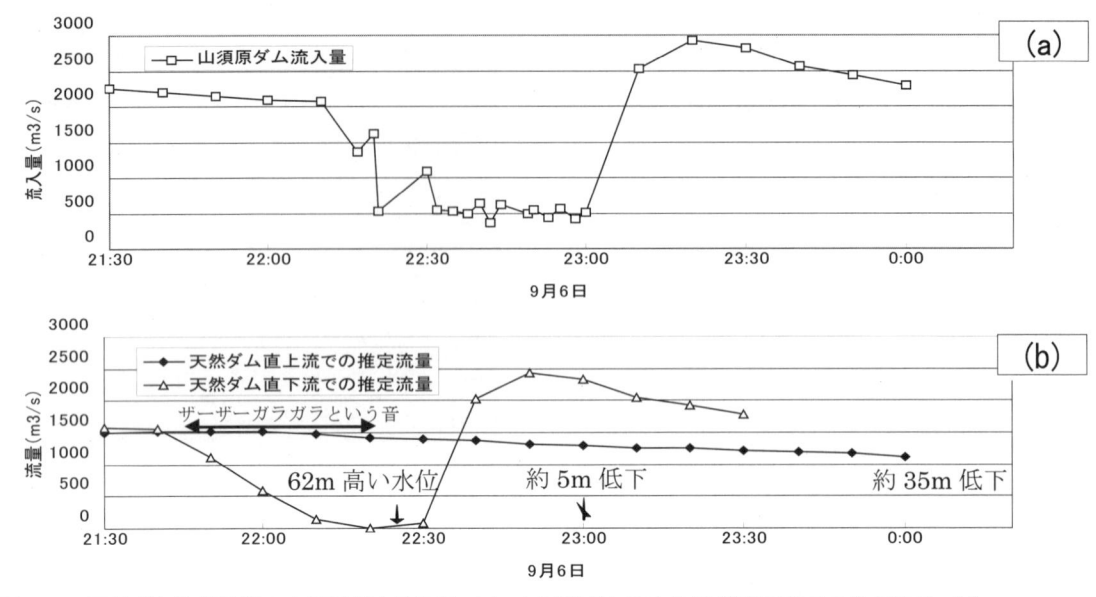

図 1.16 天然ダム決壊前後の山須原ダム流入量（a）と天然ダム直上流及び直下流での推定流量（b）
（千葉ほか 2007）

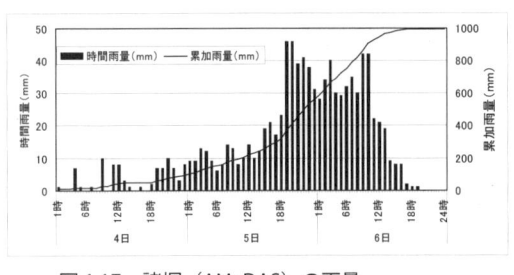

図 1.17 諸塚（AMeDAS）の雨量

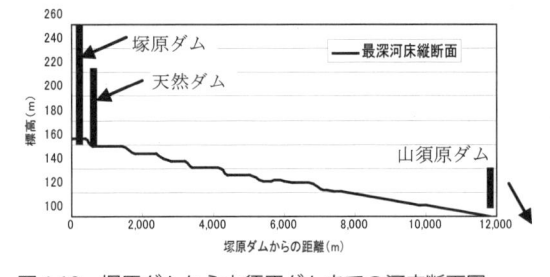

図 1.18 塚原ダムから山須原ダムまでの河床断面図
（千葉ほか 2007）

② 天然ダムの規模

大規模崩壊の上流側の湛水域に残るビニール袋や流木は、概ね標高220m付近までに見られた。また、残っている崩壊土塊のうち、削られずに残っている部分が概ね標高220m程度である。被災前の河床は1:2500地形図から読み取ると、標高163m程度となるため、天然ダムの湛水位は、57m以上であったと考えられる（図1.18参照）。また、九州電力(株)によると、塚原ダムに派遣した職員が目視にて塚原ダムからダム直下流の水位（6日22時25分に平常水位より62m高い水位上昇を確認し、6日22時56分に約5m低下、6日24時15分に約35m低下）を確認している。これらより、形成された天然ダムの高さは、60m前後であったと考えられる。ここでは天然ダムの高さを57m（標高220m）と仮定し、天然ダム形成前後に撮影された被災前後の

表 1.7 天然ダムの土砂移動量（宮崎県 2005）

種別	土量千m³	構成	
①移動土砂量	3,893	—	
②堆積土量	3,441	②／①	88.40%
③天然ダム土量	2,045	③／①	62.60%
④天然ダム決壊流出土砂量	771	④／③	37.70%

航空測量地形図により作成した断面図及び現地調査結果から、平面状の天然ダム提体範囲（図1.19）、天然ダム形状（図1.20）、天然ダムの縦断形状（図1.21）及び土砂移動量（表1.7）を推定した。

③天然ダムの形成・決壊による洪水現象

ここでは、天然ダム形成地点より下流に位置する山須原ダムで記録された流入量データから、天然ダムの形成・決壊による洪水現象について推定した。なお、流入量はダム水位の変化に基づいて求められ

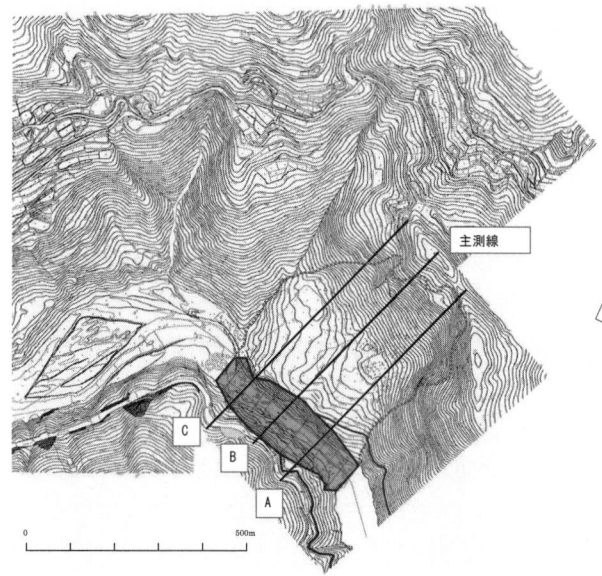

図 1.19 野々尾地区の天然ダム平面図（宮崎県 2005）

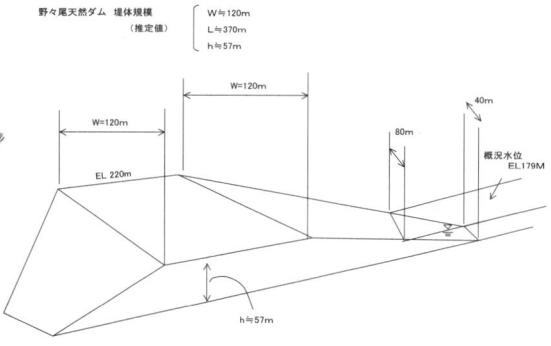

図 1.20 天然ダム形状の模式図（宮崎県 2005）

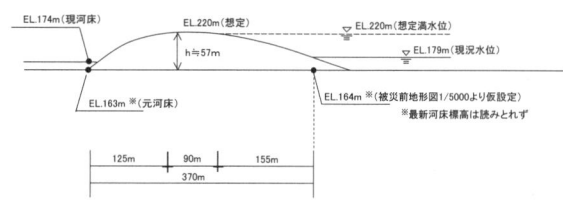

図 1.21 天然ダムの縦断形状の模式図（宮崎県 2005）

たものである。

　推定にあたっては、次の点を考慮した。まず、天然ダム形成地点と山須原ダム間の距離は約 10 km であり、流量が 1500 m³/s の場合の到達時間はマニング式で粗度係数を 0.04 s/m^{1/3} とすると、約 30 分となる。このことから、山須原ダムへの流入量を 30 分前にずらし、天然ダム直下流地点での流量とみなした。次に、図 1.16（a）に示した山須原ダムの流入記録によると、9 月 6 日夜に山須原ダム流入量として記録されている最低値は、502 m³/s（10 分間隔のデータに基づく）である。このとき、山須原ダムへの流入は天然ダムが形成されたことにより、本川の天然ダム上流からの流入が一時的に 0 となっており、支川など残流域からの流入だけになっていると解釈した。

　以上の点を踏まえ、推定した天然ダム上下流の流量を図 1.16（b）に示した。

　図 1.16（b）によると、天然ダムの形成が始まってから、決壊までの時間は 50 分（21 時 40 分〜22 時 30 分）、また天然ダム直下流でのピーク流量は 2423 m³/s（22 時 50 分時点、上流からの流入分 1314 m³/s）となっている。

　仮に、九州電力（株）より高さ 62 m の天然ダムが形成されたとの情報を得た時点で、満水までの時間、ピーク流量を既往の方法（田畑ほか 2001、J. Costa 1988）で推定した場合、以下のような結果となる。このとき流入量は 1500 m³/s、ダム堰き止め幅及び河床勾配は森林基本図より、130 m、1/200 として算出した。

・満水までの所要時間は、約 34 分
（湛水量約 309 万 m³ ÷ 流入量 1500 m³/s より算出）

・ピーク流量
（Costa の方法（天然ダム）1735 m³/s）
$Q_{max} = 181 (H \times V)^{0.43}$
ここに、Q_{max} はピーク流量（m³/s）、H はダム高（m）、V はダム決壊時の上流貯水量（×10⁶ m³）である。本事例では、天然ダムの湛水池が上流の塚原ダムによって小さくなっており、天然ダムの湛水量は塚原ダムがない場合と比較して約 1/7 になっていると考えられる。塚原ダムがなかったと仮定した場合、ピーク流量は 4001 m³/s と算定される。
（田畑らの方法　5167 m³/s）
$q/q_{in} = K \cdot ((gh^3)^{0.5}/\tan\theta/q_{in}/1000) = 0.5646$
ここに、q は単位幅あたりのピーク流量（m³/s）、q_{in} は単位幅あたりの流入量（m²/s）、g は重力加

速度で9.8（m/s²）、hは天然ダムの堤高（m）、θは河床勾配（度）である。

なお、諸塚村役場によれば、6日夜、耳川沿いに位置する国道327号が冠水するほどの出水はなかったとのことであるため、諸塚地区で約3000m³/s以下の流量であったと考えられる。

3）　天然ダム形成時の警戒避難

野々尾地区における大規模崩壊の発生は、夜間であったため、崩壊が目撃されたのは、7日朝になってからであった。そのため、崩壊地の上部地区住民は、朝になって、崩壊現場を見てから避難を開始している。

また、ダムを管理する九州電力（株）は、現地に派遣している職員が6日22時25分に通常より62m高い水位上昇を目撃したが、この後カメラの映像で誤報でないことを確認し、22時50分に下流域の市町村などの関係機関へ通報した。

諸塚村松の平地区住民（小松氏ら）は、前述の音が止まなかったため、22時00分頃に諸塚村役場へ報告し、また恵後の崎地区（地区内に特別養護老人ホームを含む。）に対して避難するように連絡した。さらに22時30分頃には直接特別養護老人ホームへ行き、避難の開始を確認している。このため、下流の洪水影響範囲へ最も早く連絡したのは、松の平地区住民ということになる。

諸塚村役場は、松の平地区からの連絡を受け、西郷村へ連絡（6日22時10分）をしたが、確認がとれなかった。しかし、影響のある地区（恵後の崎地区）が避難したことを確認できたため、避難の呼びかけ等は行っていない。また、連絡を受けた市町村のうち、西郷村と日向市は確認がとれないまま、それぞれ6日22時59分に防災無線で、6日23時00分に電話で避難をよびかけている。

さらに、山須原ダムより耳川沿いに約18km下流に位置する東郷町では、九州電力（株）から連絡を受けたが、影響は小さいと考え、また夜間であり混乱を避けるため、避難の呼びかけ等は行っていない。

特別養護老人ホームでは、前述した6日22時00分頃の自主避難のほか、6日10時30分に降雨によって耳川の水位が上昇したことによる自主避難、8日11時00分に対岸の地すべりに動きが見られたことによる避難指示による避難と、3日間に3回も避難することとなった。3回とも地域防災計画書に記載されていた場所への避難であったが、前2回は諸塚村中央公民館へ、このとき他の避難者との共用でお互いに気をつかうことが多かったことから3回目の避難は諸塚村民体育館を専有することとなった。また、避難路が崩落するなどの状況のなか、避難を可能としたのは、情報の入手や避難にあたって助力した地区の公民館組織の存在であった。

なお、東郷町、日向市（山須原ダムより耳川沿いに約21km下流）では、9月7日昼前に天然ダムや塚原ダムが決壊するとの情報（結果的には誤報であった）が、東郷町消防団から東郷町と日向市へ伝わり、役場や区長から関係地区に対して避難の呼びかけがなされた例があった。この情報は、役場から九州電力（株）へ確認した結果、誤報であることが判明し、すぐに広報されている。

1.5　岩手・宮城内陸地震（2008）による天然ダム

1）　河道閉塞の発生と分布

平成20年（2008）6月14日に岩手県南部の奥羽山脈中を震源として発生した2008年岩手・宮城内陸地震（M＝7.2、震源深さ8km）では、岩手県奥州市、宮城県栗原市では最大震度6強、地震加速度では、震源の直上に近い地点で、強震観測史上最大の4000gal（3成分合成）を観測した。近年の我が国で発生した内陸逆断層型の地震としては、きわめて揺れの大きな地震であった。

この地震で、我が国最大級と言われた移動土塊量6,700万m³の荒砥沢地すべり（林野庁東北森林管理局 2008）を始め、岩手・宮城・秋田の3県で、4100箇所に及ぶ崩壊・地すべり・土石流などの斜面変動が発生した（Yagi, et al. 2009）。移動距離の大きい斜面変動では、しばしば河道閉塞や河川への土砂流入が生じ、その数は50箇所に上った（渦岡ほか 2009）。それらのほとんどは、北上川水系迫

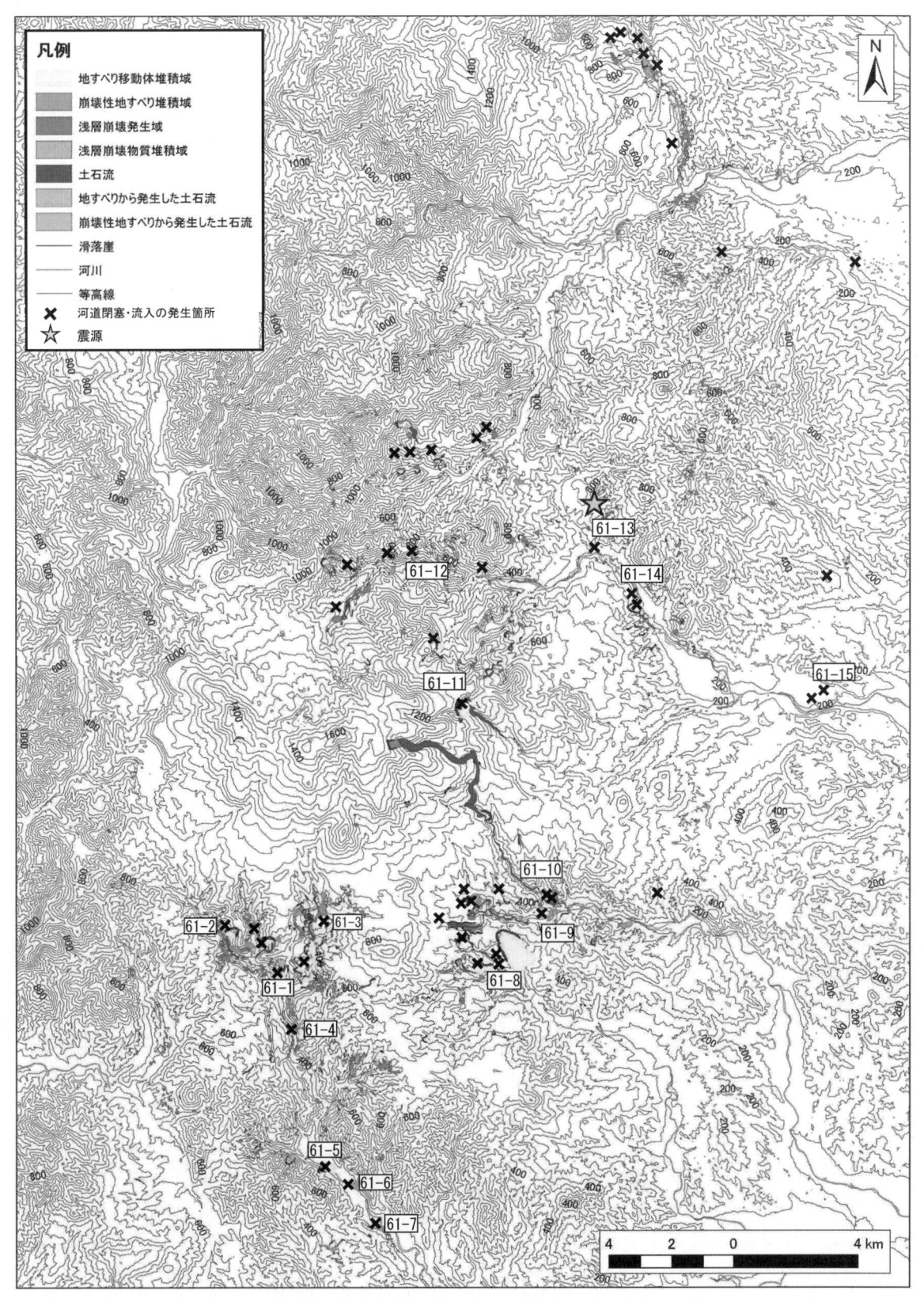

第1章 『天然ダムと災害』(2002)以後の発生事例　25

図 1.22　岩手・宮城内陸地震による斜面変動と河道閉塞の分布（八木ほか 2009 に追記）

川上流の一迫川・二迫川・三迫川と磐井川の上流部に位置している。図1.22には、八木ほか（2008）による斜面変動発生箇所の分布図の上に、河道閉塞発生箇所の位置（渦岡ほか、2009）を示している。

この地震で発生した斜面変動には集中域が見られる。岩手・宮城県境の第四紀火山である栗駒山（1628m）南東側に広く分布する主に第四紀のデイサイト質火砕流堆積物の分布域と、磐井川上流域を中心とした新第三紀の砂岩・泥岩・凝灰岩分布域がそれに当たる（Yagi et al. 2009）。前者の火砕流は現在の栗駒火山体が形成される前に奥羽山脈にあった古いカルデラを埋めたもの（布原ほか 2010）で、溶結部と非溶結部からなる軽石質凝灰岩や火山角礫岩・水中堆積物などが水平に近い堆積面をなして広がっている。火砕流の堆積で作られた小起伏面を河川が下刻してできた谷沿いの斜面で発生した地すべり・崩壊やその流動化した土砂が河川に突入して、天然ダムが形成された。

後者では、いわゆるグリーンタフの堆積岩の堆積構造に規制されたすべり面で地すべりが発生し、それが河谷を埋めて天然ダムが形成された。

河道閉塞箇所のうち、湛水による水没・閉塞箇所の決壊による下流での洪水や土石流災害の危険が高い地区が15箇所（国土交通省による、表1.3の事例No.61-1～15）形成された。これらの地区については、緊急にポンプ排水や仮設排水路建設等の応急復旧対策が、国土交通省・農林水産省・岩手県・宮城県によって実施された。

上記15箇所の中には、その後の土砂流入や侵食で自然に消失したもの、完全な閉塞に至らなかったものもある。表1.8には、河道閉塞を生じさせた斜面変動の発生域の地形や斜面上の発生位置・地質構成や運動タイプ、堆積域の地形条件を示している。これらの中で、せき止め湖の規模が大きいものとして、北上川水系一迫川の湯の倉温泉（表1.3、1.8のNo.61-1）、湯浜（同61-2）、小川原（同61-5）、三迫川の沼倉裏沢（同61-9）、磐井川の市野々原（同61-14）が挙げられる。

以下に、それらの河道閉塞について特徴を述べる。なお、閉塞を発生させた斜面変動のタイプ区分は、

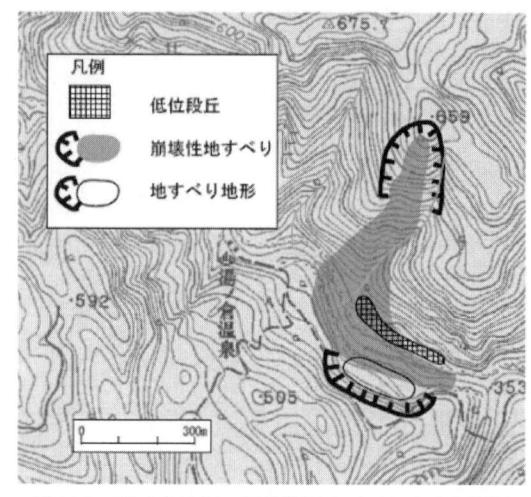

図1.23 湯ノ倉地区の崩壊性地すべりによる河道閉塞（基図は国土地理院1/2.5万数値地図「切留」）

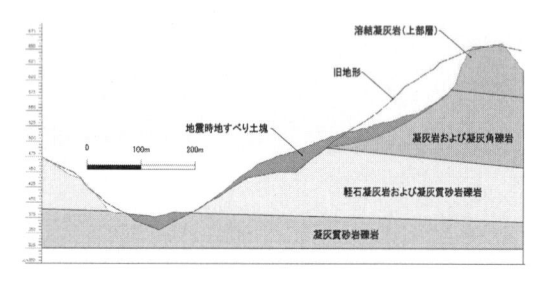

図1.24 湯ノ倉地区の崩壊性地すべりの模式断面図（小川内ほか 2009）

図1.22の八木ほか（2008）による。この中で、崩壊性地すべりは、発生は地すべりと推定されるが、移動体が発生域から抜け落ちてばらばらになった状態のものを言い、地すべり性崩壊とも呼ばれる。

2） 主な河道閉塞箇所の特徴
No.61-1 一迫川の湯ノ倉温泉

一迫川上流域では多数の河道閉塞が生じた。湯ノ倉では、長さ510m、幅120mの規模で崩壊性地すべりが発生、上位の溶結凝灰岩中に滑落崖ができ、下位の凝灰角礫岩とともに崩落して河道を閉塞した（図1.23）。地層傾斜は緩やかな受け盤をなし、そこにゆるやかな円弧状のすべり面ができて地塊が崩落した（小川内ほか 2009）（図1.24）。

河道閉塞の規模は、最大厚さ32m、幅90m、長さ660mで、崩壊土砂量は81万m^{3}と推定され（渦岡ほか 2009）、湛水によって湯ノ倉温泉が水没し

写真 1.6　一迫川・湯浜地区の天然ダム
（2011 年 5 月 1 日、井上撮影）

た。

斜面変動発生域の対岸斜面にも古い崩積土が見られ、過去にも河道閉塞が起こった可能性がある。また、閉塞土砂はほとんど凝灰角礫岩で、溶結凝灰岩礫はほとんど発生域に残っていた（小川内ほか 2009）。閉塞土砂には細粒分が多いため、締め固め材料による透水係数は 2.3×10^{-6} cm/s と低い（渦岡ほか 2009）。このためか、降雨の影響でせき止め湖からの越流がたびたび発生したが、地震後 2 か月の間に、国土交通省によって空中搬入によるポンプ排水・仮排水路建設が行われ、下流への通水がなされた。

No.61-2　一迫川の湯浜

一迫川左岸斜面で、長さ 210m、幅 220m の規模

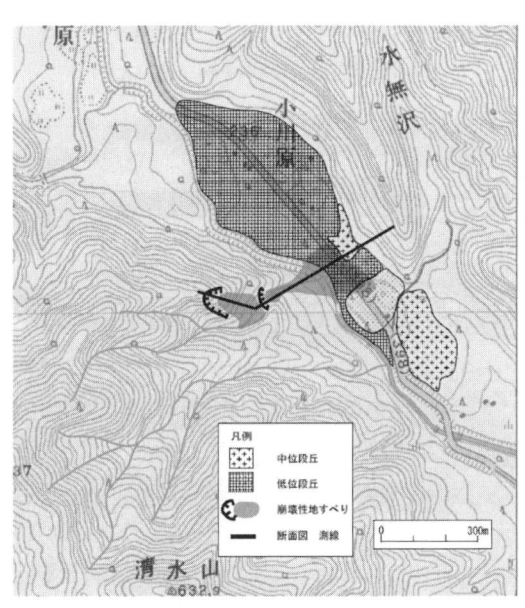

図 1.25　小川原地区の崩壊性地すべりによる河道閉塞（基図は国土地理院 1/2.5 万数値地図「花山湖」「切留」）

で崩壊性地すべりが発生、溶結凝灰岩と凝灰角礫岩が移動土塊となって河道を閉塞した。周辺の地質は、下から火山角礫岩・軽石凝灰岩（一部、水中堆積）とその上の溶結凝灰岩・凝灰角礫岩が緩い流れ盤をなしている。軟質の軽石凝灰岩中ですべりが発生したと見られ、椅子型のすべり面形状をなす（小川内ほか 2009）。

閉塞土砂は、最大厚さ 50m、幅 200m、長さ 1000m、崩壊土砂量は 216 万 m³ と推定される（渦岡ほか 2009）。滑落土砂は河道への突入後、下流

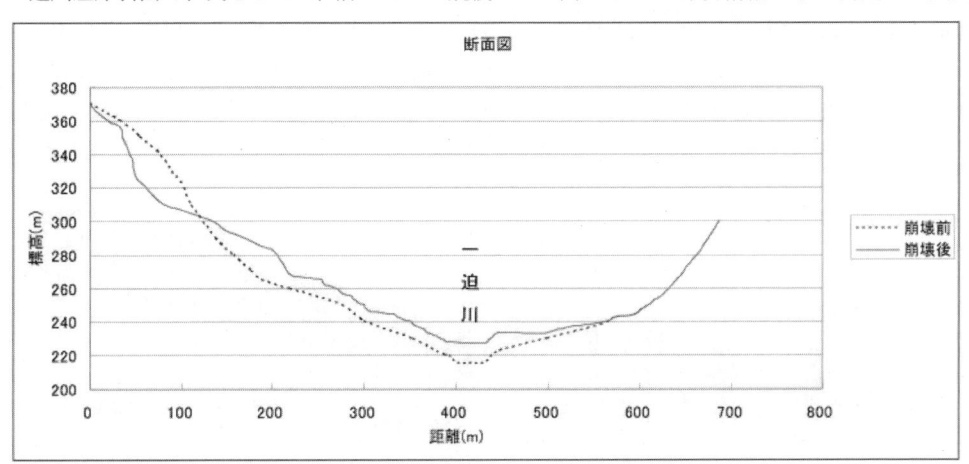

図 1.26　小川原地区の崩壊性地すべりによる河道閉塞前後の地形変化

方向に流下したと推定され、堰止長が大きくなっている。当初の湛水高は42mで、湛水量79万m³と推定された、写真1.6に示したように、2011年5月1日現在でも天然ダムは湛水していた。国土交通省北上川下流河川事務所では、湯浜砂防堰堤を建設中である。

No.61-5　一迫川の小川原

右岸側斜面で溶結凝灰岩下位の凝灰岩中に崩壊性地すべりが発生し、流動化して一迫川の河道を埋め、さらに対岸の低位河岸段丘面まで乗り上げ、国道398号線も埋没させた（図1.25、1.26）。段丘上の堆積土砂には溶結凝灰岩塊の間に多量の軟質な軽石凝灰岩が含まれており、それが流動化の素因になった可能性がある。崩壊土砂量は49万m³、土砂の河道に沿った堆積長さ200m、堰止長は220mであった。

No.61-9　三迫川の沼倉裏沢

三迫川流域の栗駒山から流下する御沢右岸で発生した地すべり（長さ250m、幅500m、高さ110m）の移動地塊が河川に押し出して生じたもので、元々河川に面して存在した地すべり地形が背後に拡大する形で発生した。すべり面は、北川溶結凝灰岩（下部は非溶結の軽石凝灰岩）の下位にある一部水成の泥岩・凝灰岩中に生じたと見られ（林野庁東北森林管理局宮城北部森林管理署 2009）、移動土砂量は約119万m³と推定され、閉塞箇所の堰止幅は160m、堰止長は560mで、堰止高は26mであった。

ここでは、地震1週間後の6月21日には、天然ダムの越流侵食が進み下流の栗駒ダムでの急激な河川流入量の増加が見られた（国土交通省国土技術政策総合研究所・土木研究所 2008）が、ダムでは事前に放流して貯水位を下げていたため、ダム下流への影響は無かった。

No.61-14　磐井川市野々原

栗駒山北側から流下し、一ノ関市で北上川に合流する磐井川流域にもいくつかの河道閉塞が発生した。磐井川では、前述の事例と異なり、下流にダムがなかったことや、昭和23年（1948）のアイオン台風時に形成された天然ダムが決壊し、一ノ関市街地が甚大な被害を受けたことから、地震直後から特に緊急な対策が求められた。

市野々原地区の河道閉塞は、北上川合流点から40kmの地点で、右岸斜面で発生した隣り合う3つの地すべりブロックの活動で形成され、その長さは860mに及んだ。そのうち最上流部のものが河道閉塞の主な原因であり、地すべりの規模は長さ430m、幅250m、すべり面深さ平均30mで移動土砂量は360万m³の規模であった（図1.27）。すべり面末端部が河床に抜け出し、左岸に幅広く分布する低位河岸段丘面から深さ10～20mの峡谷をなす磐井川を約200mにわたって閉塞し、その土砂量は173万m³とされる（千葉ほか 2009）。

地すべり地の地質は、下位から、凝灰岩～火山礫凝灰岩、凝灰質砂岩および新期火山岩由来の崩積土からなり、すべり面は層境界に沿って凝灰質砂岩層の下底付近に想定されている。発生した地すべりを取り囲むように地すべり地形が存在することから、今回、その一部が移動したと思われる（千葉ほか

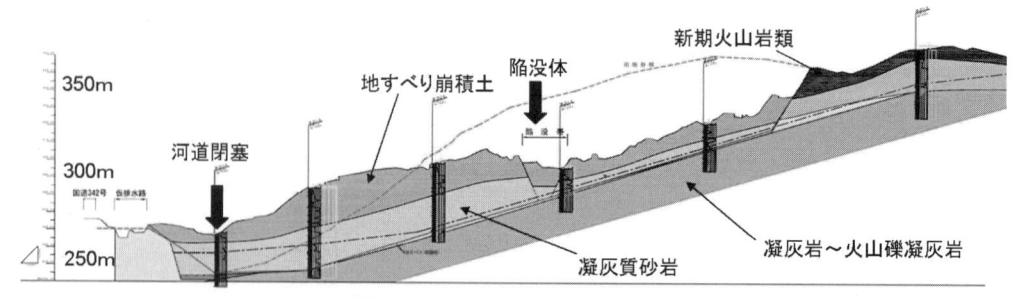

図1.27　市野々原地すべりの模式断面図（林野庁東北森林管理局 2008）

表 1.8　岩手・宮城内陸地震の河道閉塞を発生させた斜面変動のタイプと地形・地質条件

		斜面変動発生域				土砂到達域
		斜面形	位置	運動タイプ	地質	地形
61-1	湯ノ倉	直線	山腹斜面上部〜下部	崩壊性地すべり	Q-Tf,Ss,TfBr,WTf	V字谷
61-2	湯浜	直線〜谷型	山腹斜面上部〜下部 （一迫川河岸）	崩壊性地すべり	Q-TfBr,PTf,Tf,WTf	V字谷
61-3	川原小屋沢	地すべり地形下部	川原小屋沢渓岸	地すべり	Q-Tf,PTf,WTf	V字谷
61-4	温湯	直線〜谷型	山腹斜面中部	崩壊	Q-WTf	V字谷
61-5	小川原	尾根型〜直線	山腹斜面　中部〜下部	崩壊性地すべり〜岩屑なだれ	T/Q-Tf,WTf	低位段丘
61-6	浅布	尾根型	一迫川河岸	岩盤崩壊	T-An,Tf	低位段丘
61-7	坂下	直線型	山腹斜面上部〜下部	崩壊	Q-WTf	谷底平野
61-8	荒砥沢	地すべり地形	地すべり地形の拡大　（沢の渓岸）	地すべり（荒砥沢）	Q-Sls,PTf,WTf	V字谷
61-9	沼倉裏沢	地すべり地形	地すべり地形の拡大　（三迫川河岸）	地すべり	Q-Sls,PTf,WTf	箱状谷
61-10	沼倉	谷型斜面	山腹斜面上部	崩壊	Q-WTf	箱状谷
61-11	産女川	地すべり地形	地すべり地形の一部	崩壊性地すべり〜土石流	Q-An	V字谷
61-12	須川	直線斜面	山腹斜面下部　（磐井川河岸）	崩壊性地すべり	T-Tf	V字谷
61-13	槻木平	地すべり地形	地すべり地形　（磐井川河岸）	表層崩壊	Q-Det	段丘開析谷
61-14	市野々原	地すべり地形	地すべり地形の拡大　（磐井川河岸）	地すべり	T-Tf,TfBr,Tf,Det	低位段丘
61-15	下真坂	段丘崖	段丘崖上部〜下部	表層崩壊	Q-Ter	段丘開析谷

地質の凡例：T 新第三紀，Q 第四紀，An 安山岩，Tf 凝灰岩，TfBr 凝灰角礫岩，PTf 軽石凝灰岩，WTf 溶結凝灰岩，Sls シルト岩，Det 崩積土，Ter 段丘礫層
（箇所番号は，表 1.3 と図 1.22 の番号に対応）

2009）。

　河床勾配が緩いこともあって、湛水量は約 179 万 m³ に及び、この地震によるものでは最大となった。ここでは、地すべりを不安定化させないように、左岸の基盤岩からなる段丘面を段階的に掘削して順次仮排水路を大きくして湛水位の低下が図られ、翌 2009 年 3 月には本復旧排水路が国土交通省により完成した（桜田・鈴木 2010）。

3）河道閉塞を発生させた斜面変動と地形条件

　この地震では、地下水が供給されやすい地形・地質条件により、軽石凝灰岩など液性指数が 1 より大きく鋭敏な状態にあった上に、それが開析により谷沿いに露出していた場所で、地震の衝撃によりその層で大変位する地すべり・崩壊性地すべりが多数発生した（檜垣ほか 2010）。表 1.8 の河道閉塞の原因となった斜面変動の半数は、同様の第四紀デイサイト質火砕流堆積物が迫川水系の河川の下刻を受けている所に発生している。また、磐井川のケースも含め、運動タイプでも地すべり・崩壊性地すべりが過半を占めている。さらに、発生場の地形も、地すべり地形をなしていた所が 1/3 ある。これらのことから、この地震による河道閉塞の発生には、崩壊や土石流に移行したものも含め地すべりが原因となった事例が多いと言える。

　一方、表 1.8 には、斜面変動の堆積場（土砂到達区域）の地形も示している。河道閉塞のほとんどは、山地で V 字谷をなしていて埋塞されやすい所で発生しているが、小川原や市野々原のように、幅の狭い河道に沿って低位段丘面が分布しているケースもある。東北地方では、最終氷期末前後に気候温暖化の過程で、幅広く連続性の良い低位侵食段丘が形成されていることが多い（豊島 1989）。この場合、河川侵食を受ける位置に地すべり地形などの不安定斜面があると、地震のような大きな外力で崩壊や移動量の大きな地すべりが起こり、河川を埋めて段丘の上に土砂が押し出すケースが想定される。逆に、そのような段丘面の背後にある地すべり地形では、侵食による不安定化が起こりにくいため、河道閉塞に結びつきにくいとも予想される。

　今後、斜面災害とそれに付随して起こる河道閉塞も含めた大規模な災害への対応策を考えるのに、移動量の大きい斜面変動を起こしやすい地形・地質条件の分布と、想定土砂到達域がどんな地形条件となっているか、などを把握しておく必要があろう。

コラム1
寺田寅彦
『天災は忘れられたる頃来る』

高知城の北に隣接する地に寺田寅彦邸があり、現在は寺田寅彦記念館（入場無料）として、様々な記念物が展示されている。写真1.7は寺田寅彦邸の門の写真であるが、左側に『天災は忘れられたる頃来る』と書かれた石碑がある。この石碑は、高知県出身の植物学者・牧野富太郎博士の筆によるものである。藤岡由夫博士の追憶（朝日新聞、1959年12月10日記事）によれば、「この言葉は寺田先生の名言として知られていますが、寅彦全集のどこを探しても見つかりません。つまり、先生が書かれたものではなく、直接寺田先生から聞いた人の口から口へ伝わって有名になった言葉です。そこに返って、社会に対する寺田先生の」影響力が伺えます。」と記されている。中谷宇吉郎博士の『百日物語』（西日本新聞、1995年7〜9月連載）にも、同じような記事がある。

実際、寺田寅彦は次のように書いている。

「——悪い年廻りはむしろいつかは廻って来るのが自然の鉄則であると覚悟を定めて、良い年廻りの間に用意をしておかなければならないことは実に明白過ぎるほど明白なことであるが、また、これほど万人が忘れがちなことも稀である。尤もこれを忘れているおかげで、今日を楽しむことが出来るのだという人があるかもしれないのであるが、それは個人銘々の哲学に任せるとして、少なくとも一国の為政の枢機に参与する人だけは、この健忘症に対する診療を常々怠らないようにしてもらいたいと思う次第である。——」（『天災と国防』（1934年11月）「経済往来」）。

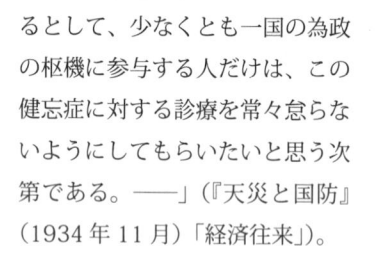

「昭和八年（1933）三月三日の早朝に、東北日本の太平洋岸に津波が来襲して、沿岸の小都市村落を片端から薙ぎ倒し洗い流し、そうして多数の人命と多数の財物を奪いさった。明治二十九年（1896）六月十五日に同地方で起こったいわゆる「三陸津波」とほぼ同様な自然現象が、約満三十七年後の今日再び繰り返されたのである。——学者の立場からは通例次のように言われるらしい。『数年あるいは数十年ごとに津波の起こるのは事実である。それだのにこれに備うることもせず、また強い地震の後には津波の恐れがあるというくらいの見やすい道理もわきまえずに、うかうかしているというのはそもそも不用意千万なことである。』しかし、罹災者の側に言わせればまた次のような申し分けがある。『それほどわかっていることなら、なぜ津波の前に間に合うように警告を与えてくれないのか。正確な日時は予報できないま

写真1.7 寺田寅彦邸の門（井上撮影）

でも、もうそろそろ危ないと思ったら、もう少し前にそう言ってくれてもいいではないか。今まで黙っていて、災害のあった後に急にそんなことを言うのはひどい。』

すると、学者の方では、『それはもう十年も二十年前に警告を与えているのに、それに注意しないからいけない。』という。すると罹災民は『二十年も前のことなど、このせちがらい世の中でとても覚えていられない。』という。これはどちらの言い分にも道理がある。つまり、これが人間界の『現象』なのである。」（『津波と人間』（1933年5月）「鐵塔」）

以上の寺田先生の書かれた言葉は、80年後の現在でもまさしくあてはまる。寺田先生は関東大震災（1923）や浅間山の噴火についても多くの論文や随筆を残している。これらの寅彦の作品は、インターネット図書館である「青空文庫 http://www.aozora.gr.jp/」で読むことができる。

本項は、鈴木堯士高知大学名誉教授の『寺田寅彦の地球観—忘れてはならない科学者—』（高知新聞社 2003）から一部を引用させて頂いた。

第2章　2002年以後に判明した主な天然ダム災害

2.1 八ヶ岳大月川岩屑なだれによる天然ダムの形成（887）と303日後の決壊

1）平安時代の大災害

平安時代の仁和三年七月三十日（ユリウス暦887年8月22日）の五畿七道の地震（南海—東海地震）で、北八ヶ岳の火山体が強く揺すられ、大規模な山体崩壊が発生したことが知られている（石橋1999、2000、早川2010a、b、2011）。

40年以上にわたって八ヶ岳を調査した河内晋平（1983a、b、94、95）は、888年頃の水蒸気爆発によって、八ヶ岳北部の天狗岳付近で山体崩壊が発生したと考えた。大量の崩壊物質は大月川沿いに大規模な岩屑なだれとなって流下し、千曲川上流部のJR松原湖駅付近で河道を閉塞し、上流部に巨大な天然ダムを形成した。

千曲川沿いの佐久平から善光寺平付近までの平安時代前半の遺跡では、条里制水田などを覆うほぼ同じ年代（陶磁器などで認定）の洪水砂が多くの遺跡で発掘され、「仁和の洪水砂」（川崎2000a、b、2010）と呼ばれている。

筆者らはこの大規模土砂移動と天然ダムの形成・決壊状況を調査しており、これらの天然ダムを古千曲湖（南牧村史1986では南牧湖）、古相木湖（同小海湖）と命名した。

本項は、2009、2010年の砂防学会・歴史地震研究会・地形学連合等での発表内容、及び2010年7月30～31日に実施した「平安時代の八ヶ岳の山体崩壊による天然ダム研究会」（参加者16名）の現地調査・研究会の討論結果をもとに再整理したものである。30日夜の研究会では以下の発表があり、夜遅くまで議論が続いた。

大石 雅之（首都大学東京）：八ヶ岳火山の形成史と大月川上流部の地形・地質
井上 公夫：長野県中・北部の天然ダム、特に八ヶ岳大月川岩屑なだれ
柳澤 全三（佐久史学会長）：仁和の大洪水とその後の史料・絵図について
町田 尚久（立正大学大学院博士課程）：大月川岩屑なだれによって形成された天然ダムと決壊洪水
井口 隆（防災科学研究所）：セスナからみた中部山岳地帯の大規模土砂移動
飯島 慈裕（海洋研究開発機構）：稲子岳の凹地内の暖候期の冷気形成（稲子岳の安定度）
吉田 英嗣（関東学院大学）：土砂供給源としてみた日本の第四紀火山における巨大山体崩壊
澤田 結基（産総研地質標本館）：北八ヶ岳の地形に関するいくつかの話題

なお、茅野市八ヶ岳総合博物館（2005）では「河内晋平研究資料文庫」として膨大な資料を保存しており、博物館のご厚意により、これらの資料を閲覧させて頂いた。

2）史料の記載

この災害は多くの史料に記載されている。

『日本三代実録』
「仁和三年秋七月三十日辛午（887年8月22日）、申の時（16時）、地大いに震動し数刻をふるうも震猶やまず。」

『扶桑略記』
「仁和三年秋七月三十日辛牛、申の時地大いに震う。数刻やまず。（中略）同日亥時（22時）、又震うこと三度、五畿七道諸国、同日大いに振り官舎多く損す。海の潮陸に漲り、溺死するものあげて計うべからず。その中摂津国もっとも甚し。信乃国大山頽崩

し、巨河溢れ流れ、六郡の城廬地を払って漂流し、牛馬男女の流れ死すもの丘を成す。」

『日本紀略』前篇二十　宇多
「仁和四年五月八日（888年6月20日）、信濃国大水ありて、山頽れ河溢る。五月十五日辛亥、詔（みことのり）す。水災を被る者は今年の租調を輸すなかれ、所在の倉を賑貸し、その生産を経、もし屍骸の未だおさめざる者あらば埋葬をなせ。

太政大臣（藤原基経）上書五ヶ条」

『類聚三代格』巻十七　赦除事
「詔（みことのり）す。庶類を陶均（もと）するは本より覆載の功に資る。黎元を司牧するは実に皇王の化による。（中略）去年七月三十日坤徳静を失し地震（ふる）いて災をなす。八月二十日また大風洪水のわざわいあり。前後重害に遭うもの三十有余国なり。（中略）重ねて今月八日（888年6月20日）、信濃國山頽れ、河溢れて六郡を唐突し、城廬（家屋）地を拂（くず）って流漂し、戸口（人）波に随って没溺す。百姓何のつみありてか、頻りに此の禍に罹（かか）る。徒らに首（こうべ）を沈しむるの嘆を発す。宜しく手を援（すく）の恩を降すべし。（中略）

仁和四年五月廿八日」

これらの史料を要約すると、仁和三年（887）の記載は地震による被害の記録であるのに対し、仁和四年（888）の記載は洪水災害が中心である。つまり、887年8月22日には、五畿七道諸国の激甚な地震（海溝性巨大地震）の被害に加え、信濃国の大山で

写真2.1　戦後の開拓地「新開」から見た北八ヶ岳の大規模な山体崩壊の跡地形、赤破線はカルデラの範囲、黒破線は稲子岳の大規模移動岩塊（井上撮影、地理55巻5月号）

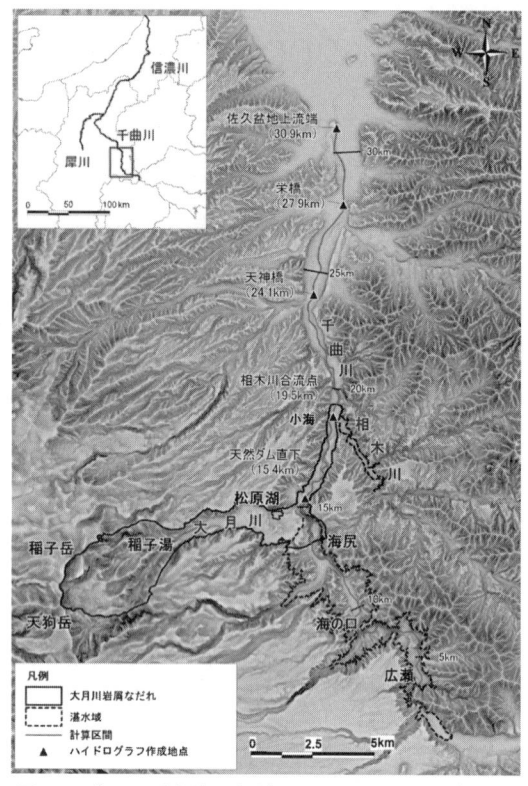

図2.1　北八ヶ岳と岩屑なだれと千曲川の天然ダムの湛水・決壊洪水範囲図（赤色立体地図は国土地理院10mDEMを用いてアジア航測㈱が作成した）

巨大な崩壊が発生して大河を閉塞し、巨大な天然ダム（古千曲湖1）が形成された。その後、303日後の888年6月20日に、古千曲湖1は決壊して大洪水を引き起こし、信濃国の六郡（佐久・小県・埴科・更科・水内・高井郡）の城や住居を押し流し、牛馬男女流死するもの多く、死骸は丘を成したと解釈できる。

六郡に影響を与える可能性のある山は、千曲川上流の八ヶ岳山塊しかなく（浅間山の可能性もあるが、当時噴火や大規模土砂災害の記録はない）、大規模土砂移動による古千曲湖1の形成と決壊が大災害の発生原因となったと考えられる。今までの史料の解釈の中には、どちらかの年次が誤記で、これらの大規模土砂移動は一連の現象と考える説もある。しかし、大規模な古千曲湖1が一年近く（303日間）かかって満水となって決壊し、大洪水が流下したと解釈すると、これらの史料の記載は矛盾がなくなる。

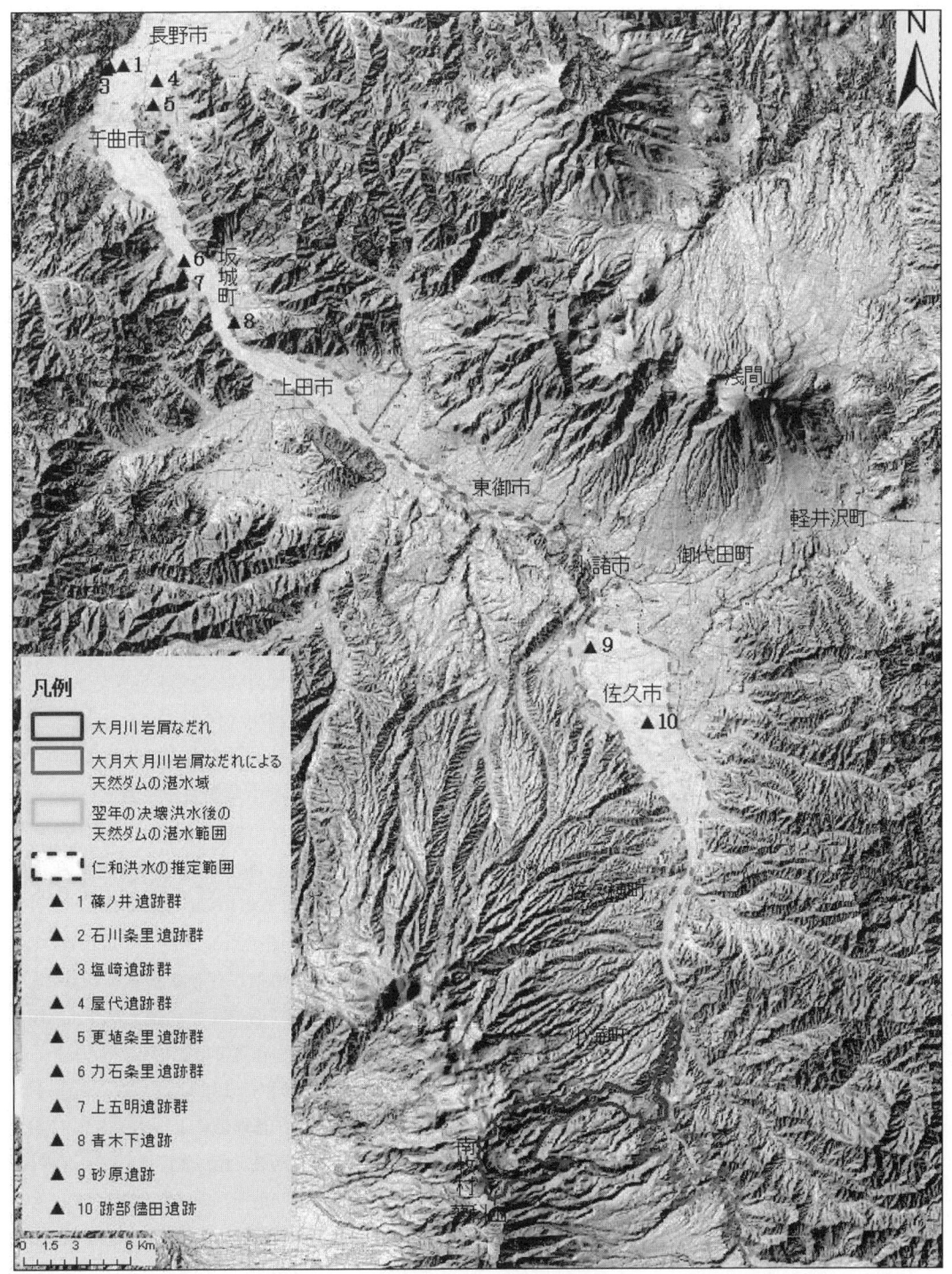

図 2.2　八ヶ岳大月川岩屑なだれと天然ダム、及び洪水の範囲と「仁和の洪水砂」に覆われた遺跡の分布（井上ほか 2010）

3）天然ダムの規模と決壊洪水の範囲

　現在も、地上から北八ヶ岳を望む風景のなかに、山体崩壊の範囲を確認できる。写真 2.1 は大月川岩屑なだれ上の新開（戦後の開拓地）から見た北八ヶ岳の山体崩壊地形である。中央の白い山は天狗岳（標高 2646m）で、その前面が大きく山体崩壊して凹

写真 2.2　北八ヶ岳の山体崩壊と岩屑なだれ堆積物
（防災科学技術研究所　井口隆氏 2002 年 12 月 22 日撮影）

図 2.3　八ヶ岳の山体崩壊の範囲と大月川岩屑なだれの堆積範囲
（河内 1983 を一部改変）

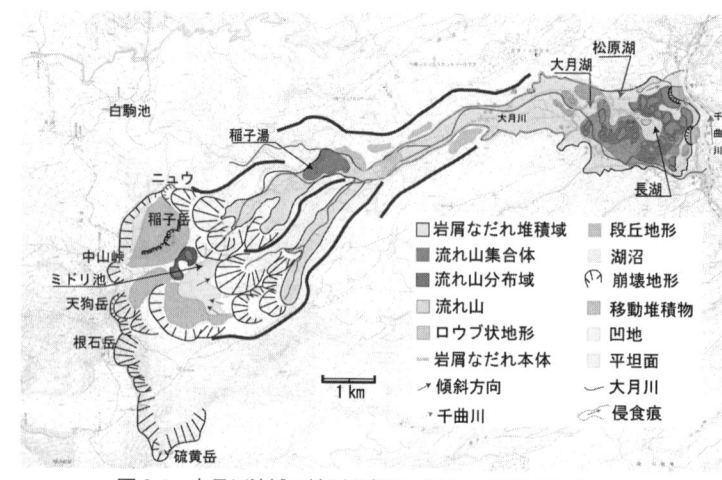

図 2.4　大月川流域の地形分類図（町田・田村 2010）

地となった崩壊地形である。右側が稲子岳（標高 2380m）で、大きくスランピング（回転）したものの、まだカルデラ頭部に巨大な移動岩体（飯島・篠田 1998）として残っている。

写真 2.2 は、防災科学技術研究所の井口隆氏が 2002 年にセスナから撮影した斜め航空写真である。

表紙の図と図 2.1 は、北八ヶ岳の赤色立体図で、表紙図には 7 月 30 ～ 31 日の現地調査時のルートを示してある。図 2.2 に仁和洪水全体の範囲と仁和洪水によって覆われていた遺跡の位置を示す。図 2.2 の白抜き分は仁和洪水の遺跡と地形条件から推定した仁和洪水の流下範囲である。図 2.3 は、河内（1983）が指摘した八ヶ岳の山体崩壊の範囲と大月川岩屑なだれの堆積範囲を示している。図 2.4 は、町田・田村（2010）が作成した大月川流域の地形分類図である。

河内（1983a、b）は、ニュウから硫黄岳までの東側の凹地形すべてを山体崩壊の範囲としたが、町田・田村（2010）は天狗岳東側の尾根部から北側のみと判断した。河内（1983a、b）の説だとすれば、南側を流れる湯川にも岩屑なだれ堆積物が存在する筈であるが、現地調査や写真判読では千曲川の合流点付近では認められない。

河内（1983a、b）は、天狗岳東壁の山体崩壊によって、南北 2.25km、東西 3.5km、最大比高 350m の馬蹄形凹地形が形成されたと考え、大月川岩屑なだれの堆積物を 3.5 億 m^3 と見積もっている。しかし、馬蹄形凹地形の大きさは 10 億 m^3 以上と推定されるので、887 年のような大規模な岩屑なだれが繰り返し発生して、水蒸気爆発などの火山活動も加わって、形成された地形と判断した。

第 2 章　2002 年以後に判明した主な天然ダム災害　35

凡　例

- 高位段丘面 *1
（背後にやや高い面が続く）
- 大月川岩屑なだれ
（河内(1983)大月川岩屑なだれ範囲）
- 流れ山
- 中位段丘面 *1
（天然ダム決壊堆積物堆積面）
- ロープ状地形
- 低位段丘面
- 古千曲湖 1
（約 300 日後決壊）
- 古千曲湖 2
（残存湖：133 年後決壊）
- 古相木湖
（残存湖：600 年以上）

A, B, C, D：写真

*1：巨礫の転石が分布
　　写真 A 地点付近まで明瞭

0　　　1000m

● 段丘区分範囲：佐久穂町八千穂から小海町八那池まで.
● 地形図：国土地理院発行の 2.5 万分の 1. 図幅名は，松原湖，高野町，信濃中島を加工

図 2.5　千曲川上流の地形分類図（井上ほか 2010）

写真 2.3　小海町本間の千曲川河成段丘上の大転石（地点 A、山頂から 22km）

写真 2.4　小海の相木川と千曲川に挟まれた段丘面上の大転石（地点 B、山頂から 19km）

写真 2.5　大月川岩屑なだれの埋もれ木（地点 C）
（川崎保氏撮影）

写真 2.6　海ノ口付近の千曲川河床（地点 D、河道閉塞地点より 6km 上流）

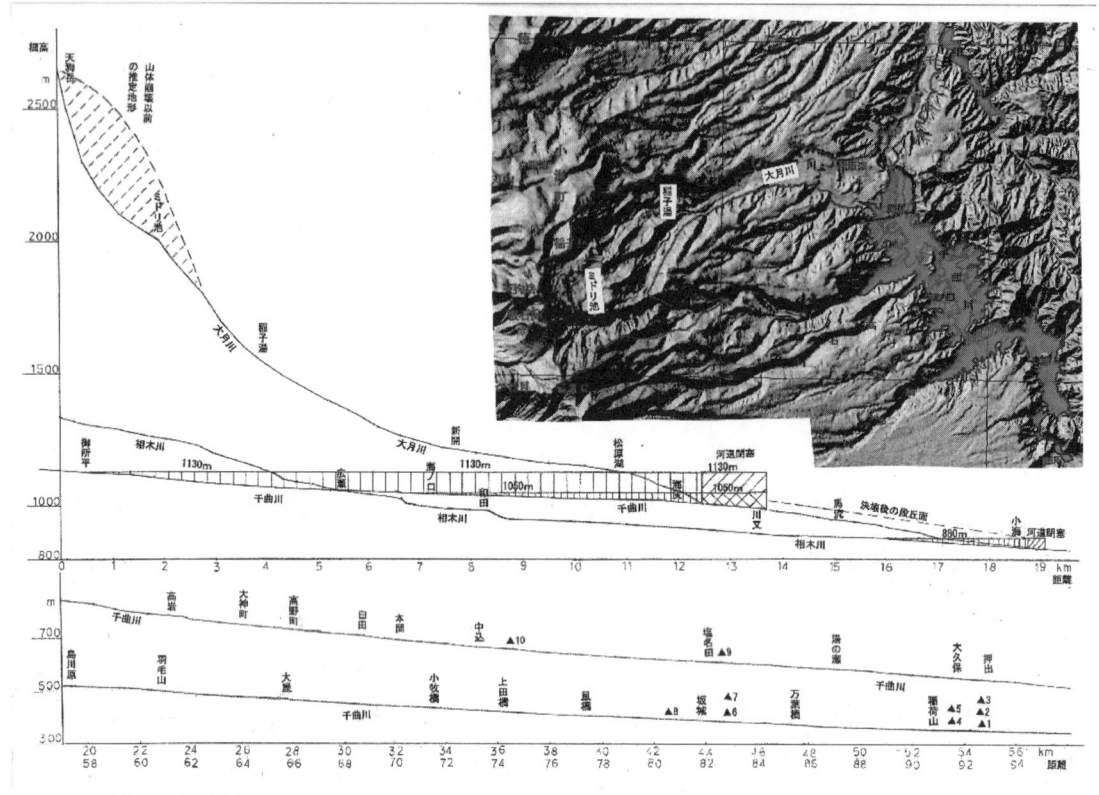

図 2.6　千曲川の河床断面と大月川岩屑なだれ・天然ダム、仁和洪水に覆われた遺跡の分布（井上ほか 2010）

表 2.1　大月川岩屑なだれ堆積物中の放射性炭素年代（井上ほか 2010）

測定者	放射性炭素年代	西暦	測定番号
八ヶ岳団体研究G	2120±90 y.B.P.	B.C.170	GaK-10119
舎川・他（1984）	1840±190 y.B.P.	A.D.110	GaK-11847
河内（1983）	1780±110 y.B.P.	A.D.170	GaK-9488
河内（1983）	950±90 y.B.P.	A.D.1000	GaK-10299
奥田・他（2000）a	1187±76 y.B.P.	cal A.D.849±83B.P	名古屋大学
奥田・他（2000）b	1224±41 y.B.P.	cal A.D.812±57B.P	名古屋大学

河内文庫内の資料などから整理した。下位2つの年代は年代較正後の値
舎川徹・小澤貢二・杉原豊孝・千田正雄（1984）：プレロックボルト工法による土石流堆積中の
　導水路トンネル改良工事、電力土木、193号、p.23-33
河内晋平（1983）：八ヶ岳大月川岩屑流の14C年代、地質学雑誌、10号、p.599-600
奥田陽介・川上紳一・中村俊夫・小田寛貴・池田晃子（2000）：八ヶ岳崩壊で発生した大月川岩
　屑流堆積物中の埋れ木の14C年代、名古屋大学加速器質量分析業績報告書、p.195-199

　図2.5 は千曲川上流部の地形分類図（井上・川崎・町田2010、井上2010c）で、大月川岩屑なだれによる堆積地形を確認できる。地形分類図には段丘面上の「流れ山」と松原湖などの湖沼が多く確認できる。高位段丘面は河内（1983a、b）による大月川岩屑なだれの堆積面であり、流れ山地形が多く認められる。中位段丘面は天然ダム決壊直後の二次岩屑なだれの段丘面である。低位段丘面は、その後の河川侵食で徐々に削られた地形面である。高位と中位の段丘面上の人家の庭先などには、写真2.3と2.4に示したように、大転石が多く残っている。また、千曲川の右岸側にはローブ状の段丘面も認められる。

　図2.6に、千曲川の河床縦断面図を示す。北八ヶ岳の山体崩壊と大月川岩屑なだれ・天然ダム、「仁和の洪水砂」に覆われた遺跡の分布を投影してある。山体崩壊以前の推定地形を破線ハッチで示した。馬蹄形カルデラのすべてが887年の山体崩壊で形成されたとは考えられないが、天然ダム決壊後に下流に流下した分を含めると、山体崩壊の移動土砂量は3.5億 m^3 よりもっと多くなると判断される。通常の河成段丘と比較すると、大小の角礫が乱雑に堆積していることがわかる。

　千曲川に面した大月川岩屑なだれ堆積物の末端斜面には、多くの巨木（写真2.5）が埋もれているのが散見されていた。これらの木片を用いた ^{14}C 年代を表2.1に示す。測定値の半分はAD900年頃を示している。写真2.7は新開付近の大月川岩屑なだれ

写真 2.7　新開付近の大月川岩屑なだれ上の大転石（井上撮影）

上に残っている大転石である。

　河内・光谷・川崎（未公表、2001年3月12日作成）、光谷（2001）、川崎（2000a、b、2010）は、岩屑なだれ堆積物中の大きなヒノキの埋もれ木をもとに実施した年輪年代測定結果から、仁和三年（887）に山体崩壊と岩屑なだれが発生したと推定している。

　2.5万分の1地形図や航空写真の判読などによれば、河道閉塞地点（JR松原湖駅付近）の河床標高は1000mで、大月川に沿って岩屑なだれ堆積物が現存し、その堆積物の上面には流れ山地形や松原湖・長湖などの湖沼が多く存在する（図2.1、2.5）。八ヶ岳周辺では古代人（多くの遺跡が存在）が生活していたが、松原湖などが位置する平坦地（大月川岩屑なだれが分布する）には、縄文・弥生・古墳時代などの遺跡が存在しないことが考古学上の不思議となっていた。

　松原湖付近の流れ山などの押し出し地形の状況から推定すると、古千曲湖1の湛水高は130m（標高1130m）で、この標高で等高線を追い求めると、古千曲湖1の湛水面積13.5 km^2、湛水量5.8億 m^3 程度となり、日本で最大規模の天然ダムが形成されたことになる（1847年の善光寺地震の岩倉山地すべりの湛水量は3.5億 m^3）（井上2006a、b）。

　この天然ダムは湛水量が極めて大きいため、すぐには満水にならなかった。千曲川に形成された天然ダム（古千曲湖1）は10ヶ月ほどかけて徐々に湛水し始めた。そして、ついに303日後の梅雨期の豪雨時（新暦の6月20日）に満水となり、急激に決壊して二次岩屑なだれが発生した。天然ダムの背後に湛水していた水は段波状の大洪水となって、千曲川を100km以上の下流地域まで流下し、「仁和の洪水砂」を氾濫・堆積させた。303日（2610万秒）で天然ダムが満水になったとすると、千曲川上流からの平均流入

写真 2.8　屋代遺跡群地之目遺跡発掘の皿と壺（2009年4月18日の現地説明会、山頂から92km）

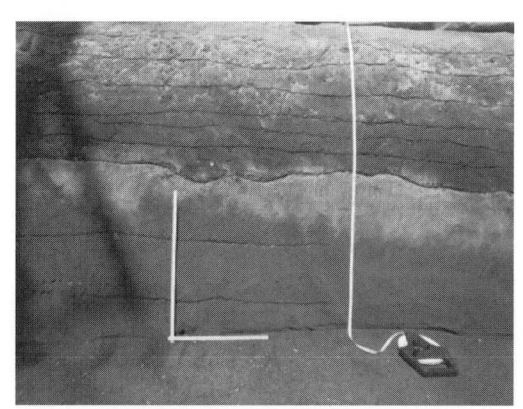

写真 2.9　屋代遺跡群地之目遺跡の東側斜面（条里制遺構の上に仁和の洪水砂が載っている、井上撮影）

表 2.2 「仁和の洪水砂」に覆われた遺跡の一覧表（井上ほか2010）

No.	遺跡名	位置	緯度	経度
1	篠ノ井遺跡群	長野市篠ノ井塩崎	N36度33.17分	E138度7.21分
2	石川条里遺跡	長野市篠ノ井塩崎	N36度33.13分	E138度6.25分
3	塩崎遺跡群	長野市篠ノ井塩崎	N36度33.76分	E138度8.06分
4	屋代遺跡群	千曲市雨宮	N36度32.20分	E138度8.30分
5	更埴遺跡群	千曲市屋代	N36度31.15分	E138度8.30分
6	力石条里遺跡	千曲市力石	N36度27.50分	E138度9.58分
7	上五明条里水田址	坂城町上五明	N36度27.13分	E138度9.39分
8	青木下遺跡	坂城町南条	N36度25.69分	E138度11.13分
9	砂原遺跡	佐久市塩名田砂原	N36度16.26分	E138度25.29分
10	跡部儘田遺跡	佐久市跡部儘田	N36度14.16分	E138度27.51分

川崎（2000）をもとに作成

量は 22.2m³/s（河道閉塞地点より上流の流域面積 353km²）となる。恐らく、天然ダムの決壊は1回ではなく、数回（1年以内）に分かれて発生したのであろう。

千曲川を閉塞していた岩屑なだれ堆積物は、二次岩屑なだれとなって、河道閉塞地点から下流の小海町八那池から馬流付近の河谷を埋積し、比高20～50mの河成段丘を形成した（図2.5）。現地調査によれば、この段丘面の上や千曲川の河床には、八ヶ岳起源の巨礫が多く残っており、異様な風景である。この堆積物は小海町馬流付近で相木川を閉塞し、湛水高さ30m、湛水量660万m³の天然ダム（古相木湖）を形成したと考えられる。

大量の土砂を含む洪水段波は、千曲川の中・下流域を襲い、平安時代の多くの人家や田畑を埋没させた。川崎（2000a、b、2010）によれば、千曲川沿いの平安時代前半の遺跡では、田畑を覆って広範囲に厚く堆積する砂層が認められる。表2.2は、長野県埋蔵文化財センターなどによって発掘された平安時代の「洪水砂層」に覆われた10箇所の遺跡の一覧表で、図2.2と図2.6にそれらの位置を示した。

写真2.8は、屋代遺跡群地之目遺跡（地点4、山頂から92km地点、2009年4月18日の現地説明会）で、皿と壺などが発掘された。写真2.9は、同遺跡の東側斜面（条里遺構の上に仁和洪水砂が載っている）を示している。

大量の土砂を含む洪水段波が千曲川の中・下流域を襲い、平安時代の多くの人家や田畑を埋没させたと判断される。

4）決壊後の二次岩屑なだれによる天然ダムの形成およびその後の決壊と消滅

天然ダムの決壊後も、湛水高さ50m程度（湛水量4100万m³）の古千曲湖2が残った。南佐久郡誌（2002）によれば、「仁和四年から133年後の寛弘八年八月三日（1011年8月23日）に、海尻と海ノ口の間にあった古千曲湖2が松原湖下の深山で決壊し、その湖底が干潟となって、谷底の平地部が形成された」という（菊池1984、85）。海尻・海ノ口・深山・馬流・広瀬などの地名は、当

写真2.10 海ノ口の湊神社（井上撮影）

写真2.11 天狗岳北斜面からみた稲子岳の巨大な移動岩塊（飯島慈裕氏1999年6月撮影）

写真2.12 ニュウ～中山峠からみた稲子岳の凹地（左が稲子岳、右は天狗岳、奥は硫黄岳、井上撮影）

初の高さ130mの古千曲湖1ではなく（303日間で決壊している）、高さ50m程度の古千曲湖2（123年もの期間残っていた）に関連した地名であろう。

写真2.10に示したように、JR小海線佐久海ノ口駅近くの国道141号の踏切付近には、「湊神社」が存在する。恐らく、古千曲湖2が存在していた期間に海ノ口と海尻間を舟で渡っていた頃の名残が湊神社となっているのであろう。

303日後の古千曲湖1の決壊によって、二次岩屑なだれが千曲川を流下し、相木川を塞き止めて、二次的な古相木湖を形成した。小海の地名は、相木川に形成された高さ30mの古相木湖が長期間形成されたため、名付けられた地名であろう。

千曲川上流の南佐久郡地域には、戦国時代に描かれた8枚以上の絵図が存在する（山崎1993、小海町誌川東編1963）。『武藤A絵図』（佐久市平賀、武藤守善氏蔵）や『榑沢絵図』（佐久市上平尾、榑沢竜吉氏蔵）には、小海付近の相木川に湖が描かれており、600年以上も古相木湖が残っていたことになる。

その後、佐久史学会の柳沢全三会長のご自宅にお邪魔し、『榑沢絵図』を見せて頂くとともに、山崎（1993）が整理された8枚の絵図の作成年代について議論した。図2.7（口絵3）は『榑沢絵図』の佐久郡南部の部分である。

平成22年度の歴史地震研究会での口頭発表時に、新潟大学人文学部の矢田俊文先生から、「地名を小判型に○で囲む表現方法は近世以降の表現方法である」との指摘を受けた。江戸時代前半まで、古相木湖は存在したのであろうか。

5）稲子岳の移動岩塊

3）項でも述べたように、大月川上流部の馬蹄型凹地形は10億m^{3}もあり、河内（1983a、b）が想

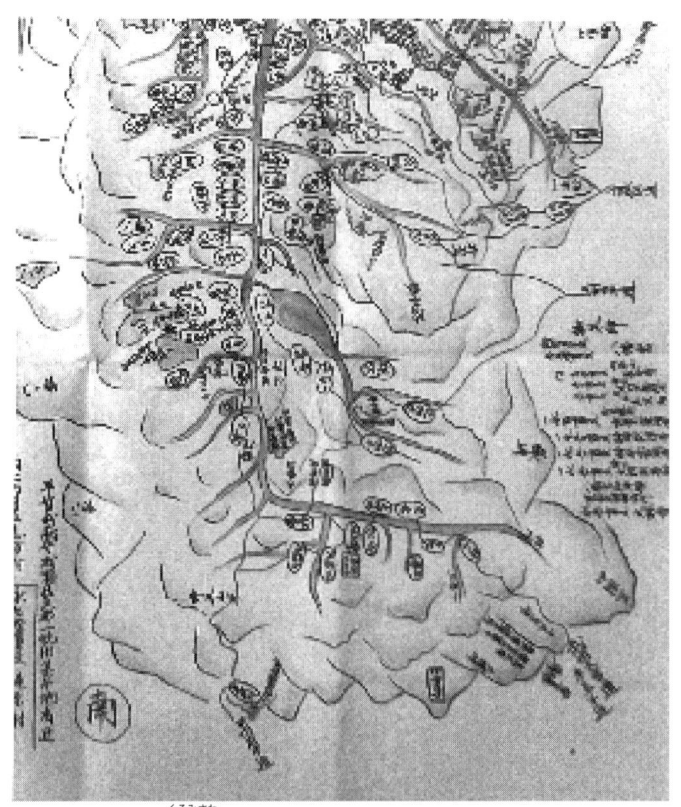

図2.7　榑沢絵図の佐久郡南部（榑沢竜吉氏蔵）

定した大月川岩屑なだれ（3.5億m^3）よりも規模がはるかに大きい。このことは大月川岩屑なだれのような大規模土砂移動が繰り返し発生したことを示唆しており、千曲川沿いには成因の不明な高位段丘が存在する。

写真2.11、2.12に示したように、馬蹄型凹地形頭部に稲子岳が長軸1000m、短軸700m、高さ200m、推定体積1.4億m^{3}程度）の巨大な移動岩体として残っている。この移動岩体は887年の山体崩壊時に形成されたものであろうか。それとも、以前から移動岩体は存在し、887年にはその一部を含めて大規模に山体崩壊を起こしたのであろうか。

この移動岩体には風穴があるなど、基盤からはほぼ完全に分離している（清水2009、飯島・篠田1998）。現在も残る稲子岳を載せた移動岩体は、今後の地震や豪雨、後火山活動によって、大きく崩落し、新たな岩屑なだれが発生して、千曲川を河道閉塞し、天然ダムを形成する可能性が考えられる。

このような観点から、稲子岳付近の岩体の変動状況をGPSなどによる移動量観測によって把握すべきであろう。

気象庁（2003）は、活火山の定義見直しを行った際に、八ヶ岳最北部に位置する横岳を奥野ほか（1984）などをもとに、1万年前以降に噴火があるとして、活火山に認定した。しかし、完新世における火山活動の詳細は明らかになっていない。大石ほか（2011）は、ニュウ北方〜麦草峠の多数地点で白色のシルトサイズの火山灰が層厚数cmで存在し、稲子岳溶岩に特徴的な酸化角閃石が含まれることを明らかにした。この白色火山灰は、その岩石学的特徴と分布から、大月川岩屑なだれの推定崩壊域である稲子岳の二重山稜付近を給源としている可能性が高く、このような堆積物を生産した噴火が完新世にどの程度発生したか、また、これらの噴火が八ヶ岳の山体崩壊に関与しているのか、さらに調査を進める必要がある。

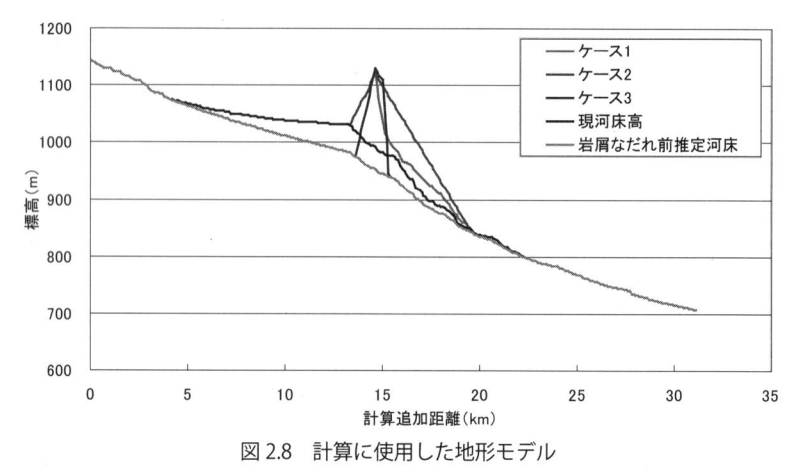

6) 天然ダムがつくった地形・地名

八ヶ岳大月川岩屑なだれと仁和洪水については、非常に多くの文献が発表されており、仁和三年（887）説と仁和四年（888）説など、多くの議論が交わされてきた。本論で述べたように、高さ130m（湛水量5.8億m³）という大規模天然ダム（古千曲湖1）が形成されたため、満水になるまでに303日もかかって決壊したということで説明がつく。決壊によって、二次岩屑なだれが発生し、小海付近で相木川を閉塞し、古相木湖（600年以上続く）を形成した。古千曲湖1は決壊したが、高さ50mの古千曲湖2は133年もの間残った。千曲川上流部に残る様々な地名はこれらの天然ダム現象を記録していると考えられる。

以上の点を含めて、大月川岩屑なだれによって塞き止められた湖成層の分布や段丘面の地形・地質特性などについて、さらに調査を進めて行きたい。

図2.8 計算に使用した地形モデル

表2.3 計算ケースの想定形状

計算ケース	形状	高さ	法勾配
ケース1	三角形	130m	上流4°下流10°
ケース2	三角形	130m	上流4°下流3°
ケース3	台形	180m	上流10°下流30°

7) 天然ダムの決壊シミュレーション

以上の計算結果をもとに、887年に発生した八ヶ岳大月川岩屑なだれにより形成された天然ダムの規模等を推定し、LADOFモデルを用いて決壊時のピーク流量を試算した（詳しくは3章参照）。検討対象地域は、八ヶ岳を源頭部にもつ大月川から千曲川上・中流部である（図2.1）。3)項で述べたように、天然ダムの天端標高を1130mと推定し、これを元に現河床位との差から天然ダムの高さを130mとしているが、天然ダム形成以前の河床は、現河床（標高1000m）よりも低く、湛水高は130m以上である可能性が高い。

① 計算条件

地形モデルは、10mDEM（国土地理院発行）を用いて作成した。天然ダムの形状は、形成過程を考慮し下記の3ケースを想定した（図2.8、表2.3）。
ケース1：岩屑なだれ堆積物が海尻付近に堆積し、現河床位に天然ダムが形成されたと想定。
ケース2：岩屑なだれ堆積物が小海付近まで流下し、現河床位に天然ダムが形成されたと想定。
ケース3：岩屑なだれ堆積物が海尻付近に堆積し、

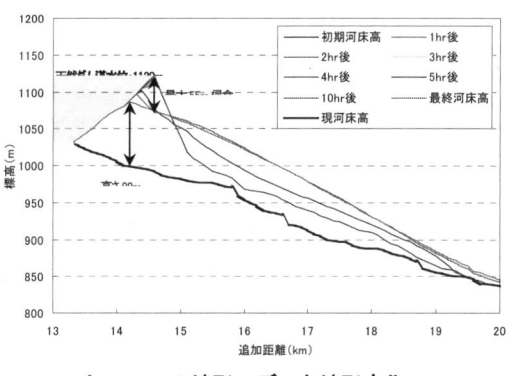

ケース1の地形モデルと地形変化 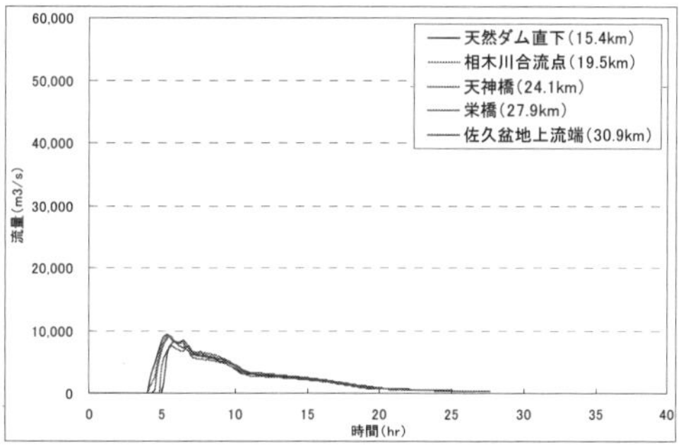　　　　ケース2の計算結果

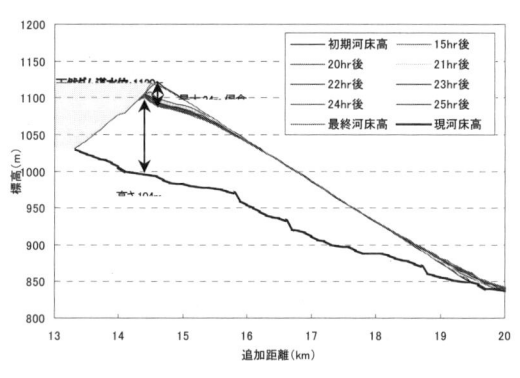

ケース2の地形モデルと地形変化 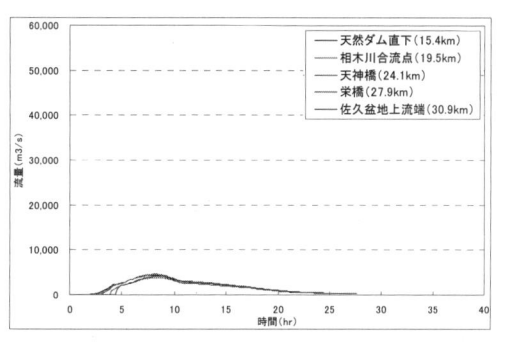　　　　ケース2の計算結果

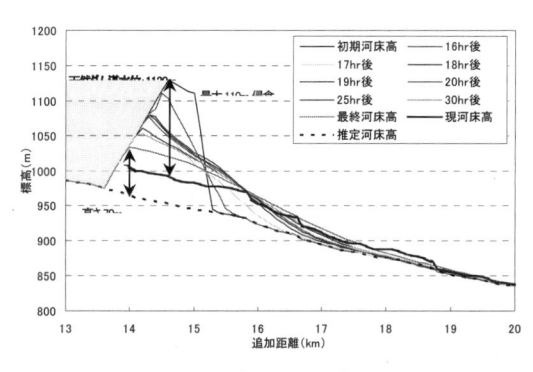

ケース3の地形モデルと地形変化 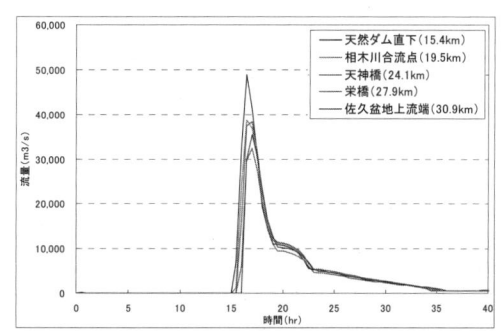　　　　ケース3の計算結果

図2.9　決壊シミュレーション結果（天然ダムの縦断形状の変化および決壊後のハイドログラフ

表2.4　千曲湖1の決壊氾濫計算結果の一覧表（井上ほか 2011）

	計算結果			Costa式による ピーク流量 (m^3/s)
	天然ダム最大 侵食深（m）	計算後の天然ダ ムの高さ（m）	ピーク流量 (m^3/s)	
ケース1	55m	88m	9,300m^3/s	60,000m^3/s
ケース2	34m	34m	4,300m^3/s	
ケース3	110m	70m	48,900m^3/s	70,000m^3/s

天然ダム決壊前の河床位に天然ダム（高さ180m）が形成されたと想定。

ケース3の河床位は、天然ダム地点上下流の現河床勾配より天然ダム決壊前（岩屑なだれ前推定河床）の縦断形状を推定した（図2.8）。天然ダムの高さは、河床位と天端標高1130mの差により130m（ケース1、2）および180m（ケース3）と設定し、天然ダムの上下流の法勾配は、岩屑なだれの堆積範囲から推定した。

②計算結果

ケース1～3について、天然ダムの縦断形状の変化および決壊後のハイドログラフの結果を図2.9に示す。

・天然ダムの縦断形状

天然ダム天端での最大侵食深は、ケース1、2が55m、34mであるのに対し、ケース3は110mとなった。4）項で述べたように、決壊後も高さ50m程度の天然ダムが残っている。ケース1、2の計算後の天然ダム高さが80m以上であるのに対し、ケース3の計算後の天然ダムの高さは70mであり、井上・川崎・町田（2010）が推定した高さに近い結果となった。

・ピーク流量

天然ダム直下のピーク流量は、ケース1で9300m³/s、ケース2で4300m³/sに対し、決壊時のピーク流量の簡易予測式であるCostaの方法（ダムファクター：ダムの高さH×貯水容量V）で算出すると、ケース1、2は60,000 m³/s、ケース3で48,900m³/sとなった。天然ダム決壊ケース3は70,000 m³/sとなる。

以上の結果より、ケース3の計算結果が既往研究成果との整合性が高く、天然ダムの高さは約180m、決壊時のピーク流量は48,900m³/s程度であったと推定される。

八ヶ岳大月川岩屑なだれにより形成された天然ダムについて、RADOFモデルで天然ダムの決壊計算を行ったが、ケース3がより既往研究成果との整合が高い結果となった。決壊した岩屑なだれ堆積物は、河道閉塞地点の下流の小海町八那池から馬流付近の

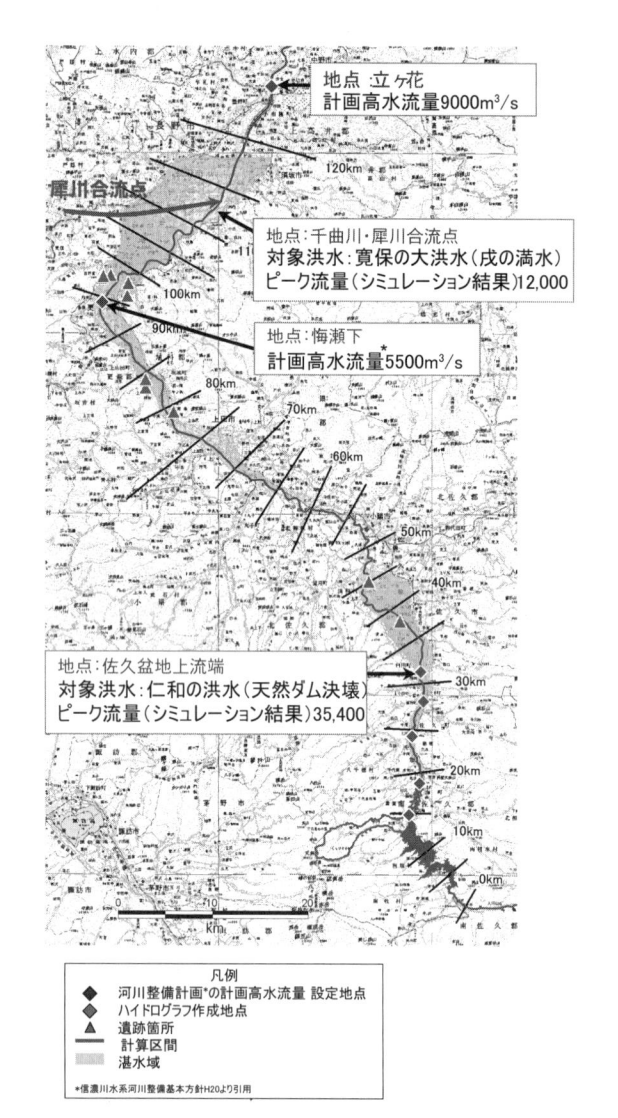

図2.10 仁和洪水の範囲とマニング式の計算断面位置

河谷を埋積し、比高20～50mの河岸段丘を形成したとある。今回の計算では、小海付近の堆積深は3～16mであり、既往研究成果より小さい結果となった。今後は、流下痕跡やピーク流量等を検証できるデータを収集し、より再現性の高い検証を行うことが望ましい。

8) 佐久より下流の洪水流の検討

図2.10に示したように、千曲川河川事務所（2008）の「信濃川水系河川整備基本方針」における計画洪水流量は、悔瀬下（天然ダム形成地点より60km下流）で5500m³/s、立ヶ花（同130km下流）

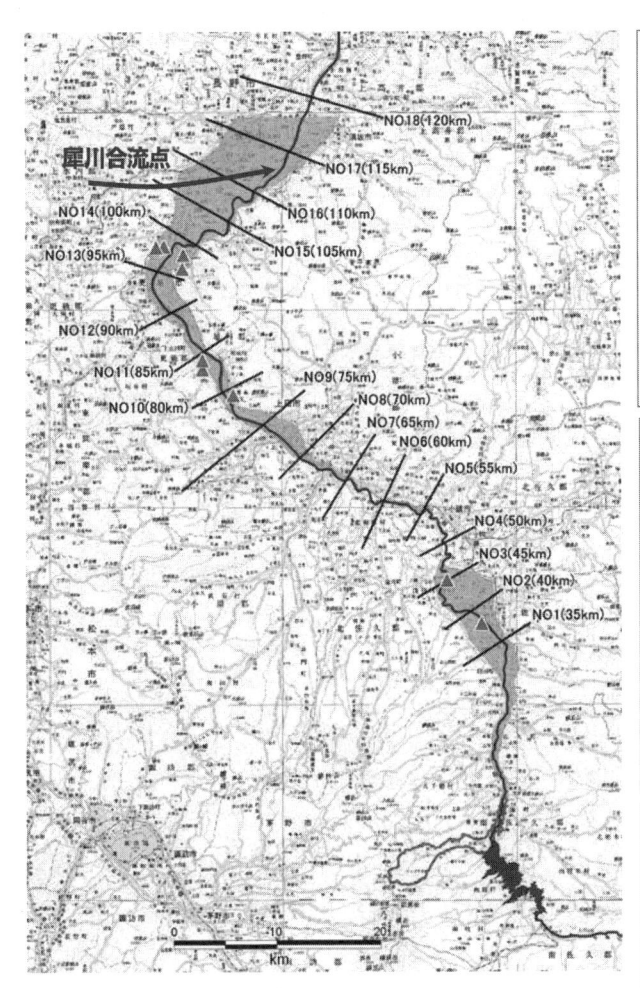

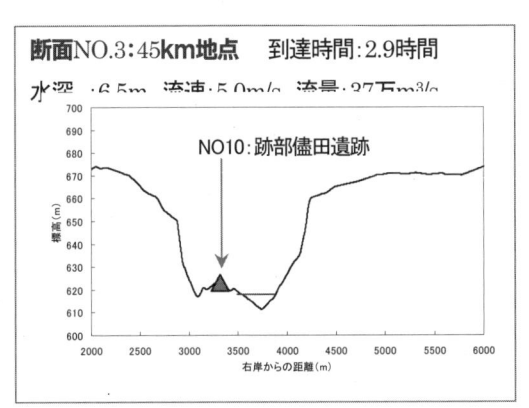

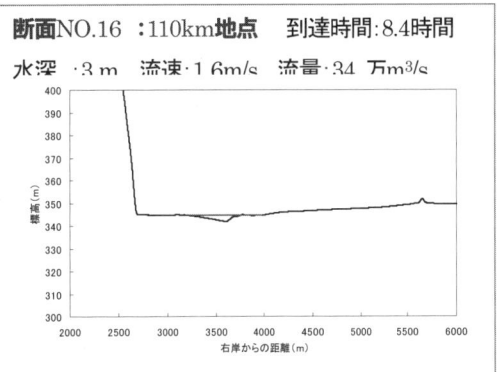

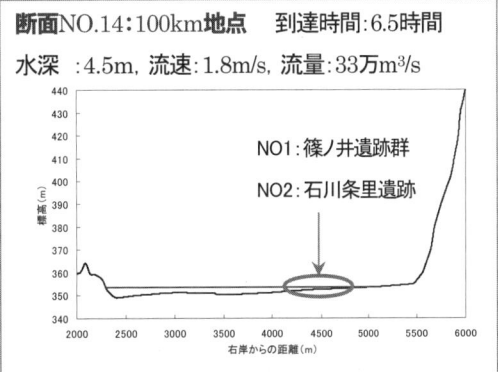

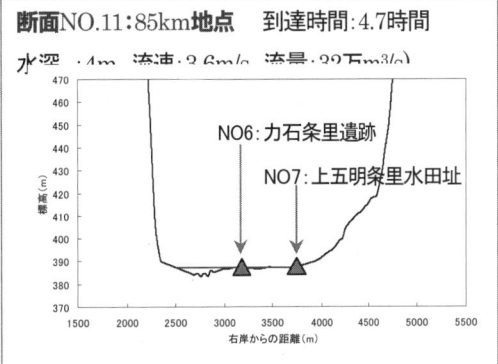

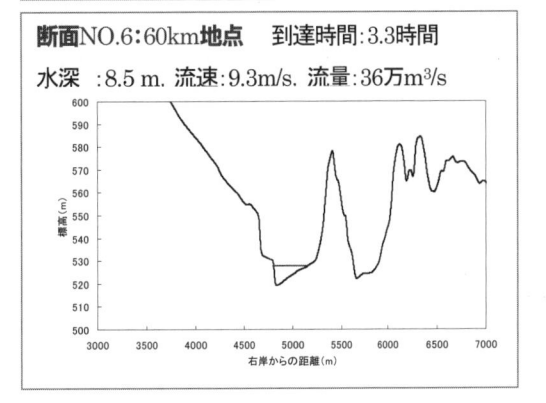

第2章 2002年以後に判明した主な天然ダム災害

図2.11 マニング式による仁和洪水の流下断面と到達時間

表 2.5 マニング式で計算した「仁和洪水」の想定水位・流量・流速・流下時間

断面番号	追加距離 (km)	標高 (m)	河床勾配 1/n	設定水位 (m)	流速 (m/s)	流量 (万 m³/s)	到達時間 (hr)	備考
1	35	677.4	135	3.0	4.3	35	2.3	佐久盆地
2	40	643.7	135	4.0	5.2	37	2.6	佐久盆地
3	45	611.5	273	6.5	5.0	37	2.9	佐久盆地
4	50	585.2	256	23.5	10.4	35	3.0	狭窄部
5	55	548.0	107	7.0	8.6	35	3.2	狭窄部
6	60	519.3	113	8.5	9.3	36	3.3	狭窄部
7	65	483.0	218	12.0	7.1	37	3.5	狭窄部
8	70	452.4	124	7.5	7.6	34	3.7	上田盆地
9	75	427.7	194	4.0	4.1	33	4.0	上田盆地
10	80	403.4	359	6.0	4.2	34	4.4	上田盆地
11	85	383.4	307	4.0	3.6	32	4.7	
12	90	368.4	346	4.0	3.4	34	5.2	
13	95	354.7	810	5.0	2.6	35	5.7	
14	100	349.0	1400	4.5	1.8	33	6.5	長野盆地
15	105	340.6	2000	3.5	1.3	39	7.5	長野盆地
16	110	341.8	1089	3.0	1.6	34	8.4	長野盆地
17	115	337.4	1403	4.5	1.7	36	9.2	長野盆地
18	120	330.8	760	3.5	2.1	35	9.9	長野盆地

※ マニング式による洪水到達水位。到達時間の推定は、天然ダム決壊シミュレーション計算区間より下流を対象とした。
※ 追加距離は天然ダム決壊シミュレーションの計算開始地点からの距離とする。

で 9000 m³/s であり、ケース 3 ではこれより大きく上回る。信濃毎日新聞社出版局 (2002) によれば、寛保二年 (1742) の「戌の満水」では、長野市付近でのピーク流量は 1 万 2000 m³/s と推定されており、「仁和洪水」の方が洪水氾濫範囲は広かったと想定される。

長野県埋蔵物センターの発掘調査によって、10 箇所の「仁和洪水砂」が確認されている (川崎 1997、2000a、b、2010)。これらの遺跡の平面分布と 888 年の天然ダム決壊洪水の流下範囲と流下時間などを把握するため、マニング式による洪水の流下計算を行った。図 2.10 に計算に用いた千曲川の河床断面の位置を示した。断面図の作成に当たっては、10mDEM (国土地理院作成) を用いた。

泥流到達水位と流下断面からマニング則 (土木学会水理委員会、1985) によって想定水位・流量・流速・流下時間を計算し、表 2.5 と図 2.11 に示した。

マニングの公式によれば、

流速　$V = 1/n \times R^{2/3} \times I^{1/2}$ (m/s)

流量　$Q = A \times V$ (m³/s)

の関係がある。ここで、水深 H、断面積 A (断面形と H から求めた)、潤辺 L、粗度係数 $n = 0.04$、径深 $R = A/L$、粗度係数 n は河道の抵抗の程度を示す係数で土木学会水理委員会 (1985) などによれば、自然河川の粗度係数 n は 0.025 ～ 0.07 と言われており、河道の形状並びに河岸や河床の抵抗物によって左右される。「仁和洪水」の n は、泥流が巨大な岩塊や流木を多く含んでいたため、かなり大きいと判断し、粗度の大きな自然河川でよく用いられる $n = 0.04$ と仮定した。マニング式による流下計算に当たっては、ケース 3 で得られた佐久盆地入口 (計算開始地点から 35km) のピーク時の洪水流量 35,400 m³/s の値を用いた。この結果に基づく想定水位、流量・流速・流下時間などを図 2.11 と表 2.5 に示した。

図 2.11 の河床断面図には、「仁和洪水砂」が存在した遺跡の位置で示した。その結果、マニング式によって求められた洪水氾濫範囲と遺跡の分布はほぼ一致していると判断した。888 年に千曲川を流下した洪水流は、流量 3.2 ～ 3.7 万 m³/s、流速 1.6 ～ 5.0m/s で流下した。千曲川の河道閉塞地点 (大月川の合流点付近) から 35km 下流の佐久盆地入口まで 2.3 時間、70km 下流の上田盆地まで 3.7 時間、110km 下流の長野盆地 (犀川合流点) まで 8.4 時間で流下したことになる。

2.2 宝永南海地震（1707）による仁淀川中流・舞ヶ鼻の天然ダム

1) はじめに

　四国山地砂防ボランティア協会（2008）は、平成20年度土砂災害防止講習会を2008年6月30日に高知県長岡郡本山町のプラチナセンターで開催した。井上は「大規模地震と土砂災害」と題して講演した。講演終了後、高知県越知町の山本武美氏から宝永四年十月四日未刻（1707年10月28日）の宝永南海地震によって、高知県高岡郡越知町鎌井田の舞ヶ鼻地先において、仁淀川に天然ダムが形成されという石碑と史料があると紹介して頂いた。このため、山本武美氏に案内して頂き、2008年10月3日と12月2日に現地調査を実施した。現地調査前に、越知町の吉岡珍正町長からも関連資料を頂き、現地に残る貴重な石碑を調査した（井上・桜井 2009）。

2) 宝永南海地震による土砂災害

　宝永四年十月四日（1707年10月28日）に発生した宝永南海・東南海地震は、日本列島周辺で最大規模の地震で、震動の範囲は北海道を除く日本全国に及んだ。震源は遠州灘と紀伊半島沖で、東南海と南海地震の2つの地震（いずれもM8.4程度）がほぼ同時に発生した（飯田 1979）。

　国土交通省四国山地砂防事務所（2004）は、『四国山地の土砂災害』で、「加奈木崩れ」「五剣山崩れ」「横倉別府山二の宮」という3箇所の土砂災害地点を説明しているが、天然ダム災害については記載していない（中村ほか 2000、井上 2003、2006a）。

　高知県立図書館（2005）の『谷陵記』（奥宮正明記）によれば、「宝永四丁亥年十月四日未之上刻（1707年10月28日14時頃）、大地震起り、山穿ちて水を漲らし、川を埋りて丘となる。國中の官舎民屋 悉く轉倒す。逃げんとすれども眩いて壓に打れ、或は頓絶の者多し。又は幽岑寒谷の民は巖石の為に死傷するもの若干也。‥‥」と、天然ダムが形成されたことが記されているが、具体的な場所はわからな

写真2.13　天然ダムを形成した仁淀川左岸の崩壊地形（鎌井田の林道から望む、井上撮影）

写真2.14　仁淀川右岸の巨礫岩塊が多く存在する台地（対岸の県道から望む、井上撮影）

かった。

3) 仁淀川の天然ダム形成地点の地形地質状況

　越知町（1984）の『越知町史』巻末の越知町史年表によれば、1707年の項に、「大地震で舞ヶ鼻崩壊し、仁淀川を堰き止め洪水を起こす」と記されている。越知町柴尾部落の長老・山本佐久實氏によれば、「4日間湛水し、満水となって決壊し、仁淀川下流の高知県いの町に被害をもたらした」と話された。写真2.14は、天然ダムを形成したと考えられる崩壊地の跡地形である。崩壊発生から300年以上経っているため、植生が繁茂して崩壊地形は分かりにくい。写真2.14、2.15に示したように、仁淀川の対岸には角礫状の巨礫が多く分布する台地状地形が存在し、河道閉塞地点であることがわかる。この付近は、仁淀川の中流域に位置し、河床は砂礫

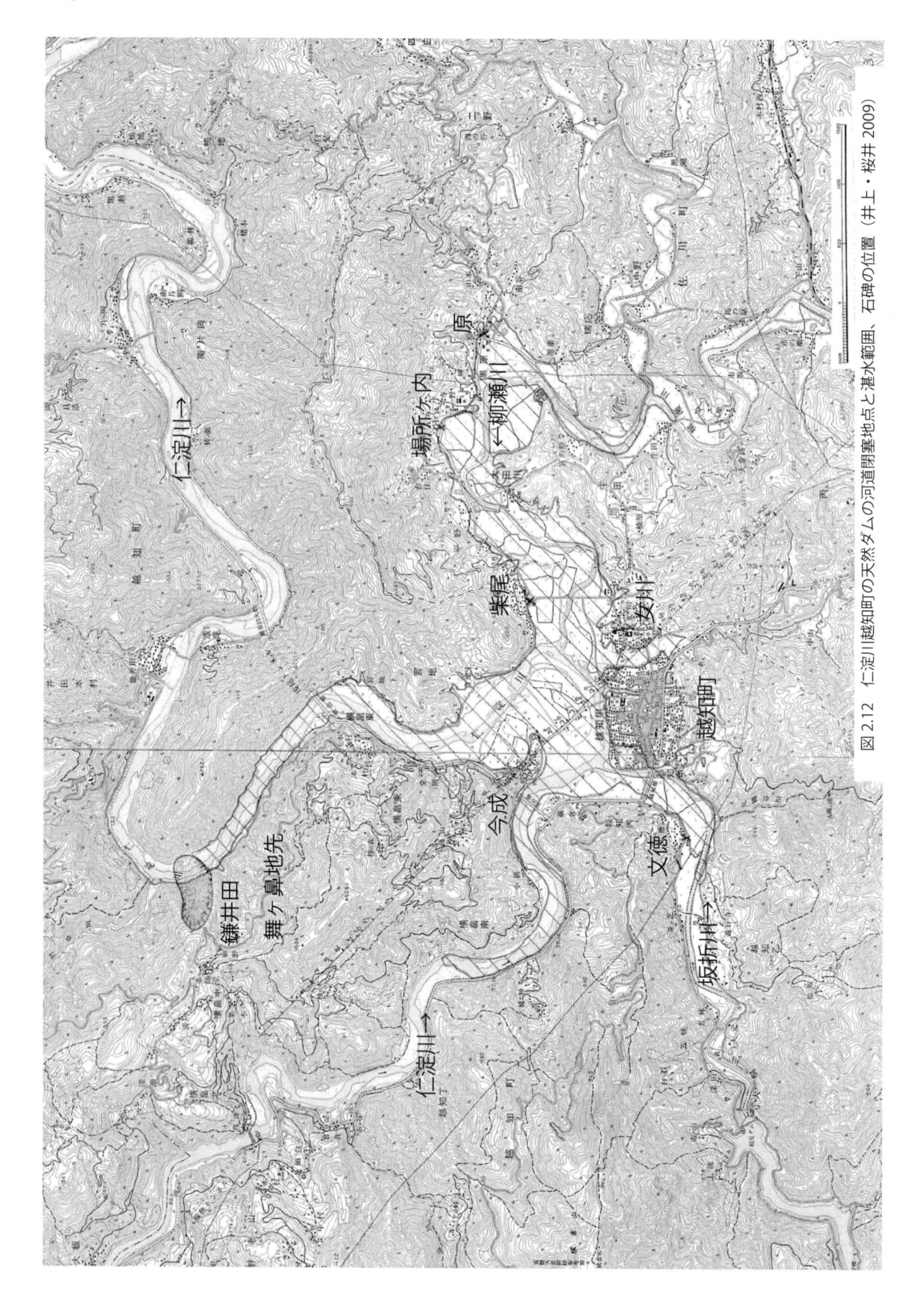

図 2.12　仁淀川越知町の天然ダムの河道閉塞地点と湛水範囲、石碑の位置（井上・桜井 2009）

が堆積しており、このような大転石の密集地は他に存在しない。図2.12は天然ダムの河道閉塞地点と湛水範囲、石碑の位置を示したもので、図2.13は高知県砂防指定地区域図（縮尺1/5000、越知土木越知町17-4、17-5、1999年1月現在）を基に作成した河道閉塞地点の横断面図である。

地質調査総合センター（2007）の地質図によれば、秩父累帯北帯の勝ヶ瀬ユニット（中生代ジュラ紀前期）の硬質な泥質混在岩・塊状左岸・チャートなどからなる。仁淀川は越知盆地からこの地域に入ると、急峻な谷地形をなして、貫入蛇行しながら流れている（岡林ほか、1978a、b）。写真2.13と2.16に示したように、河道閉塞地点は地すべり性崩壊の痕跡地形であることが良くわかる。

2008年12月2日に山本氏の案内で、元高知県防災砂防課長の斉藤楠一氏と一緒に、舟で対岸に渡り、現地調査を行った。対岸はイノシシの棲みかで、多くの足跡があった。斉藤氏は少し下流の鎌井田出身で子供の頃に仁淀川で良く遊んだと言われた。その当時、対岸の台地はもっと高く多くの岩塊が存在したという。このため、河積断面が不足し、上流の越知盆地がしばしば氾濫する一要因となっており、昭和21-22年（1946-47）に地域の人達は多くの岩塊を撤去し、河積断面を拡幅する工事をしたという。

高知県砂防指定地区域図（10mコンター）をもとに、河道閉塞を起こした知すべり性崩壊地の面積を求めると、面積12.5万m^2、移動岩塊量442万m^3、河道閉塞岩塊240万m^3程度となる。

この天然ダムの湛水面積と湛水量を1/2.5万地形図をもとに計測すると、湛水面積は480万m^2（4.8km^2）、水深18m（＝最高水位61m－河床標高43m）であるので、湛水量はV＝1/3×S×Hとして、2880万m^3となる。

決壊までの時間が4日（R＝48時間＝34.56万秒）であるので、この時の仁淀川の平均流入量は、Q＝V/Rで、83.3m^3/Sとなる。

4）湛水範囲を示す石碑

この地点から上流の越知盆地周辺には、標高がほぼ同じ（61m）地点の5か所に宝永の天然ダムの

写真2.15　対岸に厚く堆積する巨大な角礫層（井上撮影）

写真2.16　対岸からみた地すべり性崩壊地（井上撮影）

写真2.17　巨大な硬質角礫が密集する台地（井上撮影）

ことを記録した石碑が現存しており、山本武美氏に案内して頂いた。図2.12は、天然ダムの河道閉塞地点と湛水範囲、石碑の位置を示している。

石碑の写真を写真2.18〜2.20に示した。屋外に置いてある石碑の文字はほとんど読むことができないが、女川の石碑（写真2.20）のみ阿弥陀堂の

図 2.13 河道閉塞地点の横断面図（井上・桜井 2009）

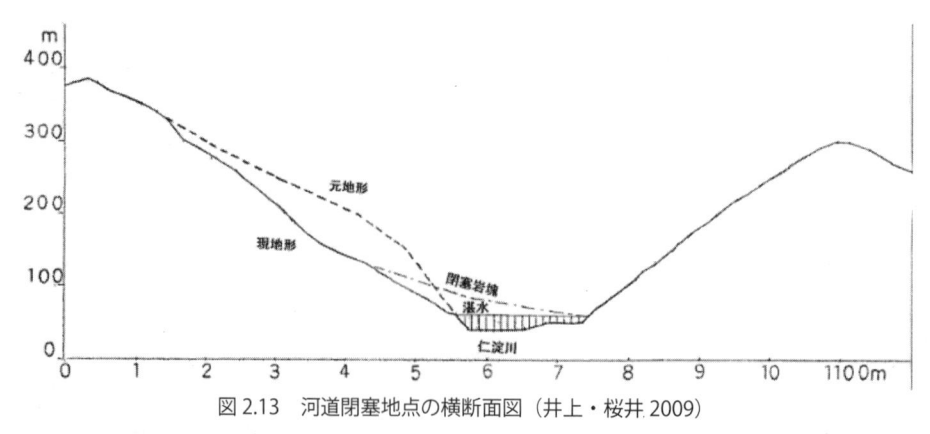

写真 2.18 柴尾の観音堂と石碑（左側は吉岡町長、井上撮影）

写真 2.19 柴尾の石碑（越知町柴尾地先、井上撮影）

写真 2.20 女川の石碑（越知町女川地先、井上撮影）

中にあり、「南無大師扁照金剛　宝永七　尾名川村　惣中」と読むことができ、宝永四年の災害から3年後の宝永七年(1710)に建立されたことがわかる。他の石碑は風化が進み、文字が読みにくくなっているが、祈願文と年次の文字は同じで、地名だけが建立地点の地域名になっている。山本佐久實氏によれば、女川（尾名川村）の阿弥陀堂は、湛水標高（61m）

付近にあったものが、現在地の高台に少し移設されたという。残念ながら、今成（いまなり）の石碑は見つかっていない。

越知盆地の出口では、仁淀川と支流の柳瀬川の洪水流が合流して北方向の狭窄部に流入するため、何度も激甚な湛水被害を受けてきた。特に、平成16年（2004）の台風23号（氾濫水位、標高60.83m）と平成17年（2005）の台風14号（同標高61.10m）によって、激甚な洪水氾濫被害を蒙った。このため、高知県中央西土木事務所越知事務所では、柳瀬川の氾濫地域の電信柱数十本に標高61.0mの高さに、「柳瀬川の増水注意」（写真2.21、2.22）の看板を設置し、洪水氾濫に対する注意喚起を行っている。

宝永南海地震で形成された天然ダムの湛水標高は61mで、上記の洪水氾濫水位とほぼ同じである。図2.12に示したように、現在の越知町の集落はこの湛水標高より上部の河成段丘上に大部分が位置し

写真 2.21　越知盆地の電信柱の洪水水位標識（井上撮影）

写真 2.22　柳瀬川の洪水水位標識（標高 61m、井上撮影）

写真 2.23　洗浄され、読みやすくなった石碑と説明看板（2011 年 9 月 1 日、山本武美氏撮影）

ている。地元では、「石碑より下に家を建てるな」という言い伝えが残っており、61m より低い地域は現在でも大部分が水田となっている。

吉岡町長はこれらの石碑を見ながら、「平成 16、17 年（2004、05）の柳瀬川の洪水氾濫では、激甚な被害を受けたが、300 年前の天然ダムの湛水標高がほぼ同じ標高 61m であることに驚いた。湛水位を示す石碑を大切に保存して、言い伝えを含めて『貴重な防災教訓』として、越知町民に伝えて行きたい」と話された。

5）むすび

東京大学地震研究所の都司嘉宣准教授（2008、2010）は、高知地震新聞 47 号（高知新聞 2010 年 11 月 19 日）で「越知町の河川閉塞ダム」として紹介した。高知県立図書館の史料などによれば、

宝永南海地震（1707）や安政南海地震（1854）などで、大規模な土砂災害が発生し、天然ダムが形成されたと考えられる箇所が数ヶ所読み取れるという。

山本武美のなどの地元関係者は、上記の石碑を洗浄して文字をはっきりさせ、説明看板を取り付ける事業を行っている。これらの事業に当たっては、（財）砂防フロンティア整備推進機構の木村基金の支援を受けた（写真 2.23）。

2.3 宝永東南海地震（1707）による富士川・下部湯之奥の天然ダム

1）史料調査

図 2.14 に示したように、宝永東南海地震（1707）では、安倍川上流の大谷崩れや富士川中流の白鳥山などが知られている（中村ほか 2000）が、下部温泉上流の富士川左支・下部川でも天然ダムが形成された。

写真 2.24 は市川大門町の一宮浅間神社である。市川大門町教育委員会（2000）の「市川大門町一宮浅間宮帳」（市川大門町郷土資料集、6 号）によれば、宝永四年十月四日未刻（1707 年 10 月 28 日 13 時半頃）に、

「十月大己卯朔日、壬午四日の未の刻ばかりに、にわかに地二つ震い大地震。震天地鳴動してはためき渡るかと思う所に東西を知らず震い、諸人庭に出て立たんとするに足立たず、盆に入れたる大豆のごとく所にたまらず、四方の山より黒白の煙天をかた

写真 2.24 市川大門町 一宮浅間神社
（井上撮影）

図 2.14 宝永地震（1707）による大規模土砂移動
下線は宝永地震（1707）による大規模土砂移動

めて立ちのぼる。地は裂けて水湧き上る。その水の湧くこと水はじきのごとし。後また五日の朝辰（10月29日8時）の頃に大地震あり。四日に残りたる家、この時に崩る（後略）。

　湯奥と言う村、山崩れ谷を埋め、湯川（下部川）を押しとどめて水海をなす。この水を切りほすとて川内筋の人夫二千八百人にて切りたれども、少し沢を立たるばかりにて切りほす事かなわず。川鳥市をなすと云々。俗に言う長さ三里横一里の水海と言う。この川下、下部その他の村、この水を恐れて山に上がり、小屋に住む。」

2) 現地調査と聞き込み調査

　この史料をたよりに、現地調査を行い、湯之奥金山博物館の谷口一夫館長、小松美鈴学芸員、下部温泉の石部典夫氏などから聞き込み調査を行った（図2.15）。

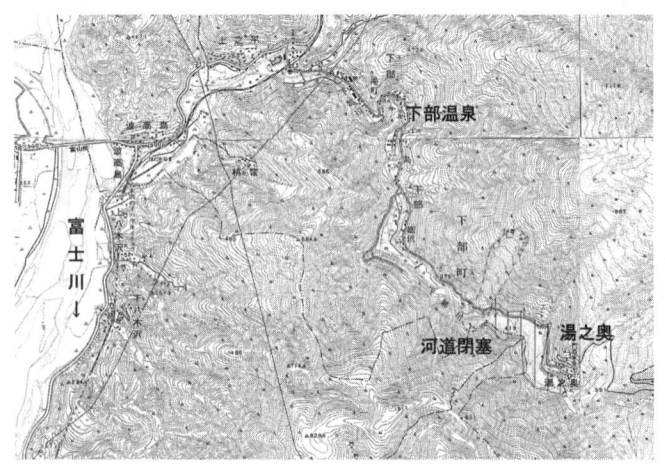

図 2.15 天然ダムと下部温泉との関係

　湯奥金山は武田の金山として、天文年間（1540年頃）に採掘が始まった。しかし、1650年頃から衰退し、宝永地震の頃には金山はあまり稼働していなかった（天明の頃（1780）には閉山していた）。宝永四年十月四日（1707年10月28日）13時頃、大地震が2回あった。また、宝永四年十月五日（1707年10月29日）8時頃、大地震（余震）が1回あった。

　湯奥村では山崩れで湯川の谷を埋積し、湯川を押しとどめて水海をなした。川筋の人夫2800人にて開削工事を始めたが、小さな開削水路を造っただけで、天然ダムの湛水を排水することはできなかった。俗に言う長さ三里（12km）、横一里（4km）の水海となった。

　1/2.5万地形図をもとに簡易計測すると、湛水標高450m、湛水高70m、長さ900m、幅250m、湛水面積16万m²、湛水量370万m³となった。

　下部川（湯川）の川下にある下部村（下部温泉）などの村は、天然ダムの決壊・洪水を恐れて、一時的に山に上がり、小屋に住んだ。当時の工事ではほとんど排水することができなかった。天然ダムは急激な決壊をせず、徐々に水位が低下したため、下流の温泉街には大きな被害を与えなかったと想定される（このような出来事が下部村の区有文書に記録されていれば良いのだが）。

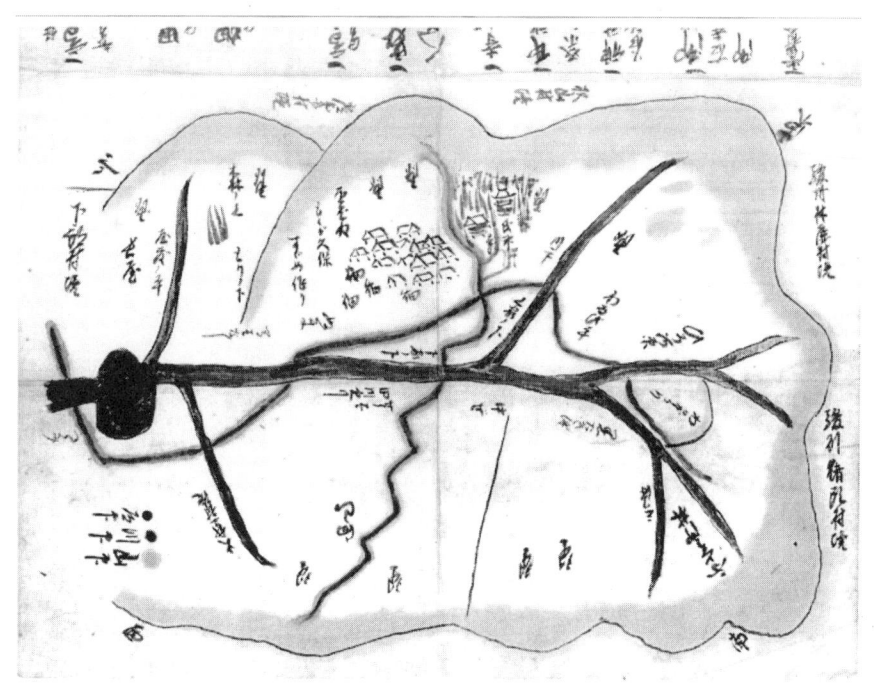

図 2.16　湯奥村絵図、天保九年四月（1838 年 5 月）湯之奥金山博物館蔵

写真 2.25　下部川の航空写真による判読図
（国土地理院 1975 年撮影 CCB-75-17、C14-3）

図 2.17　レーザープロファイラーによる天然ダム地点の地形
強調図（富士川砂防事務所 2010 作成）

　天然ダムの湛水域には、その後の土砂流出で多量の土砂が流出した（石部さんの話によれば、この付近は「海河原」と呼ばれている）。

　図 2.16（口絵 5）に示した湯之奥金山博物館所有の「湯之奥村絵図」（天保九年四月、1838 年 5 月）には、河道閉塞地点が紺色で示されているが、海河原地点には湛水は描かれていない。宝永地震から 131 年後の絵図であるため、河道閉塞地点より上流の湛水は土砂の堆積によって消滅しているのであろう。

　1975 年に国土地理院が撮影した航空写真（写真 2.25、口絵 6）を判読するとともに、富士川砂防事務所が作成した「レーザープロファイラーによる微地形強調図」（図 2.17）などを持って、現地調査を行った。下部川の対岸には、林道がかなり高い標高まで続いており、河道閉塞した地形状況が良く分かる。

　写真 2.25 に示したように、下部川（湯川）右岸

写真 2.26　対岸の林道から大規模崩壊地を望む
（森林に覆われ地すべり地形は良く分からない）

写真 2.27　天然ダムの堆砂敷（井上撮影）
（地元では「海河原」と呼んでいる）

側には、明瞭な地すべり性崩壊地形が存在し、明らかに巨礫を大量に含む移動岩塊が 70m もの高さで河道閉塞している状況が分かる。河道閉塞地点より上流は、硬質な巨礫を含む砂礫に埋もれて、広い氾濫堆積域「海河原」となっている（写真 2.26、2.27）。

河道閉塞地点の直上流部には、高さ 10m 程度の砂防ダムが建設されており、上流部の堆積砂礫の流出を防いでいる。砂防ダム直下には、人が渡れる吊り橋があり、土石流感知のためのワイヤーセンサーが 2 本設置されている。宝永地震による天然ダムはこの砂防ダムの天端より 30m 高いと想定される。

JR 身延線は昭和 2 年（1927）に開通しているが、建設工事により多くの木材が下部川上流から集められた。このため、湯之奥までの林道が開通した（この林道は現在県道となっている）。

昭和 20 年（1945）の台風による土砂流出で、湯之奥集落下部の人家は土砂で埋まってしまった。湯之奥集落の下には数軒の人家があったが、この時に押し流されたという。河原付近に石積擁壁があったが、現在は土砂に埋もれている。

この県道の河道閉塞地点を通過する区間は、道路線形が前に出ており、擁壁にオープン亀裂が存在し、明らかに地すべり変動の兆候が現れている。道路擁壁は修復作業を何回も行っている（写真 2.28）。

2.4　信州小谷地震（1714）による姫川・岩戸山の天然ダム

1）姫川流域の地形・地質特性

糸魚川—静岡構造線北部に位置する姫川流域は、日本でも有数の地すべり多発地帯である。姫川は南北に連なる北アルプスの東側を並行して流れて日本海に注ぐ急流河川（流域面積 722km^2、本川延長 50km、平均勾配 1/70 〜 1/80）である。西側山地は大起伏山地で、中古生層や第四紀の火山砕屑岩類からなるのに対し、東側山地は新第三紀の砂岩や泥岩などが分布する。これらの地質は、構造線沿いの広い範囲で地殻変動の影響を受け、亀裂が多く発達し、脆弱化している。これに加えて、姫川の侵食活動は活発で、両岸は急斜面の区間が多く、地すべりや崩壊地形が多数認められる。

このため、姫川最上流部の青木湖（2 万数千年前に形成され、現存）を初めとして、図 1.2 と表 1.3 に示したように、多くの天然ダムが形成されている。

写真 2.28　修復された道路擁壁
（2010 年 10 月井上撮影）

2) 信州小谷地震（1714）と土砂災害

正徳四年三月十五日夜戌亥刻（1714年4月28日22時頃）、姫川に沿った小谷村を中心に地震が発生した（小谷村誌編纂委員会1993a）。この地震の素因は糸魚川—静岡構造線活断層系の部分的活動にあり、震央は南接する白馬村堀之内付近で最大震度は7とされている（都司1993）。また、死者は大町組全体で56名、被災家屋は335戸とされている（宇佐美2003）。

この地震では、小谷村の姫川右岸の岩戸山（標高1356m）西側山麓の坪ノ沢地区が崩壊によって埋没しており、その供給源として岩戸山（写真2.29）からの土砂流動を想定されていた（例えば、小谷村誌編纂委員会1993b）。しかし、その際天然ダムが形成されたか否かについてはほとんど議論されていなかった。

写真2.29　姫川右岸の岩戸山（防災科学技術研究所、井口隆氏撮影）

3) 史料の記載

鈴木ほか（2009）は、史料（内山氏文書、小谷村教育委員会、1993）を再検討した結果、岩戸山の地すべり性崩壊に伴い、天然ダムが形成されたことを明らかにした。その根拠となる記述は以下の通りである。

「正徳四年甲午三月十五日（1714年4月28日）の夜の戌亥刻に大地震い、明けて十六日昼四ツ時まで三三度震い申候。然して何と信州の内、大いに震い申候。四ヶ条村、小谷村まで皆々震い崩れ候て、何と人数五四人死に申候。牛馬数は数知れず。同所坪の沢にて大山抜け、此の山高さ四二拾間（760m）、横幅百間（180m）の山崩れ申候。河表、河原ともに二五五間（460m）の所堤申候。然して何と大堤に罷り成り。此堤坪の沢より塩島新田迄二里（8km）堤み申候。同月十八日の晩に此の堤払い申候。一里（4km）が間皆押しぬけ申候。同じく下へくだり土路崎と申す所、また堤み申候。此の堤はわずかにて候て払い申候。山々皆々われくずれ申候。午の五月二十三日　御奉行所」

上記の内容を現代文に要約すると、

① 崩落土砂が姫川の河床付近に、二百五十五間（約460m）の堤を形成した。
② 崩落土砂が姫川を閉塞し、バックウォーターが二里先（8km）の塩島新田地区（白馬村）まで達するような湖沼が出現した。

図2.18　岩戸山崩落と塞き止め湖の湛水範囲
（鈴木ほか2009、一部修正）

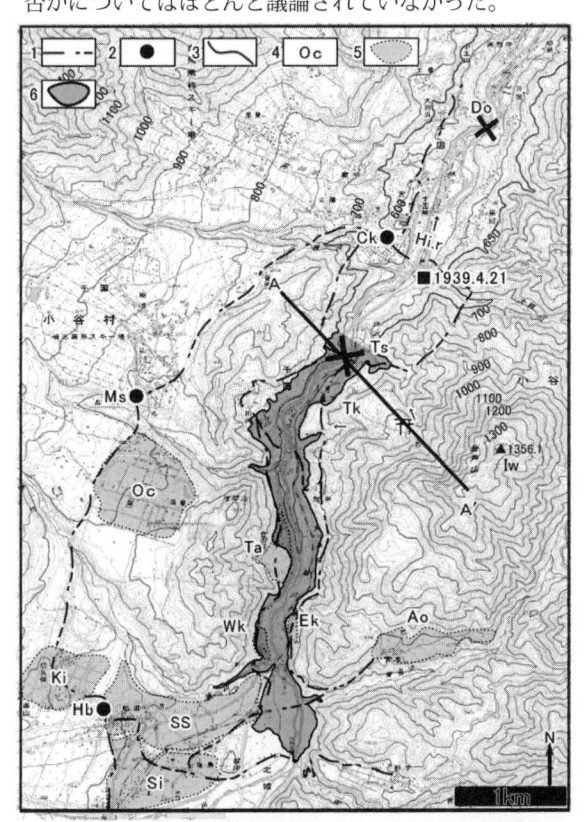

1:旧千国街道　2:一里塚（Hb:はばうえ,Ms:松沢,Ck:千国（番所））　3:河川（Tsr:坪ノ沢,Onr:鬼野沢,Hir:姫川）　4:地名（塩島新田村:SS塩島新田,Oc落倉；塩島村:Si塩島,Ki切久保,Ao青鬼,Wk西通,Ek東通,Ta立ノ間,千国村:Tk滝ノ平,Ts坪の沢,山体名:Iw:岩戸山（標高1356.1m））　5:集落の外縁　6:推定される塞き止め湖の最大浸水範囲（標高650m）

③ 崩落を生じた山は高さ四百二拾間（約760m）、横幅が百間（約180m）だった。

④ 堤は3日（26万秒）後の三月十八日（5月1日）晩に決壊し、一里（約4km）下流の泥崎地点で、新たに小規模な河道閉塞を生じたが、直ちに決壊した。

　これらの記述をもとに、現地調査や写真判読によって、岩戸山崩落と塞き止め湖の湛水範囲を検証し、図2.18を作成した。湛水面標高を650mとすると、河床標高が570mであるので、天然ダムの湛水高（H）は80mとなる。湛水面積（S）を1/2.5万地形図から求めると142万m²であるので、湛水量（V = 1/3 × HS）は3800万m³となる。3日間（26万秒）で満水になったとすると、姫川上流からの平均流入量は146m³/sとなる。

4）岩戸山周辺の地形・地質特性

　図2.18は、中野ほか（2002）に基づく岩戸山の地質推定断面図である。岩戸山山麓の地質は、新第三紀鮮新統の砂岩、泥岩と安山岩質溶岩を主としたものである。下位の地層は砂岩および円磨度の良い礫岩を含んだ細貝層であり、一部に珪長質凝灰岩が挟まる。上位の地層は安山岩質の岩戸層であり、凝灰角礫岩と火山礫岩を含む。本地域は日本海性気候のため、多雪地帯である。

写真2.30　岩戸山周辺の航空写真
（山-657, C6-12, 1973年8月13日撮影）

　2009年10月に岩戸山や湛水範囲周辺の現地調査を行った。図2.19は現地調査と写真判読に基づく岩戸山周辺の地形判読図である。写真2.30は判

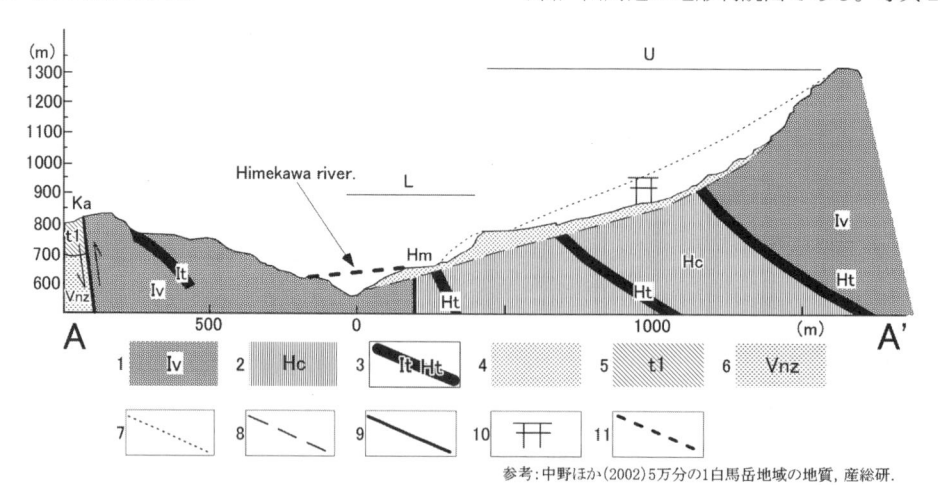

参考：中野ほか（2002）5万分の1白馬岳地域の地質, 産総研.
1：岩戸山層(Ⅳ)安山岩溶岩・火山角礫岩・凝灰角礫岩　2：細貝層(Hc)礫岩　3：岩戸山層(It)または細貝層(Ht)中のデイサイト凝灰岩　4：地すべり堆積物　5：高位段丘堆積物(t1)礫・砂・シルト　6：乗鞍沢溶岩噴出物(vnz)かんらん石安山岩及び普通安山岩溶岩（火砕岩を伴う）　7：崩壊前の斜面の推定上面　8：推定されるすべり面　9：活断層, 断層(KF：神城断層, Hm：姫川断層)　10：大岩若宮社　11：推定される河道閉塞の最高位置　U：上部地すべり　L：下部地すべり

図2.19　岩戸山の地質推定断面図（鈴木ほか2009、一部修正）

読に使用した航空写真（林野庁、1973年撮影）である。最近の写真では植生が繁茂しているため、地表面の形状は分かりにくいが、38年前の写真では判読しやすかった。

　低平な白馬（北城）盆地から姫川を下ると、岩戸山（標高1356m）は姫川の右岸側に存在し、大糸線白馬大池駅付近は現在でも狭窄部となっている。岩戸山周辺には大規模な地すべり地形が存在し、急激な地すべり変動が発生すれば、姫川を河道閉塞し、巨大な天然ダムが何回も形成された可能性が強い。

　岩戸山の地すべり地形の上を歩くと巨大な転石が多く存在し、山体崩壊的な地すべり性崩壊によって形成されたことが判る。テフラや表土がほとんどないので、数千年以内に地すべり変動が数回発生したと思われる。地すべり地形上には大岩若宮社（写真2.31）と参道が存在するが、小谷村誌や地元の聞き込みでも、この神社の由来（1714年よりは古いか）は把握できていない。

5）北城盆地の巨大な天然ダム？

　図2.20と写真2.30に示したように、姫川右岸の岩戸山周辺には、巨大な地すべり地形が多く存在

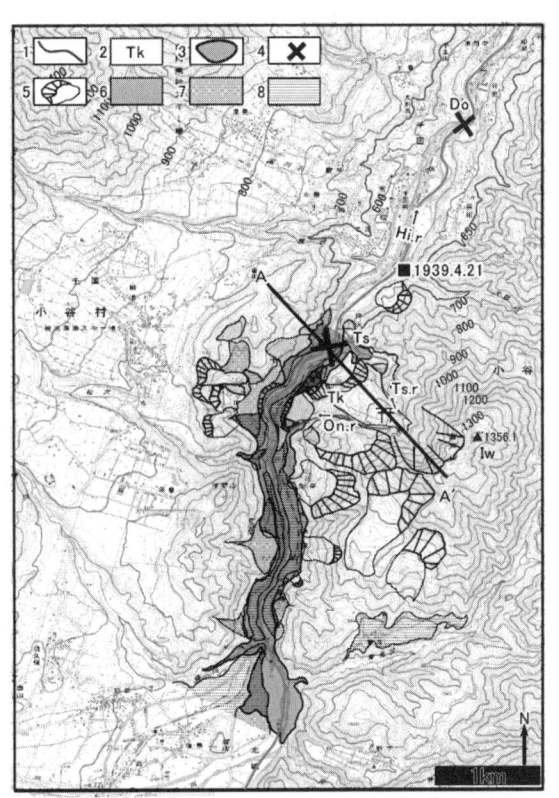

写真2.31　岩戸山の大岩若宮社と石段
（2009年10月井上撮影）

1：河川(Tsr：坪ノ沢, Onr：鬼野沢, Hir：姫川) 2：地名(千国村：Tk滝ノ平, Ts坪の沢, Do：泥崎, 山体名：Iw：岩戸山(標高1356.1m)) 3：推定される塞き止め湖の最大浸水範囲(標高650m) 4：天然ダムの形成箇所 5：地すべり地形 6：山腹緩斜面 7：沖積錐 8：河成段丘面 ■1939.4.21：昭和14年, 風張山崩壊

図2.20　岩戸山周辺の地すべり地形学図
（鈴木ほか2009、一部修正）

する。これらの地すべりが大きく変動し、姫川を河道閉塞した場合、上流側の北城・神城盆地に巨大な天然ダムが形成される可能性がある。

　上野（2009、2010）は、「現在の姫川の流路よりも東側の平坦地付近に以前の姫川の河谷があった。数万年前に栂池付近で大規模な地すべりが発生して、岩屑流堆積物となって東方向に流動し、姫川の河谷を埋めてしまった。そのため、上流側の北城・神城盆地には、巨大な天然ダムが形成された。この天然ダムは満水になると、東側の現在の流路（この付近の方が低かった）に振り替わった。旧姫川の河谷には厚い岩屑流堆積物が堆積して、現在のような平坦な河谷になった。上流からの流水によって、姫川の流路は急激に下刻されるようになり、V字谷になった」と推定している。

　図2.21は、栂池岩屑流による古白馬湖の形成と

図 2.21　栂池岩屑流による古白馬湖の形成と姫川の転流
（上野 2009、2010）

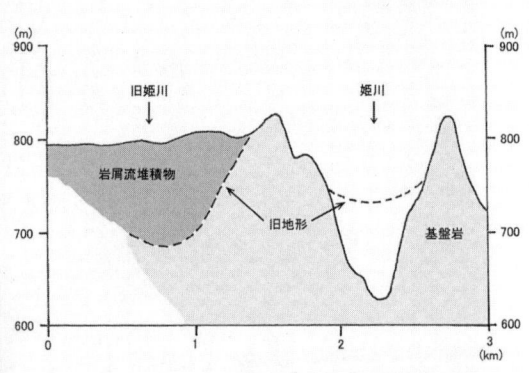

図 2.22　姫川第 2 ダム付近の断面図（上野 2010）

姫川の転流状況をカシミール画像で示したものである（上野 2010）。図 2.22 は、姫川第 2 ダム付近の断面図（上野 2010）で、西側は栂池付近から流動してきた栂池岩屑流堆積物が厚く堆積し、台地状の地形となっていると推定している。古白馬湖は満水になっても栂池岩屑流堆積物からなる台地を侵食せずに、東側の現在の姫川の流路付近を流下するようになった。この付近は比較的軟質な第三紀の岩戸山層からなるため、急激な下刻が進み、かなり急峻な河谷が形成された。姫川の右岸側に位置した岩戸山（標高 1356m）は、激しい河川侵食を受けるようになり、大規模な地すべり変動が多発し、多くの地すべり地形を形成したと考えられる（図 2.20）。

上記の考えは、現時点では仮説の段階にすぎないが、地下水や地質資料を収集・整理して確認していきたい。

図 2.23 の糸魚川―静岡構造線ストリップマップによれば、現姫川と栂池岩屑流堆積物の間には、糸

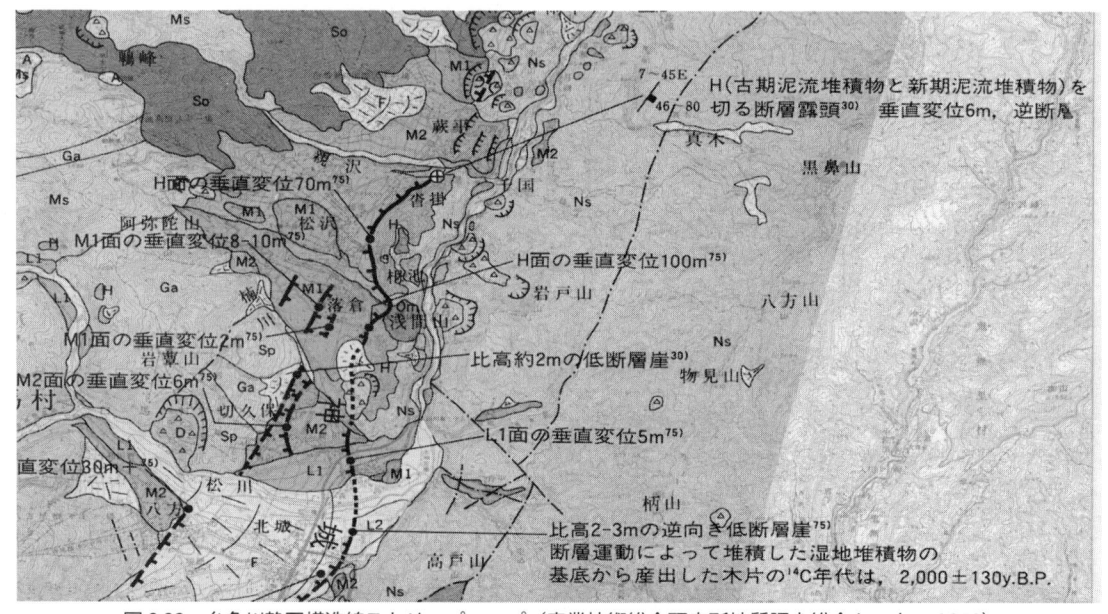

図 2.23　糸魚川静岡構造線ストリップマップ（産業技術総合研究所地質調査総合センター 2000）

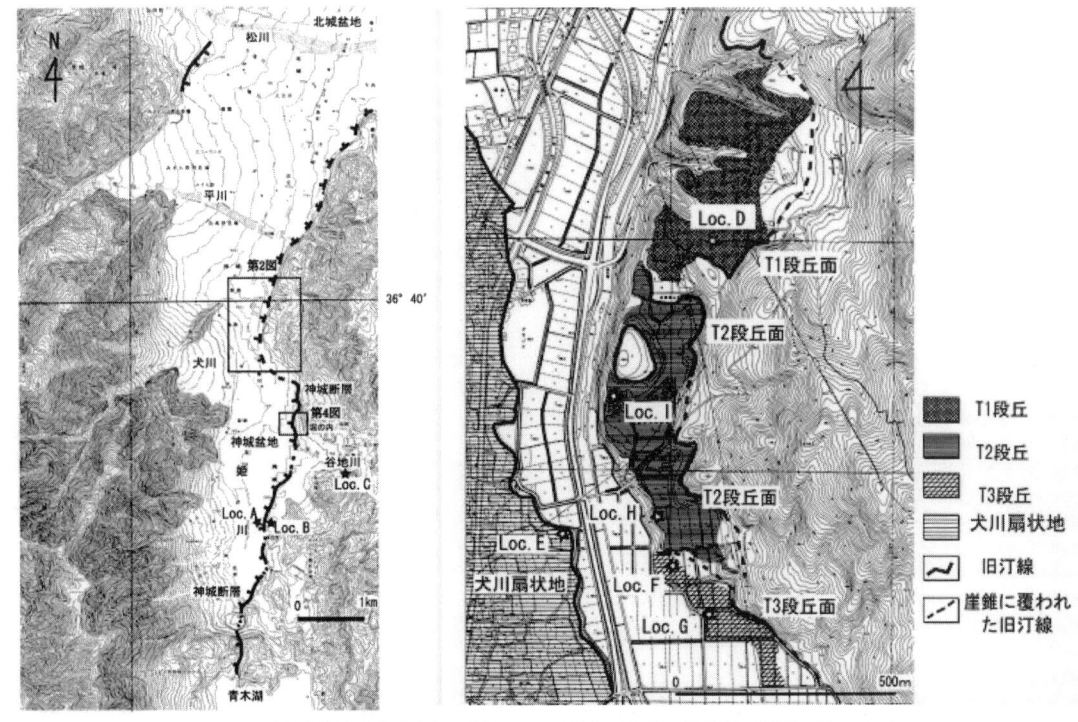

図 2.24 神城盆地北部東側の標高 750m 付近の段丘面分類図（松多ほか 2001）

魚川―静岡構造線に伴う活断層が走り、古期泥流堆積物と新期泥流堆積物を切る垂直変位 6m の断層露頭（逆断層）が記載されている。また、比高 2～3m の低断層崖が存在し、断層運動によって堆積した湿性堆積物の基底から産出した木片の 14C 年代は、2000±130y. B.P. の値を示している。このように、糸魚川‐静岡構造線に伴う地震（活断層）によって、大規模な土砂移動が繰り返し発生したのであろう。

図 2.24 は、白馬町の北城盆地に続く神代盆地の活断層調査（松多ほか 2001）に基づく段丘面分類図で、盆地東側の標高 750m 付近に段丘が広く分布する。従来これらの段丘面は犬川からの扇状地堆積物が堰き止めたと考えられていたが、犬川からの土砂流出で標高 750m まで湛水するとは考えられない。図 2.25 に示したように、岩戸山付近で大規模な地すべりが発生し、標高 750m 付近まで湛水したとも考えられる（井上ほか 2010、井上 2010b）。この天然ダムは湛水面積 25km²、堰止高 180m、湛水量 16 億 m³ と極めて大規模なものとなる。

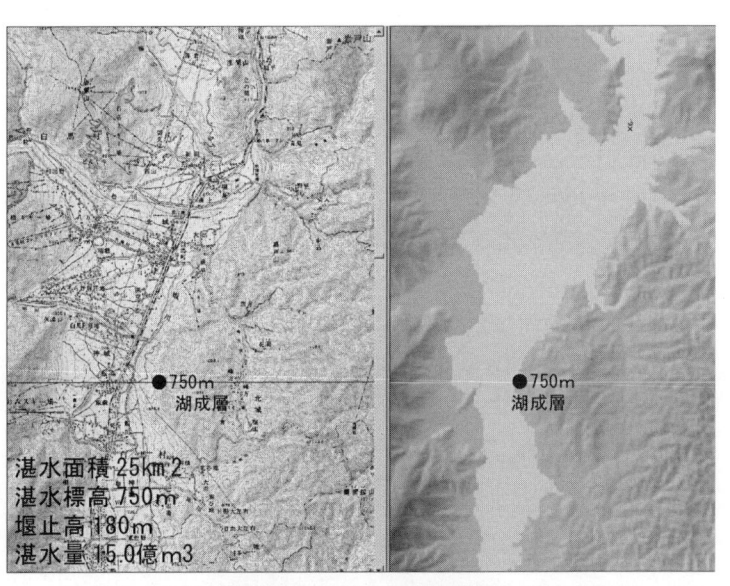

図 2.25 岩戸山大規模地すべりによる想定湛水域（井上 2010b）

2.5 豪雨（1757）による梓川上流・トバタ崩れと天然ダム

1） トバタ崩れの概要

　信濃川上流の梓川では、東京電力株式会社が奈川渡・水殿・稲核の3ダムを1969年に完成させ、発電している。奈川渡ダムは高さ155mのアーチ式ダムで、背後に総貯水容量1.23億m³の梓湖が存在する。このため、斜面下部はダム湛水により、現在はほとんど確認することができない。湛水以前の斜面状況を把握するため、林野庁の山-100（1958年10月17日撮影）、山-535（1968年9月20日撮影、写真2.33）や旧版地形図（1/5万、1912年測図）を入手した。また、松本砂防事務所の航空写真（1999年10月25日撮影）などをもとに航空写真の比較判読を実施した。写真2.33に示した山-535の航空写真は、ダム完成直前の写真であり、ダム建設工事と付け替え国道（R158号）の建設状況や地形状況が良く判る。

　梓湖付近は、硬質な堆積岩類（チャート・砂岩・頁岩）からなるが、現在までに様々な圧力を受けて、複雑に褶曲し、断層が多く走っている（大塚・木船 1999、目代 2006、2007）。

　梓川渓谷の地層の走向は北東―南西方向で、梓川渓谷の地層の走向は北東―南西方向で、トバタ付近では梓川の流下方向と直交している。

　写真2.32は、奈川右岸の入山地区からトバタ崩れの全景を撮影したのである。図2.26には、ダム湛水前の航空写真（1968年撮影、写真2.33）から判読したトバタ崩れの崩壊ブロックを示した。現地調査の結果によれば、標高1020m付近にかなり明瞭な地形変換線が存在する。

　ダム湛水前の航空写真（1958、68）によれば、トバタの緩斜面の下部は崩壊の激しい急斜面となっており、梓湖完成前の国道158号は梓川の右岸側を通っていた。奈川渡ダム建設時に国道158号は、左岸側の中腹にルート選定され、トバタ崩れ付近に親子滝トンネルが建設された（図2.26）。

　親子滝トンネルの坑口付近から東京電力の送電線の巡視路を通って、トバタ崩れの斜面中腹部を踏査した。トバタの緩斜面には大転石が多く散在し、灌木林となっているものの、250年しか経過していないため、森林土壌はほとんど存在しない。恐らく、緩斜面全体が1757年に発生した巨大な移動岩塊であると判断される。斜面下部の崩壊は現在でも継続しており、梓湖の湖岸線付近を通過していた送電線巡視路は表層崩壊に巻き込まれて崩れ落ち、通行不能となっている。現在の巡視路は、中腹ルートに変更されている。

　このため、地形状況と緩斜面先端の標高から、標高1020mまで湛水したと判断した。トバタ崩れの規模は、幅（W）400m、長さ（L）900m、最大崩壊深（D）50mで、崩壊土量は1/2・W・L・Dで求めると、900万m³程度となる。大部分の崩壊土砂は梓川の河谷に流入し、河道を閉塞したのであろう。図2.26には、奈川渡ダムの貯水池とトバタ崩れの湛水面標高を1020mと推定した場合の湛水範囲を示した。

　ダム工事着手前の旧版地形図や航空写真の簡易測量等をもとに、現在の1/2.5万地形図と組み合わせて、梓川の河床縦断面図（図2.27）を作成した。

　図2.27によれば、トバタ山付近の谷底の標高は890m程度であるので、奈川渡ダムとほぼ同じ高さ（H）130mの天然ダムが形成されたと判断した。湛水面標高1020mの等高線の範囲から湛水面積（S）を求めると196万m²となる。湛水量は1/3・H・Sで求めると、8500万m³となる。

　大塚・根本（2003）はトバタ崩れの崩壊範囲を

写真2.32　梓湖右岸入山地区から見たトバタ崩れ
（2006年11月、井上撮影）

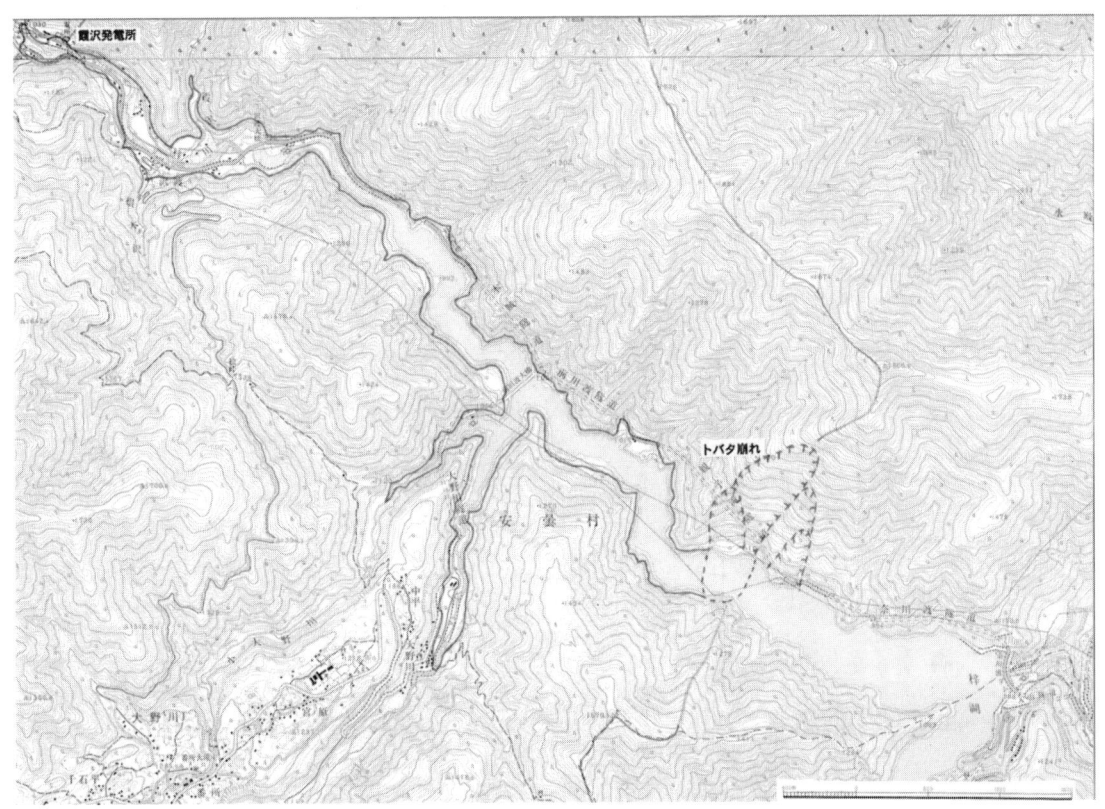

図 2.26　梓川上流の奈川渡ダムとトバタ崩れ・天然ダムの位置図（1/2.5 万地形図「梓湖」、2001 年修正測量）

写真 2.33　梓湖湛水前のトバタ崩れ付近の航空写真（山-535、C25-11, 12, 13、1968 年 9 月 20 日）

三角柱で近似し、崩壊土量 150 万 m^3、湛水標高 980m、湛水高さ 75m、湛水量 640 万 m^3 と推定している。現時点では、斜面下部が梓湖の湛水地域であるため、現地調査は困難であるが、崩壊の規模の推定根拠をさらに検討して行きたい。

2）　天然ダム決壊後の洪水対策と被害

『梓川大満水記』（松本市島内小宮・高山元衛文書）の現代語訳（松本市安曇資料館、2006）から抄約すると、「宝暦七年（1757）四月下旬から霖雨がうち続き、五月八日（新暦 6 月 24 日）夜明けに大野川村鳥羽田で山崩れがあり、梓川をせき止めた。3

図2.27 梓川流域の河床縦断面図とトバタ崩れ・天然ダム、発電ダム・貯水池の位置関係（森ほか 2007）

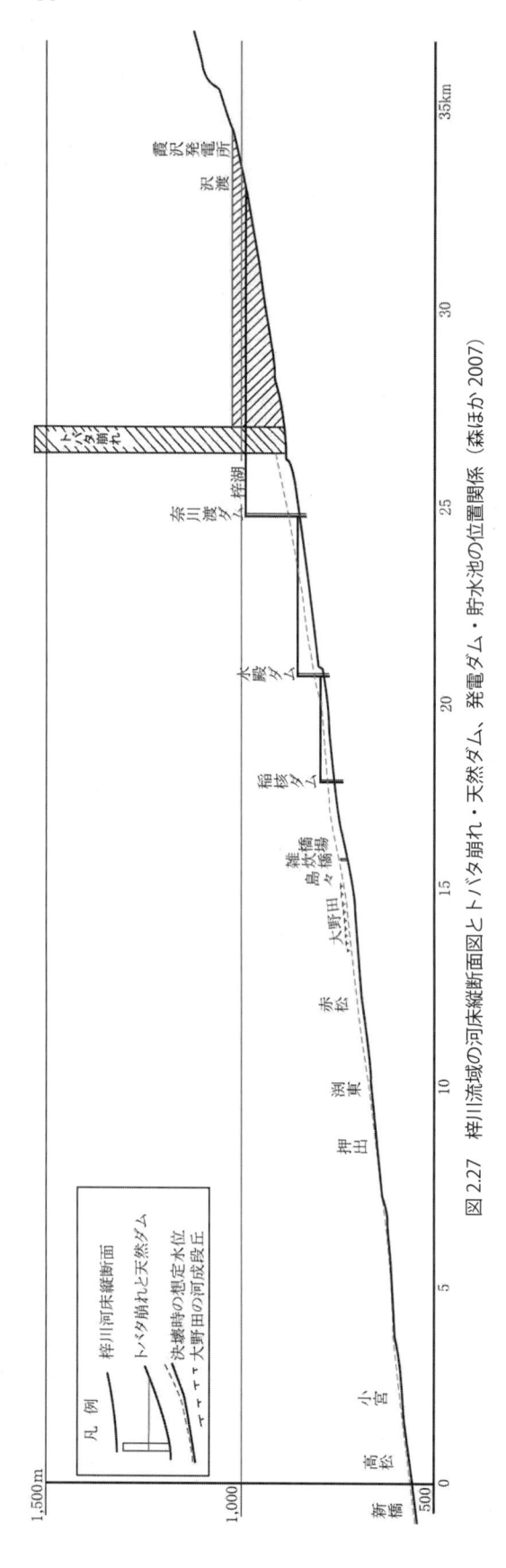

日間流れは止まり、溜まった水は上流2里（8km）余とも見えた。下流の住民は家財をまとめて山へ引き上げ、小屋掛けして仮り住まいし、満水（洪水）を今や遅しと待ち受けた。トバタの築地（天然ダム）の破れることは時間の問題なので、破水を見届けたらただちに鉄砲をならして、奥から里まで合図をすることに決め、要所に鉄砲を持った者を配置し、かたときも油断なく見守っていた。そうした中、十日巳ノ上刻（10時頃）に築地が一時に破れ、走る大水は矢のごとくであった。たちまち、奥から合図の鉄砲が次々にうち鳴らされ、即時に里まで破水を知らせた。満水の出鼻は、橋場（島々谷川合流点直上流）より2、3丁（2～300m）上流で流木ともみ合い、しばらく止まったが、たちまち押し破れて、流れる水は山の如くであった。このとき、橋場の御番所と人家が危うく見え、老若男女、手を引いて山へ登った。名橋・雑師橋（雑司橋、現在の雑炊橋）も即時に流出し、竜宮宮も流失した。黒川の3丁（300m）川上にある橋もたちまちに落ちた。それから島々村へ押し下し、民家5、6軒が流され、島々谷川の橋も上流へ押し流された。大野田村（河成段丘の上）は別条なかった。」と記載され、250年前の現象であるが、下流住民に対する情報伝達・警戒・避難対策などが詳細に解る。

決壊までの時間が2日6時間（54時間、1.94×10^5秒）程度であるので、天然ダムへの平均流入量は438m^3/sとなる。大塚・根本（2003）は1989～2002年までの6月の平均日流入量の最大値から2日分の平均流入量を98.8m^3/sと推定している。筆者ら（森ほか2007）は古文書の記載などから、トバタ崩れは梅雨期の稀にみる豪雨時に発生したと考えているので、流入量はもっと大きいと判断した。

松本平に出ると、洪水段波は梓川に沿って広範囲に氾濫し、各地の人家を押し流し、残りの家々も砂が入り大破・流出も同然であった。「田畑は浸水箇所がおびただしく、立毛（生育中の作物）が残らず流出し、河原となって田地に戻せない地区もあった。下流の小宮・高松には3つの神社があるが、大きな流木や雑師橋を構築した材木も流れてきた。木曽川（奈良井川）の新橋では一時に松本方向に逃げる

者もあった。御家中、町々の老若男女は放光寺山（城山）へ満水見物に集まり、雲霞の如くであった。一ノ谷の合戦はこのようなものであったと、諸人のあいだで評判であった。大水は奈良井川と一緒になって、水の勢いはいよいよ強くなり、熊倉橋も即時に流出した。前代未聞の大水であったが、水辺では死者は一人もなかった。にわかのことではなかったので、諸人の用心が堅固であったためである。」

3）天然ダム決壊による洪水のピーク流量の推定

図2.28に示したように、島々谷川との合流点では、梓川本川の雑司橋（現・雑炊橋）や黒川・島々谷川に架かっていた橋は流された。

安曇村誌編纂委員会（1997）によれば、雑司橋は梓川の島々と対岸の橋場を結ぶ江戸時代より前から架けられていた橋である。この橋の創架の年代は不明であるが、天正十年（1582）の『岩岡家記』に「ぞうし橋」と書かれている。

この付近は両岸に岩壁がそそり立つ峡谷のため、橋脚が立てられず、両岸から刎木を突き出して結ぶ刎橋であったという。長さは19間（34.2m）、水面までの高さは8間（14.4m）で、江戸時代中期以降12年に一度、寅年に架け替えられていた。この橋は松本と飛騨を結ぶ野麦街道（飛騨街道）の要衝にあたり、橋場には番所が設けられていた。この橋の創建にまつわり、島々と橋場に分かれて住む恋仲のお節と清兵衛が架橋の誓願を立てて橋を架けたという伝説がある（岸川2004）。

「大野田村は別状なかった」（梓川大満水記）と記されていることから、大野田村の位置する河成段丘は被災していないと判断した。このため、図2.28に示したような天然ダム決壊洪水の氾濫範囲を想定した。現地調査と1/5000の地形図などから、洪水の高さは水深20m程度であると判断した。

マニングの公式によって、天然ダム決壊によるピーク流量を求めると、

流速：$V = 1/n \times R^{2/3} \times I^{1/2}$
$= 1/0.05 \times (10.5)^{2/3} \times (0.016)^{1/2}$
$= 12.1 \text{m/s}$

流量：$Q = A \times V = 2200 \times 12.1 = 26600 \text{m}^3/\text{s}$

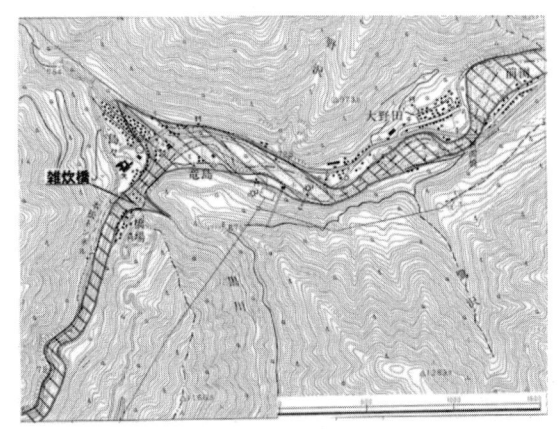

図2.28 天然ダムより12km下流付近の決壊洪水の推定範囲（1/2.5万地形図「波田」、2001年修正測量）

*1 流下断面（A）、潤辺（L）、径深（$R = A/L$）、勾配（I）は1/2.5万地形図から求めた。
*2 粗度係数は、自然河道で洪水流が巨大な岩塊や流木を含んでいるため、$n = 0.05$と仮定した。

つまり、2.7万m³/sの洪水段波となって流下したと考えられる。

今後は、シミュレーション計算などを行って、詳細な流下・氾濫状況を推定して行きたい。

2.6 浅間山天明噴火（1783）時の天明泥流による吾妻川の狭窄部における天然ダムの形成・決壊

1）浅間山天明噴火の概要

浅間山（標高2,568m）が天明三年（1783）に大噴火した被害の状況は、大量の史料や絵図に描かれており、非常に多くの調査研究がなされている。荒牧（1968）によれば、天明噴火は和暦の四月九日（新暦の5月9日）に始まり、連日のように多量の降下軽石（浅間A軽石）を噴出し、関東地方に重大な社会的混乱を引き起こした（図2.29）。噴火の最末期の七月七日（8月4日）に吾妻火砕流、七月八日（8月5日）には鬼押出し溶岩流と鎌原火砕流が噴出した（荒牧1968、1981、津久井2011）。

この鎌原火砕流には、堆積物の構成や状況からいくつもの意見があり、火砕流・熱雲・岩屑流・岩なだれ・土石なだれなどと命名されてきた。筆者らは

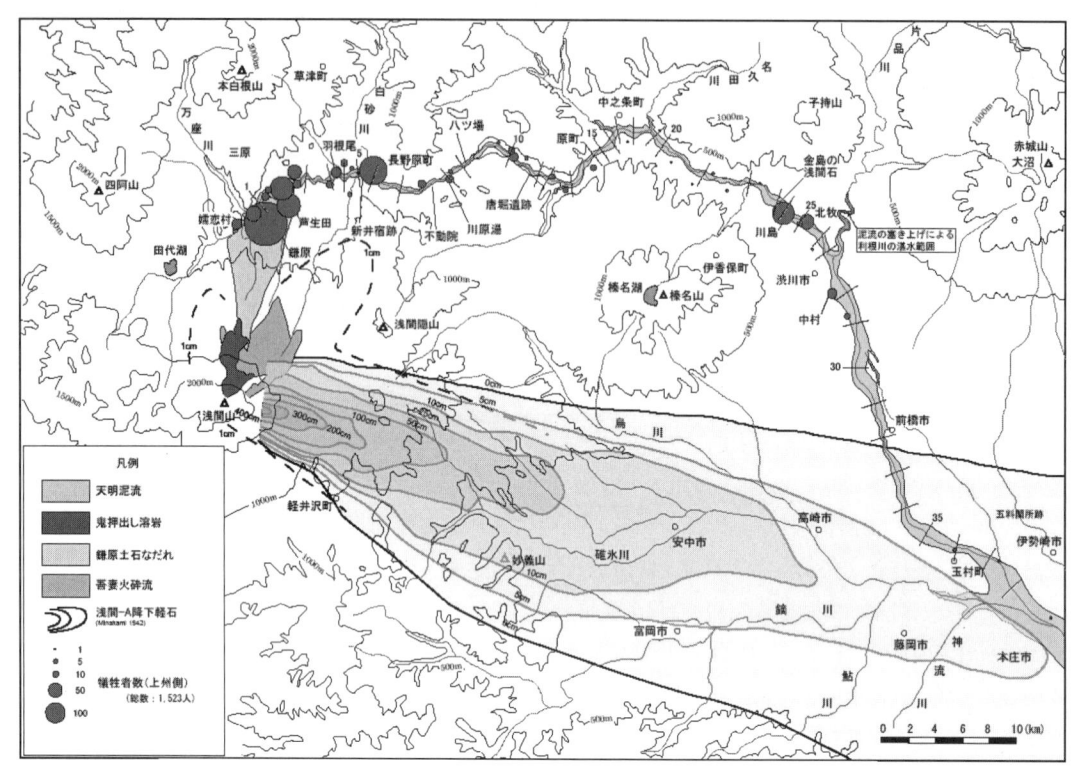

図 2.29 天明三年浅間山噴火に伴う堆積物と災害の分布（井上 2004、2009a）

鎌原土石なだれと命名した（井上ほか 1994、井上 2004、井上 2009a）。

鎌原土石なだれは、浅間山北麓の鎌原村（高台にあった観音堂にいた人や鎌原の外にいた人のみ助かる）を埋没させた後、吾妻川に流入して天明泥流となり、吾妻川や利根川沿いに大規模な災害を引き起こした。天明泥流は利根川を流下し、銚子で太平洋に達した。一部は千葉県関宿から江戸川に流入し、江戸まで大量の流死体や流木が流下した。天明泥流に関する史料や絵図は非常に多く、克明な流下・堆積状況が判ってきた（中央防災会議災害教訓の継承に関する専門調査会 2006a）。

この一連の土砂移動現象は、100km 以上も下流まで流下しており、浅間山で発生した他の噴火現象

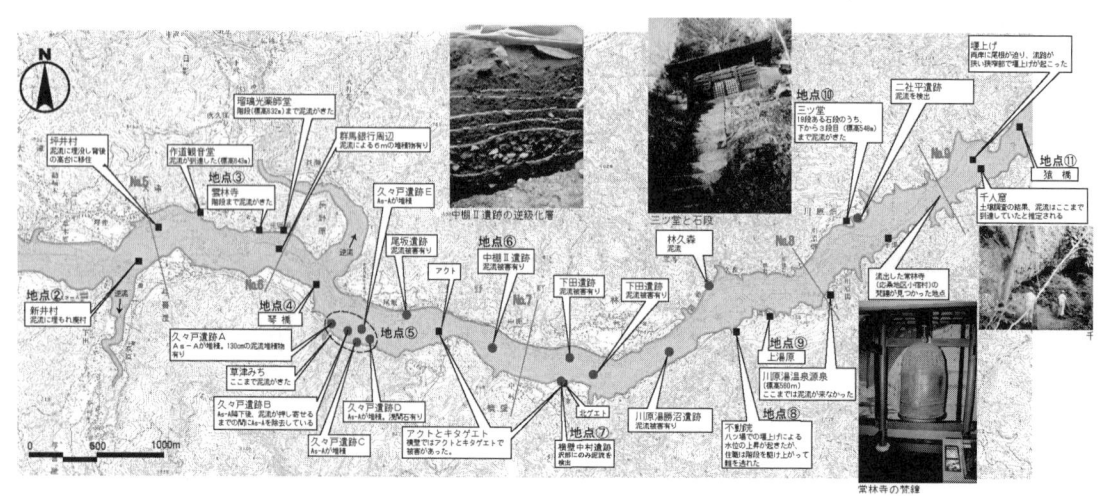

図 2.30 天明泥流に覆われた遺跡と泥流の到達範囲（長野原〜吾妻渓谷）（井上 2009a）

表 2.6 天明泥流の流下時刻の記述（関 2006 に修正・追記、井上 2009a）

掲載時刻	換算時刻	地 点	山頂からの距離	史 料 記 述	出 典	萩原：『史料集成』巻, 頁
朝四ツ	9時30分	柳井凹地	3-4km	朝四ツ時に涌出	信山噴火始末	Ⅳ, p.258
		柳井凹地	3-4km	朝未の上刻に泥水火石を押出	浅間山大変附凶年之事	Ⅱ, p.154
四ツ半前	10時34分	上湯原	29km	四ツ半前泥押し来り候	砂降候以後之記録	Ⅲ, p.142
四ツ六分九ツ	10時49分 11時49分	原町	45km	朝四ツ時山より押出し原町迄拾三里有之所を四ツ六分に押し来て九ツ時引ける	浅間記	Ⅱ, p.127
九ツ時	11時49分	伊勢町	49km	九ツ時頃伊勢町うら追通り	天明浅間山焼見聞覚書	Ⅱ, p.157
昼八ツ時	14時17分	大久保	83km	昼八ツ時出水の由申来候に付水門橋迄参見届	歳中万日記	Ⅰ, p.295
昼八半時	15時31分	赤岩	85km	昼八半時頃利根川黒濁相増	甲子夜話	Ⅳ, p.303
昼時前		五料	102km	八日昼時前利根川俄に水干落岡と成、魚砂間に躍る	信州浅間山焼附泥押村々并絵図	Ⅲ, p.126
昼九ツ前		五料	102km	昼九ツ前又々少し震動のきみどろどろいたし候とも晴天	利根川五料河岸泥流被害実録	Ⅲ, p.169
未之刻翌日艮刻	14時17分 翌2時6分	五料渡舟場	102km	八日未之刻満水翌日艮刻常水に相成候	川越藩前橋陣屋日記（天明三年）	Ⅰ, p.44
八ツ半過	15時31分	五料	102km	八ツ半過に一とまくりに水石岩神寄きもをけし	利根川五料河岸泥流被害実録	Ⅲ, p.170
昼八ツ時	14時17分	中瀬	130km	昼八ツ時には武州熊ケ谷在中中瀬村辺迄押出	信山噴火始末	Ⅳ, p.258
七月七日？昼七ツ時	8月5日 16時	熊谷	130km	一時斗水少しに相成候暫く過て泥水山の如く押かけ、何方より流れ出候共不相知。	信州上州騒動書附	Ⅴ, p.191
昨夜中より今昼八ツ時	14時17分	幸手	160km	昨（八日）夜中より今日昼八ツ時比迄家蔵破損致	浅間山焼記	Ⅲ, p.369
昨夜申之刻今昼八ツ時	16時45分 14時17分	幸手	160km	昨夜申之刻より今九日昼八ツ時頃迄家蔵破損致	浅間山焼記録	Ⅱ, p.326
九日晩方	6日18時頃	利根川河口銚子	285km	其日（九日？）の晩方長支（銚子）まて流出る	浅間大変覚書	Ⅱ, p.49
九日八ツ時夜五ツ時	14時17分 20時45分	江戸川東葛飾金町	200km	昨九日八ツ時頃より水泥之様夜五ツ時過に流物相減申候	浅間山焼記録	Ⅱ, p.326
翌朝	6日朝	江戸行徳	218km	翌朝江戸行とくへ押出し死人山のごとしと云	天明浅間山焼見聞覚書	Ⅱ, p.157
九日四ツ時	6日10時	江戸川河口行徳浜	218km	中村の者九日の四ツ時には下総行徳浜迄流行助けられ	浅間嶽大焼泥押次第	Ⅱ, p.299

とはかなり異なっている。天明泥流は吾妻川中流の長野原町八ツ場地点の狭窄部で、流木や巨石によって次々と詰まり（塞き上げ現象）を起こし、高さ65m、湛水量5050万 m^3 の天然ダムを形成した。その後、9分で満水となり、天然ダムは決壊した。そして、吾妻川・利根川を流下し、利根川河口と江戸川河口まで達した。

天明噴火による被害は、気象庁要覧（1991）では死者・行方不明者 1,511 人であるのに対し、群馬県立歴史博物館（1995）の第52回企画展「天明の浅間焼け」では 1,502 人、国土交通省利根川水系砂防事務所（2004）では 1,523 人と集計している。

図 2.29 で「鎌原」の分布範囲を見て頂きたい。このような分布は山頂噴火で形成されるのであろうか。浅間山の天明噴火による土砂災害については、1992 年から古文書・絵図の分析や現地調査を継続し、分布や堆積状況がかなり明確となったので、「鎌原」が中腹噴火した可能性を指摘した（井上ほか 1994、井上 2004、小菅・井上 2007、井上 2009a）。

本項では、天明泥流が吾妻川流下時に形成した堰上げによる天然ダムと決壊後の流下現象に的を絞って説明する。

2）吾妻川沿いの天明泥流

鎌原土石なだれは、浅間山北麓斜面を高速で流下し、吾妻川の急斜面から吾妻川になだれ落ちた。群

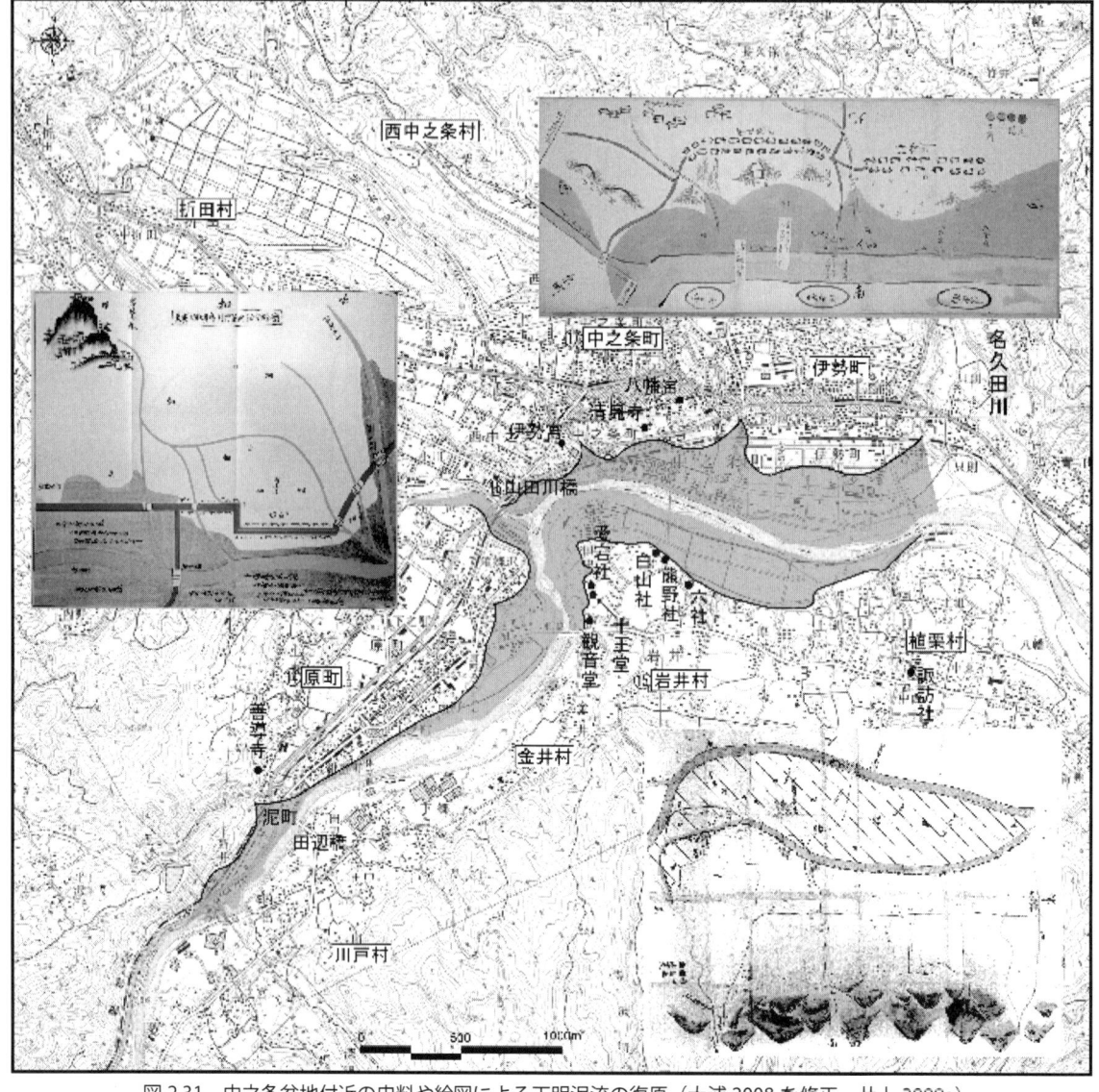

図 2.31　中之条盆地付近の史料や絵図による天明泥流の復原（大浦 2008 を修正、井上 2009a）

馬県埋蔵文化財調査事業団などは、群馬県下一円、特に八ツ場ダムの湛水予定地域の発掘調査を行い、天明噴火による降下火砕物と天明泥流の流下・堆積状況と被害状況を明らかにしつつある。

　表 2.6 は、関（2006）をもとに天明泥流の流下時刻の記述について、修正追記したものである。史料の解釈に当たっては、災害直後に書かれたもの、作者が住んでいた地域の情報は信憑性が高いと判断し、天明泥流の想定水位を決定した。吾妻川を流れ下った天明泥流の目撃談は非常に多く残されている。高い段丘にいた人々は見たこともない黒い流れが多くの火石（本質岩塊）を含みながら流れていった様子を驚きの目で記録している。

　図 2.30（口絵 8）は、天明泥流に覆われた遺跡と泥流の到達範囲（長野原から吾妻渓谷）を示している。中之条盆地付近においては、天明泥流の流下状況を直接目撃した人の伝聞による多くの史料や絵図が残されている（大浦 2006）。図 2.31 は、中之条盆地付近の天明泥流の流下範囲を復原したものである（井上 2009a）。図 2.31 左の絵図は『天明三

年七月浅間押荒地を示す絵図』（吾妻町教育委員会提供）、右上の絵図は『天明三年八月中之条浅間荒被害絵図』（中之条歴史民俗資料館蔵）、右下の絵図は『浅間焼け吾妻川沿い岩井村泥押し図』（群馬県立文書館寄託伊能家文書）である。道路や神社などのランドマークが描かれており、場所を特定することが可能である。なお、大浦（2008）は、吾妻川を挟んで北側（中之条町）と南側（岩井村）の災害絵図について、現地調査と詳細な分析を行い、天明泥流による被害範囲を明らかにした。これらの史料や絵図を用いて、中之条付近の絵図による天明泥流範囲の復原図を作成した。図 2.31 には、絵図や大浦（2008）の図 5 などをもとに、関係する地名を追記した。

3） 主な地点の流下断面と泥流到達時間

史料や絵図、発掘調査などをもとに、天明泥流の到達範囲や到達水位を整理し、表 2.7 と図 2.32 を作成した。番号 1～38 は、鎌原土石なだれが吾妻川になだれ込んで、天明泥流が発生した地点である嬬恋村万座鹿沢口駅付近から、伊勢崎市八斗島町に至るまでの 93km 区間で任意に選んだ河床横断面である（断面の位置は図 2.29 参照）。これらの地点については断面図を作成し、史料や絵図、考古学的発掘結果をもとに天明泥流の流下断面を推定した。

・史料・絵図の記載
・土壌調査・ボーリング調査
・遺跡の発掘結果（泥流堆積物の有無）
・現地調査・聞き取り・言い伝え等
・各市町村史の記載

泥流到達水位と流下断面からマニング則（土木学会水理委員会、1985）によって想定水位・流量・流速・流下時間を計算し、表 2.7 と図 2.32 に示した。
マニングの公式によれば、
　　流速　$V = 1/n \times R^{2/3} \times I^{1/2}$　（m/s）
　　流量　$Q = A \times V$　（m³/s）
の関係がある。ここで、水深 H、断面積 A（断面形と H から求めた）、
　　潤辺 L、粗度係数 $n = 0.05$、径深 $R = A/L$、
　　粗度係数 n は河道の抵抗の程度を示す係数で、

土木学会水理委員会（1985）などによれば、自然河川の粗度係数 n は 0.025～0.07 と言われており、河道の形状並びに河岸や河床の抵抗物によって左右される。天明泥流流下時の n は、泥流が巨大な岩塊や流木を多く含んでいたため、かなり大きいと判断し、粗度の大きな自然河川でよく用いられる $n = 0.05$ と仮定した。八ツ場地点（断面 No.12）では、水深 70～80m 程度の塞き上げ現象があったと想定して、最大流下断面を求めた。

吾妻川最上流の区間であるが、ピーク時の水深 40～55m、流速 16.8～22.8m/s、流量 14～26.5 万 m³/s であった。断面 5（長野原町堂西・中央小学校付近）では想定水位 40m にも達し、吾妻川沿いの段丘面に存在した坪井村は完全に天明泥流に覆われた。断面 6（長野原町長野原・旧警察署）では想定水位 55m にも達し、吾妻川沿いの段丘面に存在した長野原村は完全に天明泥流に覆われ、200 名にも達する人が流死した。

長野原には瑠璃光薬師堂があり、長野原城址への登り口で旧大手門に位置する。伝承では「薬師様の階段の下から 3 段目まで泥流で埋まり、薬師堂だけが残った」と言われている。現在の諏訪神社境内の大国魂社入口には、元文二年（1737）と寛延四年（1737）と刻まれた灯籠があり、この薬師堂から運んだと言われている。階段下の標高 632m、吾妻川の河床標高 575m であるので、天明泥流の到達水位は 57m である。

八ツ場付近は「関東の耶馬渓」と比喩されるほどの美しい峡谷で、著しく曲流しており、長野原町と群馬原町との境界をなす尾根部が泥流の流れを遮るように存在するため、泥流内にあった巨大な岩塊や流木の噛み合わせによって、次々と塞き上げられた可能性が高い。このため、湛水高 70～80m の天然ダムが形成されたと考えられる。群馬県埋蔵文化財調査事業団（1995～2007）の発掘調査によれば、現在建設中の八ツ場ダムの湛水域とほぼ同じ範囲で天明泥流に覆われた遺跡が発掘されている。

上野国新田郡世良田村の毛呂義卿の『砂降候以後の記録』（萩原、1989、Ⅲ巻、p.142）によれば、川原湯（山頂から 31.7km 下流、図 2.30 の⑧地点）

表 2.7 マニング式で計算した天明泥流の水位・流量・流速・流下時間
(国土交通省利根川水系砂防事務所 2004，井上 2009a)

断面番号	主な地名 左岸	主な地名 右岸	追加距離 (km)	区間距離 (km)	標高 (m)	河床勾配	設定水位 (m)	泥流到達標高 (m)	流速 (m/s)	流量 (m³/s)
0					—	—	—	—	—	—
1	中居上村	万座鹿沢口駅	10.2	10.2	768.0	0.019	40	808	22.8	216,501
2	半出来	下袋倉	15.2	5.0	696.3	0.017	45	741	22.3	263,905
3	羽根尾	ＪＲ吾妻線	19.2	4.0	631.5	0.016	40	672	16.8	139,178
4	坪井ＪＲ吾妻線		20.1	0.9	618.0	0.015	40	658	17.3	171,582
5	中央小学校堂西		21.5	1.4	596.9	0.015	50	647	17.8	157,788
6	長野原旧警察署		23.0	1.5	575.1	0.014	55	630	21.1	224,411
7	中棚ＪＲ吾妻線	横壁中村	26.3	3.3	535.9	0.013	45	581	20.8	217,578
8	川原畑ＪＲ吾妻線	川原湯	29.8	3.5	493.9	0.012	60	554	19.0	172,010
9	八ツ場ＪＲ吾妻線		31.4	1.6	479.0	0.012	70	549	19.5	160,491
10	岩下	細谷	36.0	4.6	418.7	0.011	30	449	14.3	41,758
11	矢倉ＪＲ吾妻線	唐堀遺跡	39.0	3.0	387.0	0.010	35	422	12.2	76,508
12	矢倉鳥頭神社		39.7	0.7	382.0	0.010	30	412	13.2	117,945
13	郷原郷原駅	厚田	41.7	2.0	365.6	0.009	33	399	8.3	27,116
14	善導寺山門原町紺屋町	川戸	44.8	3.1	340.4	0.009	25	365	7.1	20,082
15	原町群馬原町駅		45.2	0.4	338.1	0.009	20	358	10.0	28,731
16	原町	金井	46.2	1.0	332.9	0.008	17	350	8.7	40,474
17	清見寺中之条長岡	岩井	48.0	1.8	323.6	0.008	17	341	8.7	61,632
18	伊勢町中之条駅	植栗	49.0	1.0	313.5	0.008	17	331	7.9	52,983
19	青山国道353号	植栗	50.2	1.2	300.8	0.008	19	320	8.2	40,845
20	上市城市城駅	小泉	52.2	2.0	287.6	0.007	18	306	8.3	44,811
21	塩川	五町田	55.0	2.8	277.2	0.007	13	290	5.7	8,986
22		小野子	60.0	5.0	235.2	0.006	13	248	5.0	10,138
23	国道353号	川島ＪＲ吾妻線	63.0	3.0	211.8	0.006	23	235	8.4	83,722
24		川島金島駅	63.6	0.6	206.9	0.006	23	230	7.8	79,455
25	北牧	杢関所	64.8	1.2	197.5	0.005	18	216	5.8	29,115
26	白井	国道17号渋川阿久津	67.2	2.4	180.6	0.005	14	195	4.9	19,685
27		国道１７号	68.2	1.0	171.8	0.005	13	185	5.1	27,794
28		中村中村遺跡	69.8	1.6	155.7	0.005	14	170	3.6	19,330
29		半田竜伝寺	72.7	2.9	146.2	0.005	8	154	3.2	8,548
30	桃ノ木川広瀬川	ＪＲ上越線	77.4	4.7	118.5	0.004	7	126	2.4	10,032
31	群馬総社町	小出	79.7	2.3	108.5	0.004	7	116	2.9	10,753
32	新前橋駅ＪＲ上越線	前橋城	83.0	3.3	91.8	0.004	8	100	3.8	5,137
33	大利根町	棚島町	85.9	2.9	81.6	0.003	11	93	2.8	5,323
34		公田町	91.3	5.4	75.6	*3		84		
35		板井	94.7	3.4	66.5			73		
36	上之宮	南玉	98.5	3.8	59.5			65		
37	芝町	五料関所	102.0	3.5	54.0			58		
38	八斗島町	田中	106.0	4.0	43.5			50		

の不動院の話として、天明泥流に襲われ、山の上に逃げていく様子を記している。

　湯原の西側に不動院の跡地と観音堂（吾妻郡坂東の札所であった）が存在する。不動院の住職は、連日の浅間山噴火の鳴動・地震・降灰により、具合が悪くなり寝込んでいた。下の阿闍利渕からじわじわと押し寄せる天明泥流の大きな音（大岩や大木が岩に当たる音）に目を覚まし、衣を着て寺の南１町（100m）の斜面上に位置する観音堂に向かって逃げた。逃げるとまもなく不動院も観音堂も次々と倒れたという。したがって、この地点では天明泥流は上流から襲ってきたのではなく、下の阿闍利渕から人間が何とか逃げ延びることが出来る速度で徐々に上昇してきたことが判る。現在の上湯原の不動堂（不動院の別堂として建てられた）の石段（下標高552m）は埋まらず、埋まった不動院や観音堂がこの周辺に埋もれているものと判断される。

　この付近では川原湯温泉の源泉（標高570m）は泥流につかっていない。1km上流の吾妻川右岸にある三ツ堂は、三原三十四番札所の第三十一番である。「浅間押しの時は耶馬渓に水がつっかえて、三ツ堂の石段（19段）の下から３段目のところまで

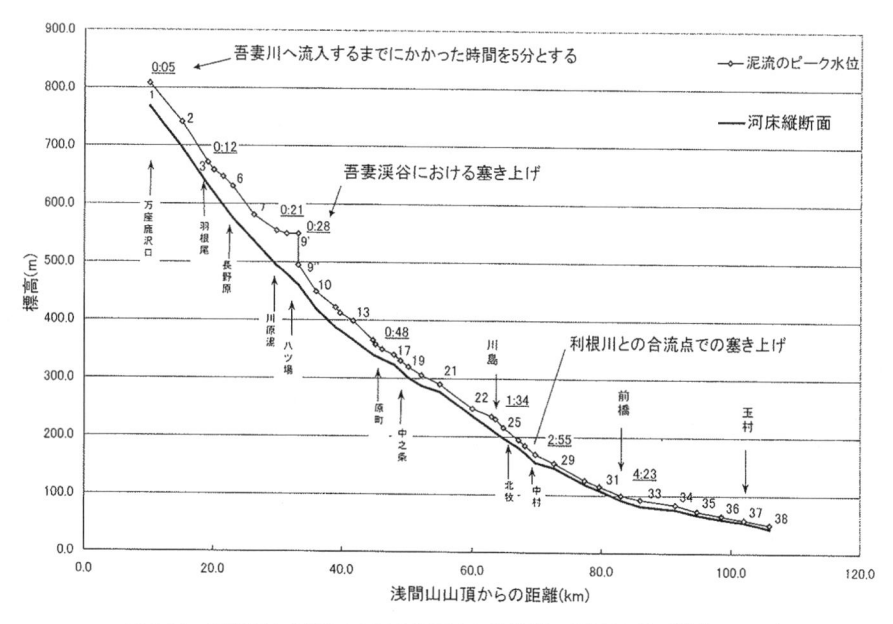

図2.32 吾妻川と利根川の河床断面と天明泥流の流下水位（井上 2009a）

水がのった」という伝承がある。ここには「天明三卯七月八日」と刻まれている馬頭観音像がある。この地点の標高は548mで、吾妻川の河床標高は491mであるので、泥流の水位は57mにも達したことが判る。

　断面9（標高479m）の八ツ場付近では、泥流の到達高さを70mと推定して、流量や湛水量の計算をし直した。1/5000地形図をもとに、天明泥流の湛水量を求めると、5050万m³程度であった。堰上げ区間に流れ込む流入量（断面4～6のピーク流量の平均値）は18.5万m³/sであるのに対して、断面9直下の狭窄部分での流出量は4.0万m³/sにまで落ち込んでいる。つまり、その差14.5万m³/sが八ツ場区間に溜まっていくことになり、満水になるのに6分程度（348秒）かかったと推定される。この時間が不動院の住職が逃げ延びることができた余裕時間になった。

　八ツ場付近で形成された天然ダムは、水圧に耐えられなくなって、数回に分かれて決壊したと考えられる。著者は不明であるが、吾妻郡吾妻町金井・片山豊滋氏蔵の『天明浅間山焼見聞覚書』によれば、「……一ノ浪二番ノ浪三番の浪三度押出シ通り候なり。……」と記されている。このことから、天然ダ

ムの決壊は少なくとも3回に分けて発生したと判断される。中之条盆地付近では3回の天明泥流が5丈（15m）～10丈（30m）の高さで数万の大木や火石（本質岩塊）を取り込んで流下した。

　この区間のピーク流量の到達水位は25～33m、流速は8.3～14.3m/s、流量は3～7.3万m³/s程度と考えられる。

4）天明泥流の流下特性

　鎌原土石なだれが吾妻川に流入して天明泥流に変化した時点で、吾妻川の河床勾配は1度（1/75.4）以下の緩勾配河川となっていた。河相は山頂から134kmの利根大堰付近で、礫床河川から砂河川へと変化している。

　利根川は関東平野を貫流する大河川で、徳川家康が江戸に入府して以来、たびたび河川改修が行われていた。特に、元々江戸川を通じて東京湾に注いでいた利根川を何回もの瀬替工事によって、銚子から直接太平洋に注ぐようにした「利根川の東遷事業」が、現在の利根川の流路をつくり上げたと言える。天明三年（1783）当時、東遷事業はほぼ完成し、利根川の主流は銚子から直接太平洋に注いでいた。

　天明泥流の流下特性を以下に整理した（井上

① 大量の本質岩塊（浅間石・火石）を含む

天明泥流は、直径10mを越えるような本質岩塊（浅間石・火石）を多く含んで流下した。渋川市金島（山頂から約63km）まで運ばれてきた浅間石（東西15.75m、南北10m、高さ4.4m）は、群馬県の天然記念物である。このような巨大な岩塊がどのようにして63kmも運ばれてきたのかを合理的に説明するのは難しい。しかし、明らかに本質岩塊（浅間石）は非常に高温で、水蒸気を激しく噴き上げ、天明泥流の中を浮き沈みながら流下している（富沢久兵衛の『浅間記（浅間山津波実記）上』）。家ほどの大きさから酒樽程度の浅間石（火石）が浮いて流された。多量の火石を含んでいるため、泥流はかなり高温で、堆積した泥流の上を歩くことはできなかった。吾妻川の上流で流された人は泥流の熱によって亡くなった人も多かったと推定される。泥流堆積物中に残された浅間石（火石）は、12～13日の間、煙を上げていたという。このため、雨が降るたびに、高温の火石（浅間石、本質岩塊）はひび割れを生じ、小さくなったという。

天明泥流流下直後は、夥しい量の浅間石が吾妻川の河床に存在したが、割りやすく加工も簡単なため大量に採取され、庭石や石垣などとして利用された。吾妻川流域の本質岩塊（山頂から16.0～64.8km地点の浅間石）の古地磁気を測定した。その結果、いずれの試料とも磁北方向を向いており、キュリー温度（400度）以上の高温であったことが判明した（山田ほか1993a、b、井上ほか1994、井上2009a）。

やや多孔質とは言え、密度が2.0以上もある安山岩質の大岩塊が利根川との合流点付近まで、70km以上も流下することがどうしてできたのであろうか。一つには泥流の密度がかなり高かったことが挙げられる。

『川越藩前橋陣屋日記』では、天明泥流を「黒土をねり候様成水にて」と表現している。澤口（1983、86）は、渋川市中村遺跡の発掘に際して出土した天明泥流の調査を行い、「無層理で分級が悪く、砂礫の混合状態は垂直、水平とも極めて均質に堆積」しており、「流動中も含水率が比較的低く、かためのお粥」のようであったと推定している。

以上のことから、天明泥流の流下機構として、以下の点が考えられる。

・天明泥流は密度が大きく、浅間石との密度の差はかなり小さかった。
・泥流中の本質岩塊（浅間石）は、史料で火石と呼ばれ、キュリー温度（400度）以上の高温であった。
・泥流中の含水比が低かったことから、高温の本質岩塊（浅間石）の周りで発生した水蒸気は容易に抜けきらず、巨大な岩塊の周りを取り囲み、岩塊に大きな浮力を与えた。

表2.8 天明泥流に流されて助かった人の名前
（国土交通省利根川水系砂防事務所2004、井上2009a）

No.	場所	流された者	年齢	流下距離	助けられた場所
1	川島村	百姓武七	45	3里ほど	中村（渋川市中村）
2	川島村	同人倅伊八	11	3里ほど	中村（渋川市中村）
3	川島村	百姓半兵衛娘ふき	24	3里ほど	中村（渋川市中村）
4	川島村	百姓善右衛門	55	3里ほど	中村（渋川市中村）
5	川島村	同人弟忠右衛門	46	3里ほど	中村（渋川市中村）
6	川島村	同人倅松次郎	20	3里ほど	中村（渋川市中村）
7	川島村	百姓九兵衛娘けん	17	3里ほど	中村（渋川市中村）
8	川島村	百姓伊兵衛母ほつ	53	3里ほど	中村（渋川市中村）
9	川島村	百姓治助妻はつ	50	3里ほど	中村（渋川市中村）
10	川島村	りん	66	3里ほど	中村（渋川市中村）
11	川島村	百姓九郎兵衛妻くに	19	8里余り	柴中町（伊勢崎市柴？）
12	川島村	百姓半兵衛	54	4里余り	川原嶋村（前橋市川原）
13	川島村	百姓庄左衛門	36	4里余り	川原嶋村（前橋市川原）
14	川島村	百姓安兵衛年	53	6里ほど	惣社町（前橋市総社町）
15	川島村	百姓源六倅寅松	35	9里	戸谷塚（伊勢崎市戸谷塚）
16	川島村	百姓源兵衛妻なつ	40	6里余り	漆原村（吉岡町漆原）
17	川島村	名主十兵衛娘ひやく	24	6里余り	漆原村（吉岡町漆原）
18	川島村	百姓藤右衛門	48	6里余り	実正村（前橋市）
19	川島村	百姓藤左衛門倅儀七	27	6里余り	金井村（渋川市金井）
20	北牧村	百姓又市女房	39	1里ほど	八崎村（北橘村八崎）
21	北牧村	百姓仙蔵妹やす	8	6～7里	六供村（前橋市六供町）
22	北牧村	百姓次郎左衛門女房	48	10里	田中村（伊勢崎市田中？）
23	北牧村	組頭源左衛門	67	1里ほど	八崎村（北橘村八崎）
24	北牧村	百姓喜兵衛倅源之助	21	5里ほど	惣社町（前橋市総社町）
25	北牧村	組頭清左衛門飼馬一頭	―	7～8里	中島村（玉村町中島）

根岸九郎左衛門『浅間焼に付見分覚書』（萩原1986：Ⅱ, p.332-348.）

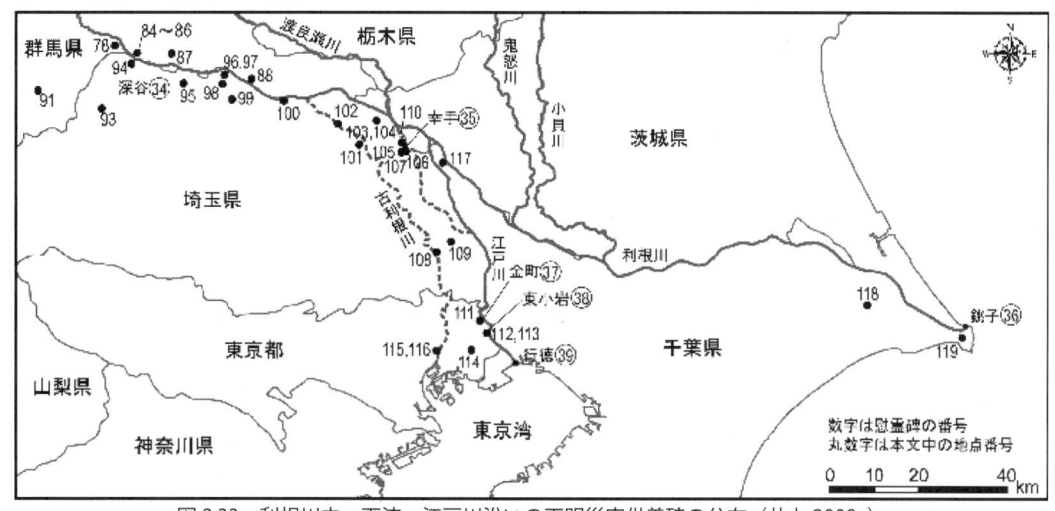

図 2.33　利根川中・下流、江戸川沿いの天明災害供養碑の分布（井上 2009a）

・中村（1998）はハワイ島で溶岩が海水に流入する流入する時、高温の溶岩片が白煙を出しつつ海面上をしばらく浮遊している様子を観察し、本質岩塊（浅間石）は「ホバークラフト」のように、天明泥流の表面付近を移動したのではないかと考察した。史料や絵図には、赤い火石が浮かんで流れて行く様子が多く描かれている。

5)　天明泥流の流下形態の水理学的検討

表 2.7 と図 2.32 によれば、天明泥流の流下開始地点（No.1 断面）から塞き上げ現象のあった吾妻峡谷（No.9 断面）までの想定水位は 40～80m、流速は 17～22m/s、ピーク流量は 14～26 万 m^3/s 前後である。塞き上げ地点の背後は天然ダム状態となり、5000 万 m^3 の泥流が一時的に貯留された。平均流入量を 20 万 m^3/s と仮定すると、天然ダムが満水になるのに 6 分（250 秒）程度かかる。この時間は上湯原の不動院住職が逃げ延びることができた余裕時間と考えられる。

天然ダムは 3 回以上に分かれて決壊し、巨大な浅間石（火石）を含む段波状の泥流となって、吾妻川を流下した（想定水位 17～35m、流速 7～14m/s、ピーク流量 2～11 万 m^3/s）。中之条では 3 波の段波が流下したという目撃記録が多く残されている。山田川（四万川）や名久田川などの支流にはかなり上流まで逆流したことが記されている。

中之条盆地を通過すると、天明泥流は少し緩やかな流れとなり（想定水位 13～23m、流速 5～9m/s、ピーク流量 1～8 万 m^3/s）、利根川に合流して堆積した。天明泥流は粥状の密度の高い流れであり、勾配も緩くなったため、沼田川（利根川）上流から流れてきた清水を一時的に閉塞し、1～2 時間ほどは全く利根川には流水が無くなった（魚を手で捕まえることができた）。

下流に行くに従い、泥流の流れも穏やかになり、泥流に押し流されても助かった人がいた。表 2.8 は根岸九郎左衛門の『浅間山焼に付見聞覚書』をもとに集計したもので、流された者の名前と流された場所、距離、助けられた場所が示されている。

図 2.33 は、利根川中・下流、江戸川沿いの天明災害の供養碑の分布を示している。

2.7　寛政西津軽地震（1793）による追良瀬川上流の天然ダムと決壊

1)　追良瀬川流域の地形・地質について

青森県南西部に位置する白神山地中を北流して日本海へ注ぐ追良瀬川は、流路延長 33.7km で、全体的に V 字谷を形成し、下流域は狭い谷底平野が連なる。上流域には地すべり地形が多数分布し（図 2.34）、河口から約 5km 上流の松原集落西方に位置する岩山の対岸にも地すべり地形が存在する。そ

図 2.34 追良瀬川流域の地すべり地形分布図
（防災科学研究所 2000、第 3 集「弘前・深浦」から 1/5 万「深浦」「川原平」図幅をもとに編図した）

の岩山の洞穴には見入山観音堂があり、康永三年（1344）の創立とされる（『津軽一統志』）。

岩山の地質は、主として中新世の大戸瀬層からなる。大戸瀬層の下部は安山岩溶岩や火砕岩から構成され、礫岩や砂岩を挟み、中部は流紋岩の溶岩や緑〜赤紫色の火砕岩から構成される。上部は安山岩の溶岩や火砕岩からなる。

2）寛政西津軽地震（1793）の概要

寛政西津軽地震は、寛政四年十二月二十八日（1793年2月8日）昼八ツ時（午後2時半）頃に発生した（桧垣ほか2011、白石ほか2011）。当日の天気は「昨夜少々雪、今日時々雪」（弘前市立弘前図書館蔵『弘前藩庁日記 御国日記』、以下『御国日記』と略記）と記録され、同年は雪の多い年であることが記された史料も存在する（『佐藤家記』）。寛政西津軽地震はマグニチュードM6.9〜7.1と推定され、図2.35の左下図に示すとおり、震度は最大でⅥ程度、城下の弘前でも震度Ⅴ程度と推定されている。

また、地震発生直後に津波が発生した記録もあり、青森県西部の鰺ヶ沢・深浦を中心とする津軽領西海岸の湊町や村では被害が大きく、藩庁への被害報告が行われた。しかし、津軽領内の主な被害を挙げてみると、地震による被害者数が少ないことに気づく。最も被害の大きかった深浦で、潰死2名、山崩れでの死亡6名、潰家・半潰家63棟、土蔵、寺、御蔵など。鰺ヶ沢では舞戸村で流死2名、潰家・半潰家76棟、土蔵、漁船22など。十三に至っては死亡者や家屋被害はなく、奉行所・御蔵などのみ被害を受けている。これは同地震が天明飢饉（1782-1788）で人口が激減した後に発生したためとも推測され、追良瀬村の支村である松原村（現深浦町松原集落）の墓石調査でも墓誌に刻まれた近世の死亡者の多くが天明期のものであった。なお、同地震に際しては、現在も景勝地として知られる千畳敷海岸が隆起するなどの地形変化も見られた。追良瀬川上流では天然ダムが形成され、「変水」（天然ダム決壊

表 2.9　寛政四、五年の津軽地方の天候表（津軽藩『御国日記』より作成）

和暦（寛政）	西暦	天気	詳　細	追良瀬川「水湛」記録
四年十二月二八日	1793/2/8	曇	昨夜少々雪今日時々雪、未刻過地震強シ、酉刻過迄時々地震	松原村領で沢々所々「水湛」になる
四年十二月二九日	1793/2/9	曇	昨夜中時々地震、今日未刻過地震	
四年十二月三十日	1793/2/10	曇	昨夜時々地震、	
五年一月一日	1793/2/11	晴	卯ノ中刻頃地震、今日時々地震、	
五年一月二日	1793/2/12	曇	巳刻より雪、昨夜中より今日時々地震、余寒強し	
五年一月三日	1793/2/13	曇	昨夜より雪降候、地震時々、今日終日雪降余寒強し、	
五年一月四日	1793/2/14	曇	昨夜より今日時々雪降、	
五年一月五日	1793/2/15	曇	昨夜少々雪降、今日終日雪降、未ノ刻過地震	
五年一月六日	1793/2/16	曇	昨夜より今日迄時々雪降、	
五年一月七日	1793/2/17	曇	昨夜より今日時々雪、未ノ刻地震強し、酉刻頃迄時々地震、	
五年一月八日	1793/2/18	曇	昨夜少々雪、今暁寅刻過地震、今日酉ノ刻地震、	
五年一月九日	1793/2/19	晴	昨夜時々地震、今日酉刻頃地震	
五年一月十日	1793/2/20	晴	昨夜亥ノ刻地震、今朝辰ノ刻頃地震	
五年一月十一日	1793/2/21	曇	昨夜巳刻頃地震余程強し、今日午刻頃地震、	
五年一月十二日	1793/2/22	曇	昨夜中雨、今日風立、申刻頃地震、	「水湛」押し破れ、洪水になる 沢奥にまだ数カ所「水湛」がある

の危機感から松原村などで住民が避難したようである。

3）　天然ダムの形成

　寛政四年年末から、翌五年にかけては『御国日記』の天気付に日々雪の記録が残されており、唯一「雨」と記録されるのが、一月十二日（1793年2月22日）である（表2.9）。

　史料①では、松原村領で沢々が山崩れに塞き止められて「水湛」になり、そのようにしてできた天然ダムが一月十二日に押し破れて、洪水となったことが記されている。まだ、奥の沢に同様のダムが数ヶ所形成されており、「変水」の不安がぬぐい去れないことから、村民は山野へ小屋掛けして引っ越したという。

　同様に、史料②でも、追良瀬川が揺り埋まって「水大湛」になり、こちらもいつ押し破れるか分からないとして、見分に参じた役人らに下山を命じている。

　史料③は、津軽領西岸の赤石組代官からの報告であり、藩庁が天然ダムの形成や山崩れに対応する様子が見られる。川の中に欠け崩れた雑木などをそのままにしておいては、ますます天然ダム内に水がたまっていき危険であるし、田や山でも欠け崩れてい

る場所が多いので、代官見分の上で杉や檜（檜葉）を回収し、雑木や柴などは刈り取るように命じている。使用可能な分については、藩の用木として極印を打つこととしており、雑木などに至るまで救済措置として被災民へ下付されることは無かったようだ。

史料①『御国日記』寛政五年二月二日
　　（1793年3月13日）条
一、赤石組代官申出候、松原村領旧臘廿八日之地震ニ而山築崩、沢々所々水湛ニ相成、去月十二日押破、洪水之旨、尤ゟ今沢奥数ヶ所相湛罷有候間、此上変水之程難計ニ付、野山江小屋致村中引越罷有候旨承届之、

史料②『御国日記』寛政五年二月十四日
　　（1793年3月25日）条
一、郡奉行勘定奉行申出候、旧臘廿八日之地震ニ而追良瀬川水上震埋リ大水湛ニ付押破候程難計、山役人并代官郡所役方共、下り方申付差遣候共埋り候後数日ニ相成、何時押破候も難計ニ付、両奉行之内壱人山奉行之内壱人同道罷下候儀申出之通早速罷下候様申付候、山奉行へも申遣之、

史料③『御国日記』寛政五年二月二十日
　　（1793年3月31日）条

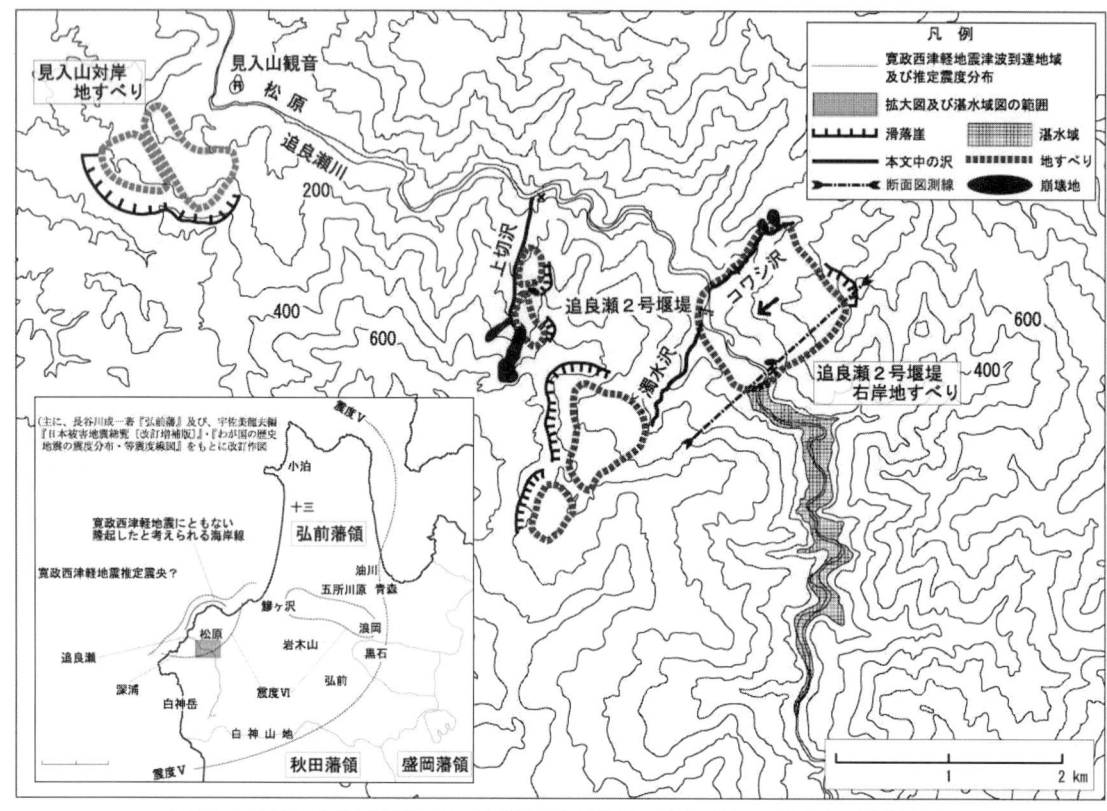

図 2.35 寛政西津軽地震関係図、及び追良瀬川流域の地すべり・天然ダムの湛水範囲

一、赤石組代官申立候、同組村々領之内旧臈之地震
ニ而山欠崩相成用水堰并川々之内江欠崩候雑木其侭
差置候而者弥水湛相成、其上田方并山所欠崩多相成
候ニ付、代官見分之上杉檜之類差除、雑木・柴之類
伐取被仰付度旨申出之、右木品伐取用木ニ相成候分
者雑木ニ而も伐取置、山役人改受山印御極印打入申
付旨申遣之、山奉行江も申遣之、

4) 地すべりの滑動範囲

寛政西津軽地震によって追良瀬川が河道閉塞したと想定される地点は、河道周辺の地形や住民への聞き取りから、図 2.35 に示す 4 カ所が候補地として挙げられるので、現地踏査を実施した。

なお、各地点で採取した埋木の ^{14}C 年代測定は、(株)火山灰考古学研究所を通じて、米国ベータ社で実施された。

① 見入山観音対岸地すべりによる河道閉塞

図 2.35 に示すように、松原集落のすぐ西側、見入山観音の対岸（追良瀬川左岸）には、大規模な地すべり地形が分布している。しかし、追良瀬川左岸 A-B 間には、硬質の流紋岩が露出している。また、地点 B に旧河道の屈曲が疑われる幅広い谷があるが、B の谷で確認される円礫の位置は地点 A での追良瀬川河床より 10m ほど高い。これらのことから、この屈曲する谷に 1793 年の地震当時に、追良瀬川の旧河道が存在したとは考え難い。

② 上切沢の土石流による河道閉塞

上切沢（かみきりざわ）では谷沿いに段丘化した土石流堆積物が連続する。この堆積物中（図 2.34 の地点 D）の埋れ木の補正 ^{14}C 年代は、90 ± 40yBP （Beta-285515）で、暦年較正年代は 2σ（95％確率）で AD1680〜AD1960 であった。これらの値から同地点が 1793年の河道閉塞に対応する可能性が充分にある。

なお、暦年較正年代とは、過去の宇宙線強度の変動による大気中の ^{14}C 濃度の変動などを補正することにより算出した年代で、補正には年代既知の樹木

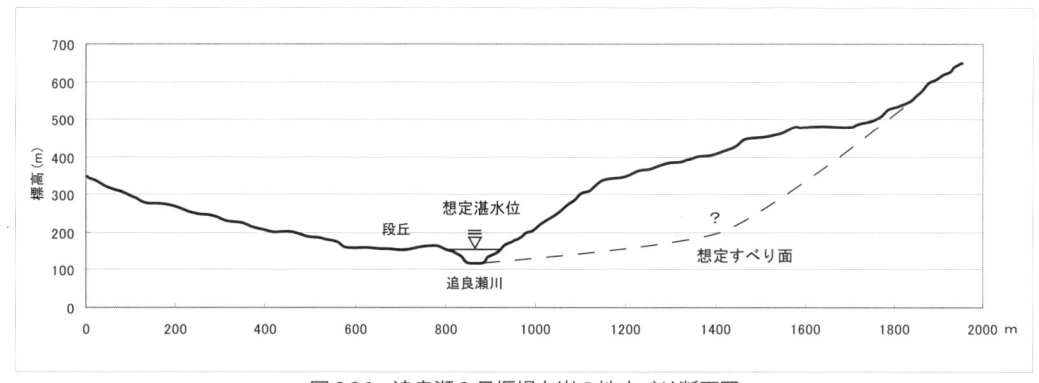

図 2.36 追良瀬 2 号堰堤右岸の地すべり断面図

年輪の ^{14}C 測定値およびサンゴの U-Th 年代と、^{14}C 年代の比較により作成された較正曲線（Reimer et. al, 2004）を用いた。

③ 追良瀬 2 号堰堤の右岸地すべりによる河道閉塞

松原集落から 6km 上流にある追良瀬 2 号堰堤右岸には、長さ 1km・幅 1km の大規模な地すべり地形がある。図 2.35 の地点 E の河床付近（写真 2.34）には、①角礫混じり青緑色の粘土が、厚さ 2m 以上露出しており、そこには多数の埋れ木が含まれる。この層の上位は厚さ 15m の②粘土混じり安山岩角礫層であるのに、①の粘土層には円磨された礫が混在し、礫種も安山岩・玄武岩・凝灰岩など多様である。左岸に見られる段丘表面は、凹凸に富んで緩く西側に傾斜し、東向き急傾斜面と接している（図 2.36）。

このような状況から、①角礫混じり粘土層をすべり面として右岸側で地すべりが発生し、旧河床付近にあった樹木を埋没させ、河床礫を巻き込んだと考えられる。その地すべり地塊は、左岸の急傾斜な斜面に到達して河道を閉塞したと推定される。

②項で述べたのと同様にして得た地点 E の埋木の補正 ^{14}C 年代は、150 ± 40yBP（Beta-285514）で、2σ（95％確率）での暦年較正年代は AD1660 〜 AD1960 であった。

また、同様の角礫粘土層はコワシ沢（地点 F）河床に沿っても確認され、埋木が得られた。その補正 ^{14}C 年代は、260 ± 40yBP（Beta-286084）で、2σ（95％確率）での暦年較正年代は AD1620 〜 AD1950 であった。

写真 2.34　追良瀬川右岸の地点 F の露頭
（2010 年 8 月、古澤撮影）

測定結果は AD1520 年以降の年代を示すので、追良瀬 2 号堰堤右岸の地すべりは、当該地域における歴史地震の記録等に鑑みても、寛政西津軽地震での河道閉塞を引き起こしたと考えるのが妥当であろう。

④ 濁水沢の土石流による河道閉塞

濁水沢右岸では、追良瀬川との合流地点に土石流の段丘が存在し、背後には大規模な地すべり地形が存在する。ここでも河道閉塞を生じた可能性があるが、年代は特定されていない。

5） まとめ─天然ダムの規模について

寛政西津軽地震について史料表記中に見られた天然ダムは、追良瀬川 2 号堰堤右岸斜面からの地すべりによる河道閉塞で形成された可能性が高い。

同地震発生時の追良瀬川の流量を次のように推定

した。2010年2月時点の追良瀬川最下流、河口付近で計測された流量は、4～140m³/sと変動する（青森県 2010）。この値から流域面積比で天然ダムの堤体地点の流量を計算すると2.8～100m³/sである。また、同地震で形成された天然ダムは、決壊まで15日間を要した。前述の通り、この年は例年よりも雪が多く、決壊した日の夜中は降雨が記録され（表2.9）、気温が上がっていたと推測される。そのため融雪が進み、決壊へ至ったと考えられる。

当時も2010年と同じ程度の流量だったと仮定して、2.8m³/s流量が14日間+12時間、100m³/sの流量をその後の12時間（雨による出水）として計算すると、天然ダムの最大湛水量は780万m³となる。さらに、③項で検討した河道閉塞で右岸の段丘表面の高さまで湛水したとして、地形図上で計算した天然ダムの湛水量は530万m³となった。

算出した湛水量にそれほど差が無いことからも、追良瀬2号堰堤右岸地すべりが寛政西津軽地震（1783）時に追良瀬川を河道閉塞したと考えられる。

今回の対象地域から12km離れた十二湖（図2.34参照）では、能代地震（1704）で巨大崩壊が起こっていることからも（古谷ほか 1987）、多くの地すべり地形が存在する白神山地では、歴史時代に河道閉塞が頻発してきたことは間違いない。

2.8 山形県真室川町大谷地地すべりによる河道閉塞

1） 大谷地地すべりの概要

山形県真室川町の大谷地地すべりは、明治初期に大規模な変動を生じ、末端部で河道隆起が生じたとされている（桧垣ほか 2009）。大八木（2007）はこの地すべり地を大沢地すべりと呼び、かなり詳細な地形判読を行い、図2.37を作成している。

大谷地地すべり（上部は農林水産省所管地すべり防止区域）は、標高200m前後のなだらかな丘陵地の一角にあり、地区西部を鮭川、東部を小又川がそれぞれ南流している。両翼部を開析されて南に張り出す台地状の地形を成し、頭部の平坦地には耕地が広がっている。この地すべり地の地形はかなり複

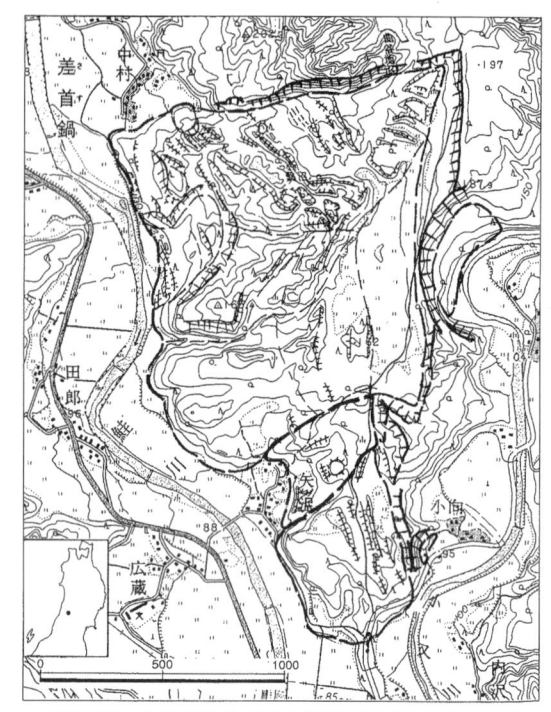

図2.37 大谷地地すべりの地形区分（大八木 2007）

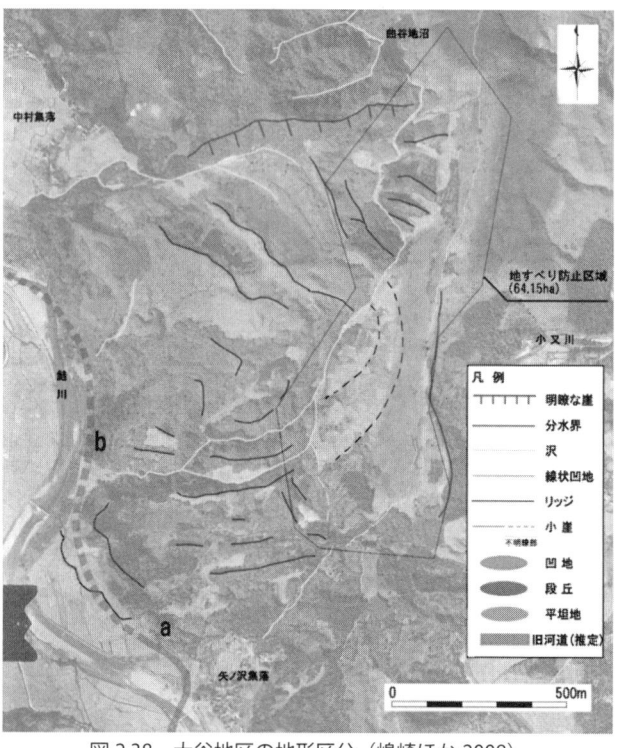

図2.38 大谷地区の地形区分（嶋崎ほか 2008）

雑で、大八木（2007）は、ラテラルスプレッドであると説明している。

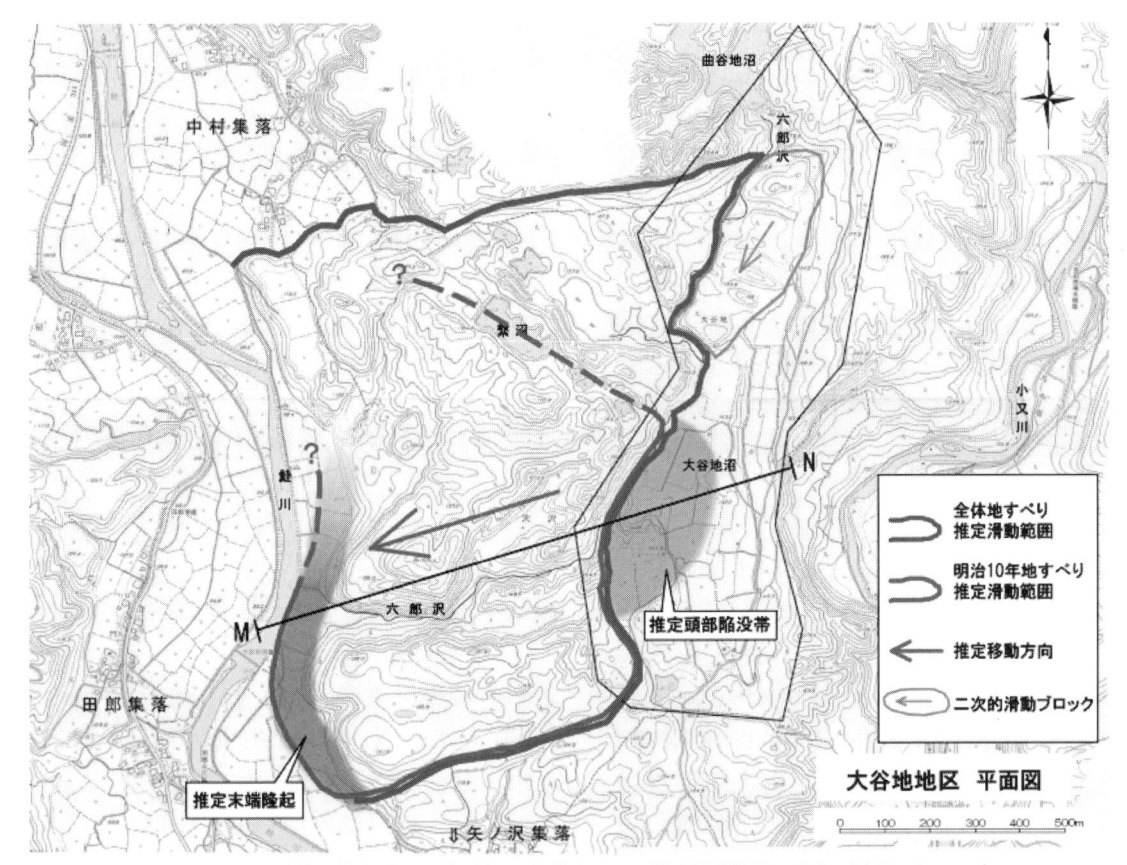

図2.39 大谷地地区地すべり及び明治10年地すべりの推定滑動範囲・方向（檜垣ほか 2009）

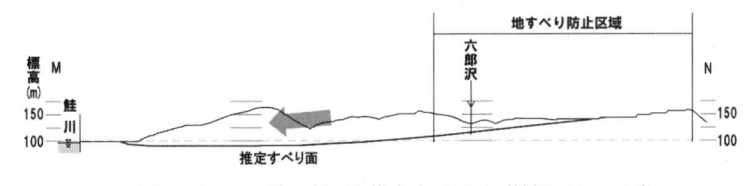

図2.40 M-N地形断面と推定すべり面（檜垣ほか 2009）

2) 大谷地地すべりの微地形的特徴

大谷地地区およびその周辺域を撮影した空中写真（1960年 林野庁撮影、山-181、C8-7、C8-8）を判読し、写真上に微地形区分を行った結果を図2.38に示す。

この地すべり地を南流する六郎沢により防止区域と隔たれた西側の一帯には陥没地形や線状凹地、リッジが散在している。また、この一体では幾つかの並行した線状凹地とリッジがしわ状地形を成している。このように大谷地地区は大規模な地すべり地形を呈しており、滑動範囲を推定すると図2.39の太線で示した範囲のようになる。

地元住民への聞き取りや安楽城村（1922）を調査した結果から、明治10年（1877）に滑動した際の変状について、「大谷地内の耕地が陥没して大谷地沼が形成された」、「滑動により繋沼が拡大した」、「鮭川の河床が隆起した」などの情報が得られている（嶋崎ほか 2008）。これらの情報から、明治10年に発生した地すべりの滑動範囲は、少なくとも図2.39の内側の線で示した範囲を含むものであると推測した。

頭部陥没帯は、初生地すべりの土塊が移動した部分に形成されたもので、明治10年の滑動によって、さらに陥没が進行し、沼が形成されたものと考えら

現地踏査によって、図2.38中のa、b地点において、山側（東側）に逆傾斜している地形の不自然な起伏が確認されたことから、末端隆起の範囲を図2.39に示したように推測した。矢ノ沢集落で行なった聞き取り調査では、「明治10年の地すべり以前、鮭川は現在よりも東側、山のそばを流れていた」という情報が得られた。また、矢ノ沢集落西側に旧河道の跡が確認された。明治10年以前、鮭川はおおよそ図2.38に示したように地すべり末端部付近を流れていて、明治10年の滑動の際に河床が隆起したものと考えられる。

地すべり後の河道掘削工事や洪水の影響により、この付近の鮭川の河道はこれまで頻繁に変化してきた。

図2.39のM-N断面の推定すべり面を描いたものが図2.40である。地すべり地では、極めて緩い傾斜のすべり面が形成されているものと考えられる。

3）鮭川沿いの地すべり発生年代とその意義

真室川町歴史資料館には、仁寿元年（850）の大地震で埋没したものとされる巨大な杉の幹が保存されている。この埋木は大谷地地区南方の鮭川沿いにある真室川中学校敷地の地中から発見されたもので（図2.41）、背後の斜面に地すべり跡地形が見られたことから、地すべりによって地下に埋没したものとみなされる。幹表層部の年輪6年分について、^{14}C年代測定を実施した。

結果は、1220 ± 40y.BP（Beta-251577）で、2σ（95%確率）での暦年較正年代は、A.D.680～890年であった。ここで、暦年較正年代とは、過去の宇宙線強度の変動による大気中^{14}C濃度の変動を補正することから算出した西暦年代である。この値は、前述の平安時代初期という伝承の地震発生年と矛盾しない。

一方、前述の大谷地地すべりで、頭部の凹地部にある大谷地沼で明治10年地すべりの際、地中から現れたとされる埋木の幹表面を採取し^{14}C年代を行ったところ、970 ± 40y.BP（Beta-245775）で、95%確率での暦年較正年代は、AD1020～1140年

となった。これは、明治10年の地すべりに先行して、1000年前頃に大谷地地すべり地頭部で発生した地すべりによって地中に埋没したものとみられ、その発生年代を示すものと判断される。

以上の^{14}C年代値から、これら2つの地すべりは異なる時期に発生したものであるが、いずれも鮭川沿いに分布する鮮新世砂岩・シルト岩層からなる河床から比高100m未満の低い丘陵地で発生したものである（図2.40）。大谷地地すべりでは、過去約1000年の間に2回大規模な地すべりが起こっている。地形的に、この区間で鮭川の谷底平野が広いこと（図2.41）は、河道変化が頻繁に起こってきたことを示している。

八木ほか（2009）は、新第三系の地すべり地形の再活動危険度判定に、河川に面する地すべり地形かどうかが重要であるとした。上記の比較的新しい地すべり発生年代と、防災科学技術研究所（1998）の地すべり地形分布図で鮮新世砂岩・シルト岩層分布域に地すべり地形が集中していることを考え併せると、谷底平野が広い大沢から差首鍋にかけては、大谷地地すべりと同様、地すべりによる河道閉塞（隆起）や河道変化の可能性があると言える。それらを生じさせないためには、現河道が山裾に接している所に地すべり地形がある場合、優先的に河岸侵食防止対策を検討する必要があろう。また、安楽城村（1922）の記述から、大谷地地すべりの末端を、明治10年の大規模地すべりの際、人為的に掘削して河道を通したとみられ、現在も地すべり地の安定度は高くないと推定される。

3）まとめ

山形県真室川町大谷地地すべりを主として、鮭川沿いの地すべりについて資料収集・現地調査・^{14}C年代測定による地すべり発生時期調査を行った。その結果、大谷地地すべり地では、明治10年の河道隆起を生じさせたとされる大規模地すべりの痕跡が現地で確認され、また、平安時代にも地すべりが生じたことが分かった。同町鮭川沿いで大谷地地すべりと同じ鮮新世砂岩・シルト岩層からなる地域では、AD700～800年代の地すべり発生も確認された。

鮭川沿いの谷底平野が広く地すべり地形も多数分布する区間では、河道閉塞災害防止のため、地すべり地形の裾が河川に接する箇所の河岸侵食対策や安定度の低い大谷地地すべりの監視が必要と思われる。

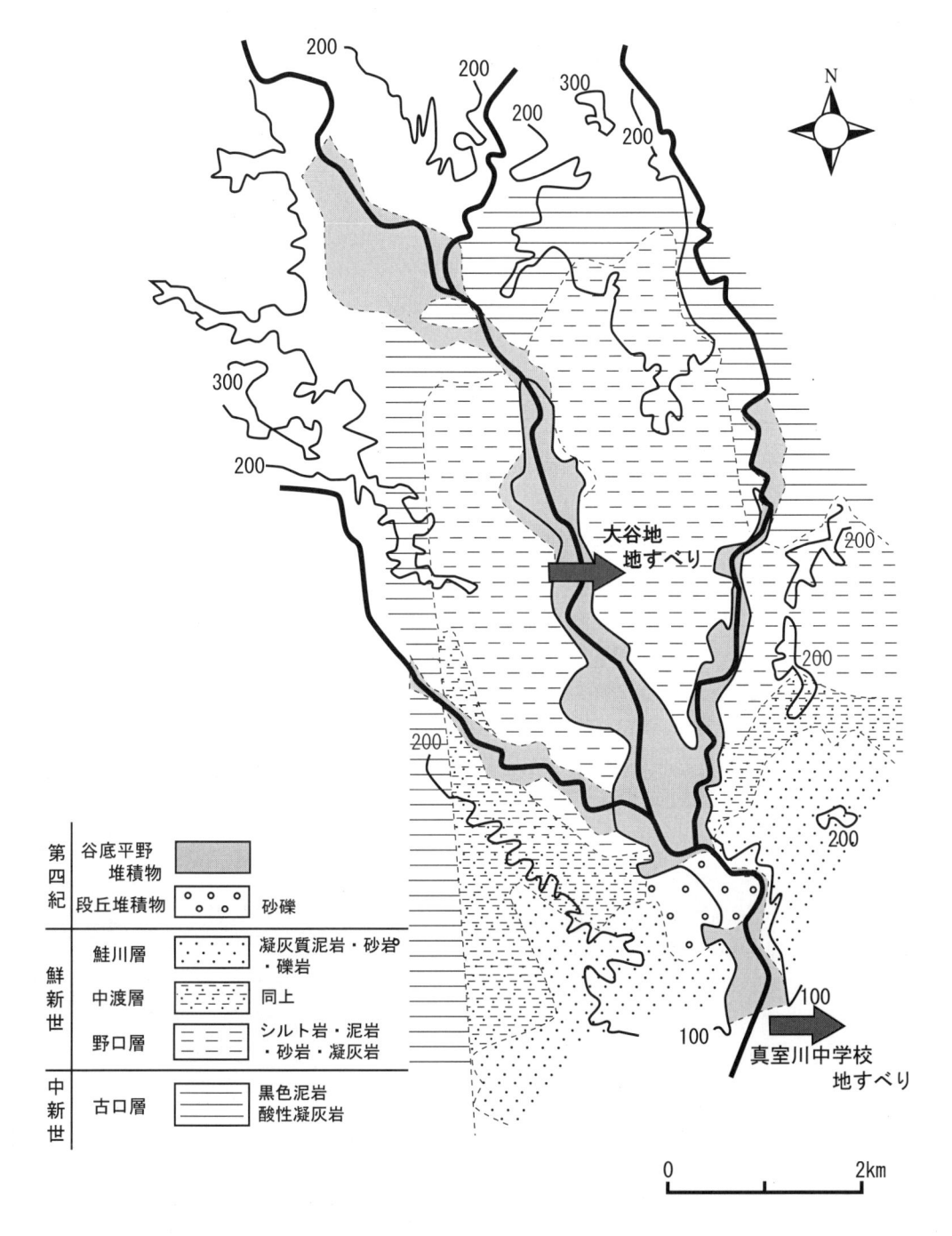

図2.41 鮭川沿いの地質（山形県最上地方事務所1991を修正）

2.9 十津川水害時(1889)の和歌山県側の天然ダム

1) 和歌山県側の被害の状況

田畑ほか(2002)の5章1項で詳述したように、明治22年(1889)8月19～20日の台風襲来によって、奈良県十津川流域(宇智吉野郡)では大規模な崩壊・地すべりが1146箇所、天然ダムが28箇所以上発生し、245名もの死者・行方不明者を出した。当時の十津川村(北十津川、十津花園、中十津川、西十津川、南十津川、東十津川村)は、戸数2415戸、人口は1万2862人であった。十津川流域は幕末時に勤皇志士を多く輩出したこともあって、明治天皇の計らいで、被災家族641戸、2587人が北海道に移住し、新十津川村を建設したことが知られている(芦田1987、鎌田・小林2006)。

しかし、この豪雨時に和歌山県内では、死者・行方不明者1247人、家屋全壊1524戸、半壊2344戸、床上・床下浸水33,081戸、田畑流出・埋没・冠水8342haもの被害が出ていたことはあまり知られていない。和歌山県側の災害状況については、明治大水害誌編集委員会(1989)の『紀州田辺明治大水害—100周年記念誌—』などに詳しく記載されている(裏カバーの袖の図も参照)。

本項では明治大水害誌編集委員会(1989)などをもとに現地調査を行った結果を紹介する。図2.42は、奈良・和歌山県の郡別の山崩れ数、図2.43は郡別の犠牲者数を示している。明治22年豪雨は、紀伊半島でも和歌山県西牟婁郡・日高郡から奈良県吉野郡にかけて激しかった。このため、上記の3郡を中心として極めて多くの山崩れが発生し、急俊な河谷が閉塞され、各地に天然ダムが形成された。これらの天然ダムは豪雨時、または数日～数か月後に満水になると決壊し、決壊洪水が発生して、1000人以上の犠牲者がでる事態となった。

2) 和歌山県西牟婁郡の被害状況

図2.44は、和歌山県でも最も被害の大きかった西牟婁郡の会津川(秋津川)・富田川流域の水害激

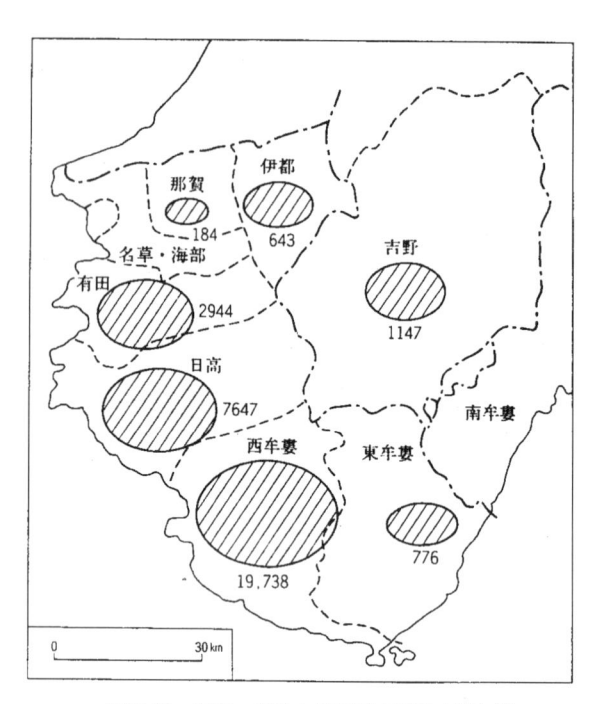

図2.42 奈良・和歌山県の郡市別の山崩れ数 (明治大水害誌編集委員会1989)

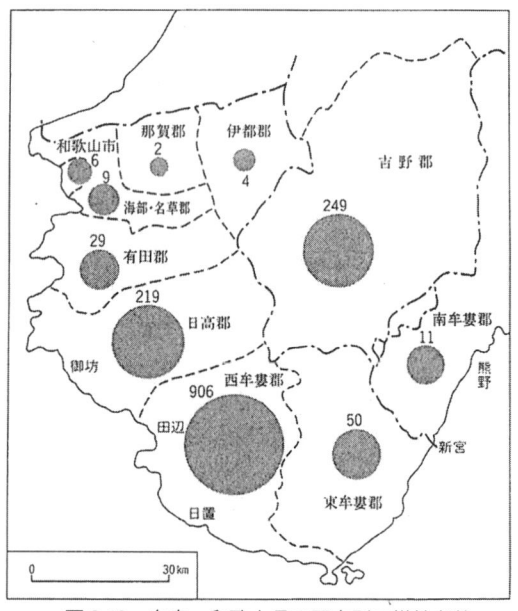

図2.43 奈良・和歌山県の郡市別の犠牲者数 (明治大水害誌編集委員会1989)

甚地の町村別犠牲者数(明治大水害誌編集委員会1989)を示している。西牟婁郡の中でも犠牲者は会津川流域と富田川流域に集中している。特に、富田川流域の罹災率は2.89%(流域面積247km^2、全住民数20,440人)で、十津川流域の1.03%(同

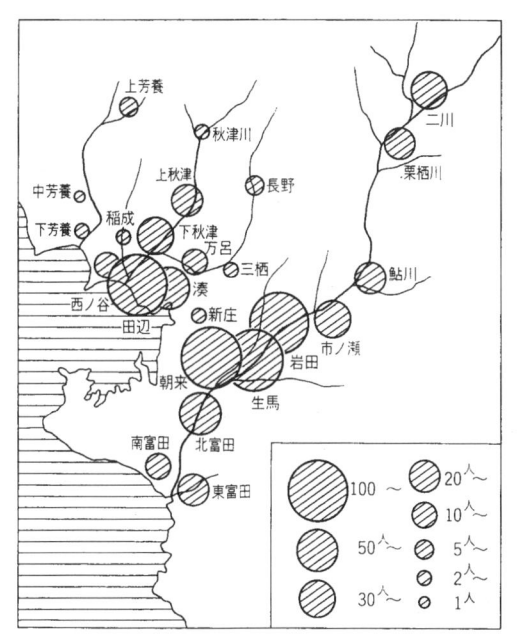

図 2.44 秋津川・富田川流域の水害激甚地の町村別犠牲者数（明治大水害誌編集委員会 1989）

998km^2、24,102 人）、会津川流域の 0.94%（同 85km^2、22,180 人）よりも大きい。会津川（秋津川）は流域面積が小さいにもかかわらず、中流部での天然ダムの決壊によって、下流部の田辺の市街地で激甚な被害となった。

図 2.45 は、以上の図や現地調査結果などをもとに作成した和歌山県・奈良県における流域別被害状況を示したものである。

十津川流域は土砂災崩壊による土砂災害としているが、田畑ほか（2002）でも説明したように、多くの地点で河道閉塞を引き起こし、天然ダムが形成され、決壊洪水によって激甚な被害を受けた地域である。和歌山県側の事例を天然ダム決壊・湛水としているが、基本的に同じような現象である。

水害後の 8 月 30 日に田辺地方を現地調査した内務省御雇工師であるオランダ人ヨハネス・デレーケは水害の原因を「其初薄々の雲海洋に起こりて、黒風之を送り、幾んど十里の幅員をなし、南は西牟婁

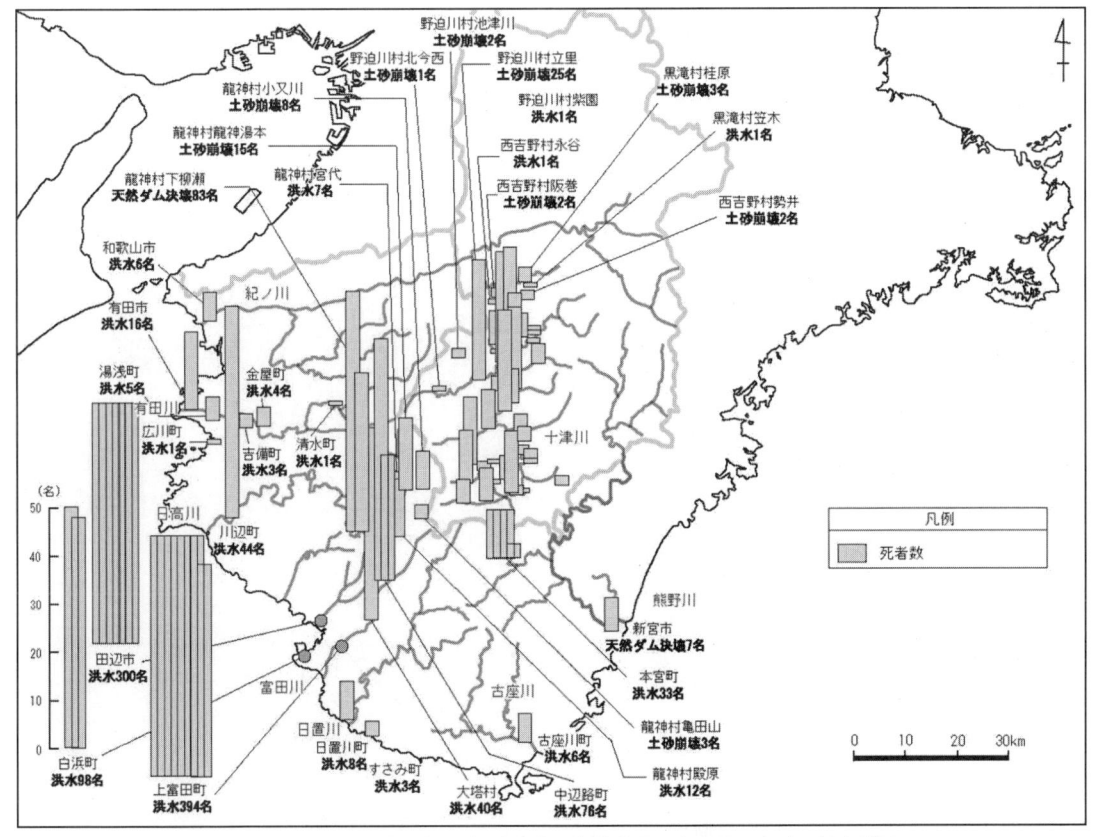

図 2.45 明治 22 年（1889）大水害の和歌山県・奈良県における被害状況
（関係市町村誌及明治大水害誌編集委員会 1989 をもとに作成）

郡日置川、西は日高郡日高川の海口を劃り、東西に向て進行せり。これに雨を含むこと頗る多くして、太だ重きが為に、高く騰るを得ず。故に東西牟婁二郡の間に峙ち、海面を抜く事三千八百七十尺（1161m）なる大塔峯に、右の一角を障えられ、前面は奈良県に聳えて四千尺（1200m）なる釈迦嶽に遮られ、直行突進能わず。雲将その神鞭鬼取の意の如くならざるを怒り、縦横顛狂噴瀉して遂に二処に近接の関係ある大和の十津川、我紀伊の日置川・富田川に災すること甚し……」と述べている（明治大水害誌編集委員会 1989『和歌山県水害記事』）。

3） 田辺地域の災害状況

田辺町・湊村（現田辺市）は、会津川の下流部に発達した市街地で、図 2.46 に示したように、右会津川上流の高尾山と左津川上流の槇山付近に形成された天然ダムの形成・決壊によって、激甚な被害を受けた。図 2.47（口絵 9）は、地図師榎本全部が製図した秋津川（右会津川）流域の被災図で、高尾山の河道閉塞（両側の山が崩れた）した状況を示している。

明治大水害誌編集委員会（1989）によれば、8月 17 日の午前中は晴れていたが、午後 6 時頃から小雨がバラつき出し、18 日は午前中から雨がきつくなった。午後に入ると大雨が強くなり、まさに傾盆の水のようであった。新築なった三栖小学校の校舎がその夜倒壊した。19 日になっても相変らず暴風雨が続き、大雨は一向に衰えをみせなかった。正午頃特にひどかったが、ついに 15 ～ 16 時に八幡堤が 360m にわたって決壊し、泥流が田辺町と湊町の家々を襲い、多大な被害をもたらした。14 時頃から雨量が減り、15 ～ 16 時には雨も止み、洪水水位も下がってきた。退潮時でもあったので、洪水の大きさの割に人的被害は少なかった。17 時にはかなり減水したため、高所に避難していた人々は

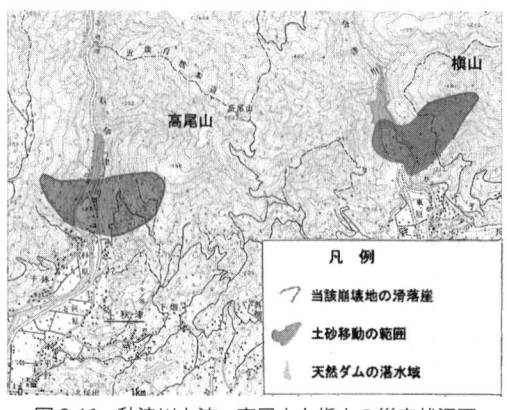

図 2.46　秋津川上流・高尾山と槇山の災害状況図

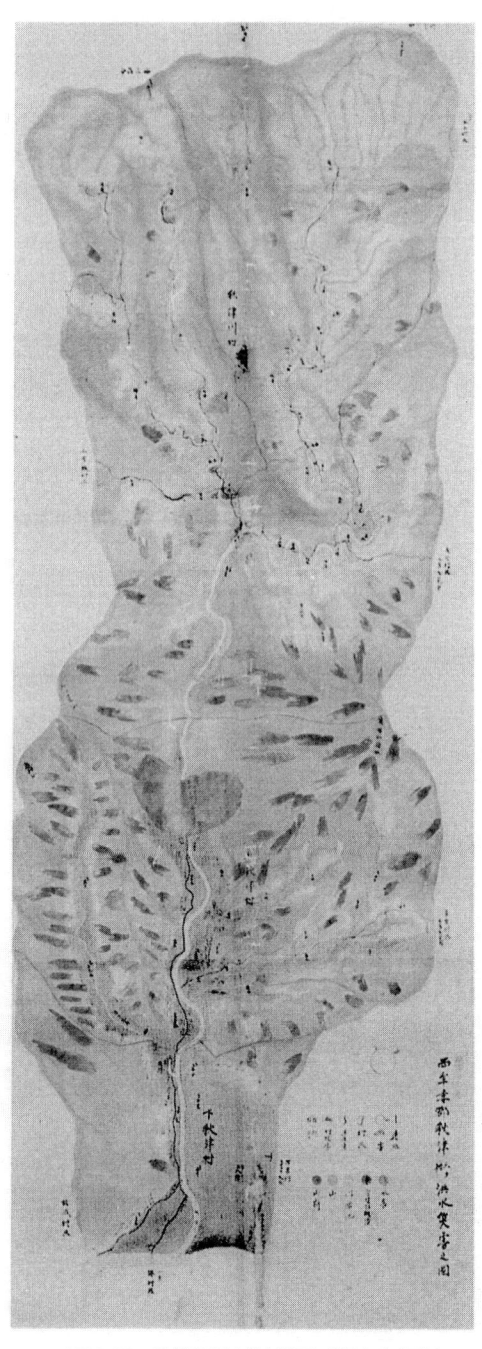

図 2.47　秋津川流域被災図（榎本全部作）
（明治大水害誌編集委員会 1989）

帰宅したが、家や道路には泥土が積り沼田のようであった。災害は去ったと思って安心して眠りについたため、かえって人的被害を大きくした。再び振り出した大雨は激しく、翌20日の1時頃には「雨声砂礫を打つが如く」大粒の激しい雨が降り、田辺町は大浸水を受け、人命も奪われた。

　田辺町の大洪水は図2.48に示した通りで、8月19日の15～16時と20日0時～6時頃の2回あった。2回目は満潮時と重なり、増幅され被害を大きくした。恐らく日雨量902mm、時間雨量168mmの記録はこの時作られたのであろう。

　図2.48に示したように、これらの激甚な被害を受けて、田辺町には各地に記念碑が建てられている。写真2.35は田辺市民総合センター前に建設された明治大水害の記念碑である。

4） 右会津川・高尾地区での天然ダムの決壊

　田辺町の大洪水の主原因は、豪雨時に生じた右会津川・高尾地区と会津川・槙山の天然ダムの形成と決壊である（図2.46）。田辺市上秋津地区の高尾山の山麓斜面において、8月19日18時頃、右会津川左岸側斜面で長さ720m、幅540mの範囲が大規模な地すべり性崩壊を引き起こし、天然ダム（高さ15m、湛水量19万m^3程度）を形成した。図2.47によれば、右会津川右岸側斜面もかなり大規模に崩壊し、挟み撃ちとなって、天然ダムが形成された。この天然ダムは3時間後の21時頃に決壊し、多量の土砂を巻き込んで田辺町の市街地付近まで流下し、田畑・道路・人家を埋没させ、多数の犠牲者を出した。会津

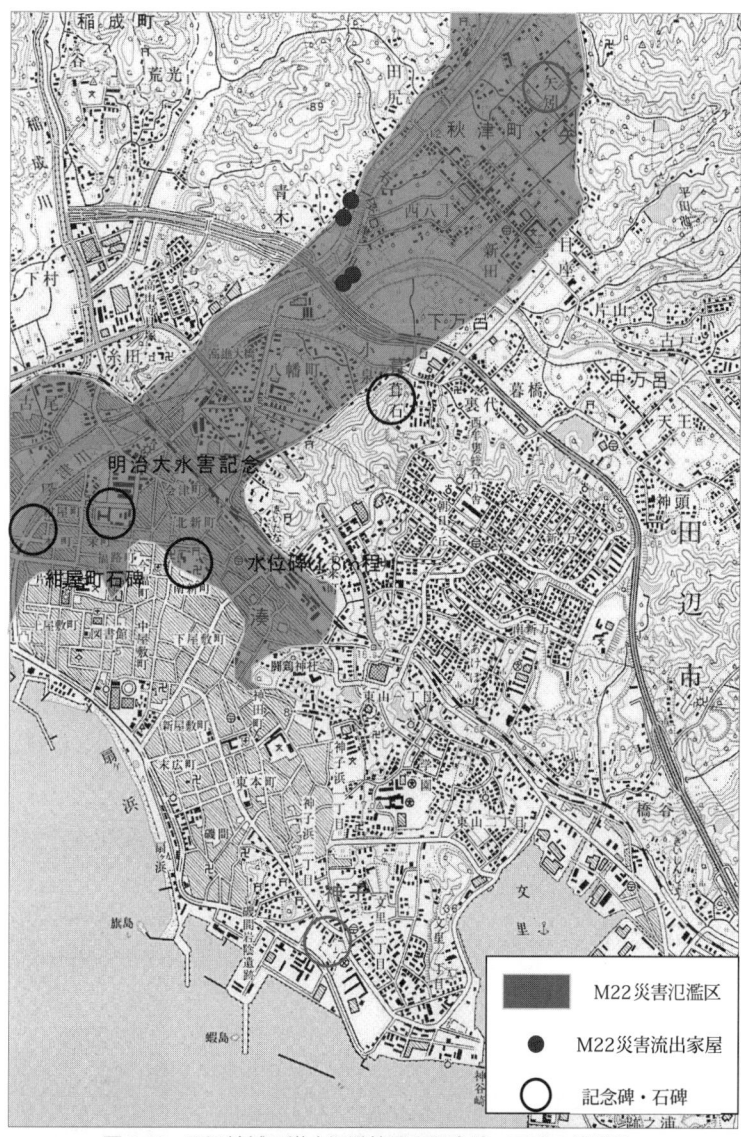

図2.48　田辺地域の洪水氾濫範囲と記念碑・石碑の位置図
（1/2.5万地形図「紀伊田辺」図幅）

写真2.35　明治大水害記念碑（田辺市民総合センター前）
（2004年10月井上撮影）

川・槇山では、20日4時頃、会津川の左岸側斜面で長さ900m、幅540mの範囲が大規模な地すべり性崩壊を引き起こし、天然ダム（高さ20m、湛水量40万m³程度）を形成した。この天然ダムは5時間後に決壊し、多量の土砂を巻き込んで下流に流下した。これらの天然ダムの決壊で、上秋津の川上神社境内には3m余、下三栖地区では1.5mもの土砂が堆積した。会津川河口にあった田辺港も上流からの土砂堆積で、水深が浅くなり、移転を余儀なくされた。

5） 富田川流域の被害

上富田町史編さん委員会（1998）によれば、明治22年（1889）の大水害による和歌山県下での犠牲者は1247人で、特に西牟婁郡の富田川流域565人、会津川流域320人、日置川流域49名となっており、富田川流域の被害が格段に大きかった。富田川の上流山地で多くの崩壊が発生し、河道閉塞が起こったと考えられるが、具体的な場所はほとんどわからない。これは天然ダムが形成され、下流域では一旦水が引いたとみられるが、数分～数時間後の豪雨時に天然ダムが決壊したため、急激な洪水段波が押し寄せたためである。富田川下流部では、彦五郎堤（写真2.36の「彦五郎人柱之碑」）を含めて、多くの堤防が決壊した。彦五郎堤の上には写真2.37の「溺死招魂碑」、朝来円鏡寺には「富田川災害記」の碑が建立されている。当時の朝来村・生馬村・岩田村で死者・行方不明者は326名にも達した。

6） 下柳瀬の天然ダム災害

図2.49（口絵10）に示したように、8月19日未明、竜神村（現田辺市竜神村）では、龍神湯本地内の背戸山で崩壊が発生し、民家数戸が埋没し、死者15名の犠牲者が出た（竜神村誌編さん委員会1985）。下柳瀬六地蔵山では、長さ100間（180m）、幅100間（180m）の崩壊（崩壊土砂量50万m³）が発生し、日高川を河道閉塞し、天然ダムを形成した。この天然ダムは深さ40m、湛水量1300万m³にも達したため、家屋90余戸が埋没・水没した。その後、天然ダムは一挙に決壊し、70戸を流出させ、

写真2.36 彦五郎人柱之碑（2004年10月井上撮影）

写真2.37 溺死招魂碑（2004年10月井上撮影）

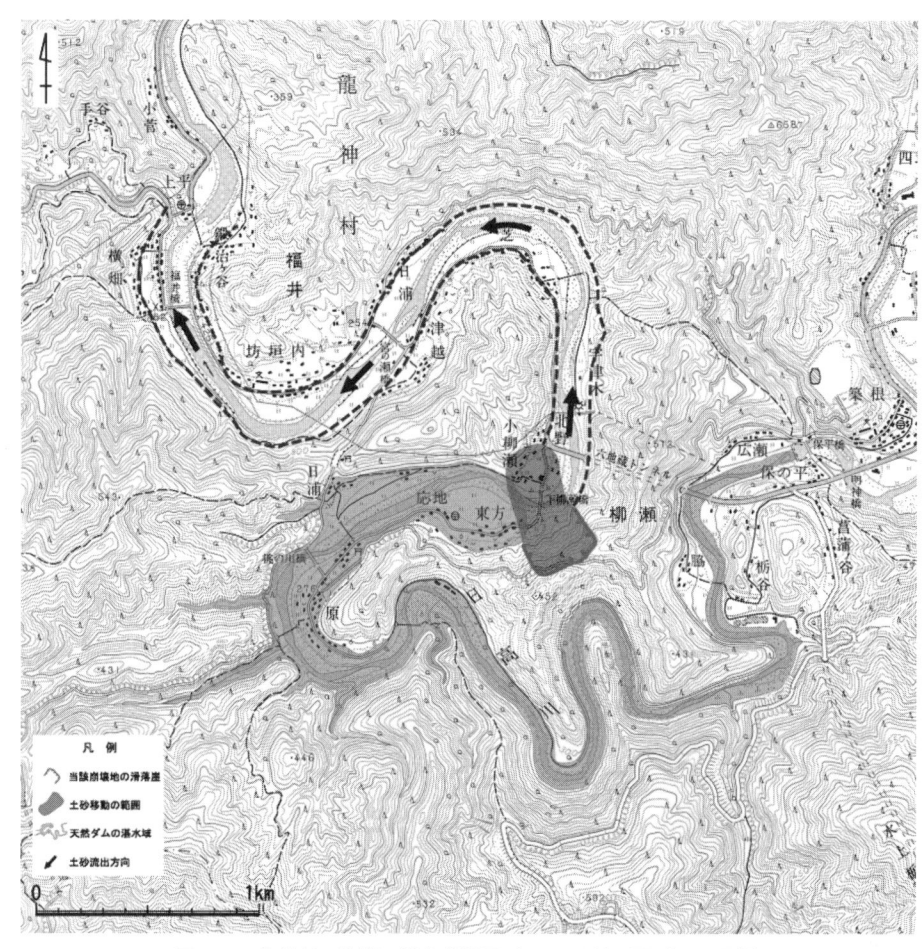

第2章　2002年以後に判明した主な天然ダム災害　　83

図 2.49　龍神村下柳瀬の災害状況図（1/2.5 万地形図「西」図幅）

死者・行方不明者 83 名にも達する大惨事となった。
　写真 2.38 は、下柳瀬の河道閉塞地点で、閉塞岩

写真 2.38　下柳瀬の地すべり・河川閉塞跡地
（2004 年 10 月今村隆正氏撮影）

写真 2.39　下柳瀬の水難碑
（2004 年 10 月今村隆正氏撮影）

塊が残り、緩斜面を形成している。写真 2.39 は斜面下部に建立された慰霊碑である。

7）熊野本宮大社と新宮市街地の被害

熊野本宮大社（和歌山県東牟婁郡本宮町）は、もともと新宮川（熊野川、上流の奈良県側は十津川）の中洲の大斎原にあったが、明治 22 年（1889）の天然ダムの決壊洪水で激甚な被害を受け、明治 24 年に現在地に移転している。

最下流の新宮町（現新宮市）でも、上流の十津川流域に形成されていた天然ダムの決壊によって、8 月 20 日に突如大洪水に見舞われた。新宮町の相筋・上本町・元鍛冶町・薬師町・別当屋敷で、水深 3～4m となり、市内で死者 7 名、家屋流失 556 戸、全壊 35 戸、半壊・破損 340 余戸の大被害を受けた（新宮市史編さん委員会 1972）。

新宮市教育委員会で教えて頂いたが、図 2.50（口絵 11）に示した新宮川大水害記念図（原本の所蔵者不明）が存在する。この絵図に描かれている被害状況（浸水、流失）を 1/2.5 万地形図「新宮」図幅に示したのが、図 2.51（口絵 12）である。これらの図を見ると、新宮市街地のほぼ全ての地域が浸水被害を受けたことが分かる。

2.10 富士川支流・大柳川における天然ダムの形成と災害対策

1）はじめに

富士川右支川大柳川は、図 2.52 に示したように、富士川の上流、釜無川と笛吹川との合流点より下流側に位置する右支流で、流域面積約 42km^2、流路延長約 9km の一級河川である。フォッサマグナ西縁の糸魚川―静岡構造線沿いに位置しており、地形はかなり急峻で、脆弱な地質からなる。大柳川流域は古くから荒廃しており、富士川本川への土砂流出が顕著で、富士川本川の河床上昇を引き起こす一因となっていた。明治 16 年（1883）5 月、内務省御雇工師ムルデルは、富士川流域の現地視察を行った際に、大柳川における砂防事業の必要性を指摘した。この指摘を受けて、明治 16 年～19 年（1883～1886）にかけて、大柳川右支渓の赤石切沢にお

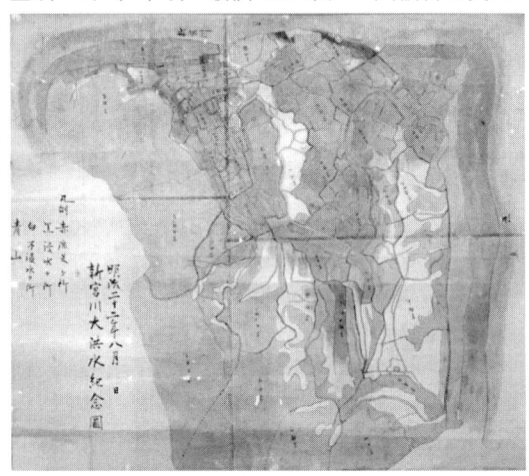

図 2.50　新宮川大水害記念図（新宮市、所蔵者不明）

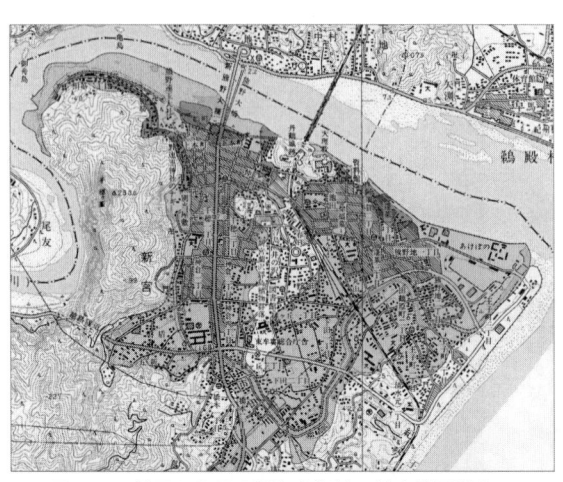

図 2.51　絵図から見る新宮市街地の被害状況推定図（1/2.5 万「新宮」図幅）

図 2.52　明治時代の富士川・大柳川周辺の状況（堀内ほか 2008）

図 2.53　大柳川流域の天然ダムと集落の位置関係（堀内ほか 2008）

写真 2.40　十谷地区の緩斜面と集落（2006 年 12 月、井上撮影）

いて、直轄砂防工事が実施された。本項では、砂防法が制定された3年後の明治33年（1900）に、大柳川で発生した天然ダムの形成と災害復旧対策について、当時の新聞記事や写真等の文献を整理し、現地調査の結果を説明する（堀内ほか 2008）。

2）十谷（西谷）地すべりの地形特性

大柳川における大規模土砂災害の発生箇所と主な集落の分布図を図 2.53 に示す。明治 33 年（1900）12 月に発生した柳川区・切コツの地すべり以外にも、十谷区の北西斜面には明治以前の古い地すべり地形が存在し、地すべり崩積土の上に十谷の集落が

写真 2.41　切コツで発生した地すべりによる天然ダム（山梨県砂防課蔵）

表 2.10 大柳川（五開村）で発生した地すべりの被害状況（堀内ほか 2008）

発生日時	五開村の被害状況	
明治 29 年（1896）9 月 22 日に発生した地すべり	・五開村十谷地区は田畑の水害だけではなく，西北の小塚と呼ばれる山が高さ 24m，幅 270m にわたって地すべりが発生し，上川という渓流に土砂が流れ込み，沿川に散在する人家を埋没させた。 ・十谷地区の宅地 3,000m2 以上に亀裂が発生した。	
明治 33 年（1900）12 月 3 日に発生した地すべり 地すべり崩壊土量：150 万 m³ 天然ダムの規模 湛水面積：6.4 万 m² 高さ：60m 湛水量：128 万 m³	12 月初旬（崩落前）	・十谷地区で地すべりが発生した明治 29 年月，柳川地区小字鳥羽根及び切コツでは若干の亀裂が発生していたが，村民も気にならない程度であった。しかし，その後次第に異状を示し，明治 33 年 8 月の豪雨より地盤変動が大きくなり，12 月初旬には 0.3～0.6m/日の移動量を示した。 ・地すべりは 2 箇所で発生し，1 箇所は約 20ha と規模が大きく，もう 1 箇所は若干小さい程度であった。隣接斜面では小規模な地すべりが多数分布しており，その形状は長いものであった。連続亀裂は次第に拡大し，高さ 2～10m の滑落崖が現れた。地表面は凹凸が著しく，数数百 m 以上で十筋の亀裂が発生し，その間にも無数の小亀裂が発生していた。 ・亀裂地の北面大柳川沿岸の山腹斜面では，日常的に多少の土砂が崩落していた。特に轟々と雷のような大音響で数十 m の大きさの岩石が 1 度に崩落するため，大柳川は雨が降らなくても，突然濁流が押し寄せた。沿岸村民の飲料水の供給を絶つだけではなく，少しの雨だけで土砂を押し流して堤防を破壊し，家畜や田畑の流失・埋没が頻発した。
	12 月 3 日（崩落後）	・午前 6 時半～7 時までの間に大音響を発し，柳川区字切コツ地内で高さ 60m，幅 360m の地すべりが大柳川に崩落し，本川を堰き止めて天然ダムを形成したため，一大湖水が出現した。 ・この地すべりによる直接の被害は約 3 反歩の麦田が埋没した程度で人畜の被害はなかった。しかし，天然ダムの形成により流水は全く途絶し，さらに湛水量が増加したため，十谷地区の田畑は湖底に沈んだ。
明治 34 年（1901）7 月 1 日の一部決壊（260 日後）	・連日の大雨により大柳川は増水し，7 月 1 日午前 7 時に越流が始まり流水が天然ダム上に設置された延長約 140m の箱樋から溢れ，天然ダムは徐々に決壊し下流側に土砂が流出した。そのため，直下流側に築造したばかりの咽谷石堰堤 (a) を埋没させ，さらに下流側の不動滝石堰堤 (b) も流失した（図 2.53 参照）。 ・農作業中の 3 名が押し流され 1 名が行方不明となった。氾濫流は下流域両岸の堤防を破堤させ，田畑を荒らした。さらに氾濫流は富士川の流れを阻害したため，鰍沢付近の数村は若干の浸水被害を受けた。 ・天然ダムの水位は約 8m 低下したが，水深を約 34m 残し，次第に決壊した。崩壊土量は約 18 万 m3 と予想した。	
明治 39 年（1906）7 月 16 日の完全決壊（1840 日後）	・13 日から降り続いた雨により，16 日午後，柳川小学校が流失し，また大柳川に架かる橋もことごとく流失した（天然ダムの決壊はこの時と推定されている）。	

表 2.11 明治 29 年（1896）9 月～明治 34 年（1901）7 月までの大柳川の災害対応（堀内ほか 2008）

日 時	災 害 対 応
明治 29 年（1896）9 月 22 日	①五開村から山梨県庁へ陳情した。 ②山梨県庁から内務省への専門家の派遣を要請した。 ③専門家による現地視察（9 月 22 日以降）
明治 33 年（1900）12 月 3 日	①五開村から警察署へ通報した。 ②郡吏警官と第三工区土木主任が現地調査を実施した。 ③第三工区土木主任と郡吏警官が山梨県庁（知事，課長）へ報告した。 ④山梨県庁より第三工区土木主任と第二課長が急遽現地視察へ出張した。
12 月 7 日	①第二課長が県会で大柳川の現地視察結果を報告（天然ダムの規模，被害状況，湛水量の予測，応急対策等）した。 ②知事が内務大臣に監督署技師派遣の要請した。 ③五開村が知事に陳情書及び罹災見込調査書を提出した。
12 月 9 日	①県会代表者 4 人と第三工区土木主任の他，新聞記者数名を一行とした総勢 30 数名の現地視察団が，五開村で発生した地すべりによる被害状況と天然ダムの形成状況を視察した。②南巨摩郡長が村民に対して演説を実施（演説内容：天然ダムの規模と満水するまでの期間予測，決壊した場合に想定される大柳川下流の氾濫や富士川本川へ及ぼす影響の説明，小学校及び役場の高台への移転の助言，天然ダムの越流決壊に対する緊急対策の説明等）した。
12 月 10 日	①五開村で発生した地すべりに対する応急対策を県会で決定（地すべりの下流側に石堰堤 2 基を設置）した。
12 月 11 日	①富士川排水口の義，上申書を提出（甕之瀬の開削，大柳川放水路の計画が持ち上がる）した。
12 月 13～15 日	①現地視察に同行した新聞記者が執筆した崩壊地視察録が新聞記事へ， ②五開村の天然ダム形成や被害の状況 等を県民に報道した。
12 月 14 日	①県会で五開村地すべりの応急対策費用として，石堰堤 1 基分しか予算を確保できないとして議論した。
12 月 18 日	①現地では緊急対策として排水仮樋工事（箱樋）に着工し，村民が毎日夜中まで作業し 27 日に箱樋に通水した。
明治 34 年（1901）6 月 30 日～7 月 2 日	①内務省神保博士の現地視察報告（五開村の被災状況等）が新聞記事として，掲載（6 月 30 日～7 月 2 日）された。
7 月 4 日	①1 日午前 7 時に五開村の天然ダム決壊を報道（人的被害，箱樋の流失や石堰堤の破損・流失等の被害状況）した。

写真 2.42　排水假樋工事（箱桶）の設置状況と拡大写真（1900 年 2 月 27 日通水）（山梨県砂防課蔵）

写真 2.43　切コツ地すべり地付近の大柳川本川に施工された砂防えん堤（山梨県砂防課蔵）
左は大正 4 年度砂防第四号堰堤工事、右は大正 5,6 年度砂防工事

分布している。十谷集落の載る地すべり地は、平成元年（1989）頃から大規模な地すべり変状が集落の各地で発生した。

このため、山梨県では西谷地区災害関連緊急地すべり対策事業を申請し、平成元～3 年（1989～1991）に災害関連緊急地すべり業を実施し、現在は対策工事が完了したため、ほぼ安定している（地すべり学会実行委員会 1991）。

図 2.53 に示したように、この地区は数千年前に大きな地すべり変動を起こし、大柳川を河道閉塞し、天然ダムを形成した可能性がある。

3）　明治時代に大柳川流域で発生した天然ダムによる被災状況と災害対応

当時の新聞記事から整理して、明治 29 年 9 月及び明治 33 年 12 月に発生した地すべりの被災状況を表 2.10 に示す。また、地すべりに対する災害対応を表 2.11 に示す。その後、明治 34 年から地すべりが発生した切コツ地先において、山梨県施行による山腹工を主体とした砂防事業が実施された。しかし、明治 40 年（1907）、明治 43 年（1910）に大きな土砂災害が発生したため、大柳川中流域で明治 43 年度～大正 10 年（1921）に、山梨県による補助砂防工事が再開された。また、大柳川下流域で昭和 7 年（1932）～昭和 15 年（1935）に内務省による直轄砂防工事が実施された。

4) 現在の天然ダム対応との比較検討

明治29年9月に地すべり発生直後、五開村から山梨県に対して被災状況報告が提出され、その報告により山梨県から内務省に専門家の派遣を要請している。また、明治33年12月の地すべり発生時には、土木技術者とマスコミ（新聞社）が現地視察を行った。視察報告は、県議会へ報告され、災害復旧予算が確保され、砂防堰堤などの築造工事が実施された。また、被害状況は詳細な新聞記事となって、県民に公表されている。天然ダムの決壊対策としては、満水になる時期を予測し、被害範囲を想定するとともに、越流対策として箱樋を設置し、排水対策が実施された。しかしながら、天然ダムは260日後の明治34年（1901）7月1日に、一部が決壊した。5年後（1840日後）の明治39年（1906）7月26日に、天然ダムは完全に決壊した。

1.3項で説明した新潟県中越地震による芋川・東竹沢地区の事例と比較すると色々なことが判る。明治39年（1906）7月26日の大柳川の決壊は、事前に下流住民に事前に伝達されたため、避難することができ、大きな被害は発生しなかった。大柳川の天然ダムは結果として、排水対策工を施工したにも関わらず、越流決壊に至ったが、天然ダムに対する災害対応の考え方は、現在の災害対応と通ずる部分が多く、当時の関係者の見識の高さに感心させられる。

2.11 姫川左支・浦川の稗田山崩れ（1911）と天然ダムの形成・決壊

1) 真那板山の大崩壊と天然ダム

2.4項でも述べたように、フォッサマグナ西縁（糸魚川一静岡構造線）に位置する姫川流域は、多くの天然ダムが形成され、また決壊した地域である。

図2.54は、田畑（2002）ほか『天然ダムと災害』の2.1姫川・真那板山の項で説明した姫川流域の地形分類図（真那板山、稗田山などの天然ダム）である。本図は井上が（社）地盤工学会の蒲原沢災害（1996）土石流調査団の団員として現地を訪れ、空中写真判読を行って作成した地形分類図で、真那板山（1502）と稗田山崩れ（1911）の天然ダムによって形成された湛水域も示している。

姫川に面した真那板山の西斜面は、1123mの標高点を頂点とする南西向きの急斜面である。対岸には直角三角形の台地状の高まり（葛葉峠）が存在する。この高まりの急崖部は、珪質砂岩の岩塊が露出しており、全体が複雑に砕かれた乱雑な堆積物であることがわかる。従って、この堆積物は真那板山西側の急斜面から一挙にすべり落ちたものと判断される。この崩壊地の規模は、幅1200m、奥行き1200m、落差820mで、5000万 m^3 の巨大な移動岩塊が姫川を遮るように現存する。古谷（1997）は、越佐史料をもとに、この大規模崩壊は文亀元年十二月十日（1502年1月28日）の越後南西部地震（M6.5、宇佐美2003）によって発生し、崩壊岩塊は姫川を河道閉塞して、大規模な天然ダム（表1.3のNo.5-1）が形成されたと推定した。天然ダムの最高水位を崩壊岩塊の堆積面標高と同じ450mとすれば、湛水位140m、最大の湛水量は1.2億 m^3 となる。上流部の来馬河原は、後述する稗田山の大崩壊（1911）による大量の土砂流出によって、河床が20～30m上昇しているので、実際の湛水量はもっと多いであろう。

閉塞地点の直上流左岸には蒲原沢が流入しており、姫川との合流点付近は昭和初期まで湿地状であった（蒲原温泉が存在していた）。合流点付近の蒲原沢には湖成堆積物の露頭があり、湖成堆積物最上部の粘土層には多くの木片が含まれていた。この木片の ^{14}C 年代測定から510±90年B.P.（GaK-18963）という値が得られている（小疇・石井 1996、98）。

信濃教育会北安曇部会（1930）によれば、来馬の常法寺は当時上寺と呼ばれていたが、この寺の直下まで水が上がってきたという。下寺の集落にはかつて常誓寺があったが、その後の洪水によって2回流失し（年代は不明）、2回移転して、現在は糸魚川市内に移っている。この寺の檀家は現在でも来馬と下寺に残っており、寺と地域住民との交流は現在でも続いている。

下寺の対岸の深原に塔の峰という場所があるが、葛葉峠ができた時に常誓寺の五重の塔の一部が湛水

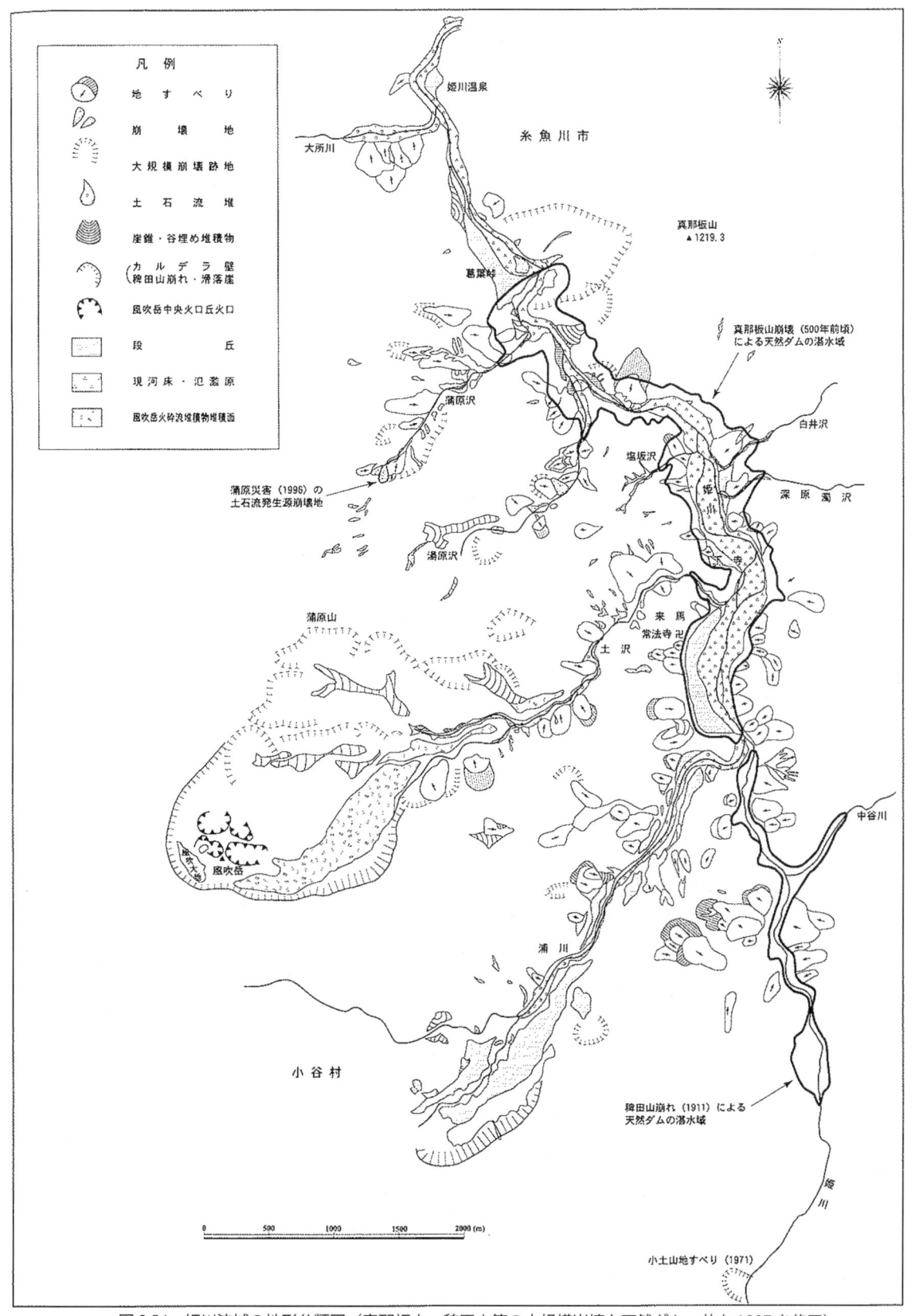

第2章　2002年以後に判明した主な天然ダム災害　　89

図 2.54　姫川流域の地形分類図（真那板山、稗田山等の大規模崩壊と天然ダム、井上 1997 を修正）

写真 2.44　対策工実施前の真那板山の巨大な崩落岩塊
（旧国道 148 号国境橋、1997 年 10 月、井上撮影）

写真 2.45　対策工実施後の真那板山の巨大な崩落岩塊
（旧国道 148 号国境橋、2011 年 6 月、森撮影）

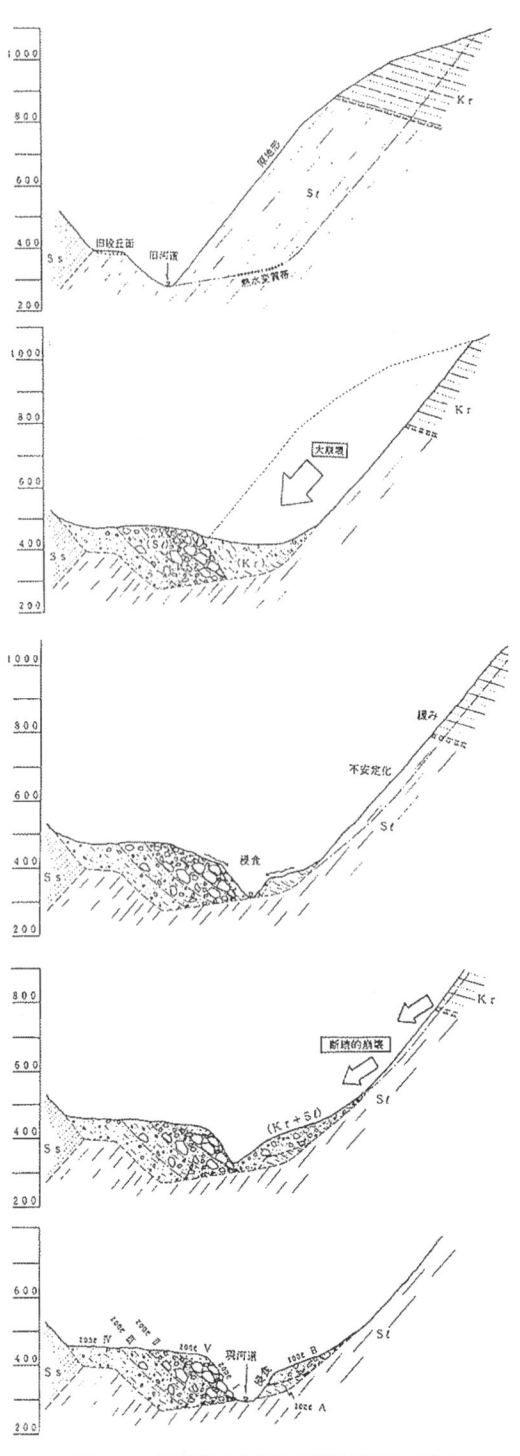

図 2.55　真那板山崩壊と葛葉峠斜面の形成
（建設省松本砂防工事事務所 1999）

の上を流されて来て止まった所だと伝えられている。葛葉峠の下には、『あいの町』という村があったが、真那板山の崩落時に地中に埋没してしまったという。小疇・石井（1998）によれば、蒲原沢の湖成層の堆積状況（写真 2.44 の左下・蒲原沢の露頭、現在は見えない）から判断して、この天然ダムは数十年続いたと推定されるが、それを裏付ける記録は見つかっていない。戦国時代であったためかと思われる。

　姫川はこの地点で大きく右側に蛇行し、狭窄部となって流下している。現在でも右岸側の崩壊斜面や移動岩塊からの小崩落・落石が激しく、大規模な崩壊が発生した場合には、再び姫川の河道を閉塞する危険性がある（図 2.55 参照）。

　このため、松本砂防事務所は、移動岩塊の安定性を図るため、崩壊面の整形切土と法面保護工が実施されている。写真 2.44 は、対策工実施前の真那板山の巨大な崩落岩塊（旧国道 148 号・国界橋、

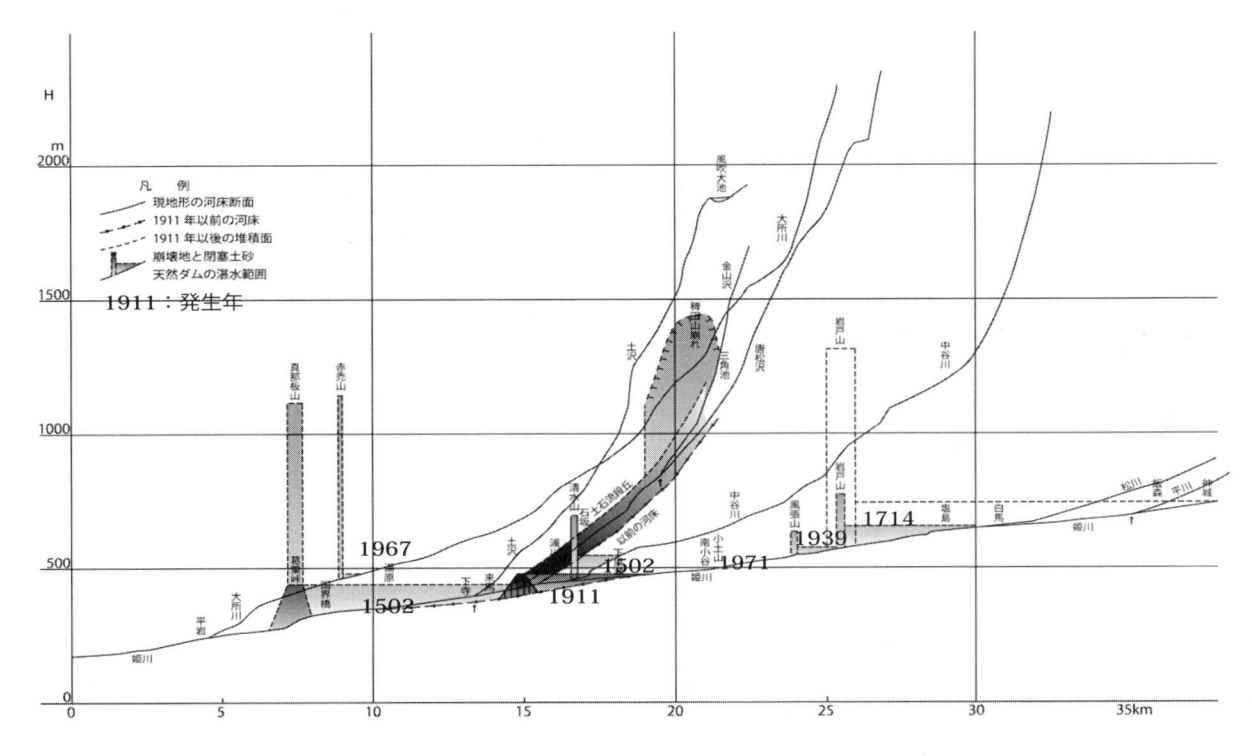

図 2.56 姫川と支流の河床縦断面図と天然ダム（井上原図、稗田山崩れ100年実行委員会 2011）

1997年、井上撮影）で、写真 2.45 は、対策工がほぼ完成した現在の状況（同上、2011 年 6 月、森撮影）を示している。

2) 姫川流域の天然ダム

図 2.56 は、姫川と支流の河床縦断面図で、主な天然ダムの位置を示している。フォッサマグナ西縁の糸魚川静岡構造線に位置しているため、姫川流域は日本でも天然ダムの発生頻度が最も高い地区である。例えば前項で説明したように、真那板山の天然ダム（表 1.3 の No.5-1）は、1502 年の越後南西部地震により発生した。姫川右支・中谷川の清水山（同、No.5-2）も同じ時期に形成された天然ダムである。稗田山の天然ダムは（同、No.34-1）、次項で説明する。

風張山（同、No.41-1）は、1939 年 4 月 21 日に発生した天然ダムで、湛水位23m、160 万 m³も湛水し、大糸線と県道（現国道 148 号）は水没した（尾沢ほか、1975）。岩戸山（同、No.13-1）については、2.4 項を参照されたい。小土山地すべり（同、No.49-1）は、1971 年 7 月 16 日に発生し、小規模な天然ダムを形成した。このため、国道148号や人家12戸が床上浸水の被害を受けた（望月、1971）。姫川左支・大所川の赤禿山（同、No.48-1）は、1967 年 5 月 4 日 0 時から 5 日早朝にかけて 3 回の崩壊が発生し、10 万 m³ の土砂が流出した。このため、高さ 15m、湛水量 20 万 m3 の天然ダムを形成した。その後 800 日後にこの天然ダムは決壊した（建設省土木研究所新潟試験所 1992）。

姫川の源流部の北側には、青木湖（面積 1.86km²、最大水深58m、湛水量5800 万 m³）が存在する。この湖は、2 万数千年前に西側の山体が大崩壊を起こし、姫川源流部を堰止められて形成されたものである。

また、姫川流域は平成 7 年（1995）7 月 11 日から 12 日にかけて、梅雨前線豪雨が新潟県西部から長野県西部を襲い、地すべり・崩壊・土石流等に

写真 2.46　浦川上流稗田山崩れの斜め航空写真
（防災科学技術研究所、井口隆氏撮影）

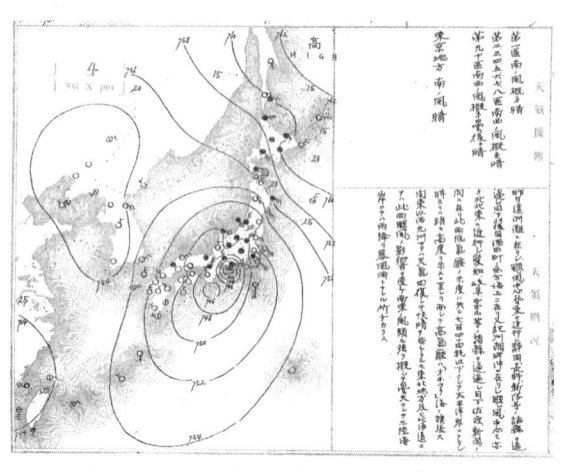

図 2.57　天気図（1911 年 8 月 4 日午後 10 時）
（経済安定本部資源調査会事務局 1949）

よる土砂災害が多数発生した（小谷村梅雨前線豪雨災害記録編集委員会 1997）。

3）　稗田山崩れ（1911）と天然ダムの形成

　明治 44 年（1911）8 月 8 日 3 時頃に発生した「稗田山崩れ」（稗田山の大崩壊）は、土石流（岩屑なだれ）となって姫川の左支川・浦川を流下し、姫川との合流点に天然ダム（長瀬湖と呼ばれた）を形成した。浦川下流では 100m 程度の土砂埋積があり、右岸側段丘面に存在した石坂集落の 3 戸は埋没し、死者・行方不明は 23 名にも達した（姫川本川の池原下の 1 戸を含む）。流下土砂の一部は浦川下流部の松ヶ峯と呼ばれる小尾根部を乗り越え、来馬河原に流入した。

　本年（2011）は、稗田山崩れ 100 周年にあたるため、稗田山崩れ 100 年実行委員会（2011）では、8 月 8 日に長野県小谷村の小谷小学校で、「稗田山崩れ 100 年シンポジウム」（参加者 500 名弱）を開催した。翌 9 日には、浦川流域から姫川上流の下里瀬（湛水域）、下流の来馬地域を巡る現場見学会（参加者 160 名）を開催した。

　稗田山崩れは、明治末年の大規模土砂災害であるため、非常に多くの資料や写真、新聞記事が残されており、横山（1912）や町田（1964、67）で詳しい調査が実施されている。写真 2.46 は、稗田山崩れを撮影した斜め航空写真（防災科学技術研究所・井口隆氏撮影）である。図 2.57 は、気象庁の図書館で、当時の天気図（1911 年 8 月 4 日午後 10 時、経済安定本部資源調査会事務局 1949）を収集したものである。表 2.11 は、信濃毎日新聞などを国会図書館で閲覧し、稗田山崩れの経緯をまとめたものである。図 2.58 は、長野県北安曇郡南小谷村浦川奥崩壊地付近地質図（横山、1912）を示している。図 2.59 は、稗田山崩れによる地形変化（町田 1964、67 をもとに作成）を示している。

①　当時の天気図

　図 2.57 によれば、1911 年 8 月 4 日午後 10 時には台風が浜松付近に上陸する寸前であった。その後、台風は中部地方を縦断し、8 月 5 日午前 6 時には日本海の佐渡島沖に達している。この台風によって、天竜川流域から諏訪盆地、松本盆地、長野盆地でも大きな水害が発生し、中央本線なども各地で寸断された。気象庁松本雨量観測所の 8 月 4 日の日雨量は 155.9mm にも達した。この雨量は松本における日雨量としては、1/50 〜 1/100 年確率雨量にも達する雨量である。稗田山崩れ付近には雨量観測点はないのではっきりしないが、8 月 4 日前後にかなりの雨量があったことは間違いないであろう。しかし、稗田山崩れが発生した 8 月 8 日 3 時頃は天気が良く、13 夜の祭りがあり、浦川付近の住民は熟睡中だったと言われている（松本 1949）。

②　新聞記事などの整理

表 2.12 信濃毎日新聞などによる稗田山崩れの経緯

年・月・日・時	土砂移動・被災状況	掲載月・日・面
1734年10月 (亨保十九年)	浦川上流金山沢の崩壊・土砂流出。来馬諏訪神社境内一部流出，神社山の手へ移転。人家5戸流出，その他，田畑等が埋没・流出した。「浦川の鉄砲」と言い伝えられている。	(松本宗順，1949) 来馬変遷三十八年史
1841年5月28日 天保十二年四月八日	夜八ツ時（2時頃），浦川入りから浦川下・長瀬へ押し出し，河道閉塞した。十四日（6日後）から湛水は引き始めた。	小谷村。横沢家文書
1911年より数年前	数年前より山上に大亀裂を生じ，爾来数々火山鳴動を発し，山の付近は数10回の地震あり。	8月12日5面
1910年10-12月	大鳴動，3ヶ月の間，浦川付近に怪しい大鳴動・震動があり，大砲を連射するように引き続き，数時間・数日を隔てて起きた。石坂で子が囲炉裏に陥らないように固く抱いて守った。	横山又二郎（1912）
1911年8月8日1時 8月8日3時	石坂で偉大の山鳴を聞きたり。 凄じきゴトゴトといふ強風が起こるとまもなく，山の如き土砂は猛烈なる急速力を以て迸り出し，第一に浦川の上流赤抜山の絶壁に衝突し，浦川の沿岸石原の人家寺院を甜め尽し，松ヶ峯と称する高さ100mの山を乗り越え，姫川を堰留めた。押出したる土砂中に焼石及び灰の如き土砂を見る。火山的爆発作用が遂に此の惨状を演じたるか。	8月12日5面（10日9時南小谷特電）
8月8日2～3時 （最初の大崩壊）	23名惨死す，南小谷村の山崩れ，石坂區の傾斜地100haは数日前の豪雨に地盤緩み押出し，姫川を堰き止めた。	8月9日5面（8日午前大町電話）
8月8日夕方	大浦郡長の話　8日夕景まで現場にありて指揮をなし，9日郡市長会の召集に応じて，現場見取り図を持ち長野市に来た。8日午後は池原下(3km)付近まで逆流溢れ上がり，10日午前は下里瀬（6km）部落まで溢流した。	8月11日2面
8月9日午前	湛水1里（4km）以上，疏水の見込みなし。南小谷山崩れの続報　山崩れ惨状を極む。現場情報。	8月10日2面（9日大町電話）
8月9日16時（37時間後）	本縣へ着電①　16時に南小谷村役場に着き，石坂で山崩れの押出し，1里半（6km）を確認した。	8月11日2面（9日北城分署属発）
8月9日17時?	本縣へ着電②　北安曇郡役所より下里瀬部落は浸水家屋40戸に及ぶ。	8月11日2面（9日北安曇郡役所発）
8月10日9時（54時間後）	前代未聞の大山抜け　姫川湛水1里余（4km）　上流下流大恐慌　大惨状の実況	8月11日2面（10日9時南小谷特電）
8月10日10時（55時間後）	決壊の模様あり，逆流下(里)瀬の人家40戸を浸さんとす。	8月11日2面
8月10日10時	小谷山中の大惨状，遂に流失を恐れ，建物を壊す。 下里瀬の人家40戸は家財道具を取り片付け，避難準備を開始した。	8月13日5面（小谷特電穂刈松東）
8月10日18時（63時間後）	水勢は漸次進行して6km上流の下里瀬部落に達し，浸水家屋20余戸に及び，住民は避難を開始した。 既に浸水家屋20余戸に及び，住民は避難を開始した。	8月12日5面
8月10日19時（64時間後）	警察署長の指揮で数100名の人夫と北城村消防組消防夫134名にて，徹夜掘削工事に着手した。	8月12日5面（11日午後電話）
8月11日8時（77時間後）	僅かに水の流出を見るも，到底尽力の及ぶ所でない。自然決壊を待つ他なし（長瀬湖決壊始まる）。	8月12日5面（11日午後電話）
8月11日19時半(88.5時間後)	姫川の逆流昨18時下里瀬部落全部に浸水し，19時半頃より減水の傾きあり。	8月13日5面（12日6時松東特電）
8月11日19時（88時間後）	姫川潴水の堰留場所は凄まじき勢いで30m決壊し濁流混々として，来馬を襲い押し流した。村民は鐘・太鼓・鉄砲を発ち下流に報じた。	8月13日5面（12日7時松東特電）
8月12日6時（99時間後）	6m余の減水を見たり，堰留場所は大きく変化したろうか。余は直ちに現場視察に赴くべし。	8月13日5面（12日6時松東特電）
8月12日8時（101時間後）	堰留場所は昨夜より倍す猛烈に決潰し，今尚刻々に決潰し，水路を横に拡大しつつあり。 今夜までに大半は減水するであろう。	8月13日5面（12日8時松東特電）
8月12日8時半(101.5時間後)	姫川沿岸なる4部落（下平・穴谷・嶋・李平）の民家数10戸浸水した。	8月13日5面（12日8時半松東特電）
8月12日8時50分（101.8時間後）	糸魚川方面の状況判明せざるも，予想ほどの被害はないであろう。然れども家屋田畑の浸水は免れない。	8月13日5面（12日8時50分特電）
8月12日9時半(102.5時間後)	下里瀬全く減水，住民秩序回復に着手せり。死体捜索隊は男の足1本発見した（何者か不明）。	8月13日5面（12日9時半特電）
8月12日11時（104時間後）	減水は池原下に及ぶ。下里瀬の浸水家屋は減水のため押潰され，或は山腹に打上げられ，滅茶滅茶の惨状言語に絶せり。	8月13日5面（12日11時特電）
8月12日16時8分（109.1時間後）	濁流に包囲された来馬の役場・学校・駐在所・民家14戸は流失を恐れて，今取り壊しに着手せり。田畑の流失50haに及ぶ。	8月13日5面（12日16時8分特電）
1912年（明治45年） 4月26日23時 （第2回目の崩壊）	稗田山は又々大崩を為して押し出したり。押し出しは浦川を塞ぎ，松ヶ峯と云う可なり高き山を乗り越え，来馬まで達した（6km）。南小谷村石坂で細野照一方，土砂崩れのために半潰れとなり，観音堂と来馬にて1戸全滅したが，死傷者はなき摸様なり。北安郡衙より吉田氏及び土木主幹等直ちに現場に出張した。	4月28日5面 27日午後電話

4月26日23時半	大音響を伴い，稗田山山腹の4箇所に大亀裂を生じ，一度に崩落した。その押出しは浦川に入り，松ヶ峯の尾根を乗り越え来馬まで及ぶ。石坂の5戸は砂中に埋没し，他の7戸は危険なため，家屋を取片付けつつあり。石坂部落は全滅した。来馬の2戸は土砂中に埋没した。1戸は半潰，3戸は浸水中。来馬郵便局を始め8戸は家財を取片付け，高き地に避難した。浦川は目下雪解けのため稗田山の崩壊土砂を含んで出水は満水となった。姫川の来馬河原は松ヶ峯より押出した土砂流で泥の海と変じた。下里瀬－来馬間の県道（糸魚川街道）は危険の為，通行杜絶した。稗田山は各所に亀裂を生じ，時々大音響をなして崩落しつつあり。警察役員等は救護のため，奔走中なり。	4月30日5面
5月1日頃	工事の見込付かず。実地調査をした平野本県技手の話によれば，昨年崩壊した前面が雪解けによって多量の水を含み押出した。このため，姫川の川床は1.8mも上昇した。泥土流失箇所の復旧工事の見込み立たない。今後の成行を見る。	5月2日5面
5月4日（第3回目の崩壊）	稗田山が3回目の崩壊をした。姫川まで土砂が流出したが，家屋・人的被害はほとんどない。	新聞に記載なし（松本宗順，1949）
5月18～19日	横山又次郎博士，稗田山崩壊地現地調査をする。	5月23日2面～
5月21日午後 5月22日午前	長野高等女学校で，「万国地理学会の欧米視察報告」をした。①～④ 横山博士裾花川上流の芋井村貉路山を県関係者と現地調査した。	26日2面 5月24日2面
5月22日午後 5月23日帰京	犀川南の小松原附近の地震崩壊地の調査を実施したが不結果。 横山博士東京に列車で帰る。	
5月25日 6月初旬	横山博士東京から本県土木課へ参考書類の送付を依頼した。 試料の地質試験に10日を要するので，結果報告は6月10日頃送る。 地学雑誌284号に，「長野県下南小谷村山崩視察報告」を投稿した。	5月26日2面 新聞に記載なし
7月11～22日	梅雨末期に稀に見る豪雨が続いた。	（松本宗順，1949）
7月22日6時（長瀬湖の湛水）（第4回目の崩壊）	南小谷村下里瀬松の澤氾濫し，附近の無石山崩壊し，麓の田に居た同村北澤定治埋没し，屍体は不明である。氾濫の餘勢は，下里瀬部落の民家34戸に浸水せり。	7月24日3面（松本宗順，1949）
7月22日（長瀬湖の決壊）	稗田山は22日崩壊の音響聞こえ，土砂浦川筋へ押出すも，濃霧のため状況は不明である。	7月25日5面
7月23日9時	各川減水し始める。風聞によれば，中土村小学校生徒1名，中谷川へ転落した。取り調べ中。	7月24日3面
7月23日	土木工區工夫危険を冒して実地調査をした。姫川を湛水させた土砂は今回の降雨にて，排水口拡大し，川流れ状態は変った。このため，沿岸の家屋・人畜に損害を与え，家屋流失来馬3戸，土砂移動・被災状況は杏同1戸，半壊9戸，浸水13戸，死者男2人，女1人が埋没死した。来馬湯原間の県道6km通行不能，浸水家屋40戸，全潰れ1戸となった。	7月25日5面
7月24日	長野県では，同所の復旧工事について測量を行ったが，この工事に連続した下方部も破壊されたため，すぐには工事再開できない。目下善後策に付き，種々協議中である。	7月25日2面

表2.12によれば、享保十九年(1734)や天保十二年(1841)にも、浦川では大規模な土砂流出があり、姫川を河道閉塞した。また、1911年の2年程前から、浦川中流の石坂集落では、上流の稗田山付近から大きな崩落音や震動を受けており、不安がっていた。特に1910年の秋頃から震動は激しくなったようである。

表2.12に示したように、信濃毎日新聞社は穂刈松東記者を派遣し、8月9日～13日の新聞に詳細な記事を掲載している。8月9日5面に、

「8月8日午前3時頃南小谷村の山崩れで、22名惨死した。石坂區の傾斜地100haは数日前の豪雨に地盤緩み押出し、姫川を堰きとめた。」

と記している。8月11日2面に、「8日夕景まで現場で指揮をなしていた大浦北安曇郡長は、9日長野市で開催された郡市長会議に現場見取り図を持参し、大規模土砂移動の状況を説明した。」

と記している。8月12日5面に、

「稗田山は数年前より山鳴りや地震があり、石坂區の住民は不安がっていた。10日18時には濁水は1里半(6km)上流の下里瀬部落まで順次湛水していった。10日19時より数百人の人夫と消防夫にて徹夜の掘削工事を行い、11日8時に僅かに水の流出を見たが、到底人力の及ぶ慮にあらず、自然決壊を待つ外なしと」

と記している。8月13日5面に、

「11日18時下里瀬部落は全部浸水し、19時半(88.5時間後)から減水し始めた。その頃姫川の堰留場所は凄じき勢いで17間(30m)決壊し、北小谷字来馬を襲い、小学校・郵便局・役場・駐在所、その他民家13戸を押し流した。村民総出で、鐘・太鼓・鉄砲を発ち、下流に連絡するとともに、水防活動を行った。」

と記されている。

③ 横山（1912）論文の概要

　長野県の要請を受けて、東京大学教授の横山又次郎は1912年の5月18、19日に現地調査を行った。彼は現地調査や聞き込み調査の結果をもとに、論文にまとめ6月に長野県庁に提出するとともに、地学雑誌に投稿している。その論文の中に図2.58が示されているが、当時入手できた「浦川口を姫川に沿って通過している県道の実測図」と「浦川筋の村図」を基図として、地形変化状況を書き込んでいる。

　なお、横山（1912）では稗田山崩れの発生日を地元からの聞き込みから8月9日3時とし、町田（1964、67）もこの日時を採用している。しかし、地元の松本（1949）や招魂碑の日時は8月8日となっていた。そこで②で説明した新聞記事を詳しく読み、関係者の行動から発生日は8月8日であることが判明した。このため、100年シンポジウムの開催日を8月8日とした。以下、横山（1912）の一部を引用する。

1 山地崩壊地の位置

　……崩壊したる山は今は多く絶壁を呈して浦川口より約30町（3km）、石坂の部落より約半里（2km）の個所に始まり、初めは多少直線に走るも、進むに随ひ大小の2曲線を書いて終り、全長約1里（4km）に及べり。而して此の山は赤倉山の前山とも云うべく、其の最高峯サトンボは今は僅かに其の半を存して、現在の谷底より少なくも直立500mの高さを示せり。

　崩壊の箇所は各回多少之を異にせり。村民の談によれば、初度即ち昨年8月9日（実際は1911年8月8日）に崩壊したる個所は主としてサトンボ及び是より以東の山にして、再度即ち本年（1912）4月26日に崩壊したるはサトンボ以西なり。又同5月4日に崩壊したるは初度崩壊の絶壁の東端なりきと。然れども各回の崩壊の界に至ては、今之を明らかにすること難し。尚又初度の崩壊に全滅したりと云ふ稗田山に至ては、今は其の痕跡だも止めざるを以て、明に其の位置を知る能はずと雖も、村民の言に依て判断を下せば、蓋しサトンボと金山沢との間に位したるものの如し。

2 浦川谿の変形

　浦川はもと山間の一渓流に過ぎずして、其の幅姫川に落つる所に於て僅かに9間（16m）なりしを以て、上流に至ては、漸次其の幅を減じたるは勿論にして、偶特に廣き處あるも、18間（32m）を出でず。且其の谿谷の形は深山に普通のV形なりしと雖も、今は全く其の形を変じて、廣幅のU形となり、狭き所に於ても250間（450m）を下らずして、崩壊地の廣き所に至れば、幅14〜15町（1400〜1500m）に及べり。又旧浦川は幾多の小屈曲を為して流れたれば、即ち谷も之に随つて屈曲し、其の口より金山澤の水源地までは、少なくも2里半（10km）の道程ありしも、現在の谷は殆ど一直線に走りて、其の長さ約1里半（6km）あり。

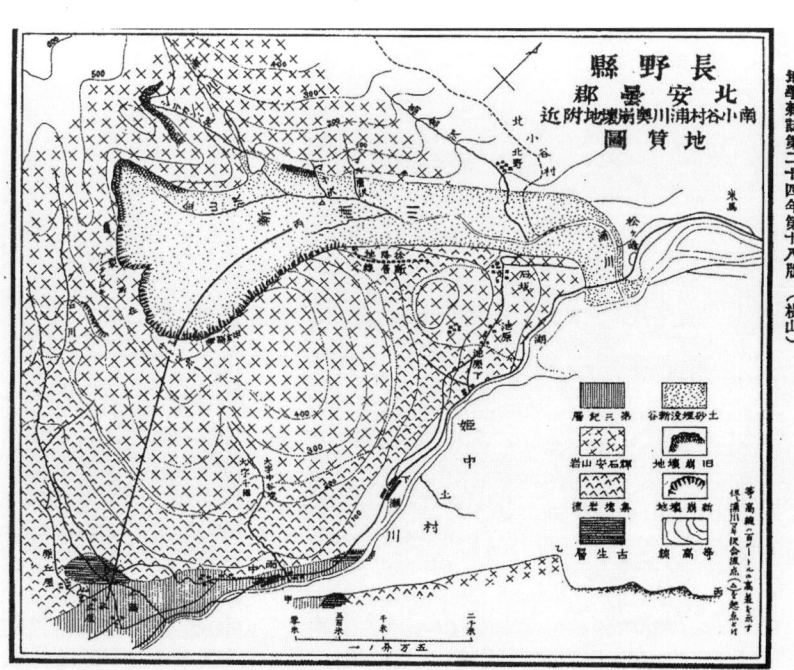

図2.58　長野県北安曇郡南小谷村浦川奥崩壊地付近地質図（横山1912）

崩壊せる土砂の浦川谿を埋めたる深さは、之を精知すること難しと雖も、種々の状況より推測するに、100間乃至200間（180〜360m）なるが如し。石坂の西南最後の崩壊地に接したる山腹に就て之を観るに、旧谷底より147間（265m）の上に在りしと云ふ一大木は、今は谷底を距ること僅かに数間に過ぎず。又浦川は其の口附近に至て急に東に湾曲するものなるが、之を北側より界する一小山あり。松ヶ峯と称して、其の一部鞍状をなせる個所は浦川湾曲部の凸角に当れり。而して此の鞍状部は旧浦川底より約600尺（180m）の上に位したる所なりと云ふと雖も、現に其の上に50尺（15m）の土砂の堆積あるに拘らず、一般の新谷底より高きこと僅かに数10尺に過ざるなり。又石坂の民家所在地は旧谷底より約半里（2km）の道を登りて始めて達したりと云へば、即ち其の頗る高き山腹に在りたること推して知るべし。然るに初度の崩壊にて其の4戸を失ひ、再度の崩壊にて其の14戸を失ひ、面して現在残存の4戸も新谷底を距ること甚だ近きを以て、危険区域に在りと認められて、住民は皆之を去るに至れり。

上陳の如き事実より観るときは、谿谷を埋めたる土砂の厚さの、前に掲げたる推測と大差なきことを知るを得べし。前述の松ヶ峯に堆積したる土砂は、村民の談に依れば、崩壊産物の浦川谿を押し出すに際して、山の凹角に衝突したる勢を以て、其の上に迸りたるものなりと、或は然らん。而して山上には初度のみならず、再度の時にも、多少其の打ち揚げられたるを見たりと。但し其の山を越えて姫川に墜ちたるものに至ては、其の分量比較的小かりしが如し。

新渓谷の形に至ては、大体U字状と称すべしと雖も、其底は決して平なるに非るなり。元来崩壊産物は乾きたる儘墜ち来りて、水を混じたる泥流に非ざりしを以て、数多の小丘となりて、谷底一面を蔽へり。其の高さに至ては、上流に遡るに随つて愈大にして、且其の面に凹凸多く、剰へ其の間に稜石を挟めるを以て、その上を歩行すること、頗る困難なり。谷底を流るる渓流も、今は漸く土砂を浸食し、下流に至ては、両岸険しき谷を穿つに至れり。例えば松ヶ峯下に於けるが如し。

<u>3 河水の停滞</u>

初度の崩壊に依りて浦川本流を、其の金谷沢との合流点以上に堰き止めたる土砂は、今尚存する三角

写真2.47　松ヶ峯から浦川の土砂堆積・稗田山崩れを望む（小谷村役場蔵）

写真2.48　姫川合流点から浦川上流・稗田山崩れの斜め航空写真（防災科学技術研究所、井口隆氏撮影）

形の小池を生ずるに止まりて、何等の害を為さざりしと雖も、姫川に押し出したる土砂は、高さ約50間（90m）に堆積したるを以て、其の結果、上流の水停滞して、大湖を為すに至れり。而して其の水漸く増加して、道路橋梁は勿論、15町（1500m）上流の池原下の民家をも没し、尚進んで更に18町（1800m）の上流に存る下里瀬の民家をも、床上まで浸すに至れり。是に於て、村民は大に驚き、此の上之れを放棄し置かば、如何なる椿事を惹き起すやも知るべからずと、終に意を決して堆積土砂中水路を開き、以て水を下流に落すこととせり。然れども一旦水路を開けば、水勢に依て、水路以外の土砂も崩壊して、下流の沿岸に大洪水を生ずるの虞あれば、即ち是に先ちて、来馬に於ては、破損家屋附近の家、総て22戸は、之を解きて他に移し、又下流の諸村へは、水路切開に際しては、銃声烽火等便宜の相図法に依て、之を警戒することとし、愈切開を決行したるに、幸にして水勢意外に弱く、為に大害を醸すに至らざりしと雖も、尚来馬に於ては、前に家屋を解き去りたる跡の約50町歩（50ha）の平坦地は、濁流に洗はれて、忽ち一面の河原と化し了れり。然れども切開は直に其功を奏して、一時30町間（3km）に連なりたる大湖も、漸次其の水量を減じて、今は其の半に収縮せり。但し道路橋梁等は、今猶水面下に在るを以て、遂に渡船の便に依て交通を全せり。

<u>4 音響及び其の他の現象</u>

山崩れの音響は、山の崩壊と、之に次ぐ崩壊産物の運動とに由るものにして、之を明確に形容すること難かるべしと雖も、予が村民数名に就て聞きたる所に依れば、汽車の隧道内を走る音に最も能く似たるが如し。予が浦川底視察中にもサトンボ山の側に一小崩壊あり。而して砂塵濛々の裡に、轟音起こりて、その聲又汽車の近く軋るに酷似せり。音響の長さは、再度の崩壊に際しては、数分間に及びたるが如し。当時雨中の村民中に晩食中なりし者あり。而して其の談に、音響は轟々として長く続き、全く食事を終るまで止まざりしと云えり。

崩壊物の運動速力に至ては実に驚くべきものあり。便ち再度の崩壊に際して、纔に身を以て免れたる石坂住民の談に、「帯一筋しむるひまなかりき」と云へり。又同じ崩壊の際に、来馬にて全潰の難に遭へる家の者の談に、異様の音響を聞くと同時に、家を駆け出し、数間を行きて、後方を顧みたる時には、家は既に見えざりしと云へり。又村民中には、土砂は崩壊の箇所より浦川口まで、僅々5分時間ばかりにて押し出したるものならんと言える者あり。要するに、運動速力の極めて大なりしことは何人も疑はざる所なり。浦川附近にては、古来浦川の鉄砲と云へる語あり。是れ蓋し崩壊を云ふものにして、鉄砲とはその音響の銃声に似たりと云ふに非ずして、其の運動の銃丸の如く速なりと云ふに在り。

是に於て、吾人の稍之を奇とせざるを得ざる所以のものは、雨水を交へざる崩壊物が平均勾配10度に満たざる谷底を如何にして如上の大速力を以て運動したるかの一事なり。若し此の山崩が吾が邦普通の山崩れの如く、大雨に際して起こりたるものなりせば、復解す可らざるにも非ざれども、崩壊物は多量の水をまぜざる、大體固形の状態に在りたるものなり。是に因て、崩壊の惰力の極めて強大なりしを推知すべし。

土砂の谷底を運動したる時に當て、其の今の谷底より遙かに上を飛びたる事は、殺ぎ取られたる山腹面の高さ数10間に及ぶを以て之を知るべく、大木の高さ30～40間（54～72m）の上に於て、其の皮の剥脱せるに依ても、又之を知るべし。

土砂運動の状態は、3回目（1912年5月4日）の崩壊に際して、之を目撃したる者あり。其の言に、土砂は波を打ちて落ち来れりと。是れ蓋し当時既に谷底は前2回の崩壊に因て、数多の小丘的堆積（流れ山）に覆われたれば、即ち土砂は其の上を飛び越えながら運動したる由るなるべし。発火の現象に至ては、再度の崩壊に際して、浦川口対岸の住民中に、之を見たる者ありと。是れ蓋し事実ならん。

<u>5 旧崩壊と亀裂</u>

浦川谿の崩壊は、決して新奇の現象に非ず。今を去ること70～80年前（天保十二年四月八日、1841.5.28）、浦川本流の水源地に、大崩壊を生じたりとは、来馬の旧記（小谷村・横沢家文書）に之を載せたり。而して此の崩壊は、今回の崩壊地を距ること稍遠く、三角池附近に至るも、之を望むこと

能はずと雖も、旧崩壊の新崩壊に接するものも亦少からず。即ち金山澤の水源地も、一の旧崩壊地に外ならずして、其の上面には多少平に、局部によりては、凹形を呈して水を湛へたる所あり。又其の後方には断壁をなして、確かに山の墜ちたる跡あり。又三角池に流入するシラカンバ澤の水源地も、禿げて絶壁をなし、崩壊の跡たること顕然たり。又三角池直接の北の山腹も平に削れて、禿赭面を露せり。而して此等旧崩壊地の崩壊したる年に至ては、何人も之を知る者なし。然れども浦川附近の住民中、前に述べたる鉄砲なる語の存するものあるを以て観るときは、其の従来多少崩壊の難に遭ひたることあるは言わずして明らかなり。尚以上の旧崩壊の外、新崩壊地の背面クロ川の左岸にも一崩壊あり。而して其の観より推すときは、極めて新近のものなるが如し。

6 崩壊地の地質と崩壊産物の性質

浦川の支流金山澤一帯の地は、吾が国に甚だ多き輝石安山岩と称する火山岩より成れり。然れども其の露出極めて罕にして、其の大なるものは独り之を金山澤水源地の懸崖に見たるのみ。而して其の小なるものに至ても、僅かに数個をサトンボの絶壁に望みたるのみ。其の他に至ては、多く土砂を露し、崩壊せる山の上面の如きは、到る處厚き表土に蔽はれたり。抑吾が邦に於ける普通の崩壊は、多く軟弱の水成岩地に起りて、火山岩地の如き堅硬質の岩石より成れる地には、偶之を見ることあるも、其の度比較的小なり。是れ浦川に於ける大崩壊の、他と異なる一特性たり。又崩壊産物を閲するに、土砂其の大部を占めて、石塊は比較的少し。而も多くは小塊たるに過ぎず。予は浦川視察中、大塊とも称すべき径約1間半（2.7m）の石は、僅に1個を見たるのみ、是に因て大塊石の甚だ少きを知るべし。

以上の事実より観るときは、崩壊したる山は、多少相連続せる一大塊の堅岩より成らざるものの如し。而して之を風化に依て説明せんか、従来の経験に違ふものなり。蓋し風化は雨露空気の作用に由る岩石の分解なれば、則ち其の結果は主として山の表面に現るべきなり。固より風化も其の歩を進むれば、山の内部に侵入し、又内部には水の之を循環するものありて、前の風化を助くるものあり。然りと

写真2.49　浦川を流下堆積した流れ山
（小谷村役場蔵）

写真2.50　姫川対岸・外沢から松ヶ峯を望む
（小谷村役場蔵）

写真2.51　姫川対岸外沢から松ヶ峯・浦川を望む
（2011年6月森撮影）

雖も山体全部の風化し了りたる例は、予未だ之を聞きたることなし。是に於て、予は一説を提供せざるを得ず。即ち崩壊したる山は、少なくも其の一部分は、古き崩壊産物の堆積より成りたるにはあらざるかと、此の一部分とは即ち全滅したる稗田山の如き

第2章　2002年以後に判明した主な天然ダム災害　　99

ものを云ふなり。然れども此の説たるや、現在の山を精査したる後にあらざれば、容易に之を断言すること能はざるを以て、今は之を将来に於ける研究者の参考として呈出するのみ。

7 崩壊の前兆

爰に崩壊の前徴とも見るべきものあり。即ち一昨年（1909）10月より12月に亙る3ヶ月間、浦川附近には、怪しき大鳴動あり。或は大砲を連射する如く引き続いて起ることあり。或は数時数日を隔てて起ることあり。而して其の震動力頗る強く、石坂に於ては、炉邊に在るときは、小児の之に陥らんことを恐れて、親は固く之を抱擁したりと言へり。

此の際、石坂住民中には、大に危惧を懐いて、速に博学多識の士を迎へて、之が原因を探るに若かずと言ひたる者あれども、山間僻地の事とて、終に其の挙に出ずして止みたりと云ふ。非火山的山岳の鳴動は、地質学者の説によれば、山の内部に空洞を生じて、岩塊の之に墜落する音なりと云ひ、去る明治32年（1899）の摂津六甲山の大鳴動も、調査の結果、同じ原因に帰着せり。

8 崩壊の原因

上来陳述したる所に因て観るときは、山体が深く黴爛したる岩石より成れると、旧崩壊の産物より成れるとに拘らず、其の甚しく薄弱の状態に在りたるは、蓋し疑を容れざる所なり。想ふに鳴動の当時山内既に岩塊の崩落あり。之が為に山体の構造大に弛み、長く其の平均を維持すること能はずして、終に全部の崩壊となりたるが如し。

山内岩塊の崩落を来たす空洞の成立は、山内を循環する水の溶解力に由れり。蓋し水の溶解力は、予想外に大にして、石灰岩の如き若くは石膏岩の如き比較的水に溶け易き岩石の地にては、水の成洞力は頗る速なり。之に反して、安山岩の如き堅岩の地に於ては、水の之に作用する力は微弱なりと雖も、永年間に亙る其の結果は、相続いて又大となる。故に堅岩中と雖も亦洞窟を生ぜざるにあらず、但之を見ること稀なるのみ。

④　町田（1964）論文の摘要

図2.59は、稗田山崩れによる地形変化の状況を

写真2.52　姫川対岸外沢から松ヶ峯を望む
（2011年6月、井上撮影）

示した地形学図（町田1964、67を1/2.5万地形図に転記）である。町田（1964）論文の摘要では、「いわゆる荒廃河川の地形学的な意義を検討するため、過去およそ50年間にすすんだ侵蝕・堆積の過程と、砂礫供給源として下流に与える影響とを明らかにした。①古い火山体の一部である浦川流域の稗田山では、1911年8月に巨大地すべり性崩壊が発生し、崩壊物質は土石流の形で流下して、崩壊地直下から約6kmの区間の浦川谷を深く埋積し、姫川本流をせきとめた。②その後、斜面からの土石の流下が相対的に少なくなるにつれて、埋積谷は水流に刻まれ、段丘化した。下刻は下流部に生じた遷急線の後退という形式ばかりでなく、急傾斜の上流側からも始まり、次第に一様に急速にすすみ、その後側刻がすすんでいる。③浦川におけるはげしい侵蝕の結果、搬出された多量の砂礫が合流点直下の姫川のポケットに堆積し、この部分の姫川の河床断面形は浦川によってつり上げられた形となった。④浦川合流点以下の姫川中流部の河床に堆積する砂礫の内容は、その供給源からみて、(a) 稗田山系、(b) 風吹岳系（ともに浦川から搬出される）、(c) 姫川上流系に分けられる。それぞれの地域の砂礫流化率を、河床礫の岩種別分類を行なって試算すると、41%、26%、33%となった。面積的には姫川上流域の1/21にすぎぬ小渓流浦川の荒廃渓流としての性格が示される。また、砂礫流下量の多い河川の砂礫は、広い流域から一様の割合で供給されるというよりも、ある限られた地域の異常に急速な侵蝕に由来する場合の

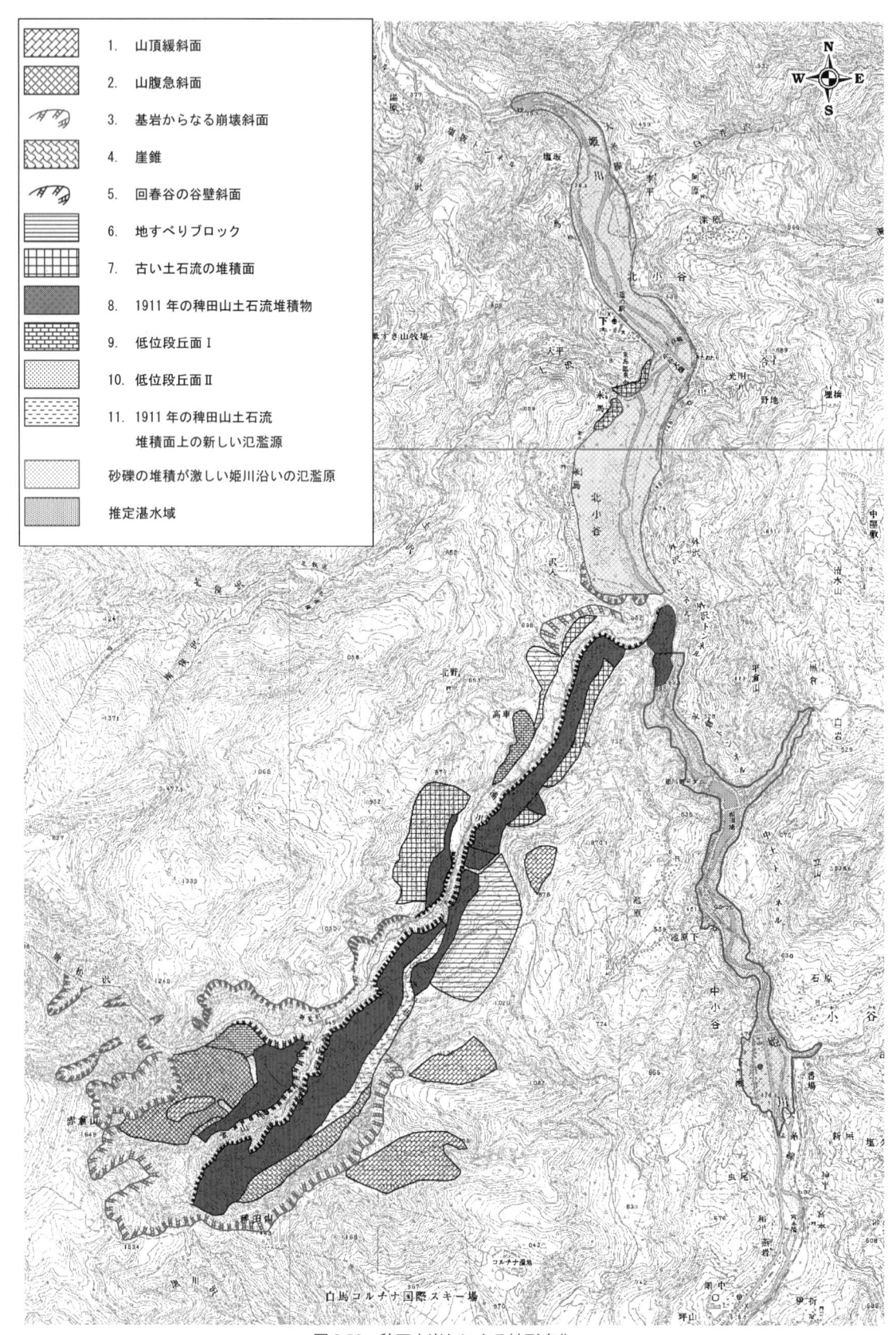

1. 山頂緩斜面
2. 山腹急斜面
3. 基岩からなる崩壊斜面
4. 崖錐
5. 回春谷の谷壁斜面
6. 地すべりブロック
7. 古い土石流の堆積面
8. 1911年の稗田山土石流堆積物
9. 低位段丘面Ⅰ
10. 低位段丘面Ⅱ
11. 1911年の稗田山土石流堆積面上の新しい氾濫源

砂礫の堆積が激しい姫川沿いの氾濫原

推定湛水域

図2.59 稗田山崩れによる地形変化
（町田 1964、67 を 1/2.5 万地形図「越後平岩」「雨飾山」「白馬岳」「雨中」に転記）

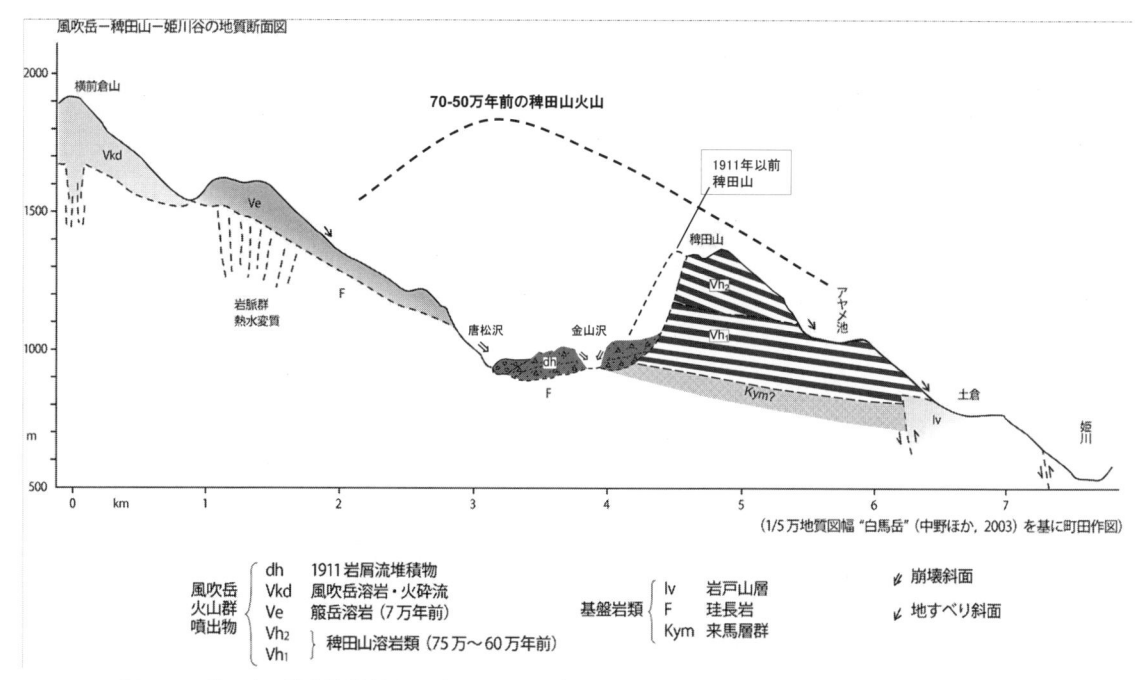

図 2.60　稗田山の推定地質断面図（町田原図、稗田山崩れ 100 年シンポジウム実行委員会 2011）

⑤稗田山崩れ発生源の地質推定断面

図 2.60 は、稗田山崩れ 100 年シンポジウム時に町田先生が基調講演で説明した稗田山の推定地質断面図である（稗田山崩れ 100 年シンポジウム実行委員会 2011）。金山沢の右岸側（東側）には、基盤の来馬層群の上に 60 ～ 75 万年前に形成された稗田山火山の溶岩と火砕物の互層からなる高さ 200 ～ 300m、長さ 2km の急崖が続いている。1911 年の稗田山崩れは、この急崖部分が大きく山体崩壊して、金山沢から唐松沢の区間に堆積し、丘陵性地形（流れ山が多く存在）をなしている。大量の崩壊物質は、岩屑なだれとなって浦川を流下したと考えられる。

金山沢の左岸側（西側）には、風吹岳火山群からなり、唐松沢を流下する土石流が 1842、1936、1948、1964 年と数十年ごとに発生している（規模は稗田山崩れよりは 1 桁以上少ない）。

⑥　浦川の石坂付近の河床断面形状の変化

図 2.61 は、浦川の石坂付近の河床横断面図で、1911 年以前の河谷断面と土石流の堆積状況を示している。明治 44 年（1911）8 月 8 日の土砂流出で、

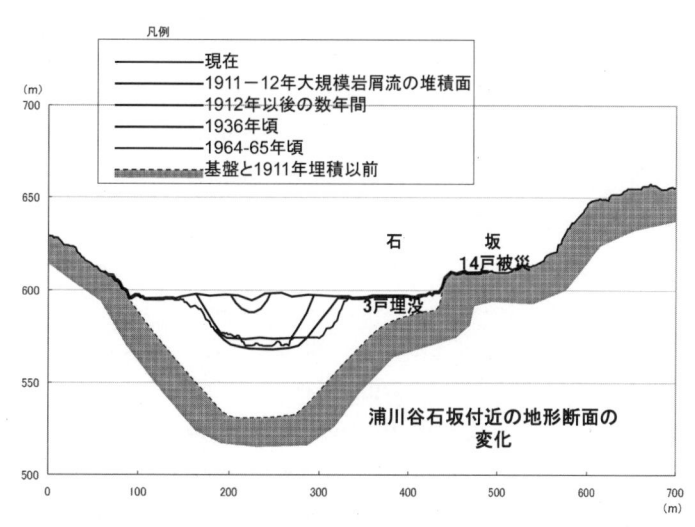

図 2.61　浦川の石坂付近の河床横断面図（町田原図、稗田山崩れ 100 年シンポジウム実行委員会 2011）

写真 2.53 水没し始めた下里瀬集落
（左車坂、正面平倉山 小谷村役場蔵）

写真 2.54 土石流に襲われた来馬集落
（1911 年 8 月 12 日頃）（小谷村役場蔵）

石坂の下段の 3 戸の住居は完全に埋没して、17 人全員が死亡した。埋翌年の明治 45 年（1912）4 月 26 日（第 2 回目の崩壊）と 5 月 4 日（3 回目）にも崩壊し、7 月 21 日〜22 日に残っていた天然ダムも決壊した。一連の大規模土砂移動によって、浦川中流の石坂集落や姫川の来馬集落などは壊滅的な被害を受けた。

⑦　稗田山崩れによる地形変化の量的吟味

町田（1964）は、1959 年撮影の約 2 万分の 1 空中写真とトランシットによる谷の横断測量の結果を用いて、稗田山崩れによる地形変化の量的吟味を行っている。

1911 年の稗田山土石流堆積物の容積（V）は、堆積物の平均厚さを 50m と推定し、分布面積（300 万 m²）を乗じて、1.5 億 m³ と推定した。その後の 50 年間の侵蝕・流出土砂量は、回春谷の容積に等しいとして、谷の横断形から計測すると、2400 万 m³（崩壊土砂量の 20%）となる。従って、浦川流域から年間流出土砂量は 48 万 m³/ 年となる。

稗田山崩れの土石流の氾濫堆積域は、地形状況から判断して、来馬河原から下流の塩坂付近（発電所付近まで）の氾濫原地域とした。この地域の面積を求めると 321 万 m² となる。稗田山崩れ（3 回の崩壊）と天然ダム決壊以降の浦川からの土砂流出・堆積によって、姫川に流出した土砂の大部分が来馬河原に堆積したと考えられる。

2011 年 6 〜 7 月に来馬河原の旧小学校の校庭面を把握するため、調査ボーリング（25m と 50m）と調査観察井（直径 3.5m、20m）が施工された。来馬河原での 1911 〜 12 年の堆積厚は 4 〜 19m であるので、浦川から姫川本川の流出した堆積土砂量は、平均層厚を 15m と仮定すると 4800 万 m³ となる。

⑧　姫川上流の天然ダムの形成と決壊

浦川から流出した土砂によって、姫川には高さ 60m 前後の天然ダムが形成された。表 2.10 に示したように、信濃毎日新聞の記事などによれば、下里瀬集落の 48 戸中 43 戸まで徐々に湛水していった。下里瀬には 1 等水準点（標高 476.9m）があり、地元で湛水したことを示す電柱の赤い印と比較すると、最高水位は 476.9m であることが判明した。図 2.59 に示したように 1/2.5 万地形図の 480m の等高線から湛水範囲を決め、湛水面積を計測すると 169 万 m² となる。現在の姫川と浦川の合流点付近の標高は 440m であるが、20m 以上河床は上昇していると考えられるので、水深は 60m と想定した。従って、天然ダムの最大湛水量は 3400 万 m³（$V = 1/3 \times S \times H$）となる。

大浦北安曇郡長は、8 日の夕方まで現場で指揮をしてから、9 日長野市で開催される郡市長会に現場見取り図を持って被災状況を説明した。長野県では技術者を派遣し、64 時間後の 8 月 10 日 19 時から警察署長の指揮で数 100 名の人夫と北城村消防組消防夫 134 名にて徹夜で掘削工事に着手した。しかし、88.5 時間後の 8 月 11 日 19 時半に決壊

し、決壊洪水段波が下流の来馬集落から姫川下流の4集落（下平・穴谷・嶋。李平）を襲った。来馬では、田畑の流失50haに及び、北小谷村の役場・学校・駐在所・民家14戸は流出を恐れて取り壊され、常法寺など周辺の高台に移転した。

図2.62は松本（1949）が作成した3時期の来馬河原の災害地図（全部で10枚作成している）を示している。

⑨ 決壊後の地形変化

以上の地形変化と被災状況を明確にするため、町田（1964、67）に示された「浦川中・下流部の地形学図」をもとに、1/2.5万地形図「雨飾山」「雨中」図幅に、稗田山崩れによる地形変化と、天然ダムの最大湛水域、天然ダム決壊後の氾濫堆積域などを検討した。

稗田山崩れは、溶岩と火砕物が重なる成層火山の一部が山体崩壊して、岩屑なだれとなって、高速で浦川を流下し、姫川を河道閉塞した大規模土砂移動である。

8月10～11日に河道閉塞土砂の開削工事が行われたが、あまり進捗しなかった。8月11日19時（88時間後）に、長瀬湖は満水・決壊して、来馬河原は大洪水流が襲った。このため、長瀬湖の水位は6m下がり、下里瀬集落は湛水しなくなった。

長瀬湖決壊後の土砂氾濫堆積域は、来馬河原から下流の塩坂の発電所付近までと推定した。この地域の面積を求める321万m^{2}となる。稗田山崩れ（1～4回の崩壊）と天然ダム決壊による土砂流出・堆積によって、流出土砂の大部分が来馬河原に堆積した。

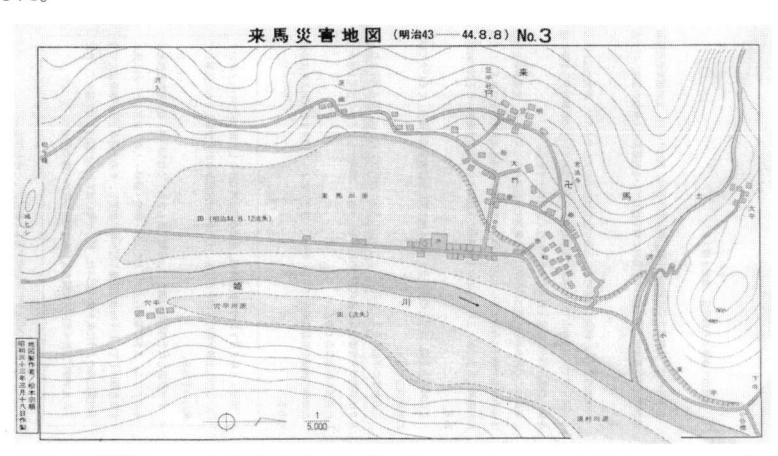

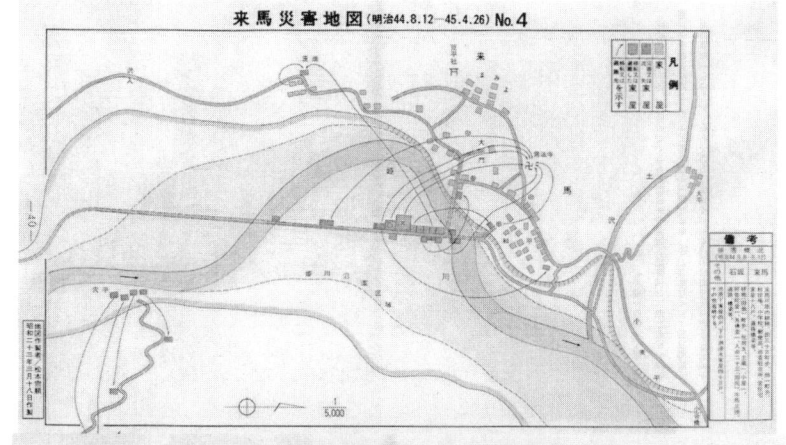

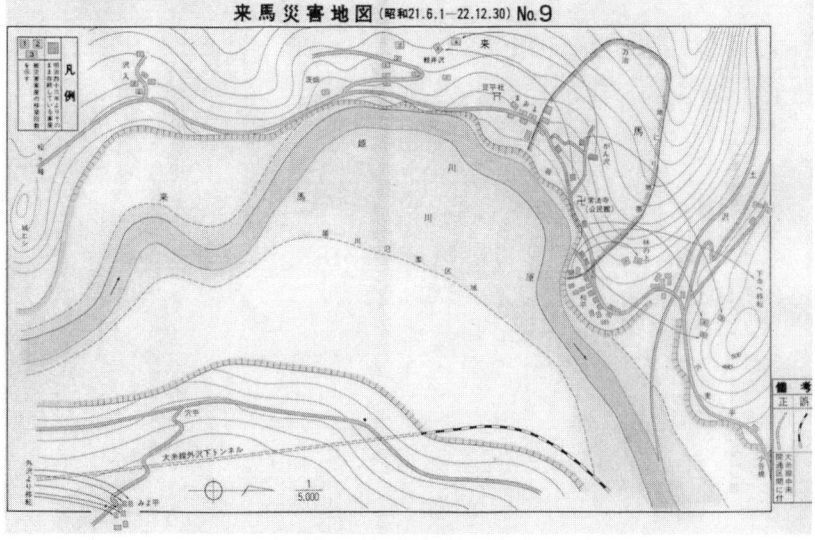

図2.62　3時期の来馬災害地図（松本1949）

2.12 豪雨（1914）による安倍川中流・蕨野の河道閉塞と静岡市街地の水害

1) 安倍川の土砂・洪水災害

　安倍川は、大谷嶺（標高1999.7m）に源を発し、静岡市街地を貫流する一級河川（図2.63、流路長51km、流域面積567km2）である。これまで、文政十一年（1828）や大正3年（1914）など、激甚な大水害をしばしば受けてきた（静岡河川工事事務所 1988、92、静岡県土木部砂防課 1996）。

　大正3年（1914）8月28日の台風襲来によって、安倍川上流域は400mm以上の降雨量となった。このため、大洪水が静岡市街地を襲い、溺死者45名、流失家屋約1000戸、浸水家屋1万余戸の大被害となった（望月 1914）。

　この大洪水の原因を調べてみると、豪雨だけでなく、河口から23.5km地点の右岸斜面が大規模崩壊を起こして、安倍川の河道（幅500m）を2/3以上閉塞したことが大きく関与していることが判明した（井上ほか 2008）。河道閉塞によって、上流部には1次的に天然ダムが形成された。この天然ダムは満水になるとすぐに決壊して洪水段波が発生し、下流の静岡市街地に激甚な被害を与えた。1/5000～1/5万の旧版地形図を収集整理すると、この地域の地形変化の状況が良く判る。ここでは、天然ダム形成・決壊に対する危機管理の観点から、1914年に発生した大規模崩壊と安倍川の河道閉塞状況と、閉塞土砂が次第に消滅していった経緯を説明する。

2) 1828年と1914年における安倍川下流の大洪水

　図2.64は、建設省静岡河川工事事務所（1992）に挿入されている水害図をもとに、文政十一年（1828）と大正3年（1914）における安倍川下流の洪水の被災状況を明治22年（1889）測量の1/2万正式図「美和村」、「静岡」図幅に転記したものである。図2.64の範囲を図2.63に示した。正式図に描かれている堤防と道を示したが、当時の洪水防御の施設と安倍川下流の交通網が良く判る。明

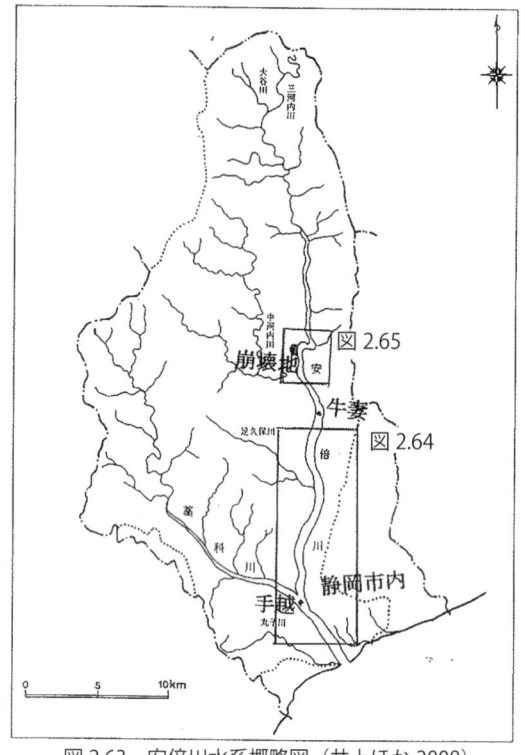

図2.63　安倍川水系概略図（井上ほか 2008）

治22年には、東海道（現在の国道1号線）と東海道線の橋を除いて橋はほとんどなく、安倍川の上流へ向かう安倍街道は安倍川の河川敷を通っており、少しでも増水すると、通行不能になった。図2.64には、各洪水時の破堤個所を番号と×印で示すとともに、洪水の流下方向を→印で示した。破堤個所とその状況は表2.13に示した。

　1/2万正式図には安倍川の河谷と静岡平野の地形状況が良く表現されている。この地形図は大正3年災から25年前の明治22年（1889）に測図されており、災害時とほぼ同じ土地利用状況であったと考えられる。大正3年災は安倍川左岸の堤防を各地で破堤させ、駿府城から南の静岡市街地で氾濫し、大きな被害を与えた。

3) 1914年の大水害と中流右岸の崩壊による河道閉塞

　山内（1988）を要約すると、「大正3年（1914）8月28日、小笠原群島父島南方海上を通過した台風は翌29日進路を本土に向け北上した。静岡県下は午後に入り暴風雨となり、18時には安倍川の増

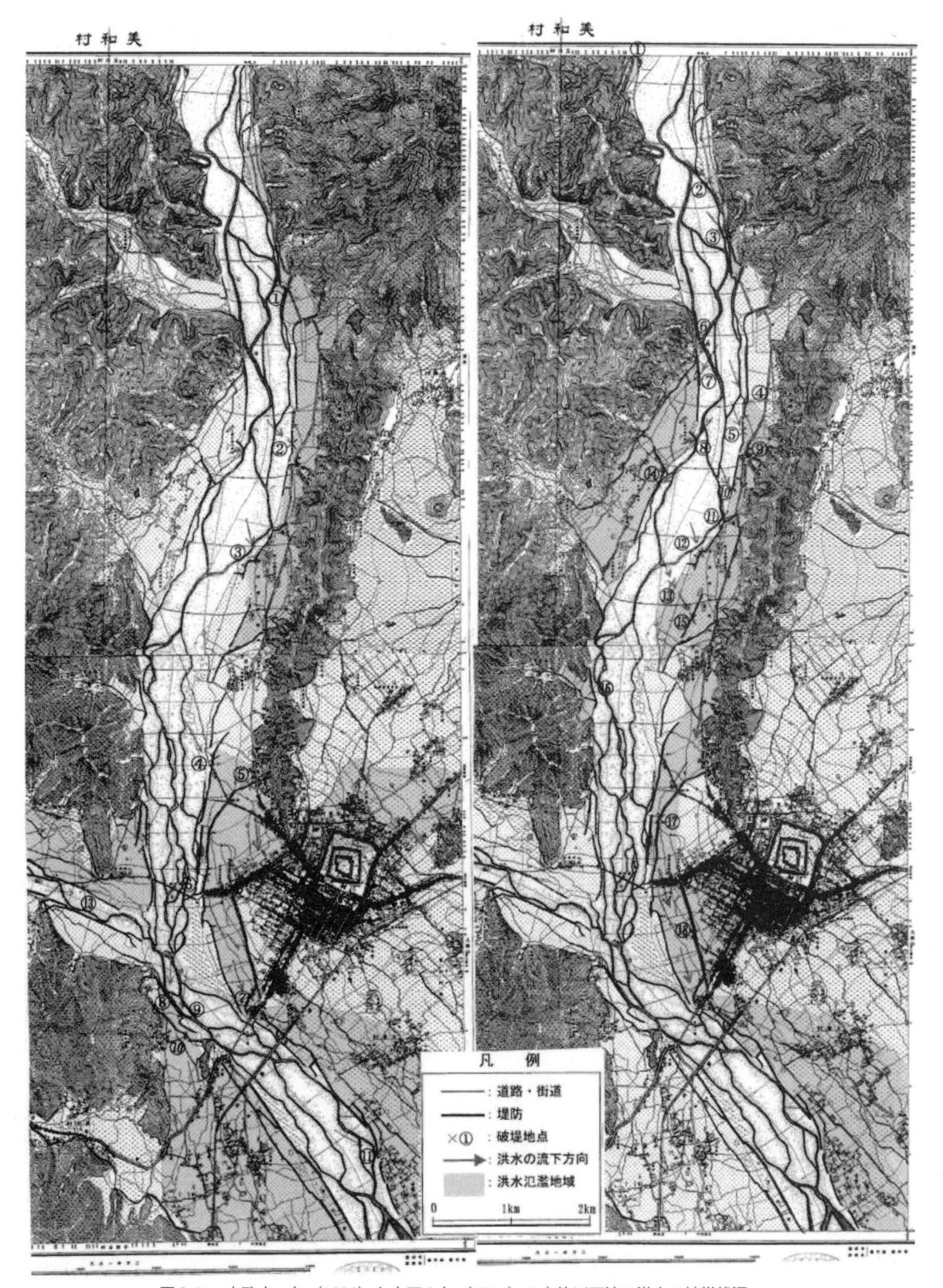

図 2.64 文政十一年（1828）と大正3年（1914）の安倍川下流の洪水の被災状況
（基図は1889年測図 1/2万「美和村」「静岡」）（井上ほか 2008）

表 2.13　文政十一年と大正 3 年災の破堤箇所一覧（井上ほか 2008）

文政十一年（1828）大風雨水害			大正 3 年（1914）台風による水害		
地点	破堤地点	破堤規模	地点	破堤地点	破堤規模
①	門屋	決壊	①	油山	200 間流失
②	門屋下	300 間決壊	②	門屋一番出し	25 間流失
③	松富	決壊	③	門屋十三番出し下	45 間決壊
④	籠上	決壊	④	下有功堤上	80 間決壊
⑤	安西 5 丁目上堤	決壊	⑤	下有功堤	50 間流失
⑥	安西外新田	1630 間決壊	⑥	美和与左衛門新田一番出し上下	50 間流失
⑦	弥勒	170 間決壊	⑦	同新田二番出し～4 番出し	50 間流失
⑧	向敷地・井の上	46 間決壊	⑧	同新田八番出し～築留	120 間流失
⑨	向敷地・八番	28 間決壊	⑨	福田ヶ谷	50 間流失
⑩	向敷地・山ノ上	60.3 間決壊	⑩	福田ヶ谷・松富境水神横	50 間流失
⑪	中島	決壊	⑪	与一右衛門新田上	70 間決壊
⑫	羽鳥	決壊	⑫	与一右衛門新田水神	30 間決壊
⑬	山崎新田	決壊	⑬	与一右衛門新田下	20 間流失
			⑭	美和安倍口新田本堤	20 間流失
			⑮	松富	40 間流失
			⑯	服織慈悲尾本堤	50 間流失
			⑰	安西 5 丁目裏手堤防（勘六門）	10 間決壊
			⑱	安西内新田堤防	10 間崩壊

建設省静岡河川事務所（1992）：安倍川治水史　より編集

水が 5 尺（1.5m）近くになり、21 時に非常招集が出された。23 時に増水が 10 尺（3.0m）を超え、安西五丁目裏（地点⑰）で 10 間（18m）の堤防を破壊し、洪水流は市内に殺到し、相次いで 2 か所の堤防が決壊した。暴風雨は夜半に益々猛威をふるい、安西町から番町を襲い、寺町・新町・宮ケ崎・馬場町・呉服町と静岡市中心部を浸水させ、東海道線を超え、駅南地区まで及んだ。雨の止んだ 30 日 10 時頃から減水し始めたが、氾濫水は 3 昼夜にわたって市中に漂い、井戸水は飲用に適さなかった。このため、伝染病なども発生し、文政十一年（1828）以来の大惨事となった。」と記載されている。被害状況は、溺死者 45 名（市内 4 名）、負傷者 90 名、流失家屋約 1000 戸、浸水家屋 1 万余戸と報告されている（建設省静岡河川工事事務所 1992）。

海野（1991）は、「水害の発生原因は台風による豪雨と安倍川中流右岸の大崩壊による河道閉塞（天然ダム）の形成・決壊」と説明している。「安倍川上流の大河内（安倍川の河口から 27km 地点、標高 200m）では、98mm という空前の降水量を記録した。このために安倍川上流の各地で山崩れが発生した。中でも大河内村の蕨野（同 23.5km 地点、標高 160m、河床勾配 1/120）の安倍川右岸の山腹は、大音響とともに大崩壊した。この山地を地元民は"大くずれ"と呼んでいた所であるが、多量の崩壊土砂は一瞬にして河幅 500m の安倍川をせきとめてしまった。満水になっていた安倍川はダムのように水がたまり、上流の横山辺まであふれる程であった。満水となった水はやがて安倍川を閉塞した土砂を突破し、濁流は轟々として鉄砲水となって下流に流れ出た。激流は牛妻門屋（同 14km 地点②と③、標高 80m、河床勾配 1/140）の堤防を破壊して、もろ（もろ防）おかやま（おかやま破）（同 12km 地点④）に続く有功堤を夜半に崩して、賤機山麓の安倍川に沿って南下し、静岡市街地の半分以上が浸水した。」

以上の情報をもとに、現地調査と資料収集を行った。写真 2.55 は、聞き込み結果をもとに撮影した安倍川中流右岸の崩壊地形の現況である。聞き込み調査によれば、この斜面を地元民は昔から『大崩れ』と呼んでいるという。

写真 2.55　蕨野地区のほぼ正面から見た安部川中流右岸の崩壊地形（2007 年 5 月 10 日、井上撮影）

4）旧版地形図（1/2 万と 1/5 万）による蕨野地区の崩壊地形の変遷

旧版地形図や航空写真を入手して、蕨野地区の崩壊地の変遷を追跡した。幸いなことに、明治 22 年

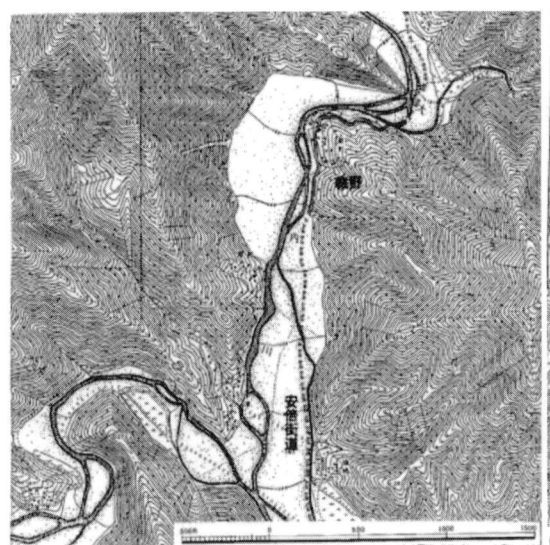

図 2.65　1889 年の安倍川中流右岸・蕨野地区の斜面状況（1/2 万正式図「玉川村」、1889 年測図）

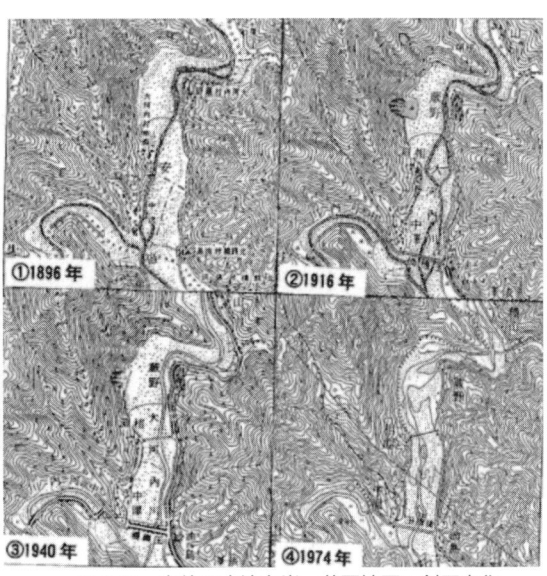

図 2.66　安倍川中流右岸・蕨野地区の斜面変化（1/5 地形図「清水」、1896、1916、1940、1974 年測図）

（1889）測量の 1/2 万正式図「玉川村」図幅に安倍川流域の蕨野地区が測図されていたので、図 2.65（図 2.63 に範囲を示す）を作成した。この図によれば、安倍川の河谷斜面は 30～50 度の急斜面であるが、崩壊現象はあまり発生していない。河床は幅 500m で少し中央部が高く、厚い砂礫層で覆われている。その河床の中を安倍川の上流に向かう安倍街道が通っており、張り出した尾根の前面に発達する蕨野地区だけ、斜面（河岸段丘）の上に安倍街道が通過していることが判る。

図 2.66 に示した 5 万分の 1 地形図は、①明治 29 年（1896）に初めて図化され、その後、②大正 5 年（1916）、③昭和 15 年（1940）、④昭和 49 年（1974）に修正測量が行われている。①の地形図は図 2.65 の地形状況とほぼ同じであるが、大正 3 年災害から 2 年後の②では、安倍川の右岸斜面に大きな崩壊地（幅 200m、高さ 160～200m、崩壊深 10m として、20～30 万 m³ 程度）が形成され、安倍川の河床の 1/3 を堆積土砂が閉塞していることが判った。②は 2 年後の測量であるので、大正 3 年（1914）の災害時には堆積土砂はもっと前面まで流下・堆積していたであろう。1940 年の地形図③では、崩壊地形は明瞭に残って

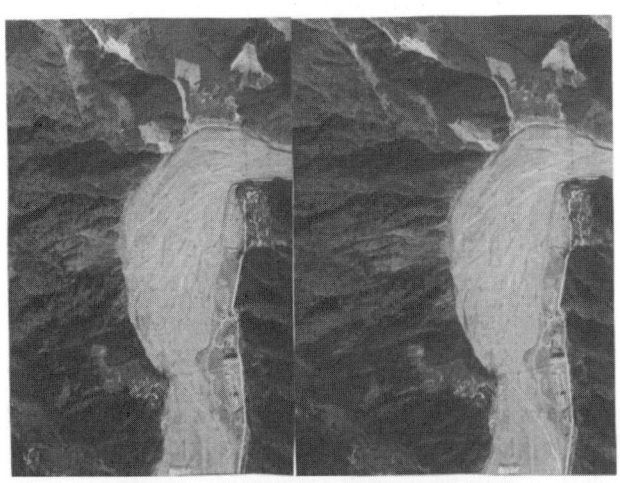

写真 2.55　安倍川中流・蕨野地区の航空写真（SHIZUOKA、C38-1046、1047、1985 年 1 月撮影）

いるが、河床に堆積していた堆積土砂は右岸部の一部を残し、その後の洪水流によって流出していた。地元での聞き込みによれば、「戦前までは崩壊土砂からなる平坦地の上に小規模な畑が耕作されていた」と言われた。1974 年の地形図④では、崩壊地形は表現されず、河床に堆積していた崩壊土砂は完全に流出していた（一部崩壊地下部に緩斜面が残る。その後に測量された 1/2.5 万地形図や 1/5 万の地形図では、地形図④と同様の状況である。写真 2.55 は昭和 60 年（1985）に静岡県が撮影した

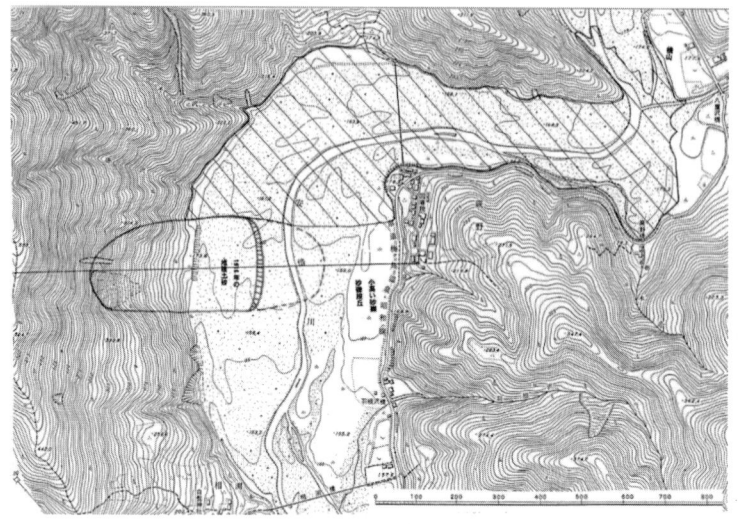

図 2.67　安部川中流右岸・蕨野地区の崩壊状況
（1/5000 安倍川砂防平面図、静岡河川工事務所 1978 年測図）

表 2.14　天然ダム決壊前後のピーク流量（井上ほか 2008）

	河床勾配 I	洪水高 H (m)	流下断面 A (m²)	径深 R (m)	流速 V (m/s)	流量 Q (m³/s)
決壊直前	0.008	15	750	6.3	6.0	4,500
決壊直後	0.008	15	2,600	7.3	6.6	17,160

注 1：Manning の公式による簡易計算
注 2：粗度係数（n）は，自然河道であるので，n = 0.05 とした
注 3：河床勾配（I）は静岡河川事務所資料より，I = 1/129 とした
注 4：決壊直前の洪水断面 (A) は左岸側の段丘に乗らないとした
注 5：決壊前後の洪水高 (H) は湛水高と同じ H2 = 15 m とした
注 6：流下断面 (A) と径深 (R) は図 6 より計測した
注 7：流速：$V = 1/n \times R^{2/3} \times I^{1/2}$ (m/s)
注 8：流量：$Q = A \times V$ (m³/s)

航空写真であり、立体視できる。河床の堆積土砂は完全に流出しているものの、植生状況から右岸斜面の崩壊地形はかなり明瞭に読み取れる。左岸側の蕨野集落の前面には小高い砂礫堆積段丘（洪水時には冠水）が認められた。図 2.67 は、静岡河川工事務所が昭和 53 年（1978）に測図した 1/5000 の安倍川砂防平面図である。図 2.64 や聞き込み調査、海野（1991）などをもとに、大正 3 年災の崩壊地、河道を閉塞した堆積土砂、背後に湛水した範囲を図示した。地形図から湛水高 15m（標高 175m）として、湛水面積 32 万 m²、湛水量 160 万 m³（1/3・AH）と計測した。海野（1991）によれば、すぐに、満水となり決壊している。

このため、10 分（600 秒）で満水になったとすれば、当時の洪水流量は 5300m³/s、10 分（600 秒）間で、2700m³/s となる。この地点は完全に河道閉塞された訳ではなく、少しずつ流出していたと判断される。図 2.68 は、図 2.67 をもとに作成した蕨野地区の河道閉塞地点の横断面図である。河道閉塞から 2 年後に修正測図された図 2.66 の①によれば、安倍川の河道の 1/3 に堆積土砂が残っている。点線で示した河幅 2/3 の範囲まで河道は閉塞され、洪水流のかなりの部分が背後に貯留されたのであろう。Manning の公式により、決壊直前と決壊直後の洪水流量を求めると、表 2.14 のようになる。

蕨野右岸の大規模崩壊が発生し、安倍川の河道の 2/3 程度が狭められた。左岸側には低位段丘があるので、洪水流の大部分は上流部に貯留され次第に水位は上昇していった。背後の横山付近まで天然ダムの水位が上昇した時に、河道閉塞した土砂の半分近くを押し出す決壊現象が起きたと判断される。2 年後の大正 5 年（1916）の河床断面をもとに流量計算すると、1.7 万 m³/s 程度となる。このような洪水段波が安倍川下流の静岡市街地を襲い、図 2.64 で示したような大氾濫となったと判断した。

5）昭和 54 年（1979）水害との流量比較

大正 3 年（1914）の洪水災害のピーク流量については、安倍川上流で 400mm 以上の豪雨があったとういうこと以上のことは分かっていない。図 2.64 の洪水氾濫範囲は当時の記録から判断して、文政十一年（1828）と並ぶ大出水であったことは間違いない。表 2.15 は、国土交通省静岡河川事務所の高水関係資料より作成した手越地点（1956-2003 年）と牛妻地点（1972-2003 年）の既往洪水順位である（地点位置は図 2.63 参照）。河道閉塞を起こした蕨野地点は、安倍川の砂防基準点とほぼ同じであるので、この地点より上流域の面積は

表 2.15 手越地点と牛妻地点の既往洪水順位（井上ほか 2008）

順位	洪水名	手越地点流量 A=537.3km²	順位	牛妻地点流量 A=287.6km²
1位	1979.10.19	4900m³/s	1位	3100m³/s
2位	1960.8.14	4000m³/s	—	—
3位	1974.7.08	3900m³/s	3位	2300m³/s
4位	1982.8.02	3900m³/s	2位	2400m³/s
5位	2002.7.10	3600m³/s	9位	1400m³/s
6位	2000.9.12	3200m³/s	7位	1400m³/s
7位	1983.8.17	3000m³/s	6位	1500m³/s
8位	1968.7.23	2900m³/s	—	—
9位	1985.7.01	2700m³/s	4位	1800m³/s
10位	1969.8.14	2600m³/s	—	—
	1985.8.23		5位	1800m³/s
	2001.8.22	(2400m³/s)	8位	1400m³/s
	1994.9.30		10位	1300m³/s
		1956-2003年のデータで算出		1972-2003年のデータで算出

国土交通省静岡河川事務所の高水関係資料より編集

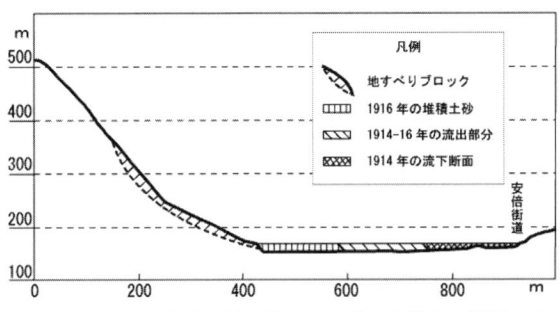

図 2.68 安倍川中流・蕨野地区の河道閉塞地点の横断面図（井上ほか 2008）

148km²である。洪水氾濫範囲などから考えて、河道閉塞地点におけるピーク時の洪水流量は、3000～5000m³/s、安倍川下流の洪水流量は1万 m³/s以上であったことは間違いない。

今後は、文政十一年（1828）災害の史料を含めて安倍川流域の大規模土砂移動と土砂災害・洪水災害の関係を調査して行きたい。

6) むすび

従来、砂防計画の検討では、土石流対策を含めて、流域の最も上流の部分に崩壊が発生し、土砂が生産・流送されると想定して議論を進めることが多かった。それでは、土砂の移動に時間がかかり、新しく生産された土砂がその出水中に下流の河床を上昇させることは難しいし、その程度も氾濫を引き起こすほどではないことも多いのではないかと考えている。

しかし、本項に示したように、中下流の渓岸、河岸の崩壊は、崩壊土砂が直接的に河道に流入し、下流河床を上昇させたり（平成7年（1995）の姫川の出水も良い例と考えられる（水山 1998）、低い河道閉塞を起こしてそれが決壊する時に大きな洪水流量になったりして、直接的に下流の災害（水害）の原因となり得る。

実際、量的にも生産土砂のかなりの部分を渓岸の崩壊が占める（水山ほか 1987）。過去の大量の土砂流出現象についても、このような現象が起こったとすれば、説明しやすくなる。砂防計画においても、このような現象を想定して行くべきであると考えている。

コラム2
自然災害などを題材とした小説の紹介・集計

1. はじめに

自然災害などを題材とした小説を皆さんは何冊位読まれていますか。防災対策がかなり進んだ現在では、家族を含めて自然災害で被災する可能性は少なくなっています。しかし、実際に自然災害に直面した時にどう対応したら良いのでしょうか。豪雨・雪崩・地震・火山噴火などを誘因として、世界各地で土砂災害は頻発しています。小説を読むことによって、災害対応を疑似体験できます。

土砂移動が発生しても、土砂の移動領域に居住地がなければ、災害は発生しません。自然災害は単なる自然現象ではなく、土砂移動と被災者との位置関係、及び、背景としての社会状況や防災力と関連して発生します。自然災害に直面した時、私達はどのように対応すれば良いのでしょうか。

2. 授業での小説の紹介とレポートの課題

井上は、非常勤で「災害論」「防災地図情報」などの授業を行っています。最初の授業で今まで読んだことのある自然災害関連の小説の作・題名の一覧表を示し、読んだことのある小説に○を付けて貰い集計しています。しかし、20歳前後の学生達はほとんど小説を読んでいません。

授業では、大規模な土砂災害の事例を紹介すると同時に、これらの災害を題材とした小説などを紹介し、読むことを勧めています。最後のレポート課題として、「授業で紹介した小説などを読み、主人公（または著者）が自然現象と災害をどのように捕えていたか、あなたの感じ取ったことを書いて下さい」という課題を出しています。

若い学生達ですから、自分や家族の被災体験はほとんどありませんが、小説を読むことにより、様々な自然現象と被災事例との関係、その後の涙ぐましい復興への努力についての感想を書いてくれます。20歳前後の学生のレポートには参考になることが多くあります。

3. アンケートの集計結果

表2.16は、自然災害などを題材とした小説の著者・題名を単行本の発行年順に一覧表としたものです。右欄に学生のレポート数（1冊/人）と講習会等で実施したアンケート数（複数回答）を示しました。表2.16にない小説があれば、作者と題名などを教えて下さい。

砂防会館の本館地下にある砂防図書館では、これらの本の多くを揃えて頂きました（写真2.57）。単行本では入手しにくい貴重な本もありますので、砂防図書館で読まれることをお勧めします（原則外部へは貸出しはしていません）。開館時間は月・水・金の10時から16時です。

写真2.57　自然災害などを題材とした小説（砂防図書館にて2011年9月井上撮影）

表 2.16 自然災害などを題材とした小説の著者・題名等の一覧表（2011年9月29日現在）

著者	発行年	題名	出版社	文庫名	発行年	学生レポート	講習会	アンケート	計
宮沢賢治	1931	グスコーブドリの伝記，童話集風の又三郎	岩波文庫	扶桑社文庫	1995	7	31	2	39
石川達三	1937	日陰の村	新潮社	新潮文庫	1948	1	12	2	15
谷崎潤一郎	1949	細雪，新版（1988）	中央公論社	中公文庫	1983	2	71	30	103
杉本苑子	1962	孤愁の岸（長良川宝暦治水）	講談社	講談社文庫	1982	0	8	1	9
有吉佐和子	1963	有田川	講談社	角川文庫	1967	0	24	0	24
新田次郎	1966	火の島	新潮社	新潮文庫	1976	0	22	5	27
木本正次	1967	黒部の太陽，新装版（2009）	講談社	信濃毎日新聞社	1992	4	65	40	109
吉村昭	1967	高熱隧道	新潮社	新潮文庫	1975	0	51	11	62
新田次郎	1969	桜島（神通川に掲載）	学習研究社	中公文庫	1975	2	22	13	37
新田次郎	1969-73	武田信玄（文春文庫新版，2005）	文藝春秋	文春文庫	1974	0	24	0	24
吉村昭	1970	海の壁－三陸沿岸大津波（文庫では三陸海岸大津波）	中公新書	文春文庫	2004	1	10	0	10
新田次郎	1971	昭和新山	文藝春秋	文春文庫	1975	2	34	35	71
小松左京	1973	日本沈没	光文社	光文社文庫	1995	72	278	106	456
吉村昭	1973	関東大震災	文藝春秋	文春文庫	2004	5	44	10	59
新田次郎	1974	怒る富士（文春文庫新版，2007）	文藝春秋	文春文庫	1980	15	74	29	118
森敦	1974	月山	河出書房新社	文春文庫	1979	0	13	0	13
草野唯雄	1974	女相続人（カッパ・ノベルズ）	光文社	角川文庫	1981	0	5	0	5
柳田邦男	1975	空白の天気図	新潮社	新潮文庫	1981	17	40	24	80
三浦綾子	1977	泥流地帯	新潮社	新潮文庫	1982	56	73	24	152
川村たかし	1977	北へ行く旅人たち，新十津川物語（全10巻）	偕成社	偕成社文庫	1992	1	5	3	9
山田太一	1977	岸辺のアルバム	東京新聞出版局	光文社文庫	2006	0	19	4	23
新田次郎	1977	剣岳・点の記（文春文庫新版，2006）	文藝春秋	文春文庫	1981	0	57	0	57
田辺聖子	1977	浜辺先生町を行く	文藝春秋	文春文庫	1981	0	3	0	3
新田次郎	1977	珊瑚	新潮社	新潮文庫	1978	2	7	1	10
ジュールベルヌ	1978	神秘の島（大友徳明訳）	福音館書店	偕成社文庫	2004	1	8	5	14
三浦綾子	1979	続泥流地帯	新潮社	新潮文庫	1982	1	33	19	53
生田直親	1979	東京大地震M8	徳間書店	徳間文庫	1980	0	8	0	8
糸川英夫未来捜査局	1979	近未来パニック ケースD	CBS・ソニー出版	徳間文庫	1994	1	3	0	4
コリン・フォーブス	1979	アバランチ・エクスプレス（田村義雄訳）	Hayakawa novels	ハヤカワ文庫	1983	0	4	0	4
デズモンド・バグリイ	1981	スノー・タイガー（矢野徹訳）	Hayakawa novels	ハヤカワ文庫	1987	0	4	0	4
深田祐介	1982	炎熱商人	文藝春秋	文春文庫	1984	1	27	7	35
邦光史郎	1982	住友王国		集英社文庫	1982	0	5	0	5
井上靖	1982	小磐梯，補陀落渡海記 井上靖短編名作集	岩波書店			2	6	1	7
柳川喜郎	1984	桜島噴火記，住民ハ理論ニ信頼セズ	日本放送出版協会			0	9	0	9
赤川次郎	1984	夜	カドカワノベルズ	角川文庫	1984	0	3	0	3
白石一郎	1985	島原大変	文藝春秋	文春文庫	1989	24	45	20	89
菅原康	1986	津波	潮出版社		1986	0	3	0	3
川村たかし	1987	十津川出国記	道新選書	道新選書新版	2009	5	7	2	14
スチュワードウッズ	1987	湖底の家（矢野浩三郎訳）	文藝春秋	文春文庫	1993	1	2	2	5
池澤夏樹	1989	真昼のプリニウス	中央公論社	中公文庫	1993	39	18	16	71
上前淳一郎	1989	複合大噴火－1783年夏	文藝春秋	文春文庫	1992	1	5	0	5
童門冬二	1990	小説二宮金次郎	学陽書房	人物文庫	1996	7	21	2	30
幸田文	1991	崩れ	講談社	講談社文庫	2001	62	143	33	238
真保裕一	1993	震源	講談社	講談社文庫	1996	0	8	1	9
アーサークラーク，マイクマクウェイ	1996	マグニチュード10（内田昌之訳）		新潮文庫	1997	0	1	1	2

著者	年	タイトル	出版社	文庫	文庫年				
加藤薫	1998	大洪水で消えた街，－レイテ島八千人の大災害－	草思社			15	6	0	21
波田野勝・飯森明子	1999	関東大震災と日米外交	草思社	－		0	3	0	3
樋口京輔	2000	緑雨の回廊	中央公論新社	－		0	3	0	3
宮尾登美子	2000	仁淀川	新潮社	新潮文庫	2003	0	6	0	6
ディビット・キーズ	2000	西暦535年の大噴火，－人類滅亡の危機をどう切り抜けたか－（畔上司訳）	文藝春秋	－		0	5	3	8
ディック・トンプソン	2000	火山に魅せられた男たち，－噴火予知に命がけで挑む科学者の物語－（山越幸江訳）	地人書館	－		7	13	12	32
芝豪	2001	宝永・富士大噴火（文庫書下ろし）	－	光文社文庫	2001	1	6	2	8
カレンヘス	2001	ビリージョーの大地（伊藤比呂美訳）	理論社			1	1	0	2
石黒燿	2002	死都日本	講談社	講談社文庫	2008	72	141	83	295
青木奈緒	2002	動くとき，動くもの	講談社	講談社文庫	2005	1	26	0	27
村上春樹	2002	神の子どもたちはみな踊る		新潮文庫	2002	6	5	1	7
立松和平	2003	浅間	新潮社	－		19	18	4	41
高嶋哲夫	2004	M8	集英社	集英社文庫	2004	12	24	32	64
石黒燿	2004	震災列島	講談社	講談社文庫	2010	27	72	43	141
鯨統一郎	2004	富士山大噴火	講談社	講談社文庫	2007	1	14	5	20
サイモン・ウィンチェスター	2004	クラカトアの大噴火（柴田裕之訳）	早川書房		2004	0	3	1	4
小川一水	2004	復活の地，1，2，3	早川書房	ハヤカワ文庫	2004	0	5	4	9
高嶋哲夫	2005	Tsunami 津波	集英社	集英社文庫	2008	1	9	4	14
神田靖	2005	救命病棟24時，第3シリーズ	扶桑社		2005	1	5	1	7
ロバート・ハリス	2005	ポンペイの四日間（菊地よしみ訳）	早川書房		2005	0	5	0	5
石黒燿	2006	昼は雲の柱（富士覚醒）	講談社	講談社文庫	2011	6	36	27	66
三宅雅子	2006	掘るまいか，－山古志村に生きる－	鳥影社	－		6	28	5	39
小松左京・谷甲州	2006	日本沈没第二部	小学館	小学館文庫	2008	0	25	8	33
筒井康隆	2006	日本列島以外全部沈没－パニック短編集	扶桑社	角川文庫	2006	1	10	1	12
柘植久慶	2006	首都直下地震＜震度7＞		PHP文庫	2006	0	9	1	10
勝俣昇	2007	砂地獄	静岡新聞社	－		0	11	1	12
勝俣昇	2007	再びの砂地獄	静岡新聞社	－		0	6	1	7
藤原杏一	2007	マリと子犬の物語		小学館文庫	2007	3	3	1	4
山本弘	2007	MM9	東京創元社	創元SF文庫	2010	0	1	1	2
福井晴敏	2007	平成関東大震災－いつか来るとは知っていたが今日来るとは思わなかった	講談社	講談社文庫	2010	3	4	2	9
豊島みほ	2007	東京・地震・たんぽぽ	集英社	集英社文庫	2010	1	0	0	1
辻田啓志	2008	水害大国－天災・人災・怠慢災－	柘植書房新社	－		2	2	0	4
吉村達也	2008	感染列島－パンデミック・デイズ	小学館	小学館文庫	2009	0	3	1	4
高嶋哲夫	2008	ジェミニの方舟，東京大洪水	集英社	集英社文庫	2010	4	5	0	5
清水義範	2009	川のある街－伊勢湾台風物語	中日新聞開発局出版開発部			0	5	1	6
高橋ナツコ	2010	東京マグニチュード8.0－悠貴と星の砂	竹書房	竹書房文庫	2010	4	6	1	8
高樹のぶ子	2010	飛水	講談社			0	3	0	3
					計	525	1882	694	3101

第3章　天然ダムの決壊過程と決壊時流量の推定

3.1　解析モデル（LADOFモデル）の構築

1)　LADOFモデルの基本コンセプト

　天然ダムの決壊による流域の災害予測を行うためには、決壊により発生する土石流あるいは洪水のピーク流量を含めたハイドログラフを算定する必要がある。既往の研究成果としては、過去の天然ダム決壊のデータを整理して統計的にピーク流量を求める代表的な手法としてダムファクター（貯水容量と天然ダムの高さの積）を使用するCosta（1985）の方法がある。これに対して、高橋・匡（1988）の流砂量計算式をもとにシミュレーション計算を行い、Costaの方法にならって整理したのが石川ほか（1991、92）の方法である。さらに、石川ほかの表現を変え、簡易にピーク流量を算定できるようにした田畑ほか（2001）の方法がある。しかし、これらの簡易算出法は、天然ダム直近の下流地点におけるピーク流量の推定には使えるものの、いずれの手法もハイドログラフまで求めることはできず、下流任意の地点の洪水位、すなわち天然ダムの決壊シミュレーションを行うには十分とはいえない。

　一方、天然ダムの決壊並びに下流への流下過程は、河床勾配の減少と共に"土石流"から"掃流状集合流動"、"掃流"といったように土砂移動形態が大きく変化していくことが予想される。高橋・中川（1993）は天然ダムの越流決壊現象を解析するため流砂形態を分類し、形態毎に個別の抵抗則を与えて解析する方法（二次元モデル）を提案した。また、江頭ほか（1997）は、独自の構成則に基づいて、掃流砂を伴う流れの平衡状態における土砂濃度分布と流速分布から、抵抗係数と支配方程式中において濃度と流速が分布を持つことにより導入される形状係数や、運動量補正係数に関する簡便な経験則を勾配と濃度の関数として適用して解析する方法を提案している。しかしながら、これらの解析方法の基礎となっている流れの支配方程式は全層を対象とした「一層流」で与えられている。

　それに対して高濱ほか（2000）は、江頭ほか（1997）の構成則に基づく考え方は同じであるが、土石流から掃流状集合流動への遷移過程を解析するため、掃流状集合流動の砂礫移動層と水流層の構成則は本質的に異なることに着目し、本来非定常状態における両層の挙動は各層の構成則を反映したものになるべきであると考え、掃流状集合流動状態について、その低濃度層（水流層）と高濃度層（砂礫移動層）との境界（interface）を想定して、体積保存則、運動量保存則に基づいた砂礫移動層と水流層それぞれの支配方程式を立て流砂量解析を行う「二層流モデル」を提案している。

　「天然ダムの決壊・洪水」は不確定要素の大きな現象であり、それに伴って発生する流れの形態は、勾配等その場の条件によって大きく左右される。里深ほか（2007a、b、c）は、迅速な予測と対応が求められる天然ダムに対する危機管理に的確に応用できるようにするため、"土石流"から"掃流"まで変化する一連の幅広い流れに連続して適用可能な二層流モデルを基本とした、天然ダムの越流決壊現象に適用可能な計算モデルの開発に取り組んでいる。

　この計算モデルは、高濱ほか（2000）の方程式に江頭ほか（1997）の侵食速度式を応用して、側岸侵食による河道の拡幅も考慮できるようにしている。さらに、ハイドログラフを下流まで追跡して流量の減衰を評価でき、洪水氾濫解析を行い、避難すべき区域を明確にすることにあることができる。開発されたこの河床変動シミュレーションモデルを

"LADOF（Landslide Dam Overflow Flood）モデル"
と呼称している。

2) LADOF モデル

高濱ほか（2000）の二層流モデルは図3.1に示すように、境界面を通じて質量と体積のフラックスが介在するので、水流層が境界面を通して単位時間・単位面積あたりに獲得する体積量を s_I として支配方程式を立てている。里深ほか（2007a、b、c）のLADOFデルは、この二層流モデルに側岸の拡幅速度 ss_T を考慮することとし、以下の支配方程式を用いることとした。

1 連続式
(1) 水流層における連続式

$$\frac{1}{B_1}\frac{\partial Bh_w}{\partial t}+\frac{1}{B_1}\frac{\partial Bv_w h_w}{\partial x}=s_I+2ss_T\frac{h_{w1}}{B_1} \quad (3.1)$$

(2) 砂礫移動層における連続式

$$\frac{1}{B_1}\frac{\partial Bh_s}{\partial t}+\frac{1}{B_1}\frac{\partial Bv_s h_s}{\partial x}=s_T-s_I+2ss_T\frac{h_{s1}}{B_1} \quad (3.2)$$

(3) 砂礫移動層における土砂の連続式

$$\frac{1}{B_1}\frac{\partial c_s Bh_s}{\partial t}+\frac{1}{B_1}\frac{\partial \gamma c_s Bv_s h_s}{\partial x}=c_*\left(s_T+2ss_T\frac{h_{t1}}{B_1}\right) \quad (3.3)$$

(4) 河床高の時間的変化

$$\frac{\partial z_b}{\partial t}=-s_T\frac{B_1}{B_2} \quad (3.4)$$

(5) 川幅の時間的変化

ΔB（両岸）$\times H_1 = 2\times ss_T\times \Delta t\times h_1$ より、

$$\frac{\partial B}{\partial t}=2ss_T\cdot\frac{h_{t1}}{H_1} \quad (3.5)$$

(6) 河床の侵食速度

侵食速度式は、江頭ほか（1997）による侵食速度式を二層流モデルに組み入れる。

$$s_T=v_t\tan(\theta-\theta_e) \quad (3.6)$$

(7) 側岸の拡幅速度

$$ss_T=\frac{1}{\alpha}\frac{h_{t1}}{H_1+h_{t1}}v_t \quad (3.7)$$

ここに、

θ：河床勾配
θ_e：全層平均濃度に対応する平衡勾配
B：川幅
h：流動層厚（h_w：水流層厚、h_s：砂礫移動層厚、h_t：全流動層厚）
v：平均流速（v_s：砂礫移動層の平均流速、v_w：水流層の平均流速、v_t：全層の平均流速）
γ：流速と濃度、密度が分布の形状を示すことに起因する分布補正係数（「1」として扱う）
c_s：砂礫移動層の平均濃度
c_*（=0.6）：堆積層濃度
s_I：水流層が境界面を通して単位時間あたり単位面積あたりに獲得する体積量で、二層状態で $c_s=c_*/2$ として算出
s_T：河床面を通した砂礫層内への湧き出し量（侵食速度）
ss_T：側岸の拡幅速度
z_b：河床高
α：侵食係数（1,000～15,000）

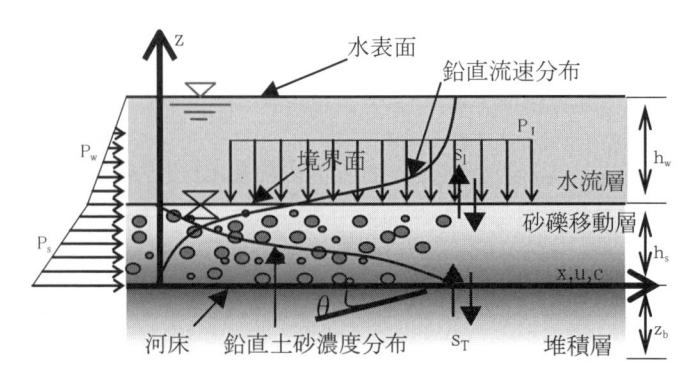

図3.1 二層流モデルの模式図（高濱ほか 2000、一部加筆）

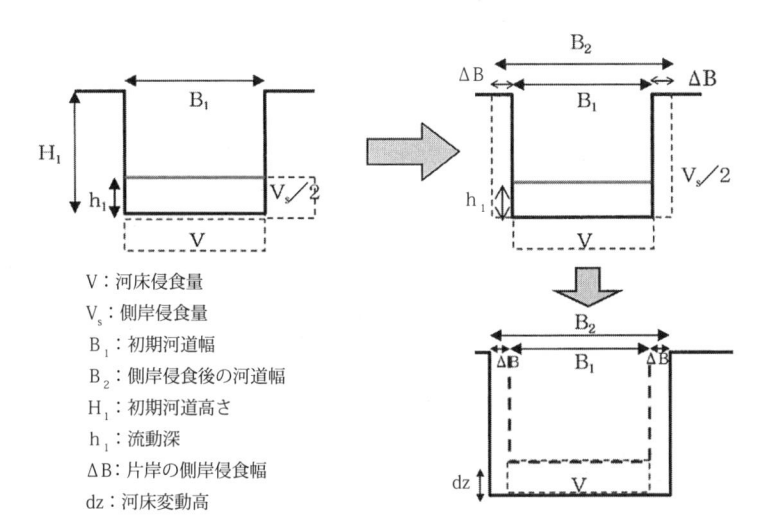

V：河床侵食量
V_s：側岸侵食量
B_1：初期河道幅
B_2：側岸侵食後の河道幅
H_1：初期河道高さ
h_1：流動深
ΔB：片岸の側岸侵食幅
dz：河床変動高

図3.2　LADOFモデルにおける側岸侵食の模式図（里深ほか2007c）

なお、添え字の1は側岸侵食前の値、2は侵食後の値である。

2　運動方程式

(1) 水流層

$$\frac{\partial(\rho_w v_w h_w)}{\partial t} + \frac{1}{B}\frac{\partial(\rho_w \beta_w v_w^2 B h_w)}{\partial x} - \rho_w s_I u_I = \rho_w g h_w \sin\theta - \frac{1}{B}\frac{\partial P_w}{\partial x} - P_I \frac{\partial h_s}{\partial x} - \tau_w \tag{3.8}$$

(2) 砂礫移動層

$$\frac{\partial(\gamma'\rho_s v_s h_s)}{\partial t} + \frac{1}{B}\frac{\partial(\rho_s \beta_s v_s^2 B h_s)}{\partial x} + \rho_s s_I u_I = \rho_s g h_s \sin\theta - \frac{1}{B_1}\frac{\partial P_s}{\partial x} + P_I \frac{\partial h_s}{\partial x} + \tau_w - \tau_b \tag{3.9}$$

ここに、

ρ：平均密度（ρ_s：砂礫移動層の平均密度、ρ_w：水流層の平均密度）

g：重力加速度

u_I：境界面におけるx方向の流速

τ_w：境界面に作用するせん断応力

τ_b：河床面せん断応力

P_w：境界面から自由水面にわたって積分した水流層に作用する圧力

P_s：河床から境界面にわたって積分した砂礫層に作用する圧力

P_I：境界面における圧力

γ'、β_s、β_w：流速と濃度、密度が分布の形状を示すことに起因する分布補正係数（簡便のためすべて「1」として扱う）

圧力P_w、P_sの厳密な表現は次式で表される。

$$P_w = \frac{1}{2}\rho_w g h_w^2 \cos\theta$$

$$P_s = \rho_w(\sigma/\rho_w - 1)g h_s^2 \cos\theta \int\left[\int_{z'} c dz'\right] dz + \frac{1}{2}\rho_w g h_w (2h_w + h_s)\cos\theta$$

ここに、$z' = z/h_s$、cは河床からの高さzの濃度である。

砂礫移動層における江頭ほか（1997）の構成則を次式に示す。

$$\tau = \tau_y + \tau_f + \tau_d$$

$$p = p_w + p_s + p_d$$

$$\tau_y = p_s \tan\phi_s$$

$$\tau_f = \rho_w k_f \{(1-c)^{5/3}/c^{2/3}\} d^2 (\partial u/\partial z)^2$$

$$\tau_d = k_g \sigma(1-e^2) c^{1/3} d^2 (\partial u/\partial z)^2$$

$$\partial p_w/\partial z = -\rho_w g \cos\theta$$

$$p_d = k_g \sigma e^2 c^{1/3} d^2 (\partial u/\partial z)^2$$

$$p_s/(p_s + p_d) = (c/c_*)^{1/5}$$

ここに、d は平均粒径、ϕ_s は砂礫の内部摩擦角、σ は砂礫密度、τ はせん断応力、p は圧力で、τ_y、τ_f、τ_d はそれぞれ降伏応力、間隙水の乱れによるせん断応力、粒子の非弾性衝突によるせん断応力であり、p_w、p_s、p_d はそれぞれ間隙水圧、粒子骨格応力、粒子衝突による圧力である。k_f、k_g は経験定数でそれぞれ 0.25、0.0828、e は反発係数で 0.85 である。

(3) 河床面せん断応力

河床面せん断応力は江頭ほか（1997）のモデルを応用することとした。

$$\tau_b = \tau_y + \rho_w f_s v_s |v_s| \quad (3.10)$$

$$\tau_y = \left(\frac{c_s}{c_*}\right)^{1/5} (\sigma - \rho_w) c_s g h_s \cos\theta \tan\phi_s \quad (3.11)$$

$$\tan\theta_e = \frac{(\sigma - \rho_w)c}{(\sigma - \rho_w)c + \rho_w} \tan\phi_s \quad (3.12)$$

$$G_{yk} = \frac{\tau_{ext(z=z_b)} - \tau_{yk(z=z_b)}}{\rho_w g h_s}$$

$$= \{(\sigma/\rho_w - 1)c_s + 1\}\sin\theta_e - (\sigma/\rho_w - 1)c_s \cos\theta_e \left(\frac{c_s}{c_*}\right)^{1/5} \tan\phi_s \quad (3.13)$$

$$\eta_0 = \sqrt{k_f} \left(\frac{1-c_s}{c_s}\right)^{1/3} d \quad (3.14)$$

$$W = \frac{\tau_w}{\rho_w g h_s} = \frac{f_w |v_w - u_I|(v_w - u_I)}{g h_s} \quad (3.15)$$

$$f_w = \left[\frac{1}{\kappa}\left\{\left(1 + \frac{\eta_0}{h_w}\right)\ln\left(1 + \frac{h_w}{\eta_0}\right) - 1\right\}\right]^{-2} \quad (3.16)$$

$$f(c_s) = k_f \frac{(1-c_s)^{5/3}}{c_s^{2/3}} + k_g \frac{\sigma}{\rho_w}(1-e^2)c_s^{1/3} \quad (3.17)$$

・$G_{yk} \neq 0$ の時

$$f_s = \frac{225}{16} f(c_s) G_{yk}^4 (W + G_{yk})\left\{W^{5/2} - (W + G_{yk})^{3/2}\left(W - \frac{3}{2}G_{yk}\right)\right\}^{-2} \left(\frac{h_s}{d}\right)^{-2} \quad (3.18)$$

・$G_{yk} = 0$ の時

$$f_s = 4f(c_s)\left(\frac{h_s}{d}\right)^{-2} \quad (3.19)$$

ここに、

η_0：粒子間間隙スケール

$\tau_{ext}(z=z_b)$：河床面での外力としてのせん断応力
$\tau_{yk}(z=z_b)$：河床面直上面における降伏応力
τ_b：河床面せん断応力
κ：カルマン定数

また、洪水氾濫解析の対象となる河川の河床勾配が小さくなる場合、掃流砂の抵抗則を適用する必要がある。高橋・匡（1988）は、流動層中の体積濃度が 0.02 を下回った時、掃流として流量計算をしている。LADOF モデルにおいても、緩勾配領域において土砂濃度が低くなること、並びに、計算における簡便さを考慮して、以下のような Manning 型の抵抗則を使用することとした。

$$\tau_b = \frac{\rho g n^2 v |v|}{h^{1/3}} \quad (3.20)$$

ここに、n は Manning の粗度係数である。

3.2 実際に発生した天然ダム決壊事例への LADOF モデルの適用・検証

的確なシミュレーションの手法を確立するためには、実際に発生した天然ダムの決壊洪水に関するデータによる検証が必要である。これまで小規模な天然ダムの決壊による土石流のピーク流量の再現検討は行われている（高橋 1989）ものの、大規模な天然ダムに関する検討は、比べるべきデータが無かったために行われた事例はない。

3.2.1 徳島県那賀川流域の高磯山

那賀川は、徳島県西部の高知県との県境剣山に源を発し、ほぼ東流して阿南市地先で紀伊水道に注ぐ幹川延長 125km、流域面積 874km^2 の一級河川である。明治 25 年（1892 年）7 月 25 日の豪雨によりに、上流域の右岸にある高磯山が崩壊し、一時河道を閉塞して天然ダムを形成し、その後決壊して下流域に"荒谷出水"と呼ばれる洪水災害を発生している。

この天然ダムの決壊による洪水災害について井上ほか（2005）は、寺戸（1970）の研究成果を分析し、洪水位等のデータの妥当性を確認している。

里深ほか（2007a）は、この高磯山の崩壊による

天然ダム決壊時の洪水現象に、前項のLADOFモデルを適用することにより、シミュレーションモデルの妥当性の検証を行った。また、ハイドログラフを天然ダム直下から下流まで追跡して、ピーク流量の減衰状況を算定し、洪水位等の既存データと比較することにより、LADOFモデルの天然ダム決壊現象への適合性が高いことを確認した。

1) 計算条件
計算は以下の条件で行っている。

(1) 河道計算区間
図3.3に示すように天然ダムから12.5km上流地点～天然ダムから50km下流地点までで、全区間矩形断面水路と仮定した。標高及び川幅は、井上ほか（2005）の計測データ（1/10,000地形図からの読み取り）をそのまま用いた。なお、井上ほか（2005）が概略計算時に用いた各地点での流速は、Manningの平均流速公式を用いており、河幅の拡幅は考慮していない。そのため本検証でもこの結果との整合を取るため、下流河道の側岸は侵食されないと仮定して計算を行った。

(2) 流量
井上ほか（2005）は、上流域からの平均流入量について、湛水量を湛水時間で除して以下のように算定している。本検証計算においても平均流入量388m³/sが天然ダム形成地点に供給されたと仮定して計算した。

$$平均流入量 = \frac{湛水量(7,250万\text{m}^3)}{湛水時間(1.87 \times 10^5 \text{s})} = 388 \text{m}^3/\text{s}$$

(3) その他
井上ほか（2005）に基づき、天然ダムは高さH=71m、湛水量V=7250万m³、ダムの横断幅B=200m、基部長L_B=300mとし、天然ダム湛水域の川幅B_uは、200mとした。

$$川幅 = \frac{湛水量(7,250万\text{m}^3)}{\bigl(距離(11,000\text{m}) \times 高さ(71\text{m})\bigr)/2} \cong 200\text{m}$$

また、粒径の違いによる影響を見るため、平均粒径は1cmと10cmで行い、内部摩擦角は35°とした。さらにマニングの粗度係数は、比較的粒径の大きい山地荒廃河川で一般的に用いられている0.05とした。なお、計算における刻み時間と刻み幅はΔt=0.01s、Δx=10mとし、リープフロッグスキームで行った。

2) 計算結果
(1) 推定値と計算値との比較
井上ほか（2005）が現地踏査結果に基づき推定した値と計算値との比較結果を図3.5に示す。図3.5は上から洪水高さ、流速（洪水高さが最大の時）、

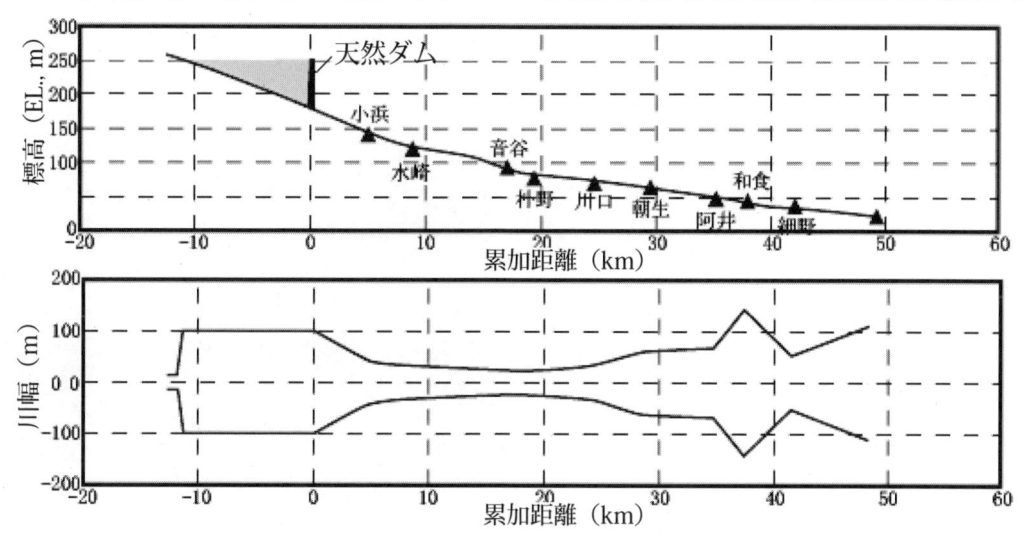

図3.3 計算河道の縦断状況と川幅（里深ほか2007a）

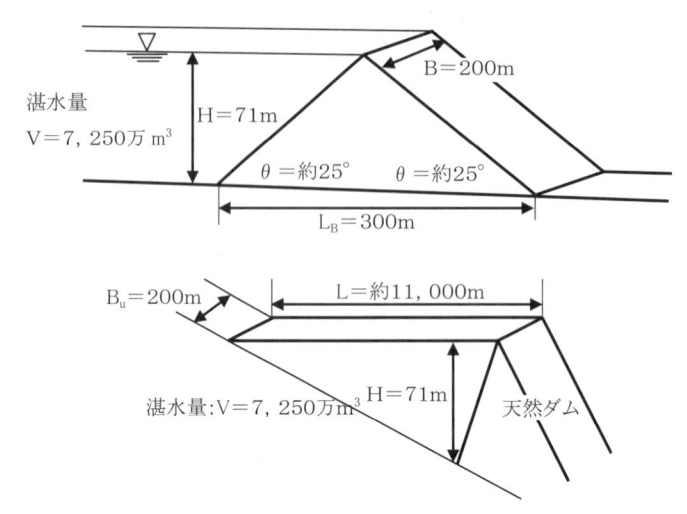

図 3.4　天然ダム形状の模式図（里深ほか 2007a）

流量（ピーク値）、到達時間を表している。井上ほか（2005）は、洪水高さを現地調査結果に基づき推定し、流速等は Manning 式で推定している。このため、推定値の中では洪水高さがシミュレーション結果の妥当性を検証する上で最も適していると考えられる。

図 3.5 では粒径（d）=1cm の時、天然ダム下流の比較的距離の近い地点（〜10km）、ならびに 40km 手前付近で計算値が推定値より小さくなっている。しかしながら、全体としてピーク時の洪水高さの計算値が推定値よりも若干大きい傾向を示すもの、概ね推定値を表現することができた。各地点の流速は、全体的に計算値の方が大きく、流量で比較をすると最大約 15,000m³/s 程計算値の方が大きくなった。

一方、d=10cm の時は、d=1cm の時に比べて、若干洪水高さが大きくなるが、全体の傾向にはそれほど大きな違いは見られない。

計算値では、各地点の流速が推定値に比べて大きいため、洪水到達時間を比較した時に、推定値と計算値では計算値の方が早くなる。図 3.5 に示す到達時間のグラフには寺戸（1970）による聞き込み結果（▲）も示しているが、推定値とは略合致している。実際の河川では、山地部で基岩が露出して蛇行が激しく、支川の数も多いため複雑な地形を呈しているのに対して、計算では直線水路として計算していることが、計算値の方が速くなっている原因と考えられる。

写真 3.1 は、昭和 20 年（1945）頃の田野氷柱観音付近（天然ダム地点から約 38km 下流）の河道状況である。地形図で確認すると、昭和 20 年以前の田野氷柱観音付近は、現在に比べて大幅に河道幅が狭かったことがわかる。このため、天然ダム決壊により下流域に伝播した段波がこの地点で堰止められ、上流域で滞留したことが、各地点への到達時間および流速に関して、推定値と計算値に大きな差が生じた原因の一つであると考えられる。

写真 3.1　昭和 20 年頃　田野氷柱観音付近の那珂川
（鷲敷町 1990：80 年のあしあと）

d=1cm   d=10cm

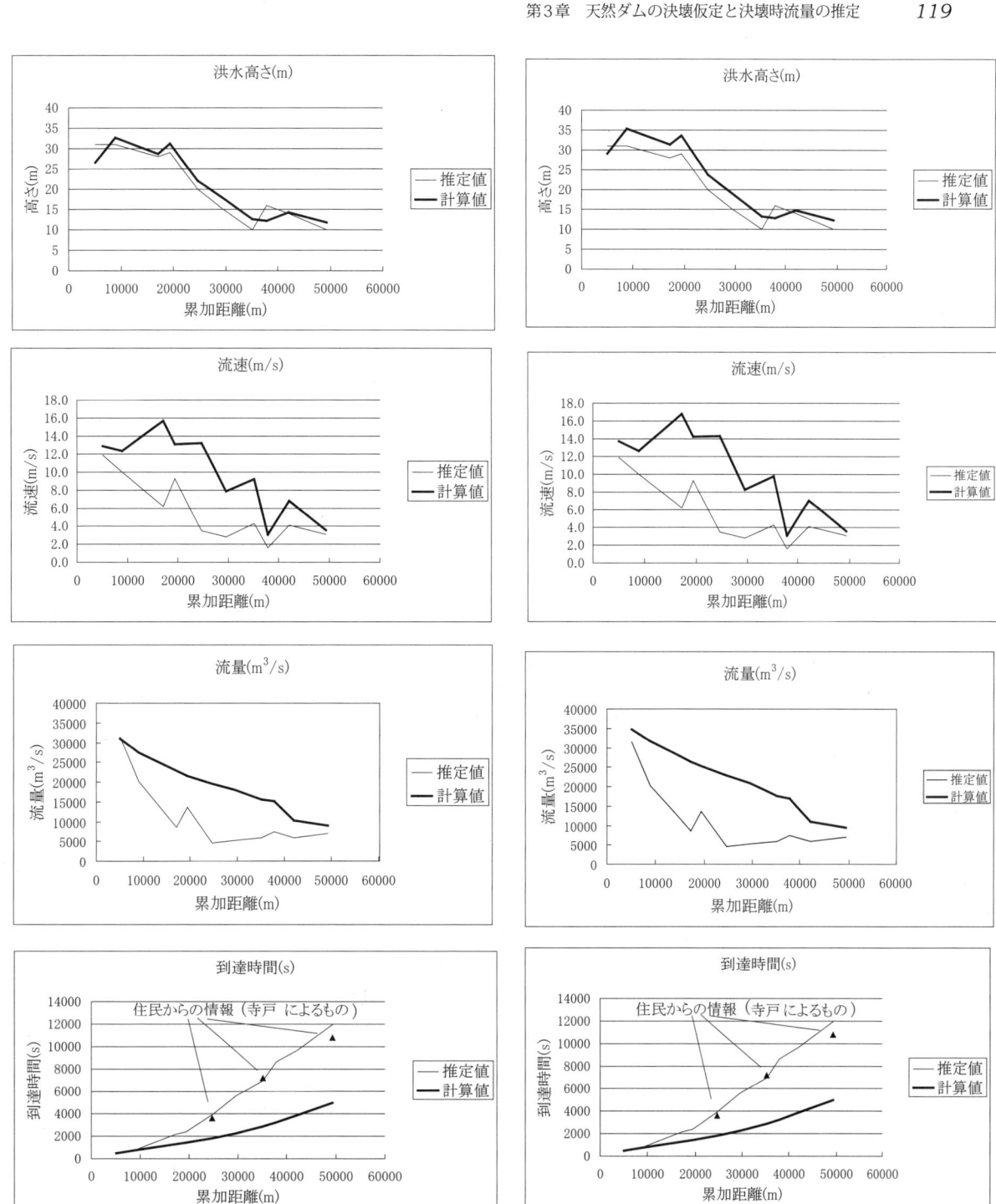

図 3.5 計算結果と推定値との比較（里深ほか 2007a）

(2) ピーク流量

次に各地点での流量の時間変化を図3.6に示す。横軸が累加時間、縦軸が流量を示している。ここでは上流（小浜）、中流（朝生）、下流（細野）の代表的な3地点を選択して示した。これらによれば、流量のピークは洪水到達直後に表れている。天然ダム決壊により、決壊直後の多量の水と土砂が下流へ伝播することが表現できている。また、下流の地点ほどピークが明確ではなく、一定時間大きい流量が現れた後、流量は徐々に低下していく。

(3) 天然ダム地点の河床変動

次に天然ダム地点での河床変動の時間変化を図3.7示す。横軸が累加距離、縦軸が標高を示している。一方、図3.8は天然ダム地点の水位の時間変化を表したものである。天然ダムの侵食形態は、侵食された土砂が下流側に堆積し、侵食が進むにつれて河床勾配が緩くなっていく。また、ダムの侵食量は早い時間に大きく、2時間後、3時間後、4時間後では、河床勾配が全層平均濃度に対する平衡勾配に近づくため、ほとんど形状に変化はみられない。

3) 考察

明治25年（1892）の高磯山の大規模崩壊による天然ダムの決壊について、LADOFモデルによるシミュレーションを行い、洪水高さ、ピーク流量等、既往データとの比較を行った。計算の結果、洪水高さについては概ね再現することができた。この洪水高さは、寺戸（1970）の調査結果に基づいたものであり、計算結果はこの値に非常に近いため、本モデルの適応性はきわめて高いと言える。

また、天然ダムを三角形に近似して計算を行っているが、現地調査の結果からはほぼ近い形態であったと推定している。

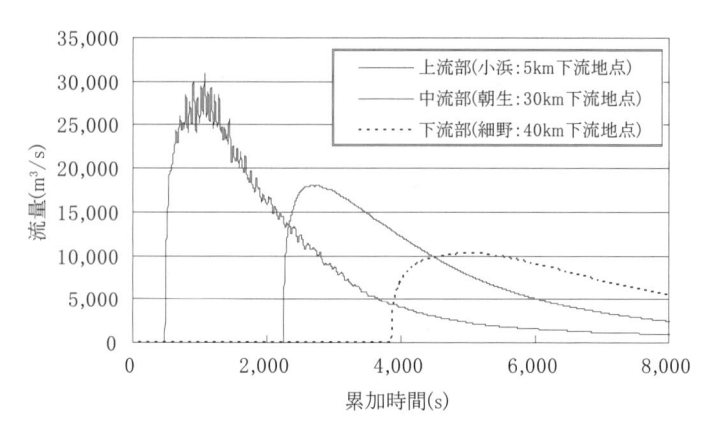

図3.6 流量の時間変化（n = 0.05 の場合）（里深ほか 2007a）

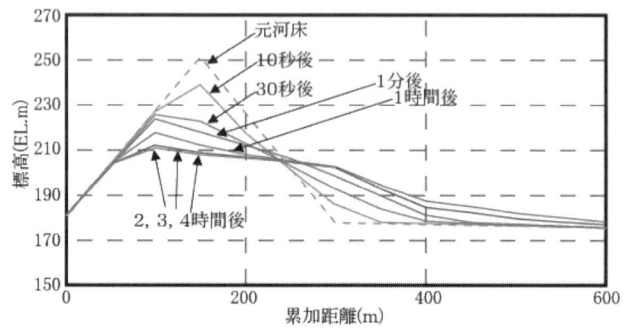

図3.7 天然ダム地点の河床変動の時間変化（里深ほか 2007a）

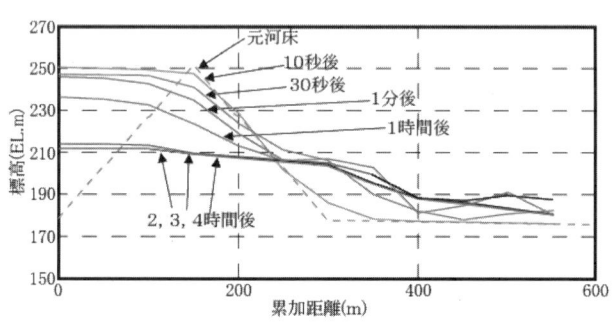

図3.8 天然ダム地点の水位の時間変化（里深ほか 2007a）

3.2.2 側岸侵食を考慮した天然ダム決壊シミュレーション（芋川における試算例）

1) シミュレーションの概要

里深ほか（2007c）は、新潟県中越地震後に計測した航空レーザー測量による地形データをもとに、信濃川水系魚野川支川の芋川右支塩谷川において形

成された天然ダムを対象に、LADOFモデルで側岸侵食を加味したシミュレーション計算を実施した。
①天然ダムの形状

図3.10に示すように、実際に形成された3つの天然ダム（A、B、C）のうち、天然ダムBが天然ダムCの湛水域に沈んでおり、決壊する可能性が低いことから、天然ダムA、Cを計算対象とした。天然ダムの縦断形状は以下の通りである。

　　天然ダムA：下幅約200m、上幅約100m、高さ約20mの台形に近い形状
　　天然ダムC：下幅約250m、高さ約20mの三角形に近い形状

②給水条件

天然ダムの満水状態を想定して、流入後すぐに越流侵食による決壊が始まるものとし、流水の供給条件としては、上流端より10m³/sを常時供給することとした。

③その他

平均粒径は粒度分析結果より1cm、内部摩擦角は一般値（35°）を使用し、河道の粗度係数は0.05、計算河道は全区間で矩形断面とした。

2）計算結果

シミュレーションの結果は、以下のとおりとなった。

①川幅の変化

川幅の変化は図3.10のとおりとなっている。天然ダムA下流の川幅は広がっているため、天然ダム決壊による川幅の広がりはあまり見られない。一方、天然ダムCでは直下流に狭窄部が見られ、川幅の広がりが見られる。また、さらに下流では、川幅が狭いこともあって、拡幅が顕著である。なお、図3.10中の累加距離は、天然ダムへの流入部分を考慮し、天然ダム湛水域末端から100m上流を原点「0」として、下流に向かった距離を表している。

②天然ダム直下流におけるピーク流量

天然ダム直下におけるピーク流量は、図3.11のとおりとなっている。天然ダムA（台形に近い）の下流よりも天然ダムC（三角形に近い）下流のほうがピーク流量が大きくなる。また、ピークが過ぎると天然ダムの侵食が収まり、一定の値（上流からの供給量10m³/s）に収束する。天然ダムAからの越流による流量の増大は、天然ダムAへの流入量の約2倍程度である。そのため、天然ダムCの下流の流量の増大は天然ダムAによる流量の増大の影響をほとんど受けていない。なお、

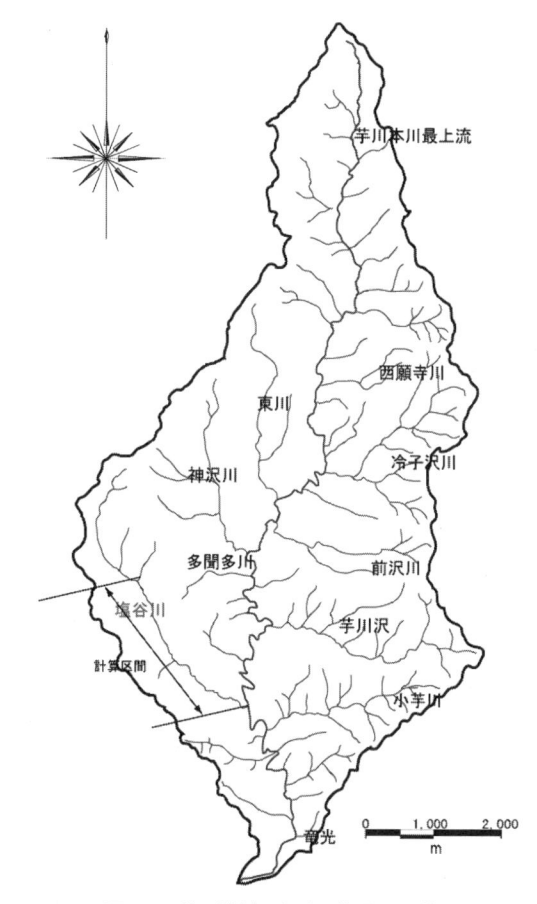

図3.9　芋川流域における塩谷川の位置

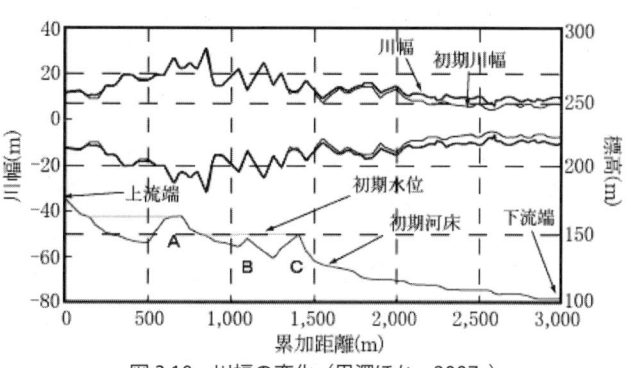

図3.10　川幅の変化（里深ほか、2007c）

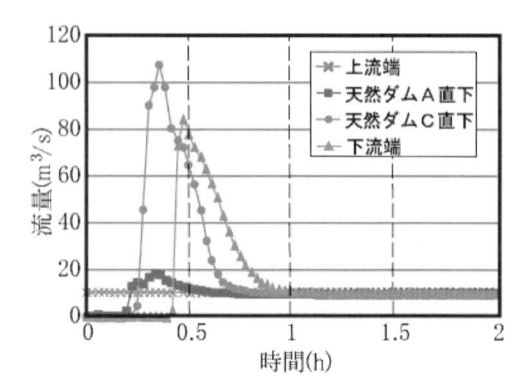

図3.11 天然ダム直下におけるピーク流量
（里深ほか 2007c）

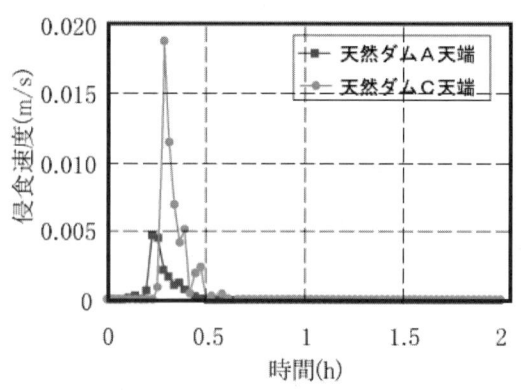

図3.12 天然ダム天端河床部の侵食速度
（里深ほか 2007c）

天然ダムBについては固定床として扱い、越流決壊を想定していない。

③河床における侵食速度

天然ダムAおよびCの天端にあたる700m地点と1400m地点における縦断方向の侵食速度は図3.12のとおりである。天然ダムA、Cとも越流直後にピーク値を持ち、その値は三角形の天然ダムCの方が約4倍程度大きくなっている。

④側岸における侵食速度

天然ダムAおよびCの天端部の側岸部における侵食速度は、図3.13のとおりである。側岸の侵食速度は、そのように設定しているからではあるが、河床の侵食速度に比べて小さくなっている。なお、側岸侵食の係数αは1000で計算を行った。

⑤河床変動

天然ダムAおよびCの天端部における河床変動の計算結果は、図3.14のとおりとなっている。下方に向かって5分後、10分後、30分後、1時間後、2時間後の河床の高さである。天然ダムAでは決壊開始から2時間後までの間で1m程度しか侵食されてないのに対して、天然ダムCでは、同じ時間に5m程度侵食されている。天然ダム天端の河床の侵食は早い時間に大きく、時間が経過するにつれて小さくなっている。この傾向は、ダム形状に関わらず同様である。

⑥計算結果のまとめ

里深ほか（2007c）は、新潟県中越地震で複数の天然ダムが形成された芋川右支塩谷川において、LADOFモデルで、側岸侵食速度式を導入して川幅

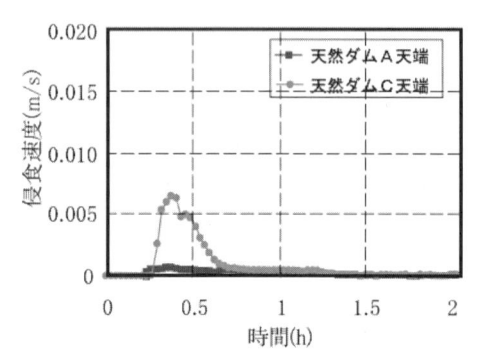

図3.13 天然ダム天端側岸部における侵食速度
（里深ほか 2007c）

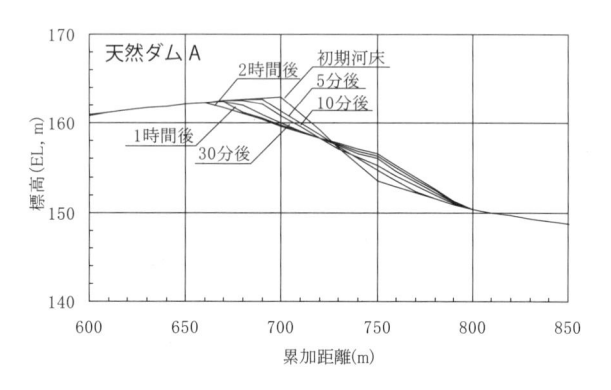

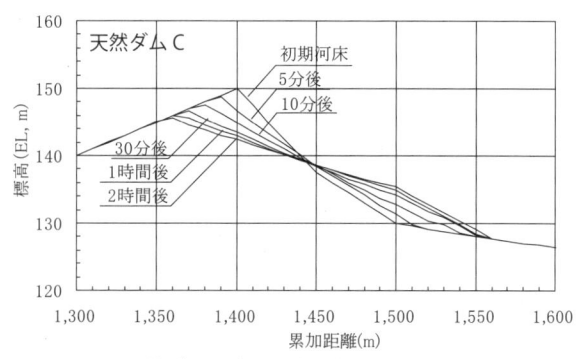

図3.14 天然ダム天端高の時間変化（里深ほか 2007c）

を変化させる計算を行った。その結果、天然ダム C の下流では側岸侵食が顕著に見られた。特に、天然ダム C より 600m～1000m 下流で側岸侵食が著しい。これは、天然ダム C の直下に比べて川幅が小さいことが影響していると考えられる。

また、台形に近い形と、三角形に近い形の 2 種類の天然ダムを比較した結果、台形の天然ダムの下流に比べて、三角形の天然ダム下流側のピーク流量が数倍大きくなった。これは、天端の侵食速度の差に起因する。現実の天然ダムの越流決壊現象においても、この傾向となる可能性が高いと考えて良いようである。

写真 3.2　野々尾地すべりと決壊した天然ダム（日本工営㈱撮影）

3.2.3　宮崎県耳川流域の野々尾地区の天然ダムにおける検証

1)　野々尾地すべりによる天然ダム

宮崎県の耳川は、その源を熊本県との県境三片山に発し、東流して日向市において日向灘に注ぐ幹川流路延長 91.1km、流域面積 884.1km² の二級河川である。2005 年 9 月 6 日、台風 14 号による豪雨を誘因として地すべりが発生し、一時天然ダムが形成された後、短時間で決壊した（写真 3.2、表 3.1 の No.60-1）。この地点の上流約 0.5km に九州電力の塚原ダム（高さ 87.0m、流域面積 410.6km）、下流約 10km には山須原ダム（高さ 29.4m、流域面積 598.6km）があり（図 3.15）、一部欠測があるものの、それぞれ放流量、流入量が記録されていた。

千葉ほか（2007）は、これらのデータを活用して、LADOF モデルによるシミュレーション結果と比較して、その再現性を検証している。

野々尾地区天然ダムの形状は、航空写真と現地調査により決定した。天然ダムの上流側に残るビニール袋や流木は、標高 220m 付近までのところで確認された。また、地すべり土塊のうち、残存している部分の天頂部の標高は、概ね 220m であっ

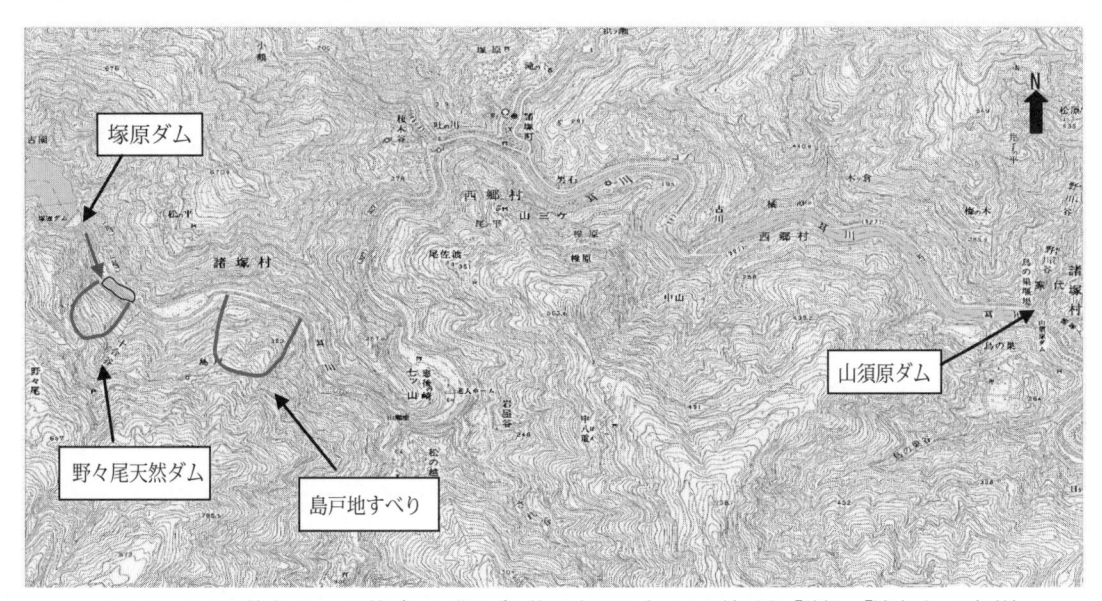

図 3.15　野々尾地すべり、天然ダムと発電ダム等の位置図（1/2.5 万地形図「諸塚」「清水岳」に加筆）

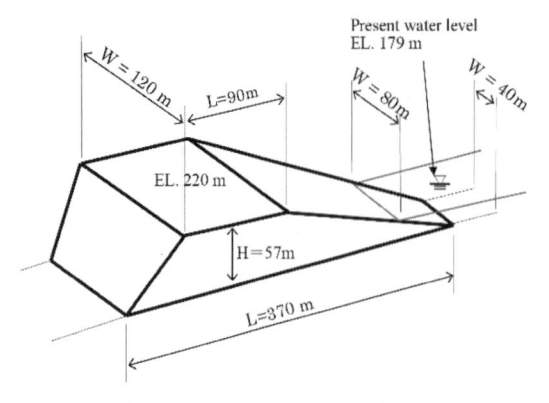

図 3.16　野々尾天然ダムの想定形状
（宮崎県 2005、一部加筆）

た。このことから天然ダムの天端標高は220mとし、1/2,500地形図から読み取った被災前の河床部の標高が163mなので、天然ダムの高さは57mと推定した。現地踏査の結果等も踏まえ、野々尾天然ダムの想定形状を図3.16のように推定した。

2）野々尾地区天然ダムの決壊時流量の予測

野々尾天然ダムの場合、直上流に発電ダムがあったことから、無い場合と比較して貯水量が約1/7に押えられ、決壊流量がそれほど多くならなかった。そのため、決壊したことによる洪水では災害には至らず、また、下流に山須原ダムの貯水池があったので、さらに下流に影響することもなかった。そのため、天然ダム決壊による洪水の痕跡を確認することはできなかった。一方で、聞き取りや下流山須原ダムの流入量の記録の解析から、天然ダムが形成されてから約50分という短い時間で決壊していることも分かった。野々尾天然ダムと山須原ダムとの間の残流域からの流入量は図3.17から約500m³/sと推定され、山須原ダムへの流入量から単純に500m³/sを差し引いて考えると、決壊に伴う山須原ダムへの流入量のピークは2,400m³/s程度と推定することができる。

また、天然ダムから約5km下流の諸塚地区では従来から3,000m³/sを超えると道路が冠水することが分かっており、諸塚村役場によると当日は冠水は見られなかったとのことなので、この地点における流量は3,000m³/s以下の流量であったと考えられる。

この二つの条件をチェックポイントとしてLADOFモデルによる数値シミュレーションを行い、下流域へ伝搬したピーク流量を計算した。

3）計算条件並びに計算結果

計算条件は以下のように仮定した。

①天然ダムへの流入量は直上流の塚原ダムの放流量をそのまま用いた。

②天然ダム堤体構成材料の内部摩擦角は35°、単位体積重量は 2,650kg/m³

③下流河道の粗度係数は 0.05

④天然ダム構成材料の平均粒径は、天然ダム決壊後の堤体材料調査の結果、値が10mmから600mmの範囲に散らばっているため、一つの値で代表させることが困難である。このため、平均粒径の違いによって、決壊時流量がどの程度変化するのかを確認することを目的として、40mm、100mm、400mmと変化させ、決壊時流量を計算してみた。

また、観測値との整合性をチェックするため、決壊時流量と併せて山須原ダム流入量の実測値から推定した値（山須原ダム流入量の実測値から残流域からの流入量分として500m³/sを除いた値）を併記した。

計算結果は図3.18の通りである。図3.18に示

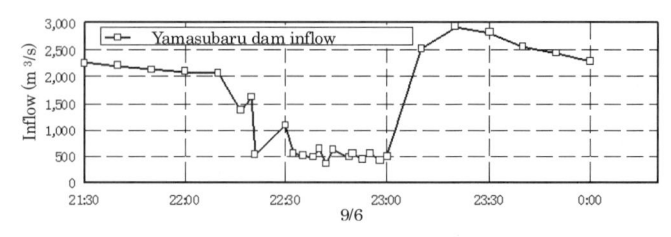

図 3.17　天然ダム決壊前後の山須原ダム流入量（千葉ほか 2007、一部加筆）

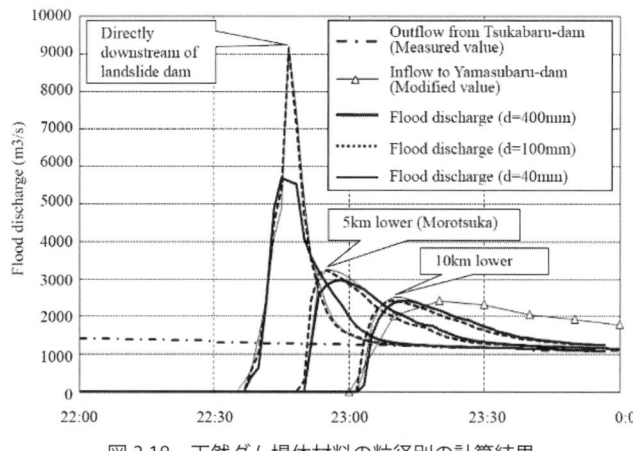

図3.18 天然ダム堤体材料の粒径別の計算結果
（宮崎県2005、一部加筆）

すように、天然ダム直下流地点では粒径が小さい場合、流量はかなり大きくなる。これは、LADOFモデルにおいて粒径が小さくなることで水流層と砂礫移動層との交換層のせん断応力τ_wと、河床面せん断応力τ_bの値が減少し（式3.10、3.18、3.19参照）、せん断応力τ_bが減少すると流体の運動量は増加するため、流量が増加することとなるものと考えられる（式3.8、3.9参照）。

しかしながら、下流に流下する過程で、河道内の貯留作用等が働き、しだいにフラットなハイドロに変化し、相当な距離になると、粒径の違いによる差が小さくなることが示されている。

これらのことから、保全対象が天然ダムの下流の近いところにある場合には、崩壊土砂の粒径の把握が重要な項目となるということが分かる。

図3.18から、約5km下流の諸塚地区のピーク流量は、概ね3,000 m³/s程度となっている。また、約10km下流のピーク流量は山須原ダムへの流入量から残流域からの流入量を差し引いた値（約2,400 m³/s）とほぼ同じとなっており、LADOFモデルにより野々尾天然ダムの決壊による洪水流量を再現することができた。

なお、侵食係数αは10,000を用いた。

3.2.4 隣接する島戸地区における天然ダムの想定と、その形状の相違による洪水流量の算定

図3.15に示したように、野々尾地区下流の島戸地区では、大規模な地すべり地形の存在が確認されている。2005年台風14号時のこの地すべり土塊は移動量が小さく、移動土塊が耳川に侵入し、天然ダムを形成する状況には至らなかったが、対策工の実施状況や降雨状況によっては、野々尾地区と同様に移動土塊が耳川を閉塞し、大規模な天然ダムが形成される可能性がある。

このため、島戸地区における地すべり土塊が河道に流入埋塞した場合に形成する可能性のある天然ダム規模を想定し、天然ダムが形成され、さらには決壊した場合にどのような被害が想定されるのかを予測することが、耳川流域全体の危機管理を考える上で有効であると考え、島戸地区で形成される可能性がある天然ダム規模と決壊時のピーク流量について、LADOFモデルにより検討を行った。

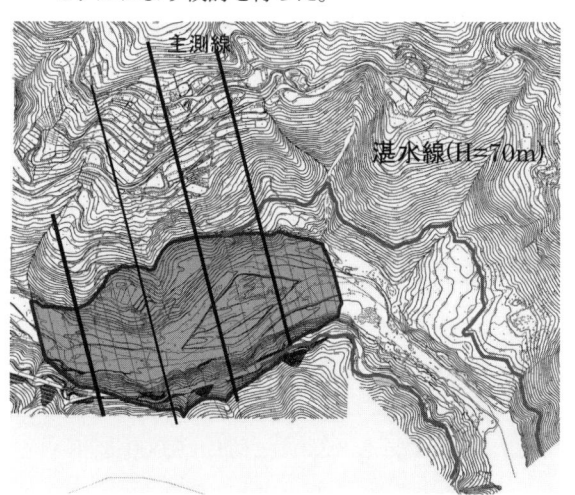

図3.19 島戸地区天然ダム形成平面図
（全体ブロック崩壊の場合）（宮崎県2005）

1) 天然ダム規模の推定

島戸地区地すべりは、宮崎県により地すべり平面図及び横断図が作成されている。これをもとに地すべりの移動土塊量を推算し、形成される可能性のある天然ダムの規模を想定した。

種々検討した結果、ダム高70mの天然ダム堤体形状を最大規模とし、ブロック単位で移動した場合はこれより小さくなることを考慮して、ダム高

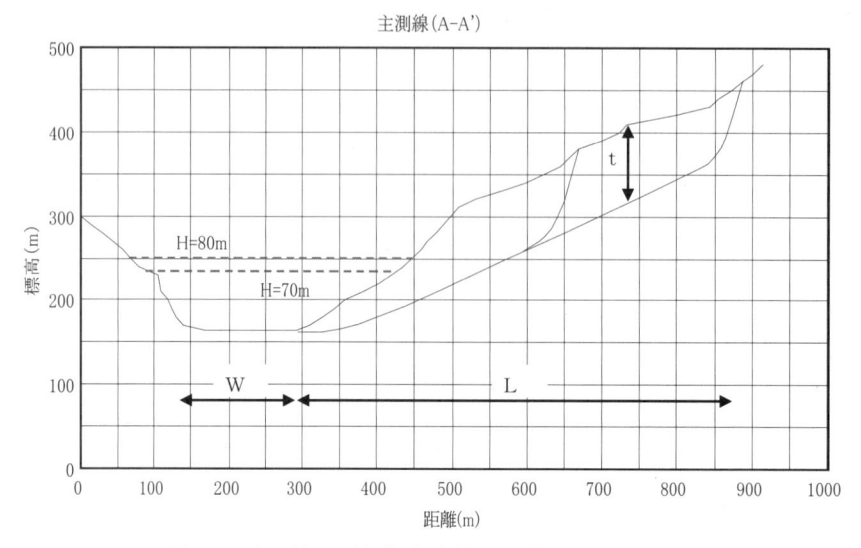

図 3.20 島戸地区天然ダム想定断面図（主側線）（宮崎県 2005）

40m、20m の天然ダムを想定した。さらに、天然ダムの長さについても、200〜720 m まで変化させ、図3.21のような6つのケースを想定して、決壊した場合の洪水ハイドログラフを算定した。

2）決壊時洪水流量の推定

他の計算条件としては、天然ダム湛水域の川幅127m、平均粒径400mm、内部摩擦角、単位体積重量、Mannigの粗度係数は 3.2.3 項で計算した野々尾地区と同じ値を用いた。また、天然ダムへの流入量は、塚原ダム放流量として、1、10、100 年確率規模相当の流量（それぞれ 1000、2000、3657m^3/s）とし、侵食係数 α も 3.2.3 項と同じ 10,000 を用いた。

計算の結果は、表 3.1 および図 3.22 に示す通りである。まず、ハイドログラフの形状に着目すると、以下のことが明らかになる。

表 3.1 決壊時のピーク流量の算定結果（宮崎県 2005）

ケース	天然ダム規模(m)		流入量（m^3/s）		
	長さ	高さ	1,000	2,000	3,657
①	200	20	1,913.10	3,005.30	4,891.80
②	720	20	1,023.30	2,039.40	3,768.30
③	200	40	4,252.00	5,487.70	7,233.40
④	410	40	2,119.00	3,361.30	5,389.60
⑤	200	70	25,494.60	26,540.70	27,145.20
⑥	720	70	1,784.70	3,175.40	5,110.00

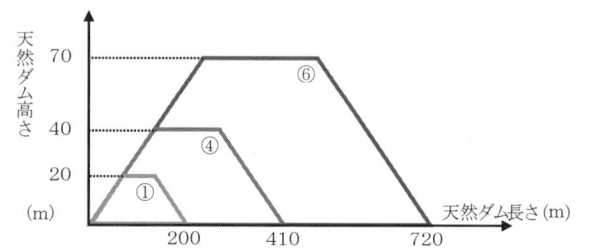

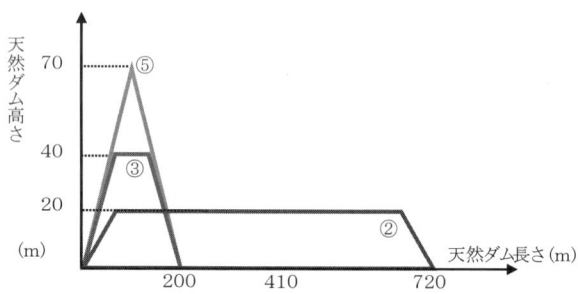

図 3.21 島戸地区で想定した天然ダムの縦断形状（宮崎県 2005）

ア）これら6ケースの中ではダム高が大きく（70m）、ダム長が小さい（200m）ケース⑤が一番ピーク流量が大きくなった。

イ）すべてのケースで、ピーク後の流量が、天然ダム地点への流入流量に漸近する。

ウ）ダム高が小さく（20m）、ダム長が大きい（720m）のケース②は、天然ダム越流開始後もハイドログラフのピークはほとんど立ち上がらず、流入流量とほぼ同等の値となる。

エ）各ケースとも流入流量によって、ハイドログラ

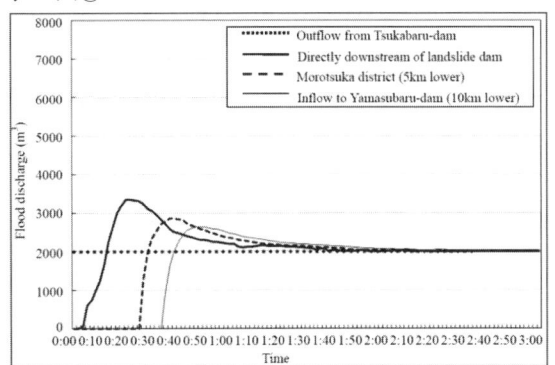

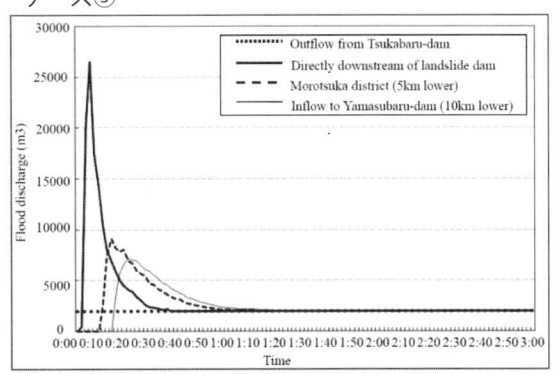

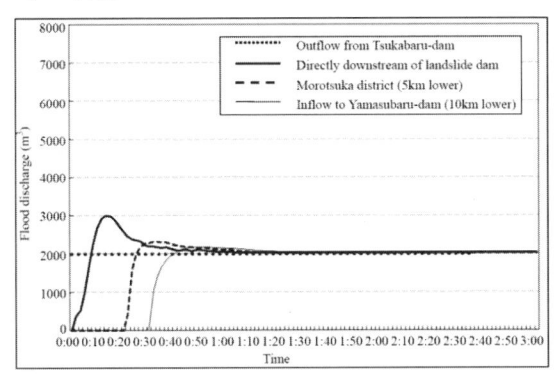

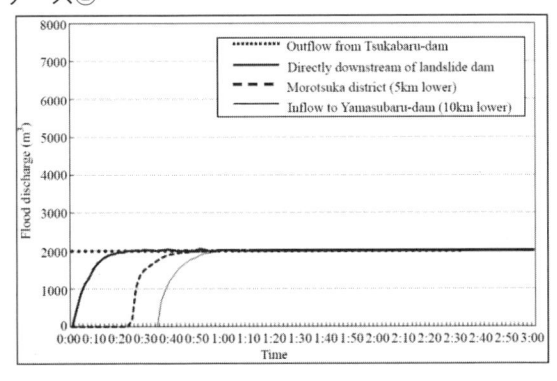

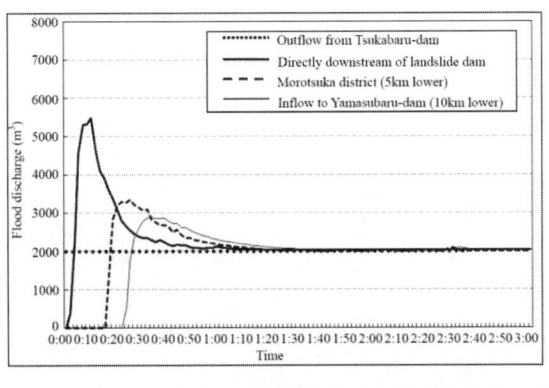

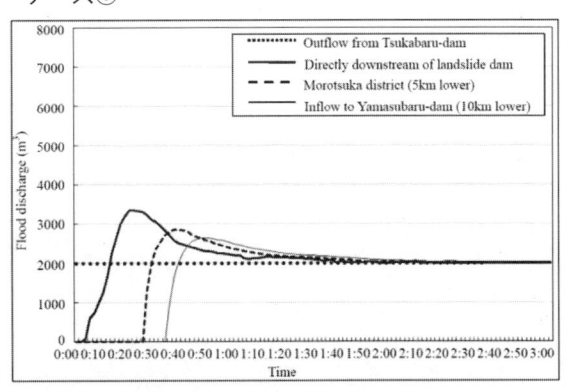

図 3.22　決壊時ピーク流量（流入量 2000m³/s）の計算結果（宮崎県 2005、一部加筆）

　フのピークは異なるが、ピーク流量と流入流量との差はほぼ同等の値となる。
　一方、ピーク流量に着目すると、以下のことが明らかとなる。

オ）流入流量の増加とともに決壊時ピーク流量が増加するが、相似形であるケース①、④、⑥を比較すると、ダム高さはそれほど影響しない。

カ）最もピーク流量に関係するのは天然ダムの縦断形状で、縦断方向に短い場合に、ピーク流量が大きくなる。侵食によるダム高さの減少が急激なためと考えられる。ケース⑤のように三角形の場合には極端に大きくなる。

キ）したがって、形成された天然ダムの縦断形状が縦断方向に短く、三角形に近い場合には注意が必要ということになる。逆に言うと、①、④、⑥のように一般的に想定される流下方向に高さ

の 10 倍程度の長さを持つ天然ダムの場合、流入量の 2 倍程度の洪水流量で収まると考えて良さそうである。

3) まとめ

島戸地区の地すべりにより形成される可能性のある天然ダムについて、6 つのケースを想定し、LADOF モデルにより天然ダム決壊時の流量を計算してみた。その結果、決壊時の洪水ピーク流量は、形成される天然ダムの縦断形状との関係が深く、流下方向に短い場合、極端に大きくなる可能性があることが分かった。

今後、天然ダムが形成された場合、早期に天然ダムの縦断形状と流入量を把握する手段を確立しておき、この "LADOF モデル" を利用することにより、いち早く決壊時のピーク流量の規模を推定し、早期の警戒避難体制をとることができ、決壊による二次災害を防ぐことが可能となる。

3.2.5 中国四川省唐家山（Tangjiashan）の天然ダムへの適用

2008 年 5 月の汶川大地震により中国四川省では大規模なものだけでも 34 以上の天然ダムが形成された。その中の最大規模である北川県唐家山の天然ダムについては、人民解放軍による決死的な取り組みにより洪水吐が開削され、その後の越流決壊による洪水流量も報告されている。(財)砂防フロンティア整備推進機構（SFF2009a）は、この天然ダムについて LADOF モデルにより決壊時の洪水流量を算定し、その適応性について検討している。

計算に用いたパラメータは、同年 7 月 12 日時点でインターネットから得られた情報をもとに推測しており、地形データは災害発生前の SRTM-3[*1]（90m メッシュデータ）より作成した。

1) 天然ダムの形成箇所

天然ダムの形成箇所を図 3.23 に示す。

図 3.23 Google map による天然ダム形成箇所（Google map 及び個人投稿写真に一部加筆）

[*1] Shuttle Radar Topography Mission（SRTM）は、スペースシャトルに搭載したレーダーで、地球の詳細な数値標高モデルを作製することを目的としたミッション。2000 年、毛利衛氏も参加したエンデバーの STS-99 ミッションで行われ、標高データは無償でダウンロードでき、3 秒角（約 90m）メッシュの SRTM-3、30 秒角（約 900m）メッシュの SRTM-30、及びアメリカ国内の 1 秒角（約 30m）メッシュの SRTM-1 が公開されている。

2) 計算条件

天然ダムの形状は台形を想定し、表3.2に示す計算条件でシミュレーションを行った。縦断図はSRTM-3（災害発生前のデータ）より作成した。

3) 計算結果

①掘削した緊急排水路並びに側岸侵食を考慮した場合の計算結果

既述のとおり唐家山の天然ダムは天端に緊急排水路を掘削しており、計算においては掘削幅7m、掘削深10mの矩形断面として計算を行った（図3.25、図3.26）。

試算を行った結果、侵食係数を15,000とした場合、天然ダム下流の北川県におけるピーク流量は図3.28に示すとおり、天然ダム直下で約6,700m³/sとなり、これは、海外の学術誌「Hydrolink」（2009年4月号）に掲載されている値である6,500m³/s

表3.2 計算に用いた唐家山天然ダムの基本諸元（SFF2009a）

	天然ダム高	湛水容量	天然ダム長さ（Lu=上底）	天然ダム長さ（Ld=下底）	天然ダム幅（B=横幅）	上下流法勾配（θ）	粒径
計算値	82.65m	2.0億m³	500m（※1）	800m	350m（※2）	30度（※3）	50cm

※1 平面図から推定した。
※2 堤体の最大幅は600m程であるが、左岸側と右岸側で堆積高さが大きく異なっていた。そのため、高さ82.65の川幅を横断面から推定し、天然ダムの幅とした。
※3 高さと縦断幅から逆算して求めた。

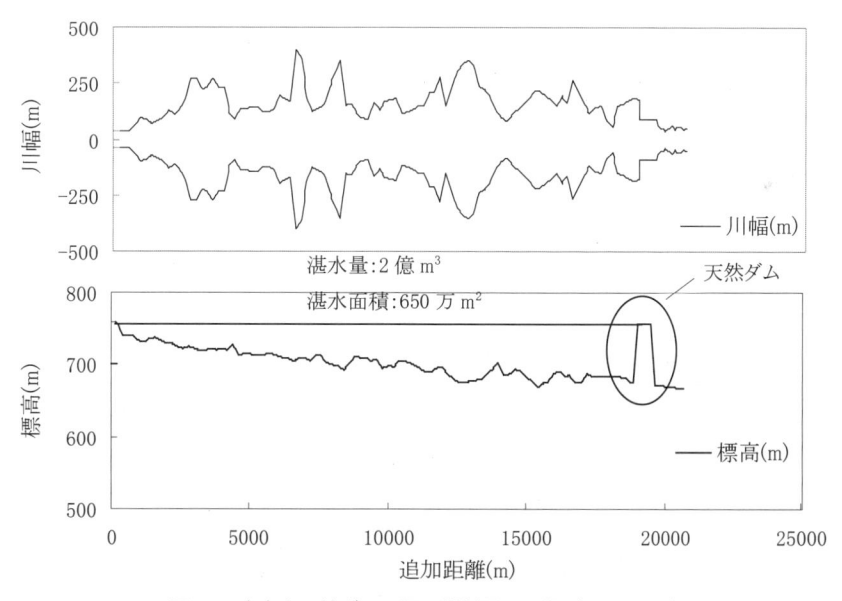

図3.24 唐家山天然ダムの河川縦断図、川幅（SFF2009a）

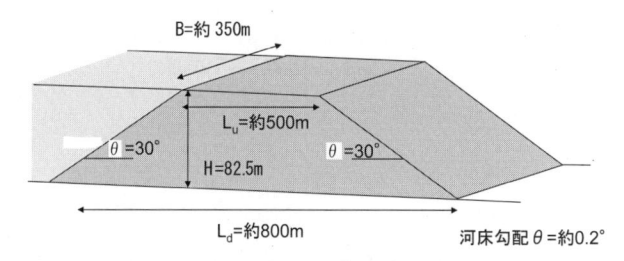

図3.25 計算に用いた唐家山天然ダムの形態（SFF2009a）

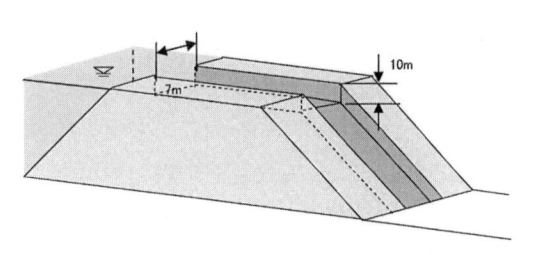

図3.26 排水路掘削後のイメージ（SFF2009a）

図 3.27 唐家山天然ダムの平面図（Google map に加筆）

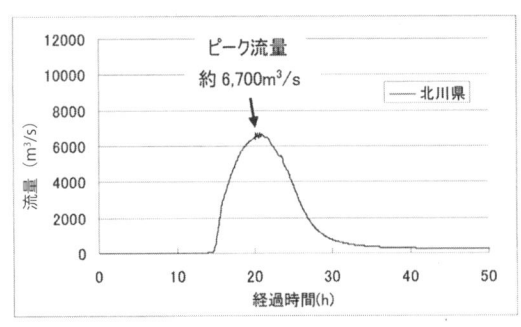

側岸侵食式の係数は、α=15000 で計算している

図 3.28 唐家山天然ダムの LADOF モデルによるハイドログラフ（SFF2009a）

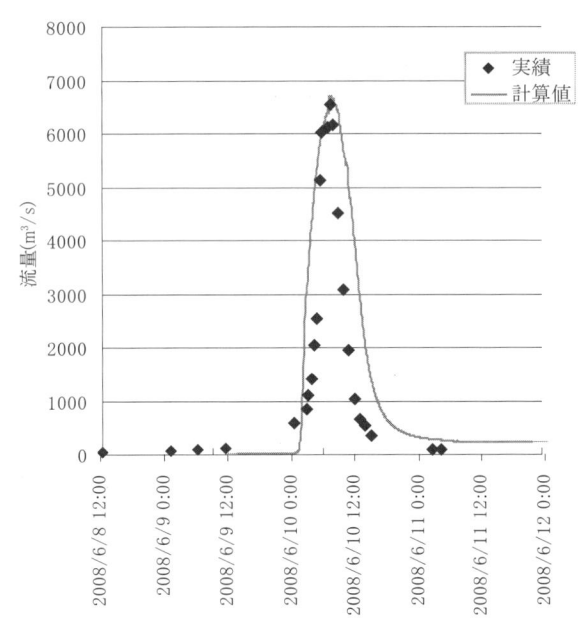

図 3.29 天然ダム決壊流量の実績値（中国政府水利部発表）と計算値との比較（SFF2009a）

とほぼ一致した。計算では、越流開始から約 12.0 時間後に急激に流量が増加し、その約 6.0 時間後に最大ピークに到達する結果となった。

この計算結果のハイドログラフと、インターネットより入手できた中国政府水利部の資料に基づく決壊流量および湛水池の水位変動とを比較してみた。図 3.29 は、実績流量と計算値のピークの立ち上がりを合わせて比較してみたものであり、計算値の方が若干ピーク継続時間が長くなっているが、両者はおおむね一致しているといえる。

また、水位変動は、図 3.30 に示すように計算値の方が水位の低下が顕著に見られる。これは、図 3.29 から分かるように、計算値の方が全流出量が大きい。計算上、湛水池からの貯留水の流出が多く、それにより堤体の侵食が進み、天然ダムの湛水域の

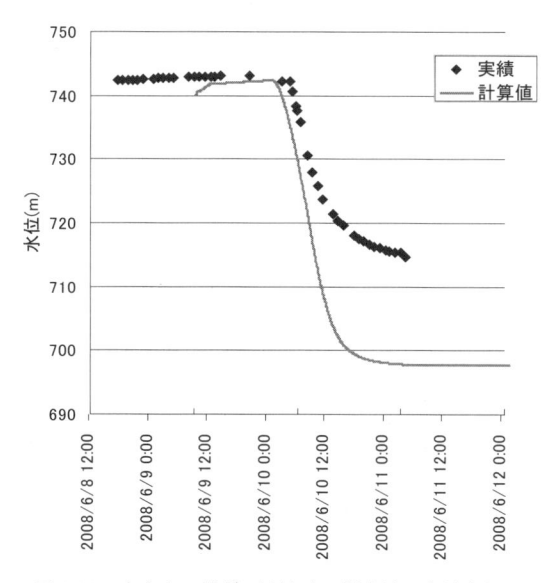

図 3.30 唐家山天然ダム決壊時の湛水池の水位変化
（SFF2009a）

水位低下が進行したものであると考えられる。また、実際の現地写真（写真 3.3）では、大きな岩塊もみられるため、アーマリングによる水位低下（堤体侵食）の抑制効果が作用したことも考えられる。

② 側岸侵食係数（α）について

①の計算は、側岸侵食の係数 α を 15,000 に設定して計算した結果である。試算した結果、実際の報告データと整合するのが、この値であったということである。α を 1/10 倍の $\alpha = 1,500$ および 10 倍の $\alpha = 150,000$ にした計算を行ってみた結果は図

写真 3.3　天然ダム満水後の流出状況
上：6月8日午後、中国政府水利部
下：6月10日午前の状況、新華社通信

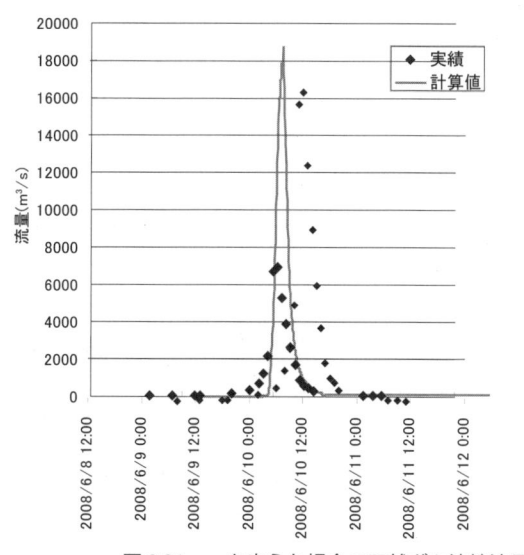

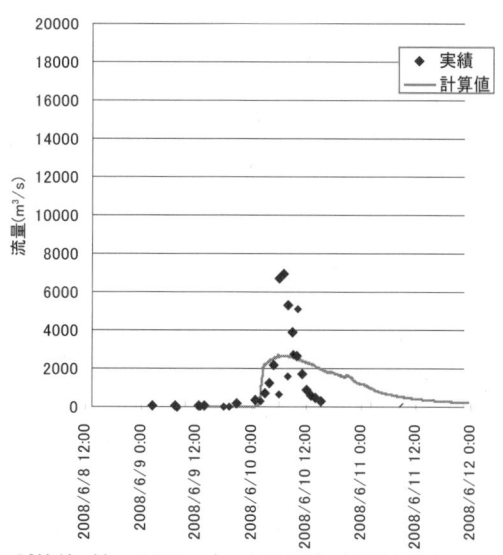

図 3.31　α を変えた場合の天然ダム決壊流量の試算値（左：1,500、右：150,000）（SFF2009a）

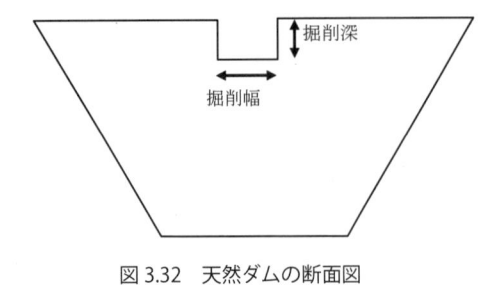

図 3.32　天然ダムの断面図

表 3.3　計算ケースとピーク流量（SFF2009a）

	掘削深	掘削幅	ピーク流量 m³/s
Case 1	10	7	6,707
Case 2	5	7	8,502
Case 3	20	7	4,753
Case 4	10	3	7,261
Case 5	10	14	6,776
Case 6	10	20	6,875

3.31 の通りであり、実績とは大幅に異なる結果となった。

今後より多くの事例への適用を試みることにより"α"の値の取り扱い方を決める必要がある。

③ 天端水路の掘削深、掘削幅を変化させた場合のピーク流量の変化

天然ダムの決壊によるピーク流量を抑えるための有効な手段である水路掘削について、掘削深と掘削幅（図 3.32）を変化させ、緊急対策として放水路を掘削する場合、深い方が効果的なのか、広い方が効果的なのかを LADOF モデルによるシミュレーション計算により分析してみた。

実際の掘削深は 10m、掘削幅は下幅 7m であった。これを掘削深（5m、20m）、掘削幅（3m、14m、20m）と変化させた場合のピーク流量の変化を比較した。

各ケースの計算結果は表 3.3、図 3.33 の通りとなった。掘削深を変えた case2、case3 と case1 とを比較すれば明らかなように、掘削深を大きくした方がピーク流量は小さくなる。これは、掘削深を大きくすることにより、湛水量が減少するためである。逆に掘削深を小さくすると湛水面積が大きくなり湛水量が増加する。これにより、ピーク流量の大小に影響を与えることとなる。

それに対して、掘削幅を変えた case4、case5、case6 は、掘削幅を 3m にした case4 では決壊時のピーク流量が若干大きくなるものの、case1 と case5、case6 とではピーク流量にほとんど変化が見られない。要するに、掘削幅についてはピーク流量の大小にあまり影響を与えないと考えて良いようである。

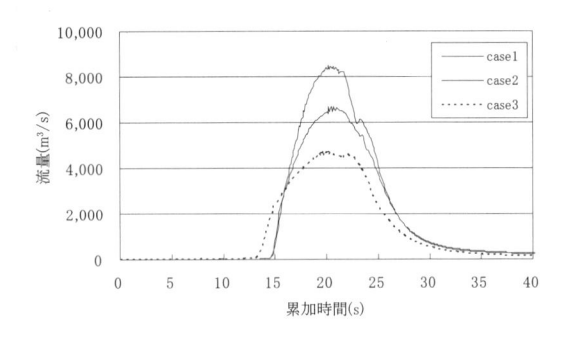

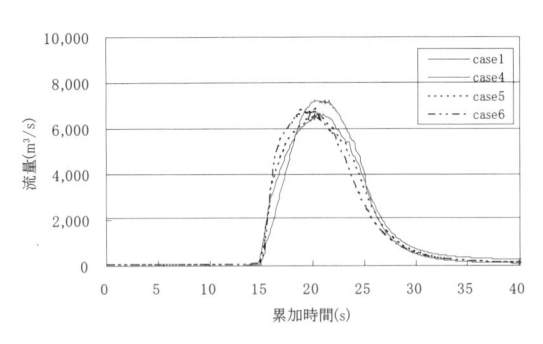

図 3.33　天然ダム決壊時における各ケースのハイドログラフ（図はピーク時刻を合わせた）（SFF2009a）

したがって、緊急対策として放水路を掘削する場合は、できるだけ深く掘削して、上流側の湛水量を極力減じることにより、決壊した場合の洪水のピーク流量を減じることができるということが計算上も確認できた。

④ 排水路を施工しないで自然越流した場合の洪水流量

排水路を掘削しなかった場合にどの位のピーク流量が算定されるのかについて①と同じ侵食係数で計算してみた。

図 3.34 に天然ダム下流の北川県におけるハイドログラフとピーク流量を示す。ピーク流量は天然ダム直下で約 11,000m³/s となり、排水路を掘削した

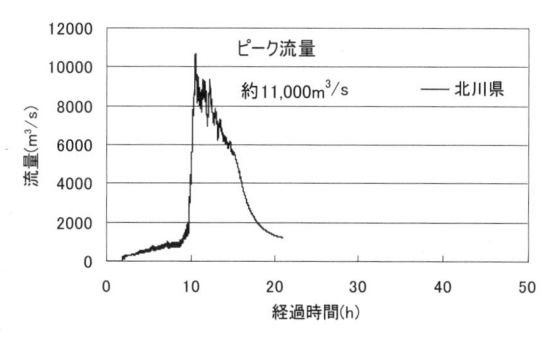

図3.34 排水路を掘削しない場合の洪水ハイドログラフ（SFF2009a）

場合の約倍近い規模のピーク流量となった。計算では、越流開始から約7.0間後に急激に流量が増加し、その約1.5時間後に最大ピークに到達する結果となっている。

5) 中国政府発表の天然ダム決壊時のピーク流量の推定値

中国政府水利部の専門家による分析によると、決壊した場合の洪水規模は、①堤体の1/3決壊、②堤体の1/2決壊、③全壊の3ケースで推定されており、下流の北川県でのピーク流量は、それぞれ① 26,438m³/s、② 51,668m³/s、③ 75,285m³/sである。一方、LADOFモデルで計算した北川県でのピーク流量は11,000m³/sであり、モデルの違いによりピーク流量に大きな違いが現れることが分かった。

想定に使われているDAMBRKモデルは、基本的にコンクリートダムの決壊時の影響をあらわすモデルであり、計算手法としては、水をためている堰（ダム）を取り払って、湛水している水を一気に流下させるイメージである。そのため、ダム決壊直後に流量が集中する。一方、LADOFモデルでは天然ダムの天端を徐々に侵食して決壊に至るため、流量のピークは抑えられることになる。

今回の場合、結果的にはLADOFモデルによる計算値と実績値が概ね合致したが、当該モデルの場合でも、侵食係数αの値によっては実績と大幅に異なる計算結果となることは図3.31に示したとおりである。また、決壊の形態として越流による決壊が想定されるのかどうかによってもLADOFモデルの適応性が違ってくる。どの計算式による値で警戒避難体制をとるのかは、専門家による判断も含め慎重に検討する必要がある。

表3.4 DAMBRKモデルによる想定洪水
（中国政府水利部、インターネットによる資料を元に作成。一部不明な文字あり）

主要地名	距離（km）	最大流量（m³/s）	想定時間（h）	最高水位（m）	最大高値（m）
方案一（三分之一潰）					
潰口	0	28503	1	676.69	13.69
北川県	4.64	26438	1.08	640.95	15.95
通口	24.4	21144	1.915	567.6	20.6
将軍	36.1	19270	2.38	538.37	16.66
永工場	40.3	18461	2.65	526.66	7.66
青蓮付近	46.51	16795	3.33	501.83	6.63
河口	50.2	15489	3.54	497.09	8.09
倍江橋	68.88	12860	5.999	467.5	8.67
方案二（二分之一潰）					
潰口	0	53051	2	683.46	20.46
北川県	4.64	51668	2.03	647.18	22.18
通口	24.4	45013	2.435	575.96	28.96
将軍	36.1	41925	2.675	543.79	22.08
永工場	40.3	40871	2.805	529.84	10.84
青蓮付近	46.51	36851	3.18	511.23	14.23
河口	50.2	32859	3.445	500.14	11.14
倍江橋	68.88	22031	5.398	469.99	11.16
方案三（全潰）					
潰口	0	76699	1.52	686.91	25.91
北川県	4.64	75285	1.855	651.85	26.85
通口	24.4	70776	2.155	582.94	35.94
将軍	36.1	68115	2.345	546.32	26.61
永工場	40.3	67234	2.435	532.49	13.49
青蓮付近	46.51	62825	2.715	514.3	17.3
河口	50.2	57525	2.91	503.1	14.1
倍江橋	68.88	34330	4.44	472.44	13.61

3.2.6 水理模型実験による天然ダムの越流決壊状況

（財）建設技術研究所は、受託して実施している水理模型実験について、その一部を定期的に一般公開で見学させてくれている。

今まで、LADOF モデルによるシミュレーション結果を説明してきたが、国内で行われた最大級の天然ダムの越流決壊実験の状況について紹介する。図3.7、図3.8、図3.14、写真3.3 のイメージと重ねてみていただきたい。

実験施設の縮尺は 1/60 で、天然ダムの諸元は以下の通りである。

　ダム高：30m
　天端の長さ：63m
　平均粒径：45.3mm
　上・下流法勾配：1：4
　湛水量：1,500,000m^3

越流開始当初は、越流水により徐々に下流法肩が侵食され、次第に上流に移動して行く（写真 3.4 の①、②）。それが、上流法肩まで到達すると、湛水していた貯留水が一挙に流れ出しているのが分かる（同③）。また、流水により侵食された堤体の土砂は、法尻の勾配急変箇所で堆積し、その結果、末端部で挑水現象が起きている（同④、⑤）。

写真 3.4　天然ダムの越流決壊に関する水理模型実験
（（財）建設技術研究所提供、実験の様子は同財団のホームページで公開されている）

3.3 LADOFモデルの応用例

3.3.1 LADOFモデルを活用した天然ダムのリスク分析と現場の安全管理への応用

2004年の新潟県中越地震、2008年の岩手・宮城内陸地震、中国四川省汶川大地震などで明らかなように、大規模な地震の場合、流域内に多数の天然ダムが形成されることが多い。これら多数の天然ダムについて全てモニタリングしていくことは、非効率であり、また調査能力が分散してしまうこととなる。そのため、これら複数の天然ダムについて、LADOFモデルを活用して決壊した場合の洪水量を算定して危険度分析を行い、警戒避難、緊急対策、モニタリングなどの優先度の判断に反映することが有益と考えられる。

そこで、2008年6月14日に発生した岩手・宮城内陸地震により、宮城県の迫川流域に形成された3つの天然ダムを対象としてLADOFモデルにより決壊した場合の洪水のハイドログラフを算定し、どちらの天然ダムの危険度が高いか比較してみることとした（SFF2008）。

また、迫川では下流小川原地区で緊急対策が着手されており、これらの情報は下流の工事現場の安全管理の面からも有益な情報となり得るものと考えられる。

1) 計算条件と計算ケース

計算対象とした天然ダムは、図3.35の⑧迫川上流地区（後日「湯浜地区」とした。表1.3のNo.61-2)、⑤湯ノ倉温泉地区 (No.61-1)、⑩川原小屋沢地区（No.61-3）とし、下流の天然ダム（③小川原地区（No.61-5））への影響について検討するものとした。また、④温湯地区（No.61-4）の天然ダムについては、ダム高が3mと規模が小さいことから、計算対象から除外した。

なお、本試算における天然ダム規模等については、現地調査を実施して詳細に確認したものではなく、国土交通省河川局砂防部保全課記者発表資料（2008年6月19日）及び空中写真判読により設定したものであり、試算結果はあくまで概算である。

天然ダムの形状は台形を想定し、表3.5に示す計算条件でシミュレーションを行った。なお、天然ダムはいずれも満水状態とし、天然ダムの形成箇所を考慮して図3.36に示す2ケースを想定した。

ケース1：迫川上流地区及び湯ノ倉温泉地区が決壊する。

ケース2：川原小屋沢地区が決壊する。

2) 天然ダム決壊シミュレーションの結果

各計算ケースのハイドログラフを図3.37に、ま

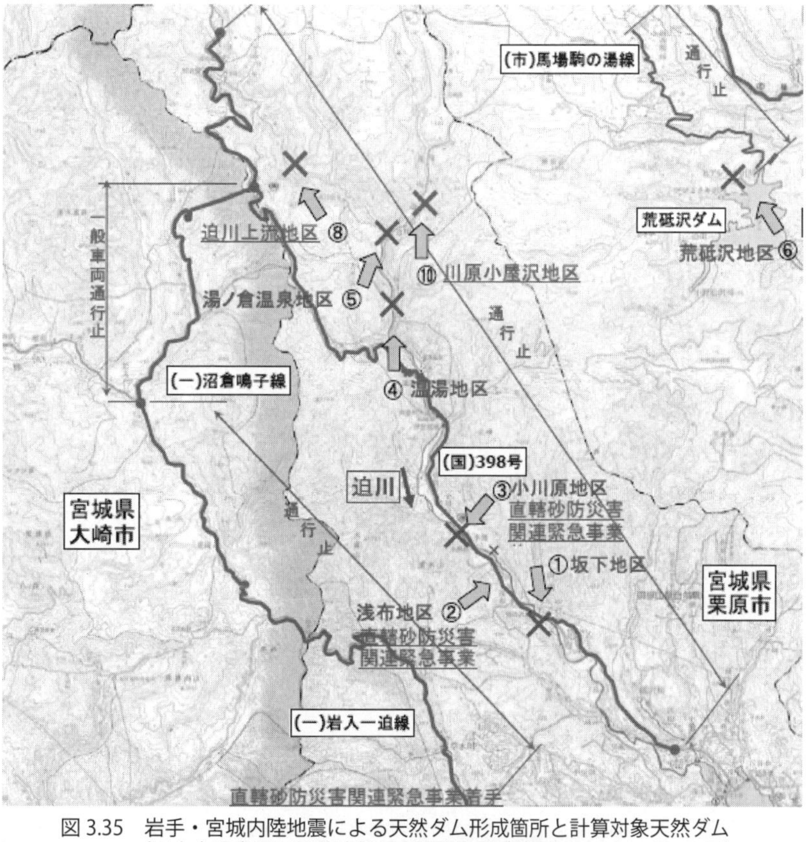

図3.35 岩手・宮城内陸地震による天然ダム形成箇所と計算対象天然ダム
（国土交通省河川局砂防部保全課記者発表資料 2008年6月19日）

表3.5 迫川流域の天然ダムの計算条件とケース（SFF2008）

ケース	位置	天然ダム 湛水量 m³	高さ m	幅 m	長さ m	下流勾配	粒径 cm	計算間隔 m
1	迫川上流地区	31万	15	50	100	20度	10	50
1	湯ノ倉温泉地区	25万	10	50	100	20度	10	50
2	川原小屋沢地区	22万	15	50	200	20度	10	50

表3.6 迫川流域の天然ダム決壊時のピーク流量（SFF2008）

位置	ケース1 (m³/s)	ケース2 (m³/s)
迫川上流天然ダム直下	約105	
湯ノ倉温泉天然ダム直下	約60	
川原小屋沢天然ダム直下		約60
温湯地区	約30	約30
小川原地区	約30	約30

た、各地点のピーク流量を表3.6に示す。

ケース1、2とも小川原地区における洪水のピーク流量は、約30m³/sとなり、危険度はほぼ同等と評価することができる。このようにして、LADOFモデルは、多数形成された天然ダムの危険度分析を行うことや、下流工事現場の安全管理に活用することが可能である。

迫川上流地区の天然ダム直下より湯ノ倉温泉地区の天然ダム直下のピーク流量が小さいのは、後者の高さが10mと小規模であり、図3.38に示すように天然ダムの天端が侵食された結果、ほぼ三角形になった段階で、前法勾配が2～3°程度となり侵食がほぼ止まり、上流側に溜まっている湛水の大半が下流に流れ出なくなることとなったからである。

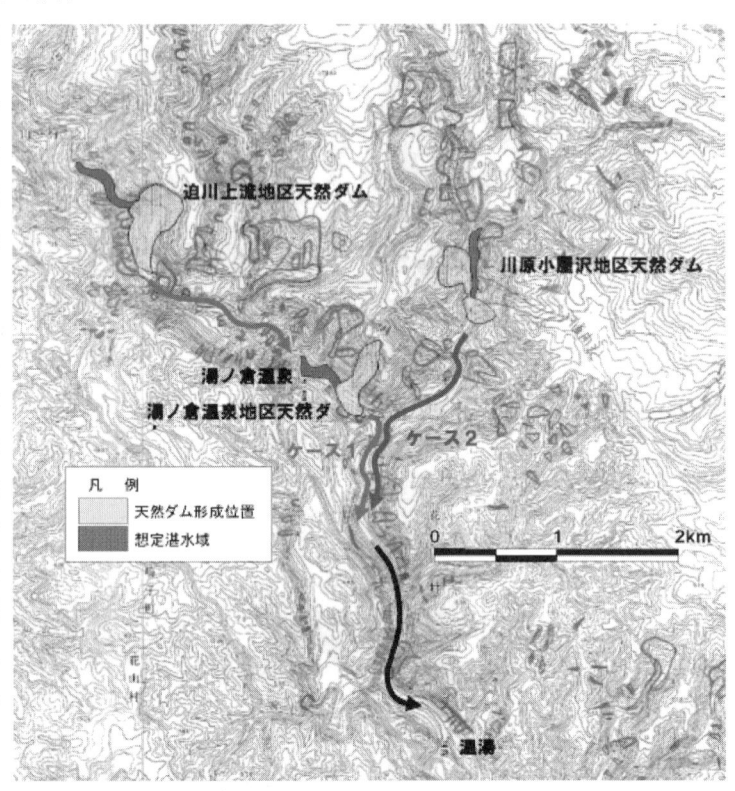

図3.36 迫川上流付近の天然ダムと計算ケース（SFF2008、アジア航測㈱作成）

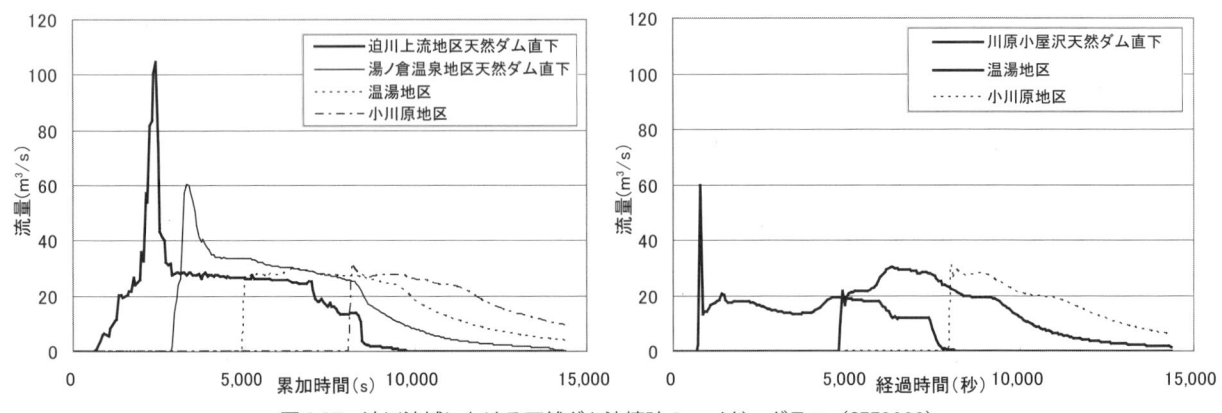

図3.37 迫川流域における天然ダム決壊時のハイドログラフ（SFF2008）

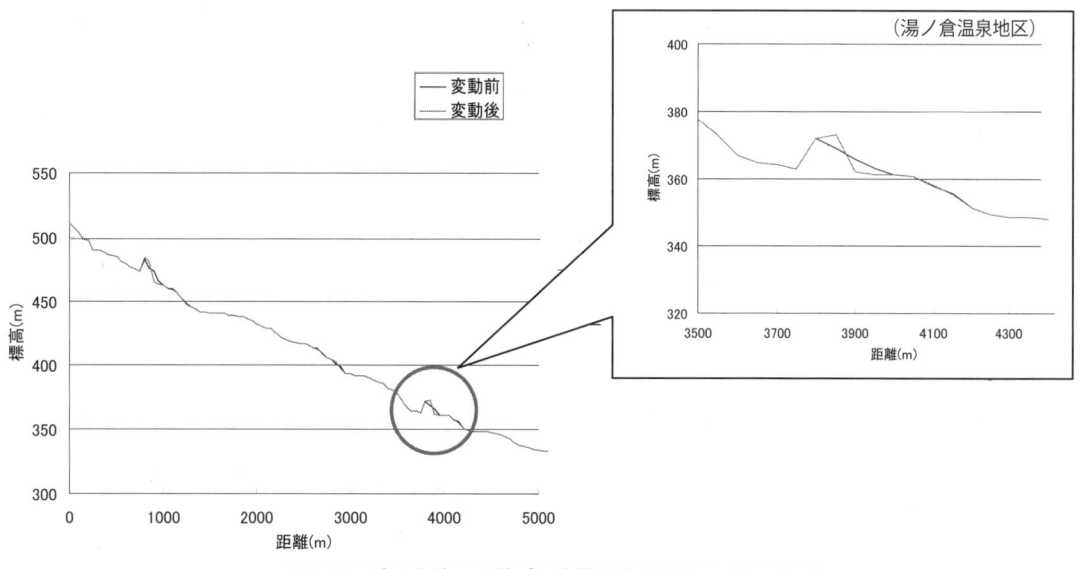

図 3.38 迫川上流の天然ダム決壊前後の断面図（SFF 2008）

3.3.2 岩手・宮城内陸地震により形成された湯浜地区の天然ダム対策計画への応用

岩手・宮城内陸地震により発生した湯浜地区天然ダムでは（表 1.3 の No.61-2）、平成 21 年度に決壊防止対策として、中段に床固工 4 基、帯工 2 基が施工された。現況施設の状況で上部に残存している天然ダムの堤体に対する追加対策の要否について検討するため、越流により決壊した場合、どの程度の洪水流が発生するか、また、その時の天然ダムの侵食量はどの程度になるのかについて、LADOF モデルを用いて検討した（SFF 2009b）。

1) 計算条件

計算範囲は、図 3.39 に示すように、湯浜地区天然ダム上流の堰堤直下流から、天然ダム下流の支川合流部までの 2,450m とした。地形データは、東北地方整備局が平成 20 年 11 月に計測した LP データ（1mDEM）より作成した。

①縦断形状

LP データから赤色立体地図を作成し、河床の状況を確認しながら、概ね河床の中央部を通る縦断位

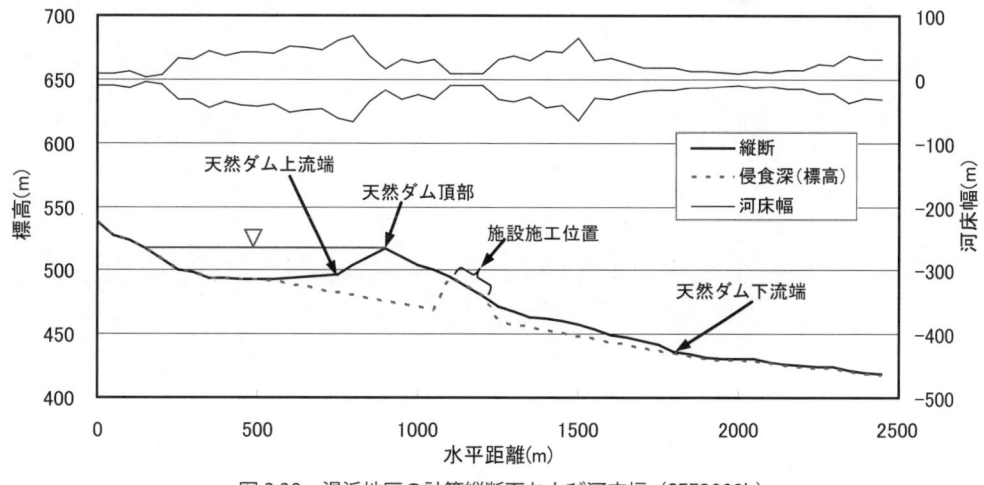

図 3.39 湯浜地区の計算縦断面および河床幅（SFF2009b）

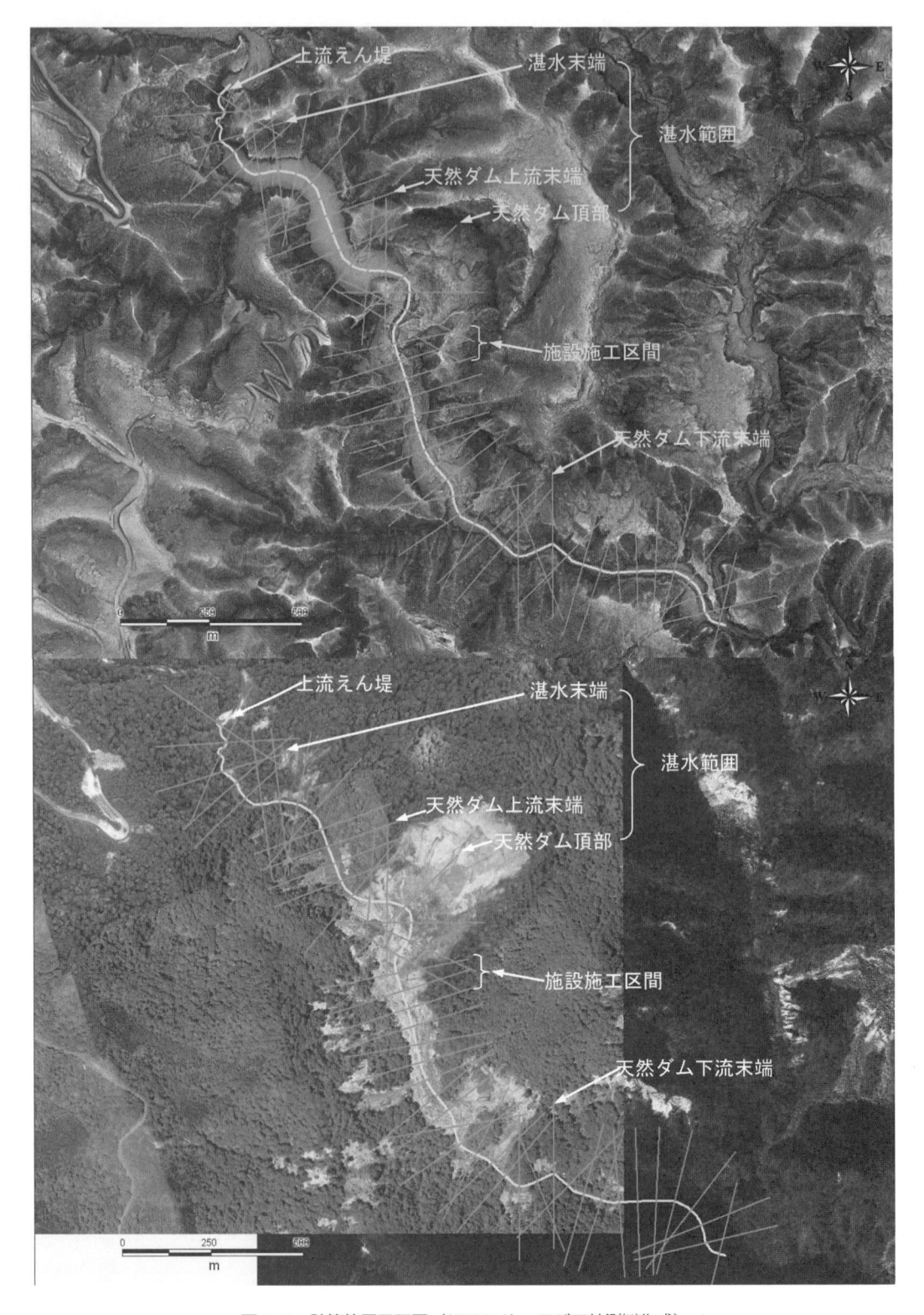

図 3.40 計算範囲平面図（SFF2009b、アジア航測㈱作成）

置を設定した（図 3.40 参照）。

LP計測後に施工された砂防設備（床固工、帯工）については、構造図および縦断図から位置を特定し、縦断形状に反映させた。

また、湛水地内の縦断形状については、第1回湯浜地区土砂災害対策検討会討議資料により推定された地形を用いた。

②限界侵食深

限界侵食深は、天然ダム形成前の河床まで侵食する可能性があると仮定し、国土地理院の10mメッシュから作成した。また、既に施設が設置されている位置の限界侵食深は0mに設定した（侵食されないとした）。

③河床幅

河床幅は縦断線に対して50mピッチごとに横断位置を設定し、河床に対し垂直方向の地形をLPデータから把握し設定した。

2) 計算ケース

計算ケースは、天然ダム上流からの流入量を表3.7のように設定し、天然ダムならびに河床材料の粒径を下記2種類として合計6ケース実施した。

天然ダムへの流入量は、下流にある花山ダムへの流入量を面積按分することで設定した。

河床材料は（独）土木研究所による試験結果（第1回湯浜地区土砂災害対策検討会討議資料）から、現場および室内試験の合成粒度の50%粒径（0.2m）を使用した。また、天然ダムの下流法面の粒径を人為的に大きくする場合を想定して、粒径を2倍（0.4m）にした場合の計算も実施し、侵食状況が変化するかどうかについて比較してみた。

3) 計算パラメータ

天然ダム決壊の予測計算に用いた計算条件を、表3.8に示す。

4) 計算結果

天然ダム決壊によるピーク流量を表3.9、図3.41、3.42に、河床（天然ダム）の変動状況を図3.43、3.44に示す。

表 3.7　湯浜地区の天然ダムの計算ケース（SFF2009b）

	花山ダム流入量 (m^3/s)	湯浜上流流量 ※3 (m^3/s)	備考
計画高水	986	179.8	
概ね10年規模	96	17.5	※1
年平均流量	6.88	1.3	※2

※1　平成20年度岩手・宮城内陸地震に係る土砂災害対策技術検討委員会第3回委員会参考資料 p45 より引用
※2　平成11年〜平成20年の平均値
※3　湯浜上流流量は、花山ダムの流入量を面積按分で算出　花山ダム上流面積：92.63km²、湯浜地区上流流域面積：16.89km²

表 3.8　湯浜地区の計算に使用した諸元（SFF2009b）

	条件
河道モデル	H20計測LPから作成した矩形断面 縦断形状：赤色立体地図より縦断線を作成し、設定 河床幅：河道に直角な横断形状から設定
限界侵食深	国土地理院10mメッシュから災害前の地形を想定。ただし、施設施工箇所は0mとした。
刻み幅（断面間隔）	50m
刻み時間	0.01s
重力加速度	9.8m/s²
砂礫の密度	2650kg/m³
水の密度	1000kg/m³
内部摩擦角	35度
堆積層濃度	0.6
流入流量	1.3m³/s（年平均） 17.5m³/s（1/10程度） 179.8m³/s（計画規模）
河床材料	0.2m 0.4m

表 3.9　湯浜地区の天然ダム決壊時のピーク流量（SFF2009b）

場所	ピーク流量 (m^3/s 程度)	流入流量 (m^3/s)
天端直下	560	179.8
	260	17.5
	190	1.3
支川合流点	520	179.8
	230	17.5
	170	1.3

5) 天端の侵食量

天然ダム天端の侵食量はいずれのケースでも約10m程度侵食され、河床材料の大きさの違いによる差は見られず、すべて震災前の河床勾配程度に収斂するという結果となった。また、1/10流量時に

決壊した場合の下流への影響についてチェックした結果、下流温湯地区の無害流量を下回ることが確認できた。

これらの結果、湯浜地区の天然ダムの安定化対策としては侵食する可能性のある頂部の約10mを掘削する方向で対策が決定された。

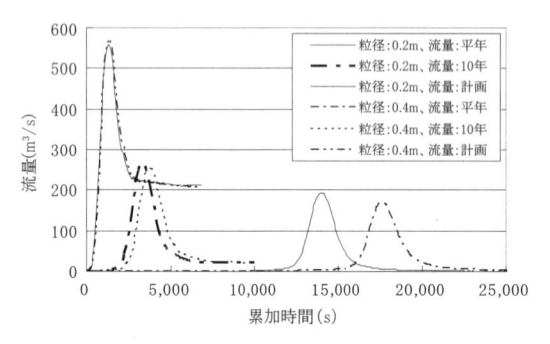

図3.41 天然ダムの天端（頂部）直下のハイドログラフ（SFF2009b）

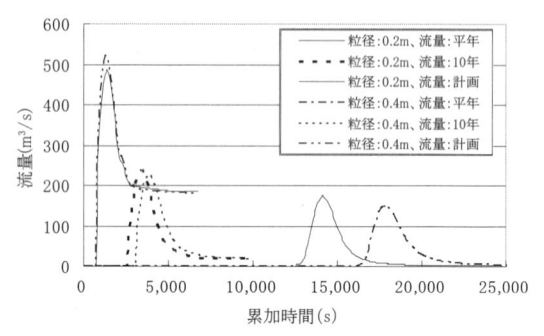

図3.42 支川合流点におけるハイドログラフ（SFF2009b）

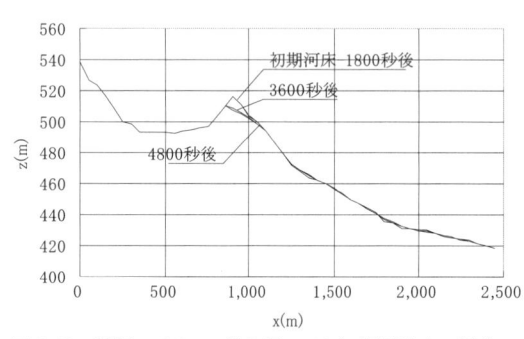

図3.43 粒径＝0.2m、流入量＝10年超過確率の場合の侵食量（SFF2009b）

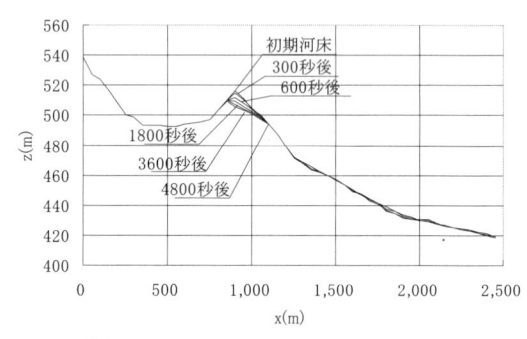

図3.44 粒径＝0.2m、流入量＝計画規模の場合の侵食量（SFF2009b）

第4章　天然ダム形成時の対応策

4.1　実災害時の対応

4.1.1　新潟県中越地震（2004）

　新潟県中越地震は、平成16年（2004）10月23日17時56分に最大震度M7を記録する地震である。この地震により新潟県中越地方では、電気、ガス、水道、電話、高速道路、鉄道などのライフラインが寸断され、また、中山間地域の集落は、土砂崩壊等で孤立した。避難者は、ピーク時には10万人を超え、人的被害59名、負傷者4805人、住家被害全壊3175棟、半壊1万3772棟、一部破損10万4666棟に及んだ。

　このような災害の中、山古志村を流れる芋川流域において、数多くの地すべりなどが発生し、それらが各所で芋川を塞き止め、複数の天然ダムが形成された。

　本項では、その中でもっとも大規模な天然ダムが形成された東竹沢地区（表1.3、事例No.59-1、写真4.1）の対応事例について紹介する。

　東竹沢地区の対応は、「地震により陸上からの工事資機材の搬入が困難なこと」、「降雪までの限られた工期内に対策を完成させること」など厳しい状況下での対応を迫られ、地震により天然ダムが形成された時の「危機管理の重要性」と「困難さ」を痛感させられた。

　図4.1に、地震発生から応急対策の完成までの湛水池の水位変化と主な対応を示す。

　地震発生当初、芋川が新潟県の管轄区域であったため、主体的な動きは新潟県が中心であった。しかし、国（北陸地方整備局湯沢砂防事務所）は初動調査として、翌24日からヘリコプターによる調査を開始した。26日には、新潟県は学識経験者等による現地調査を実施し、国の湯沢砂防事務所長と副所長は東竹沢地区の現地調査を実施している。27日には、全国から参加した土砂災害対策緊急支援チームが、現地本部を破間川出張所に置き、震度5以上の地域を対象に土砂災害危険箇所の緊急点検に着手した。28日には、新潟県による水位観測が開始され、併せて新潟県の要請により、国において東竹沢地区と寺野地区（芋川最上流に形成された天然ダム）の河道閉塞状況を監視するため、現地映像の配信準備に着手し、30日には新潟県、長岡地域振興局、小出地域振興局に配信を開始した。また、同日ポンプ設置、水路掘削に関する現地調査を新潟県、国等合同で実施した。

　新潟県は、翌31日自衛隊のヘリで0.2m³バックホウを搬入し、排水ポンプ、水路掘削に着手した。しかし、技術的困難性を伴うことから11月3日に新潟県知事から国へ支援要請がなされ、同月5日に「直轄砂防災害関連緊急事業」が採択されたのと併せて、直轄事業として本格的な対策が行われることとなった。

　当面の目標は、「上流で水没している木籠集落を出現させること」（写真4.2、以下写真4.17までは、

写真4.1　東竹沢の地震直後の土砂移動状況
（北陸地方整備局中越地震復旧対策室2004）

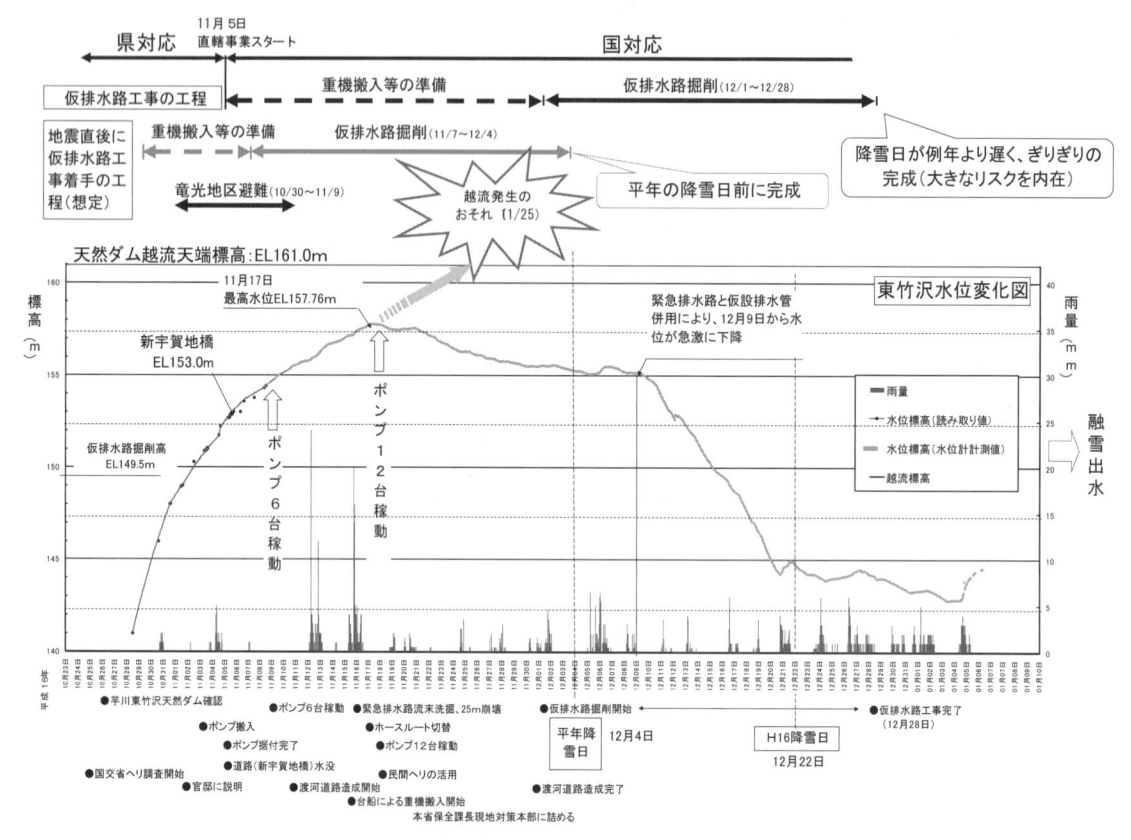

図 4.1　東竹沢地区の地震発生から応急対策の完成までの湛水池の水位変化と主な対応
（国土交通省北陸地方整備局 2004b）

写真 4.2　H16.11.29 木籠地区家屋浸水状況

写真 4.3　H16.12.14 東竹沢仮排水路　開削とのり面工

湯沢砂防事務所提供）、「融雪出水等による越流・決壊を防止する排水路の確保」（写真4.3）、「決壊に備えた下流対策」（図4.2、写真4.4、4.5）等とされている。工事に必要な資機材は、道路等の不通により、陸路の運搬が出来ないため、当初は自衛隊ヘリ（写真4.6）と民間ヘリ（写真4.7）を活用し、一部道路復旧後は、対岸から台船（写真4.8）を利用し、最終的には湛水池を渡河する道路（写真4.9）を新設し搬入が行われた。

　工事の期間中、当初ポンプ排水では、ポンプの揚程の問題でなかなか排水が出来ず、水位上昇を容認せざる負えない状況が続き、また、排水開始とともに天然ダム下流の法面侵食が発生（写真4.10）と

写真 4.4 天然ダムの監視カメラ

写真 4.5 衛星アンテナ（監視カメラの映像は Ku-SAT により通信衛星を通じて配信）

図 4.2 芋川流域河道閉塞監視機器設置位置図
（国土交通省北陸地方整備局 2004b）

トラブルが続いたが、「降雪が例年より遅かったこと」、「24時間3交代制の工事体制」等により、約2ヶ月で基本的な応急対策を無事故で完成させた。

対策工の平面図を図 4.2 に示す。また、下流対策は、警戒避難のための土石流センサー及び監視観測警報装置、氾濫防止の堤防かさ上げ、遊砂地の設置を行った。以下に、対策における特徴、留意点を挙げる。

1) 複数の工事資機材搬入方法の確保

天然ダム湛水池に位置する道路の水没、また、現場までの道路の崩壊（写真 4.11）などのため、工事資機材の搬入が困難を極めた。このため、湛水池内に道路造成を行い、天然ダムサイトまでの搬入路の確保を図る一方、道路完成までの間は、ヘリによる搬入、湛水池内を台船での搬入など複数の搬入手段を確保することにより、工事の効率的な実施に努めた。特に、ヘリの活用に当たっては、重量が重いものは自衛隊に要請し、比較的軽いものは民間ヘリを活用するなど、使い分けて対応した。また、それぞれヘリの特徴を十分勘案して利用することが大事

H16.11.9 自衛隊ヘリにて東竹沢へ

H16.11.9 分解してヘリ輸送した重機の組立

写真 4.6　自衛隊ヘリによる資機材・人員輸送

写真 4.7　ヘリによるブロック据え付け

写真 4.9　前沢川渡河道路造成

写真 4.8　台船による重機搬入

写真 4.10　H16.11.17 東竹沢　呑み口が侵食され、約25m後退。上流水位も上昇中

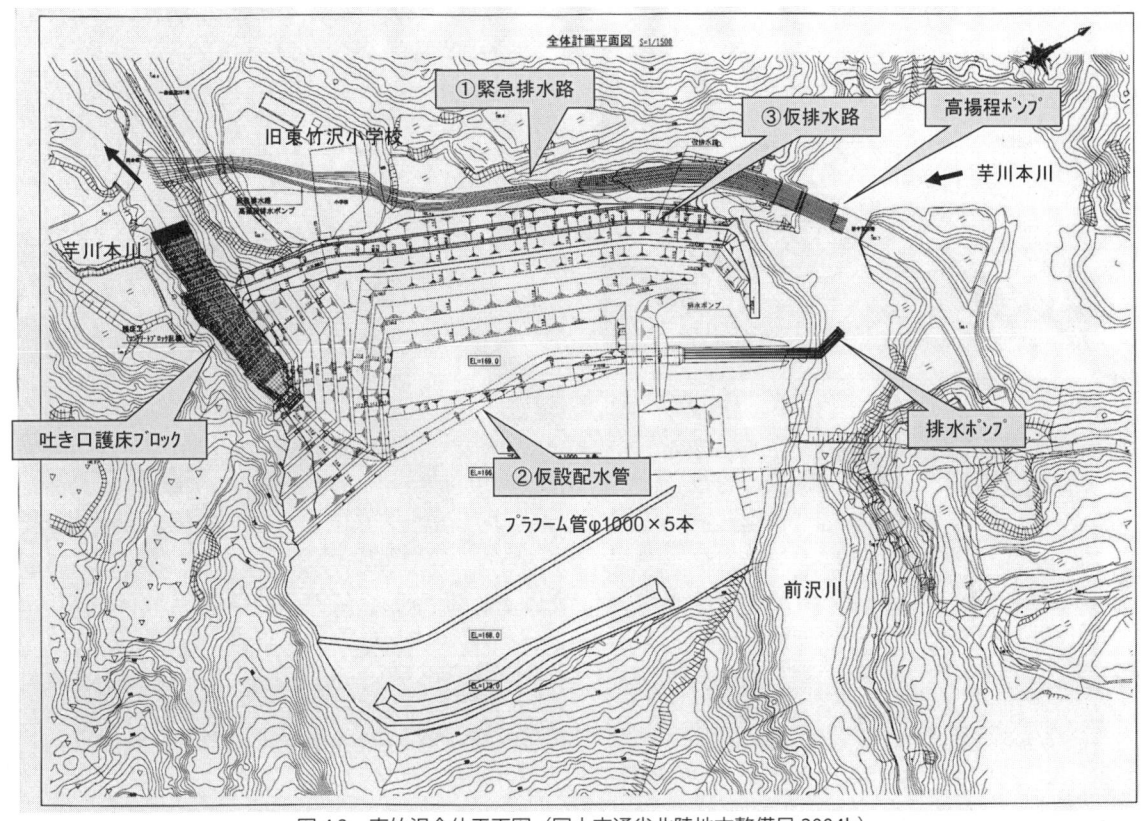

図4.3 東竹沢全体平面図（国土交通省北陸地方整備局 2004b）

で、特に自衛隊のヘリは「搬入手続きが厳しいこと」、「風圧が強いこと」など、現場での作業に注意することが必要であった。

2) 異常事態に対する臨機応変な対応

緊急的な対応として緊急排水路上にホースを這わせ、ポンプ排水（写真4.12、4.13）による水位低下を行っているが、水圧によるホースの裂け目からの漏水やはけ口からの水流により、天然ダム本体の異常侵食が発生し、天然ダム決壊の危険性が高まる異常事態となった。湛水池の水位上昇の危険性を抱えながら、ポンプ排水を一時中断し、一夜で排水ルートを変更（写真4.14）した。結果的に、本工事での最大の危機が回避された。

ポンプ排水にあたっては、流入量、ホース内の水圧、放流先の侵食などに注意して流入量に対して余裕のある台数や排水ルート等を検討することが必要であった。

写真4.11 H16.10.26 小松倉～東竹沢への国道291号

3) 確実な情報共有と専門家からの助言

天然ダムへの対応方法が確立されていないため、日々の問題解決や関係者間の確実な情報共有を目的に、連日全体ミーティング（写真4.15）が行われた。特に、現場の工事の進捗状況、作業環境、翌日の段取り、役割分担等などが議論され、情報の共有が図られた。また、2) 項のような異常事態に対応するため、大学等の専門家に参加頂き、対応方法等の助言を頂いた。また、現場の作業を効率的に進めるた

写真 4.12　応援に駆けつけた各地方整備局のポンプ

写真 4.13　ポンプの設置にも重機が必要

第 4 章　天然ダム形成時の対応策

吐け口部侵食状況

緊急排水路ルートを旧東竹沢小学校方向に付替

11月17日

11月17日

侵食が一気に進行し、25m後退した。
天然ダムの決壊の危険性がさらに高まった。

緊急排水路ルート付け替え完了

最大の山場：夜を徹してホース付け替え作業

11月18日未明

写真 4.14　異常事態に対応する体制

毎日18時から全体ミーティング
（情報共有、課題の早期解決ができた）

日々新たな問題発生

専門家との協議状況

現地対策室打合せ
（意思決定・情報連絡がスムースに行えた

写真 4.15　日々新たな問題発生

写真4.16　H16.12.09　山古志村木籠集落の住民に現地説明会実施

写真4.17　H16.12.17　報道関係者への現地説明会

め、現地対策室を設置し、国土交通省本省、地方整備局、事務所及び応援派遣職員等が派遣され、現場で判断、対応できるような体制が構築された。

4）住民等への説明と合意形成

湛水地域に居住していた住民で避難されている方々や天然ダムの決壊により被害を受ける恐れのある下流地域の住民や報道関係者は、現状がどのようになっているのか非常に不安や興味をもっているものと考えられた。それらに対応するため、天然ダム現場に関係者を案内し、現地説明会（写真4.16、4.17）が実施された。これにより、住民の方々の不安を解消させるとともに、これまでほとんど目にすることの無かった天然ダムの状況や対策工について理解して頂くことができた。また、報道関係者の独自の現場への立ち入り取材等を少なくすることができ、工事現場での事故などを防ぐことができたと考えられる。

5）適格な工事業者の選定

対策工事は、土木、機械、電気通信など広い分野にまたがる工事が実施された。そのため、国は各分野からの技術専門家を派遣し現場での施工監督に当たらせた。一方、工事業者の選定に当たっては、「大土工になること」、「専門分野が多岐に及ぶこと」等を配慮し、建設業界の窓口に要請を行った。その結果、近隣でダム工事に当たっていた大手ゼネコンを中心とした3社JVが担当することとなり、1日3交代制の施工体制を敷き、本格的な降雪期までに無事故で工事を完了させた。工期が限られ、大規模な工事になるほど、適格な工事業者を選定することは、重要と考えられる。

4.1.2　岩手・宮城内陸地震（2008年）

岩手・宮城内陸地震は、平成20年（2008）6月14日8時43分、岩手県内陸南部を震源とするマグニチュード7.2の直下型地震である。震源が深さ8kmと比較的浅く、栗駒山を中心とする山間部に多くの土砂崩壊と天然ダムが確認された。また、国土交通省が初めてテックフォースTec-Force（緊急災害対策派遣隊）を派遣した災害でもあった。最終的には、15箇所の天然ダム（表1.3の事例No.61-1～61-15、図4.4）が形成され、決壊防止のための応急対策が実施された。

時系列的に整理した機関ごとの主な対応状況を図4.5に示した。

天然ダムの形成箇所は、基本的に岩手県・宮城県の管轄区域になっていた。しかし、国は発災とともにヘリ調査を開始するとともに、県へリエゾンを派遣し、情報収集にあたらせた。翌15日には、全国から派遣されたテックフォースと、関係県の砂防関係者が一緒になって、土砂災害危険箇所の緊急点検を開始した。また、天然ダムの応急対応についての支援要請が、新潟県中越地震では約2週間かかったが、岩手・宮城内陸地震では、2日後の16日には両県から国へ行われた。したがって、6月16日

平成20年岩手・宮城内陸地震における河道閉塞（天然ダム）

＜岩手県・宮城県内において15箇所の河道閉塞（天然ダム）が発生＞

図4.4　平成20年岩手・宮城内陸地震における河道閉塞（天然ダム）

以降は、国土交通省が対応することとなった。

　国土交通省は、翌17日には、市野々原地区、浅布地区、小川原地区の3地区について、「直轄砂防災害対策緊急事業」として採択し、応急対策に着手した。そして、発災から5日後の19日には、市野々原地区でポンプ排水を開始、一週間後の21日には、排水路を暫定的に完成させ、排水を開始した。その他の地区についても、図4.5のように順次応急対策に着手した。特に、新潟県中越地震等の教訓を活かし、県の砂防関係者が一緒になって、土砂災害危険箇所の緊急点検を開始した。

　国土交通省は、翌17日には、市野々原地区、浅布地区、小川原地区の3地区について、「直轄砂防災害対策緊急事業」として採択し、応急対策に着手した。そして、発災から5日後の19日には、市野々原地区でポンプ排水を開始、一週間後の21日には、排水路を暫定的に完成させ、排水を開始した。その

他の地区についても、図4.5のように、順次応急対策に着手した。特に、新潟県中越地震等の教訓を活かし、

1)「テックフォースの対応」、
2)「全国の災害対策用資機材の集中投入」、
3)「天然ダム対応のための技術者派遣等支援体制と役割分担」、
4)「天然ダムの監視観測体制の構築」、
5)「専門家による助言の活用」、
6)「住民避難基準及び連絡体制の提案」、
など様々な対応を行った。

1)　テックフォース（Tec-Force）の対応（図4.6）

・先遣班による災害全容の把握
・被害状況調査班による道路施設及び土砂災害危険箇所等の緊急点検の実施
・高度技術指導班による天然ダムの規模調査及び危

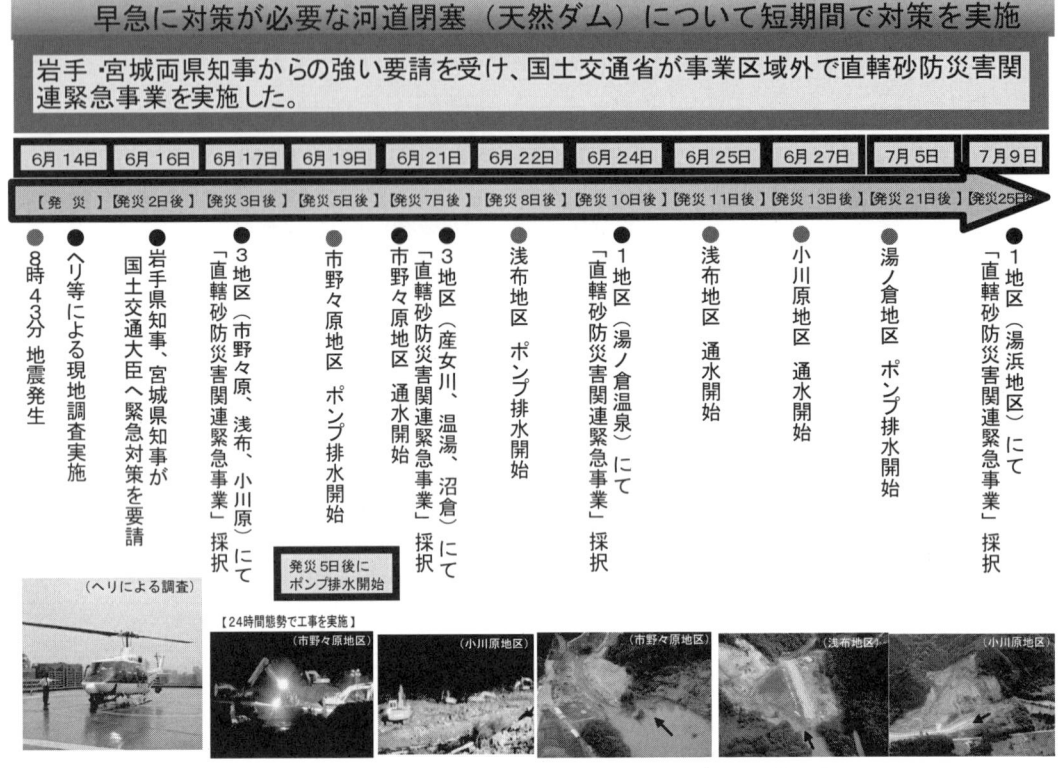

図4.5 岩手・宮城内陸地震時の大規模土砂災害（天然ダム）対応の流れ

険度判定解析の実施
・応急対策班による天然ダムなどの応急対策の実施
・情報通信班による衛星通信車等災害対策用資機材等による通信回線等の構築

2) 全国の災害用資機材の集中投入（図4.7）
・照明車、排水ポンプ、無人化施工機械等約30台の投入
・Ku-SATなどによる画像配信、最大24基
・土研式投下型観測ブイ（水位計）の設置

3) 天然ダム対応のための技術者派遣等支援体制と役割分担（図4.8）
　国は、天然ダム対策を応急的に国直轄で実施するため、大規模工事の経験を持ち、即戦力にとなる職員（80名）を東北地方整備局管内の事務所等から派遣させ、平均7日間延べ500人日により応急対策を実施した。その結果、短時間で応急工事を実施し、高い効果が挙げられた。

4) 天然ダムの監視観測体制の構築
　24時間体制で天然ダムの水位、土石流などを監視するため、土石流センサー、監視カメラ、警報装置、水位計等を設置し、工事現場等の安全確保が図られている。迫川、温湯地区の例を図4.9に示す。

5) 専門家による助言（図4.10、4.11）
　高度技術指導班として国土技術政策総合研究所と（独）土木研究所の専門家がヘリ調査等による天然ダムの状態・変状の監視、監視体制の指導、復旧対策の技術指導、天然ダムの危険度解析・評価、警戒避難体制への助言などおこなっている。

6) 住民避難基準及び連絡体制の提案
　住民の方々の避難基準を検討し、市等へ提供した。具体的な内容を図4.12に示す。また、その連絡体制図を図4.13に示し、工事現場、住民などへ速やかな情報提供ができるように、関係機関と共有した。

第4章 天然ダム形成時の対応策　　151

2. TEC-FORCEの班編成と活動内容

- **先遣班**：先行的に派遣し、被災規模の早期把握、支援の必要性やその内容等の調査

- **総括班**（現地支援班）：緊急災害対策派遣隊（TEC-FORCE）各班及び被災地整等災害対策本部との連絡調整、災害情報、応急対策活動状況等の情報収集、現地対策本部の運営支援を実施

- **情報通信班**：衛星通信車、衛星小型画像伝送装置（Ku-SAT）、照明車などを派遣し、被災状況の映像を取得し配信、現地対策本部などの通信回線を構築

- **高度技術指導班**：河川、砂防、海岸、道路、港湾等の公共施設における、特異な被災事例等に対する技術指導、危険度判定、被災施設等の応急措置及び復旧方針樹立の指導

- **被災状況調査班**：
  （ヘリコプター調査グループ）
  災害対策用ヘリコプターにより、迅速に、広域の被災状況を把握

  （現地調査グループ）
  現地踏査等により、河川、砂防、海岸、道路、港湾等の所管施設の被災状況を調査

- **応急対策班**：
  ・排水ポンプ車、照明車などを派遣し、緊急排水を実施
  ・無人化施工機械、照明車などを派遣し、二次災害の危険のある箇所で応急対策を実施
  ・応急組立橋や資材を用いて、迂回路の設置等の応急復旧を実施

ヘリコプター調査グループ

現地調査グループ

先遣班　　総括班（現地支援班）　　情報通信班　　応急対策班

図4.6　テックフォース派遣制度

・平常時は各事務所・各地整で災害時等に活用している建設機械・電気通信設備を集中的に投入
・ポンプ16台を用いた排水、Ku-SAT 11基を用いた同時配信等、単独組織では対応が困難な規模の支援体制を確保

排水ポンプ（16台）設置状況　　　　天然ダム監視のためのKu-SAT（11基）配備状況

無人化施工機械施工状況

照明車・衛星通信車稼働状況

岩手県

宮城県

Ku-SAT設置状況

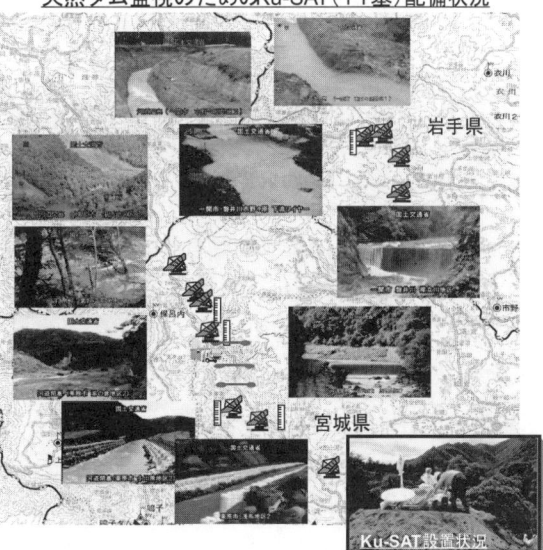

図4.7　応援要請　支援状況

- 国土交通省では、岩手・宮城内陸地震に伴う河道閉塞（天然ダム）対策を緊急的に国直轄で実施
- このため、東北地方整備局本局及び東北各県の計14事務所より、**大規模工事の経験を持ち、即戦力となる職員80人を派遣**（平均7日間の派遣：延べ500人日以上）
- その結果、緊急工事にもかかわらず、短期間で高い効果を得ることが可能に

河道閉塞（天然ダム）対策に係る事務所間支援体制

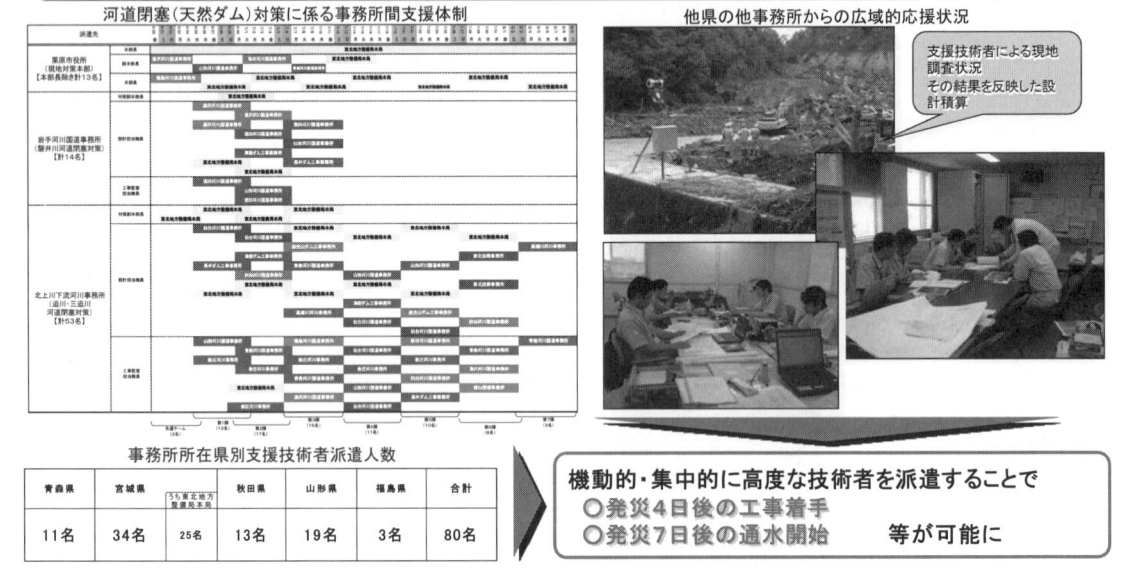

他県の他事務所からの広域的応援状況

支援技術者による現地調査状況
その結果を反映した設計積算

事務所所在県別支援技術者派遣人数

青森県	宮城県	うち東北地方整備局本局	秋田県	山形県	福島県	合計
11名	34名	25名	13名	19名	3名	80名

機動的・集中的に高度な技術者を派遣することで
○ 発災4日後の工事着手
○ 発災7日後の通水開始　　等が可能に

図4.8　応援要請　支援体制と役割分担

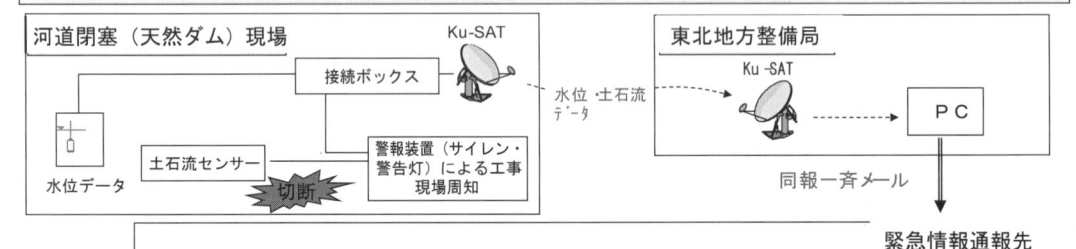

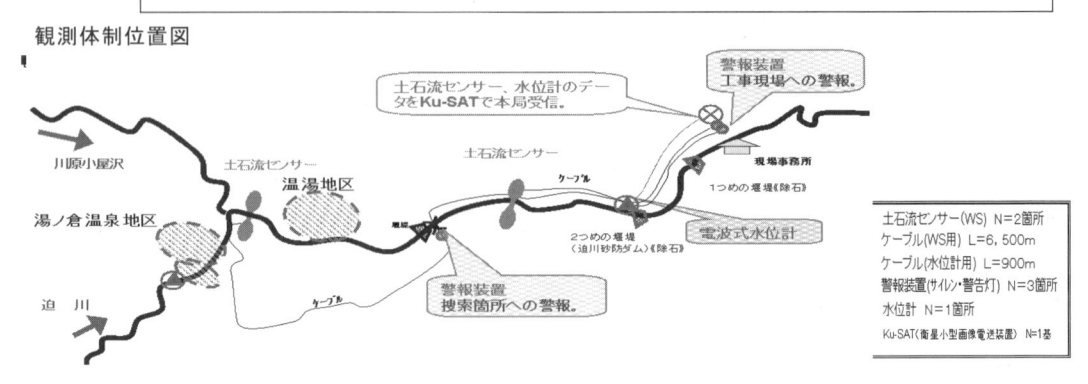

東北地方整備局では、24時間体制で天然ダムの水位、土石流を監視

河道閉塞（天然ダム）現場 — 接続ボックス — Ku-SAT … 水位・土石流データ … 東北地方整備局 Ku-SAT → PC

水位データ
土石流センサー
切断
警報装置（サイレン・警告灯）による工事現場周知

同報一斉メール

緊急情報通報先
栗原市、栗原市現地対策本部、宮城県、北上川下流河川事務所、国土交通本省

観測体制位置図

川原小屋沢
湯ノ倉温泉地区
迫川
温湯地区
土石流センサー、水位計のデータをKu-SATで本局受信。
警報装置　工事現場への警報。
警報装置　捜索箇所への警報。
1つめの堰堤《除石》
2つめの堰堤（迫川砂防ダム）《除石》
電波式水位計
現場事務所

土石流センサー(WS)　N=2箇所
ケーブル(WS用)　L=6,500m
ケーブル(水位計用)　L=900m
警報装置(サイレン・警告灯)　N=3箇所
水位計　N=1箇所
Ku-SAT(衛星小型画像電送装置)　N=1基

図4.9　警戒避難体制の整備　監視観測体制（迫川　湯温地区の例）

第 4 章　天然ダム形成時の対応策　　153

・発災後直後から国土技術政策総合研究所・(独) 土木研究所が現地入り、現在も常駐し土砂災害対策の専門的な立場から技術指導
・県、市からの要請で道路や斜面等危険箇所の点検も実施
・専門家による調査結果・指導等は捜索活動や住民の避難措置等の重要な情報

＜現地に派遣されている専門機関＞
国土技術政策総合研究所―――危機管理技術研究センター砂防研究室長、主任研究官等
(独) 土木研究所―――土砂管理研究グループ上席研究員、主任研究員等

国土技術政策総合研究所・(独) 土木研究所

◇防災ヘリ等による河道閉塞（天然ダム）の状態・変状観察
・発災直後、降雨毎、土砂流出時

◇河道閉塞（天然ダム）監視体制の指導
・ワイヤーセンサ・水位計設置、情報伝達方法

◇復旧対策等の技術指導
・天然ダムの排水方法、排水路掘削等

◇河道閉塞（天然ダム）の危険度解析・評価
・決壊時（想定）の規模、被害、可能性等の評価

◇避難警戒体制
・降雨や天然ダム水位の警戒・避難基準等

指導 →

災害復旧担当
東北地方整備局
（岩手県・宮城県・一関市・栗原市）

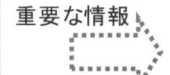

重要な情報

地域住民・警察・消防等

河道閉塞（天然ダム）現地調査結果を説明する土木研究所主任研究員

図 4.10　専門家による助言の活用①　専門家によるサポート

河道閉塞監視体制の指導

ワイヤーセンサーの設置
ワイヤーセンサ等観測機器の配置箇所、配置方法に関する技術協力実施

湯ノ倉温泉地区河道閉塞 現地調査

観測機器の配置を検討

ワイヤーセンサ設置状況

土研式投下型観測ブイ（水位計）の設置
ヘリコプターからの投下・設置、衛星通信可能な水位計について、技術協力実施

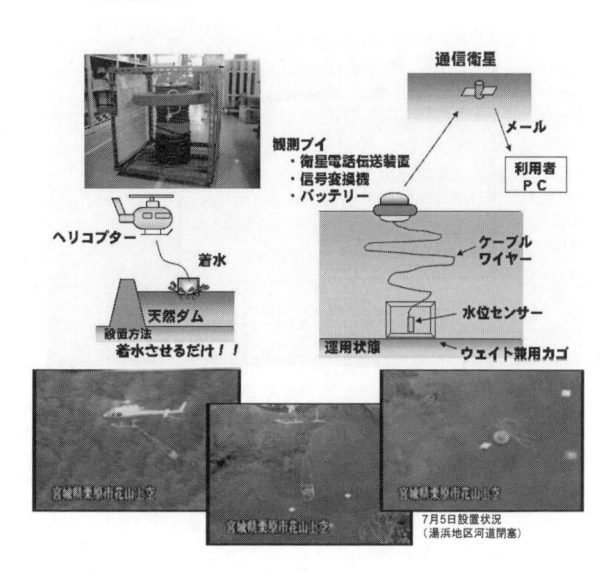

通信衛星
メール
利用者 PC
観測ブイ
・衛星電話伝送装置
・信号変換機
・バッテリー
ヘリコプター
着水
天然ダム
設置方法
着水させるだけ!!
ケーブルワイヤー
水位センサー
運用状態
ウェイト兼用カゴ

宮城県栗原市花山上空
宮城県栗原市花山上空
宮城県栗原市花山上空
7月5日設置状況
（湯浜地区河道閉塞）

図 4.11　専門家による助言の活用②　専門家によるサポート

図 4.12　警戒避難体制の整備　市への住民避難基準の提案

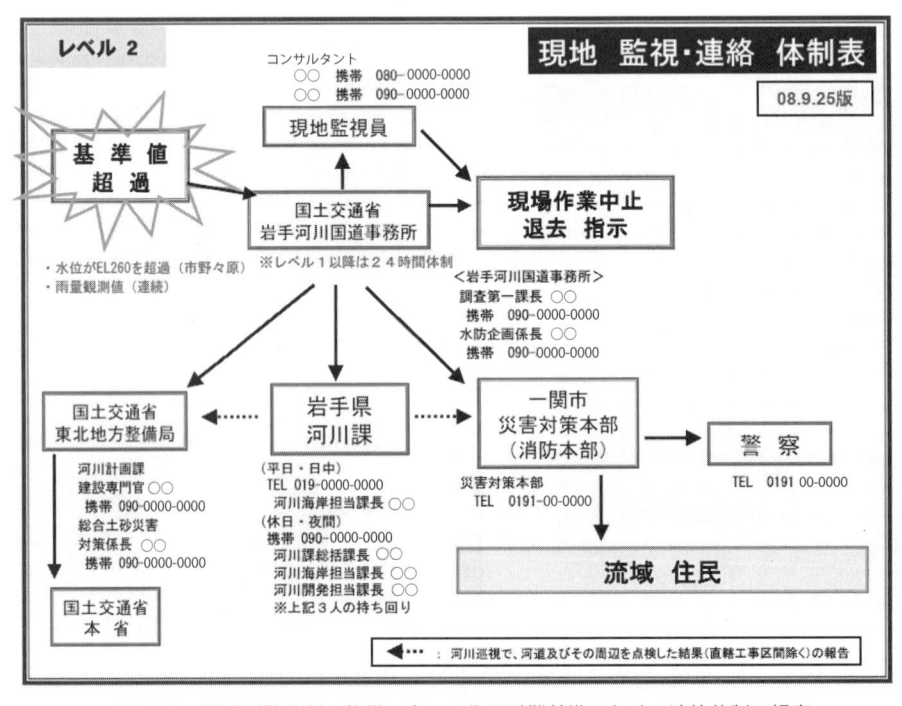

図 4.13　警戒避難体制の整備　市への住民避難基準のための連絡体制の提案

写真 4.18　市野々地区の対策工事完成後（2011 年 5 月 1 日、井上撮影）

4.2　大規模土砂災害危機管理計画

　大規模土砂災害危機管理計画は、平成 19 年（2007）3 月にまとめられた「大規模土砂災害に対する危機管理のあり方（提言）」を受け、国土交通省河川局長から「大規模土砂災害の危機管理について」（平成 19 年 3 月 22 日）の通知が出され、それらを基づき策定することとなった。通知の内容は、

1. 大規模土砂災害に対する危機管理体制整備

1) 国土交通省防災業務計画に基づく大規模土砂災害に対する危機管理計画の策定
2) 直轄砂防事業又は直轄地すべり対策事業に係る土地の区域のみならず、その周辺を対象とした広域的な地形・地質等の自然条件、土地利用、防災情報等の把握
3) 大規模土砂災害の発生時において、専門家の活用も含め自主的に情報収集を行うとともに、収集した情報を関係機関と共有できる体制の整備
4) 大規模土砂災害に対する危機管理に必要な災害対策用資機材の開発及び整備並びに迅速かつ的確に運用できる体制の整備

2.　道府県、市町村等が行う大規模土砂災害に対する危機管理への支援体制及び連携体制の整備

1) 　大規模土砂災害時の都道府県及び市町村への迅速な協力及び支援を実施するために必要な関係機関との連携体制の整備
2) 　砂防ボランティア等との日常的な連絡調整及び砂防ボランティア等の活動しやすい環境の整備
3) 管内関係都道府県、市町村等関係機関及び住民組織と連携した大規模土砂災害に対する訓練の実施

3.　砂防指定地等の指定等の推進

1) 　土砂災害の防止に必要な土地について、砂防法（明治 30 年（1897）法律第 29 号）第 2 条及び第 6 条の規定等に基づく砂防指定地の指定等の推進
2) 　既に直轄地すべり対策事業に着手している直轄エリアにおいて、地すべり対策事業を実施する必要のある土地の区域について、地すべり等防止法（昭和 33 年（1958）法律第 30 号）第 3 条及び第 10 条の規定に基づく地すべり防止区域の指定等の推進となっている。

　これらを受け、平成 20 年（2008）3 月 4 日、国土交通省河川局砂防部から「大規模土砂災害危機管理計画」及び「大規模土砂災害危機管理計画策定のための指針」（以下指針）が、各地方整備局に通知され、具体的な記載内容が示された。指針の主な構成は、

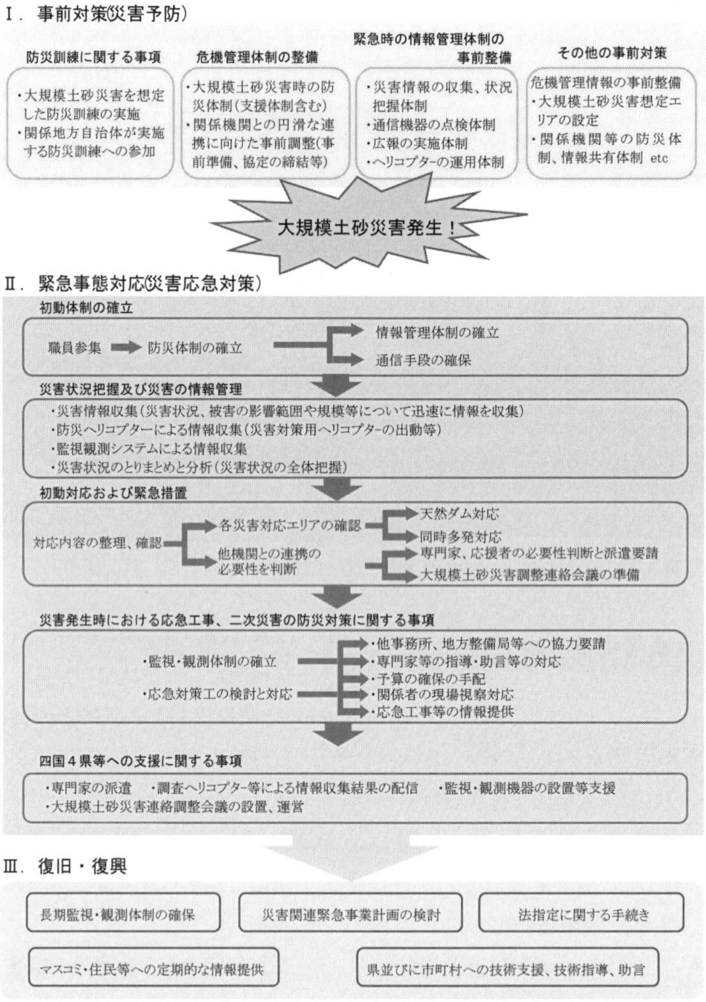

図4.14 大規模土砂災害危機管理計画構成図

第1章　総説
　1．危機管理計画の目的
　2．対象とする現象
　3．基本方針
第2章　事前対策（災害予防）
　1．訓練に関する事項
　2．危機管理体制の整備
　3．緊急時の情報管理体制の事前整備
　4．災害、防災に関する研究、観測等の推進に関する事項
　5．その他の事前対策
第3章　緊急事態対応（災害応急対策）
　1．災害状況把握及び災害の情報管理
　2．初動対応及び緊急措置
　3．災害発生時における応急工事、二次災害防止対策に関する事項
　4．都道府県等への支援に関する事項
第4章　復帰・復興（災害復旧・復興）
　　災害現場の平常への復帰・復興支援に関する事項

となっている。

図4.14に「指針」を参考に加筆修正した大規模土砂災害危機管理計画構成図を示す。

事務所ごとの大規模土砂災害危機管理計画は、災害時の情報が錯綜する中、「誰が何をするのか」が

簡潔にわかることが重要である。また、災害時の業務ごとの班編成と整合をはかる必要がある。また、整備局の大規模土砂災害危機管理計画は、大規模土砂災害時における担当事務所とそのエリアを明確にし、平常時から関係機関との連携体制を整備しておくことが重要となる。なお、指針等が出された後、国土交通省において情報収集のための「リエゾン制度」、技術支援のための「テックフォース制度」など充実されてきており、それらを反映した危機管理計画の策定が必要である。

その後、平成 20 年（2008）6 月、岩手・宮城内陸地震が発生し、複数の天然ダムが形成された。しかし、中越地震の教訓を活かし、震災 2 日後に岩手、宮城両県知事から「国への対応要請」があり、すみやかに応急対策に着手し、完成することができた。これを受けて「大規模な河道閉塞（天然ダム）の危機管理に関する検討会」が設置され、平成 21 年（2009）3 月 24 日に提言がなされた。主な提言は、以下の通り。

1) 基本スタンス
 ・国土交通省の役割が重要
 ・直轄事業区域外であっても国土交通省が主体的かつ中心となって役割を果たすべき
 ・平常時からの準備が重要
2) 検討事項の提言
①体制・人的資源
 ・派遣される技術者の訓練制度、支援体制の構築
 ・予算等の措置、事務所の管轄区域のあり方などの検討
②天然ダムの調査
 ・ヘリコプターなど調査手段の確保
 ・調査能力の向上
 ・初動段階、応急段階に応じた迅速な危険度評価
③天然ダムの監視、情報通信
 ・新たな通信技術や電源確保、IP 化にかかる検討
 ・複数の通信設備の組み合わせに関するマニュアル整備等
 ・天然ダムに適応した監視機器の改良・普及の推進
 ・非接触型の振動センサー等の併用
 ・センサーの設置方法等の仕様やマニュアルの策定
④警戒・避難体制
 ・平常時からの流域の基礎情報の共有化
 ・危険箇所の調査（深層崩壊調査、箇所明示）
 ・警戒・避難にかかる連携・訓練の実施
 ・広報の検証・分析と改善
⑤対策工事
 ・基本的な考え方（対策の必要性、工法の選定、施工方法等）
 ・工期の短縮にかかる改善の実施
 ・上下流一体的な対策・斜面対策も含めた対策の実施
 ・既設砂防設備の活用
 ・有効な排水対策の実施
 ・交通途絶地における対策
 ・無人化施工
 ・工事中の安全管理
 ・その他
⑥平常時からの準備
 ・マニュアル等の策定・改訂
 ・砂防指定地等及び施設整備の促進
 ・専門家の更なる技術の向上等
 ・災害対応時の適切・迅速な意思決定のための準備

したがって、大規模土砂災害危機管理計画は、提言等の検討結果等を受けて柔軟に改定、運用するべきである。

なお、平成 23 年（2011）5 月から改正土砂災害防止法が施行されたため、国等の責務となる「緊急調査」及び「土砂災害緊急情報」が明確に規定され、運用されるようになった。

2011 年 6 月時点迄に作成されたマニュアル類は、「天然ダム形成時対応の基本的考え方（案）」（国土技術政策総合研究所、2010.7）、「天然ダム監視技術マニュアル（案）」（独立行政法人土木研究所、2008.12）、「地震後の土砂災害危険箇所等緊急点検要領（案）」（国土交通省砂防部、2010.2）、「天然ダム対策工事マニュアル（施工編）（案）」（天然ダム対策工事（施工編）ワーキン

グチーム、2010.12)、「深層崩壊の発生の恐れのある渓流抽出マニュアル」(独立行政法人土木研究所、2008.12)、「土砂災害防止法に基づく緊急調査実施の手引き(河道閉塞による土砂災害対策編)」(2011.4)等がある。

4.3 天然ダム対応マニュアル

天然ダムの決壊等を防止するための実際の対応については、平成16年(2004)の10月の新潟県中越地震における東竹沢地区及び寺野地区、また、平成20年(2008)6月の岩手・宮城内陸地震における市野々原地区、浅布地区、小川原地区などが挙げられる。

これらの事例を踏まえ、前述した「天然ダム形成時の基本的考え方(案)」(平成22年(2010)7月 国土技術政策総合研究所)、「天然ダム監視技術マニュアル(案)」、「天然ダム対策工事マニュアル(施工編)(案)」がまとめられ、それぞれの適応範囲が整理されている。

上記3つのマニュアル等の関係を整理した「天然ダムに関するマニュアル等の関係図」を上記マニュアル等の記載から図4.15に示す。

また、「天然ダム対応の流れのフロー」及び「ステージごとの対応項目」を図4.16、及び表4.1に示す。

天然ダムの基本的な対応について示したが、それぞれの対応項目ごとに細部の調査・検討事項がある。これらについては、前述したマニュアル等を参考にして対応することとなるが、災害時にすぐ理解できる内容ではない。したがって、平常時から防災時訓練や勉強会等を通じ、基本的な事項、例えば、「流域面積の算出」、「流入量の算出」、「湛水量の算出」など練習し、「危険度概略判定」の手順を把握しておく事が重要である。

また、下流の被害想定等の設定に必要な河川平面や縦横断図、航空写真などがどの機関で所有しているかなどを把握しておくことは、災害発生時の速やかな対応に役立つものと考える。

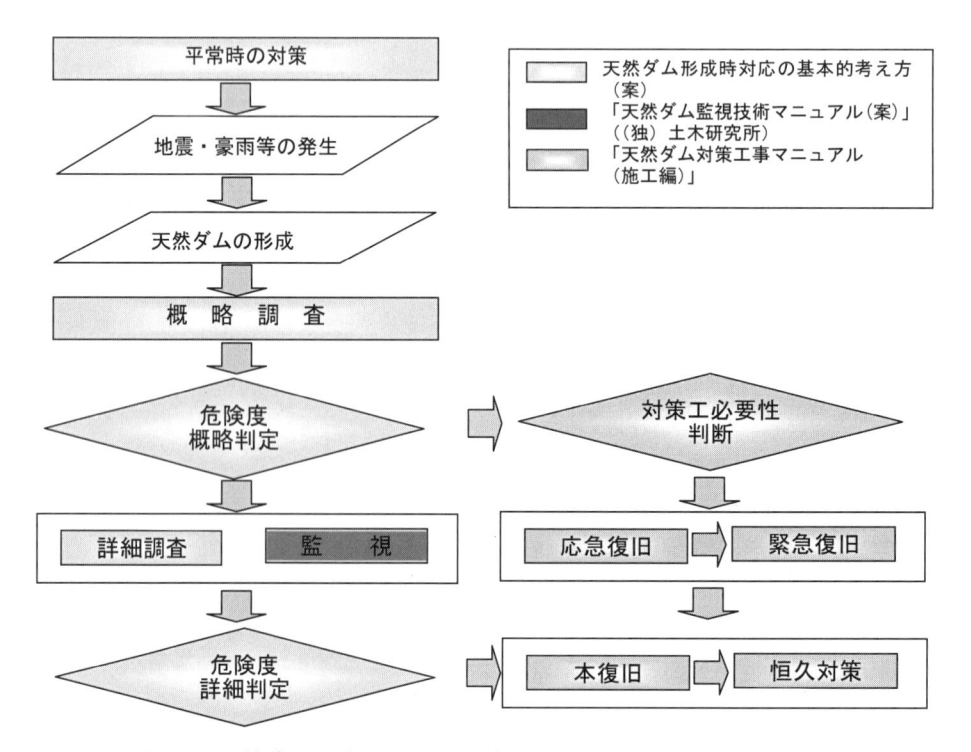

図4.15 天然ダムに関わるマニュアル等の関係(国土技術政策総合研究所 2010)

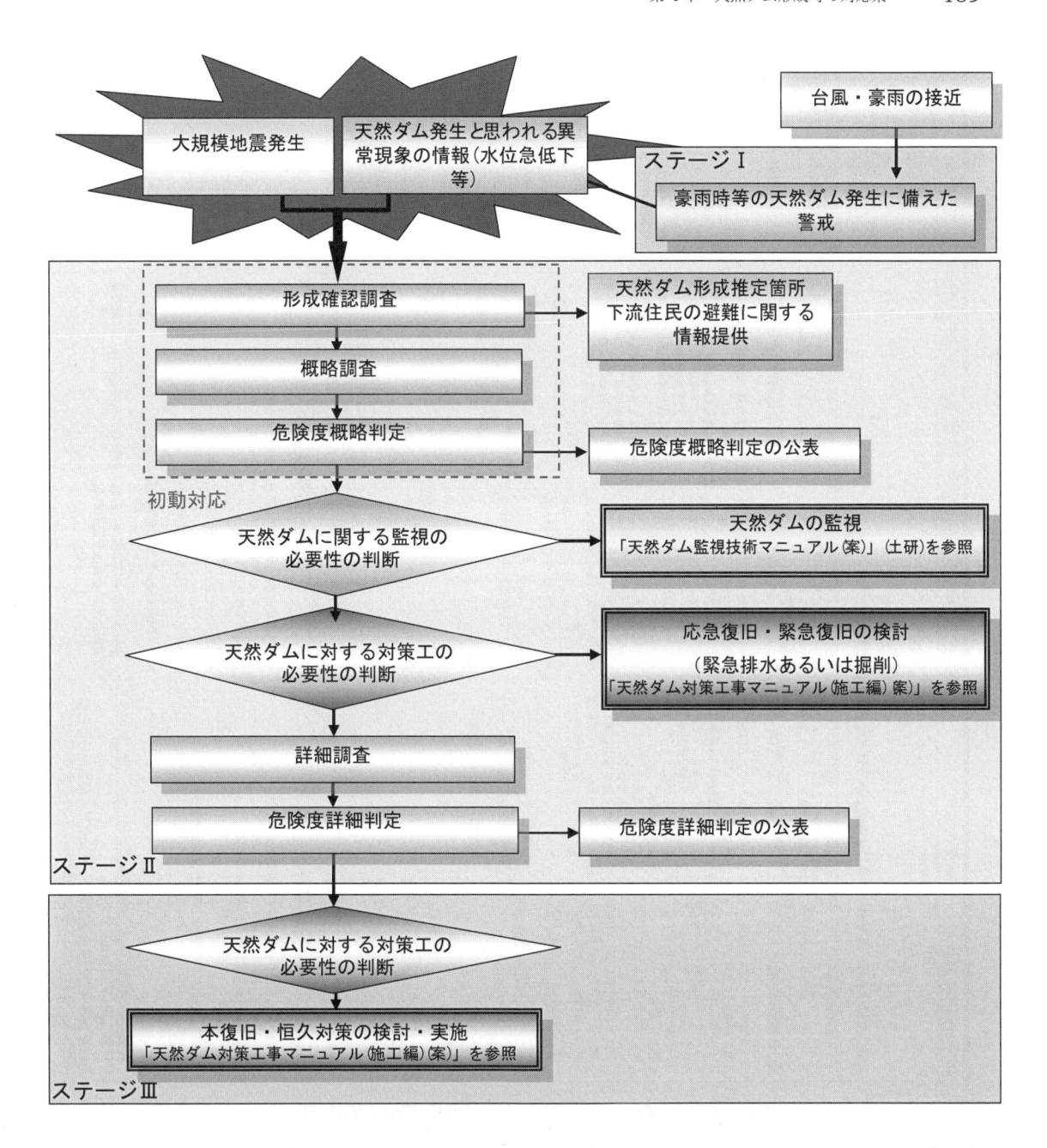

図 4.16　天然ダム対応の流れのフロー（国土技術政策総合研究所 2010）

160

表 4.1 ステージごとの対応項目

項目	ステージ I	ステージ II	ステージ III
事象	合風や前線の接近による豪雨、豪雪時(直後)水位の急激な低下など異常が予想される場合	地震発生後や台風、豪雪時(直後)水位の急激な低下など異常が継続された場合	天然ダム決壊の危険性がなくなった場合
対応	■豪雨情報等の天然ダム発生に備えた情報収集 ・気象庁、国土交通省河川局、各自治体河川部局からの情報収集 ・気象、河川情報の確認 ・CCTV監視カメラ等による目視確認 ・パトロールによる状況確認 ・雨量 ・水位・流量 ・深層崩壊危険箇所の確認	■形態把握調査の実施 ・ヘリコプターによる調査 ・地上調査(パトロール) ・豪雨時にはヘリコプターによる調査、地上調査が困難な場合には、航空レーザ測量機器等を使用することが望ましい 〈調査内容〉 ・天然ダム形成箇所位置を特定する ・名の撮影時にGPS搭載型デジタルカメラを用いて撮影) ・天然ダム周辺における全対策の有無 ・湛水域の状況(湛水域内における湛水の可能な状態であるか) ・地上での継続調査の実施が可能な状態であるか ・雨量 ・水位・流量	■概略調査の実施 ・ヘリコプターによる調査 ・地上調査 (調査は迅速性が求められるため、ある程度の精度が望ましい携帯型の測量機器を使用することが望ましい) 〈調査内容〉 ・天然ダムの規模・湛水状況・形状等 ・湛水池の湛水状況 ・天然ダム天端面の縦流状況 ・天然ダム構成材料の平均勾配 ・天然ダム形成斜面(平面・縦断・横断) ・雨量 ・水位・流量 調査結果を基にシミュレーションを実施し危険度概略判定に反映 ⇒危険度概略判定を実施	■天然ダムの監視 ・ヘリコプターによる調査 ・地上踏査 ・地上測量 ・水位計 ・雨量計 ・ワイヤセンサ ・地表伸縮計 ・監視カメラ ・Ku-SAT等 〈監視内容〉 ・湛水位の監視 ・湛水域及び湛水域全般の状況把握 ・湛水域への流入量の把握 ・天然ダムの侵食及び崩壊状況の監視 ・天然ダム周辺の崩壊状況の把握 ・雨量 ・水位・流量	■天然ダムの監視 ・ヘリコプターによる調査 ・地上踏査 ・地上測量 ・水位計 ・ワイヤセンサ ・地表伸縮計 ・監視カメラ ・Ku-SAT等 〈監視内容〉 ・湛水位及び湛水域全般の状況把握 ・湛水域への流入量の把握 ・天然ダム及び周辺の崩壊状況の把握 ・雨量 ・水位・流量
調査監視 項目			■詳細調査の実施 航空レーザ計測・高精度デジタル カメラ撮影 ・天然ダム上下流の河道縦横断図 ・天然ダム上下流の地形図 ・対策工設置予定箇所における地形図 ・縦横断図 天然ダムの形状等 ・天然ダム形状(高さ・長さ) ・天然ダム上下流の勾配 ・天然ダム形成原因となった斜面崩壊 ・地すべり等の活動状況・活動特性 土質調査 ・天然ダム構成土砂の粘度・強度 ・構成土砂の空隙率・地すべり面の剪断強度 水文水理調査 ・既往の降雨記録 ・河床の浸食の強度 ・斜面崩壊、流域内の降雨状況 ・流出土砂量(流出解析) ・天然ダム上流域の湛水位	
天然ダムの 決壊等の 危険度判定		・天然ダム形成に伴う上流側の湛水被害の危険性 →流入量、気象などの変化などデータにより判定 ・崩落斜面の安定性と決壊までの時間 →崩落斜面の活動状況、形状などにより判断 ・建設隣接地および決壊までの時間 →天然ダム決壊の危険性等を詳細判断 ・洪水氾濫現象及び被害の詳細予測 →氾濫シミュレーションをもとに決壊時等の詳細予測	■危険度詳細判定の実施 ・天然ダム決壊に伴う上流側の湛水被害の危険性 →流入量、気象などの変化などの監視データの検討 ・崩落斜面の安定性と決壊までの時間 →前提湛水地および決壊までの時間 →天然ダム決壊の危険性を詳細判断 ・土試験結果及び被害予測結果をもとに決壊時をシミュレーションにより危険度の詳細予測 →氾濫シミュレーションをもとに決壊時等の詳細予測	
避難勧告・ 指示等		・危険度概略判定の結果、危険と判定された場合には、地域住民の避難に関する情報を提供する。	・危険度詳細判定の結果、危険と判定された場合には、地域住民の避難に関する情報を提供する。	危険度詳細判定を踏まえ、本旧復及び恒久対策を計画・実施する
ハード対策の検討		危険度概略判定の結果を踏まえ、応急復旧等、緊急避難、広報周知、緊急復旧、河川管理施設、道水の他、専門家の見地を参考に関係について検討する。	危険度詳細判定の結果を踏まえ、本旧復及び恒久対策を計画・実施する	(決壊の危険性は無い)

4.4 天然ダム対応の防災訓練

1) 防災訓練の目的

天然ダムの発生など大規模土砂災害時には、国、都道府県、市町村などの防災担当者は、防災業務計画、地域防災計画などにしたがって行動しなければならない。しかし、実際には、十分な人員確保が出来ない中、初動体制の構築、情報収集・共有、初動調査の実施、危険度評価、緊急・応急対応、広報活動などを迅速に行うことが求められる。

大規模土砂災害防災訓練は、このような事態に対応するため、

① 防災訓練による疑似体験を通じ、天然ダム等大規模土砂災害時の対応に関する危機管理意識及び能力の向上を図ること、
② 防災訓練により、防災体制や防災業務計画等の課題を明確にし、改善策の検討に役立てること、
③ 実働訓練等により、解析手法や災害資機材等の技術的な習得を図ること、

を目的として行うものである。

2) 防災訓練の種類

防災訓練は、大きく机上訓練と実働訓練とに分類される。また、机上訓練は、ロールプレイング（RP）方式（役割演技法）（以下、RP訓練方式と言う）と、DIG方式（災害図上訓練）に多きく分類することが出来る。それぞれの訓練の特徴等についての比較表を表4.2に示す。

3) ロールプレイング（RP）訓練方式

RP訓練方式は、「役割演技法」とも言う。実際の災害にできる限り近い災害シナリオに従い、コントローラー（進行側）とプレーヤー（訓練を受ける側）とに分かれ、それぞれの役割を行うことにより、災害対応能力を高めていく訓練方式である。

RP訓練方式の概要を表4.3に示す。

また、訓練の仕組みは、
・プレーヤー（訓練を受ける側）とコントローラー

表4.2 防災訓練の種類と特徴

	机上訓練		実働・実技訓練
	ロールプレイング方式（状況付与型訓練）	DIG方式（災害図上演習）	実働訓練、機器操作訓練、広報訓練
特徴・効果	特定の状況下での対応を状況付与票と情報交換に基づき意思決定能力を習得する訓練	当該地域の地図を用意すれば手軽に実施できる。自主防災組織、ボランティア等と行政が共同で実施することで、全体としての防災力の向上を図ることができる。	防災担当者の防災資機材・機器の取扱いや活動手順への習熟、防災体制、住民避難の確認。
訓練内容	テーマを絞って様々な状況付与を行うことで、複数の部局、関係機関が連携した防災対策の意思決定や役割行動を検証するのに適する	地図を活用することで地域の防災上の問題点・課題を具体的・視覚的に把握するのに適する	防災資機材・機器の取扱いや活動手順の習熟に適する
訓練体制	比較的多い（規模が大きくなる場合、専門機関への委託が必要になる場合もある）	少ない（実施するメニューにより異なる）	多い（規模が大きくなる場合、専門機関への委託が必要になる場合あり）
準備時間	比較的長い	少ない	多い
準備資機材	比較的多い（会場、地図、状況付与票、その他の資料・機材・ツールを要す）	少ない（会場及び地図は必須）	多い（会場、機材・ツールを要す）
訓練状況			

表4.3 ロールプレイング（RP）訓練方式

狙い	・災害時の適切な状況判断を養う。
特色	・事前に訓練シナリオが示されていない。電話やfax等で入ってくる情報や自ら収集した情報を基に、対応方針を検討、決断する。情報収集、判断力を高める訓練
進め方	・状況付与に対する判断により訓練が進められる。
成果	・判断力を養う訓練が可能。

(訓練を進行する側)に分かれて行う。
- プレーヤーは訓練のシナリオは知らない。
- コントローラーが演じる各ダミー機関等から気象状況、災害状況等が付与され、それらの情報に基づきプレーヤーが状況を判断、行動することにより、訓練が進行する。
- プレーヤーの行動が訓練の目的や進行等を著しく妨げる可能性が生じた場合は、逐次、コントローラー側で軌道修正を行う。

簡単なRP訓練の仕組みと訓練イメージを図4.17

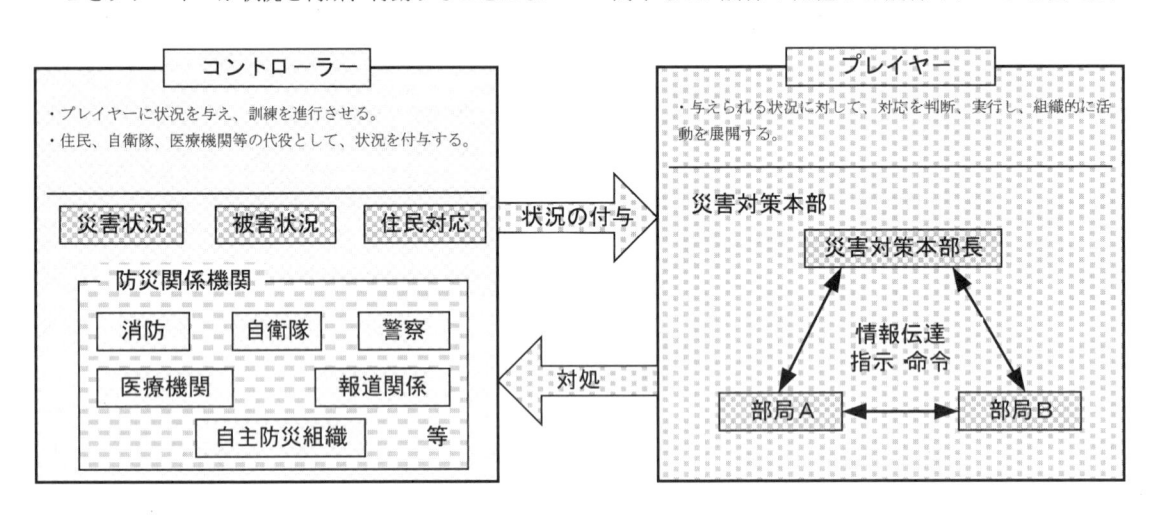

図4.17 RP訓練の仕組み

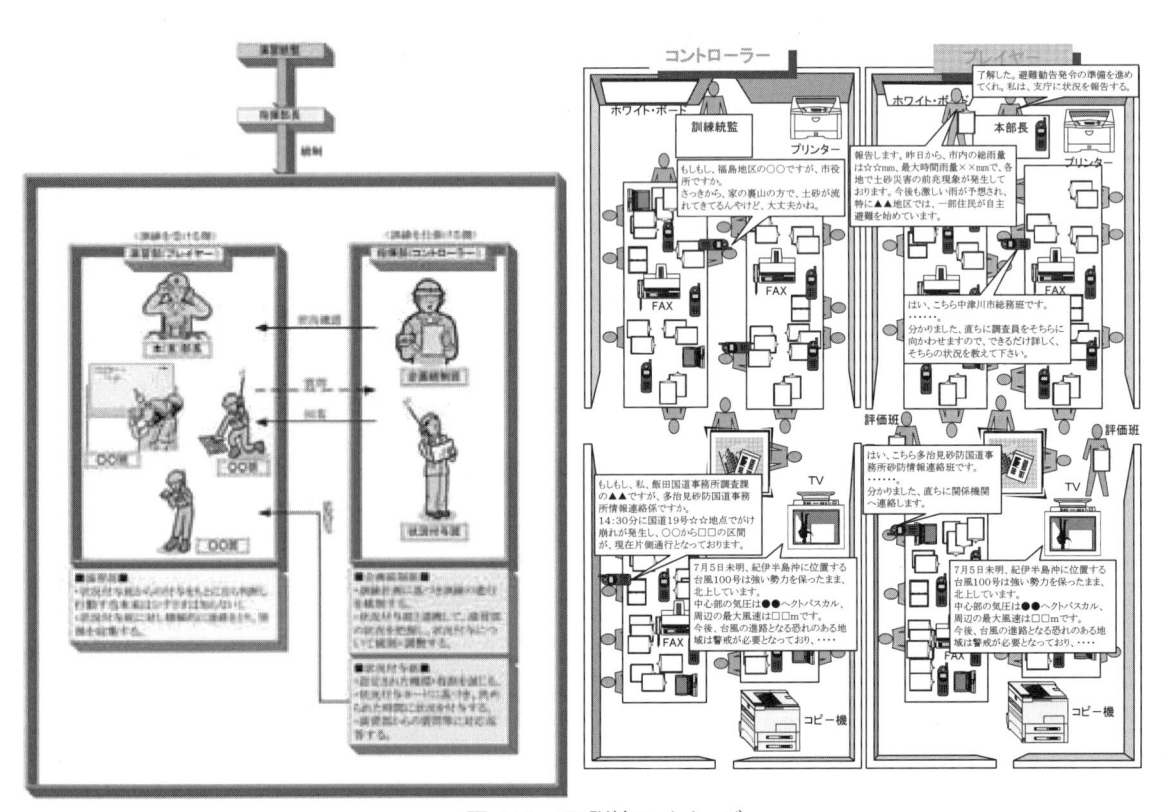

図4.18 RP訓練のイメージ

と図 4.18 に示す。

① RP 訓練方式実施の全体的な流れ

　RP 訓練方式は，より実際に近い災害を想定して行う訓練であり，その効果を有意義にするため，図 4.19 に示す手順で計画・実施・評価を行うことが望ましい。

　図 4.19 に従い，参考事例を以下に示す。

② 訓練実施方針などの策定

　表 4.4 に RP 防災訓練の目的の設定と主要防災訓練項目を示す。

③ 訓練参加組織の決定

　図 4.20 に訓練参加組織の決定（プレーヤー，コントローラーの選定）について事例を示す。

```
訓練実施方針等の策定
 ① 防災訓練の目的の設定
 ② 主要訓練項目の設定
       ↓
訓練参加組織の決定
 ① プレイヤーの決定（訓練対象機関の選定）
 ② コントローラーの決定
       ↓
訓練計画の策定
 ① 訓練スケジュールの決定
 ② 訓練シナリオの作成
 ③ 訓練運営計画の作成
 ④ 状況付与資料等の作成
       ↓
訓練の実施・運営
       ↓
防災訓練の評価
       ↓
反省会の実施
```

図 4.19　RP 訓練の手順（計画・実施・評価）

表 4.4　RP 防災訓練の目的、訓練項目

1. 訓練目的　例）

局所的大雨等による河川の増水、大規模土砂災害（同時多発的に発生するがけ崩れ、土石流及び地すべり）に対する、国土交通省直轄事務所、都道府県および市町村の各防災担当者の防災、減災対応を訓練し、緊急時の災害対応能力等の向上に資することを目的とする

2. 主要訓練項目　例）

No.	主要訓練項目	訓練対象
1	迅速な情報収集、伝達および関係機関の情報共有化	国、県、市町村
2	災害発生箇所に対する迅速な応急対策	国、県、市町村
3	災害対策本部、支部の適切な運営	国、県、市町村
4	住民避難対応 （避難準備情報、避難勧告、指示等）	市町村
5	災害時要援護者、行方不明者への対応	県、市町村
6	国の県や市町村に対する技術的な支援活動	国
7	報道機関に対する対応	国、県、市町村

① プレイヤーの決定
（訓練対象機関の選定）
　大規模土砂災害に関する防災訓練に参加する関係機関（プレイヤー）を決定する。
　その後、プレイヤーとの防災関係機関を抽出し、主要訓練項目に該当する関係機関を選定することになる。

② コントローラーの決定
　プレイヤーの訓練組織に応じて、周辺の関係機関をコントローラーが演じる（状況を付与する）側と調整する（企画統制する）側を決定する。

　右の図は、プレイヤーが国土交通省、県、市の防災機関であり、その周辺機関をコントローラーにした例である。

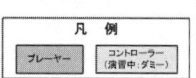

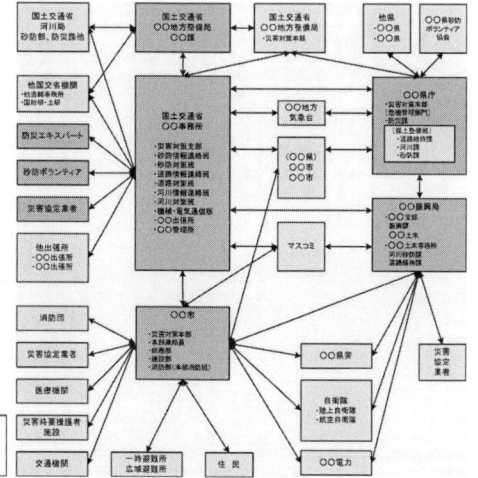

図 4.20　RP 訓練の参加機関

④ 訓練計画の策定

表 4.5 に RP 訓練スケジュール事例，図 4.21 に災害シナリオ作成のポイント，図 4.22 に災害対応シナリオのポイント，図 4.23 に総合的 RP 訓練シナリオ，図 4.24 に RP 訓練の運営計画のポイント，図 4.25，写真 4.19 に状況付与カードの作成事例を示す。

表 4.5 RP 訓練スケジュールの策定
訓練の事前準備から訓練の実施補助，評価および反省会までの作業スケジュール

	打合せ等	(1)参加組織	(2)会場準備	(3)訓練シナリオ作成	(4)運営計画の作成	(5)状況付与資料	(6)会議資料作成	(7)アンケートの実施	(8)反省会の開催補助	(9)訓練結果の総合評価
第1週	計画準備打合せ	参加組織の検討								
第2週		ヒアリング等	会場の選定	シナリオの検討						
第3週		参加組織決定	会場の決定			状況付与の検討				
第4週			訓練資機材検討	シナリオの作成	運営計画検討					
第5週			会場の配置決定	訓練の前提検討		状況付与計画作成				
第6週			資機材手配	訓練の前提決定	運営計画作成	付与カードの作成				
第7週							参加者事前説明	アンケート作成		
第8週			会場設営							
第9週以降				訓練実施					反省会	訓練評価

その1. 災害シナリオ
　＝ どのような災害を対象とするかを決める

1. 災害の要因を選定
　降雨，地震，火山

2. 災害事象を選定
　①天然ダム（河道閉塞）
　②同時多発（土石流，がけ崩れ等が同時に多数発生）
　③大規模な地すべり

3. 時系列的な災害事象のシナリオを作成（天然ダムの形成を例）
　〇〇川上流部の南東側斜面が大規模崩壊し，その崩壊に伴い〇〇川に天然ダムが形成される。その後の降雨により湛水・決壊して，下流域で氾濫し，被害が拡大する。

図 4.21 災害シナリオ作成のポイント

その2. 対応シナリオ
　＝ 災害にどのように対応するかを決める

1. 参加組織（プレイヤー）毎の災害対応内容を検討
　国，県，市町村毎の参加者，組織に応じた訓練対応事項を選定し，訓練時間内に対応可能な目標を設定し，具体的な災害対応内容を検討する。

2. 機関連携対応等の負荷調整
　例えば，住民（コントローラー）から市町村に土砂災害情報の連絡があり，それを県や国に報告した場合の連携対応がプレイヤーの対応過多にならないように，伝達内容，行動内容を調整する。

3. 実時間と訓練対応時間との調整
　実際の災害時対応は，現地調査や情報の収集伝達等に多大な時間を要することになりますが，訓練時にはその時間を省いて対応します（つまり，訓練時には事前に現地状況写真や報告結果など（状況付与資料）を用意しているため，そのための時間をゼロとして訓練時間を調整する：実対応が12時間を訓練では4時間程度）。

図 4.22 災害対応シナリオ作成のポイント

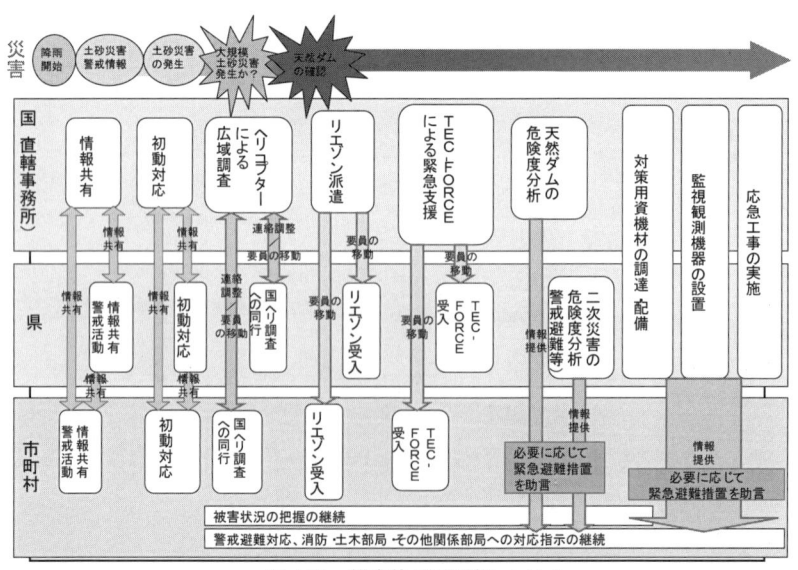

図 4.23 総合的 RP 訓練シナリオ

1. 訓練時のスケジュール調整
集合から直前説明、開会挨拶、訓練実施、講評までのスケジュールの調整

2. 訓練時の規則
実際の災害対応現場とは違う場所（体育館など）で訓練を実施するため、情報収集システム、電話、Fax等の機器の制約があり、連絡、報告時のルール、調査依頼などの様式の使い方など訓練独自の規則を設定

3. 訓練会場の設営
訓練参加組織（プレイヤー、コントローラー）の配置、記者発表席、見学者、マスコミ等の入場制限を加味した訓練会場の配置を検討し、訓練機材の調達、設営

図 4.24　RP 訓練の運営計画

天然ダムの位置（現況）　　→　　天然ダムの形成（CG）

写真 4.19　状況付与資料（天然ダム関連 CG）

状況付与カードの作成例

付与番号	基災－土1-1		
件名	笠原町音羽　土石流発生の状況報告（9:00に土石流発生）		
付与先	多治見市 消防本部	付与時間	10
付与元	消防団 笠原第2分団	付与方法／担当者	電話
付与内容	こちら笠原第2分団○○です。本日9時に発生した、笠原町音羽の土石流の現場に行っていましたので報告します。 現場は笠原町音羽の芳月橋付近、民家が数軒ある、その裏の山から土石流が出ています。県道まで土砂が出ていて、通行できません。人家は、ここから見えるだけでも被害を受けています。奥にある家屋は、確認することはできませんが、土砂で潰れているものもあります。 先ほど、現場の写真を送りましたので、確認願います。 －想定問答－ 【プ】人的な被害は確認できますか。 【コ】まだ、わかりません。ただ、住人さん宅が被害を受けたのが確認できますが、有無は確認できません。早急な確認が必要です。 【プ】周辺の住民の様子は。 【コ】何人かが逃げてきましたので、避難所に向かうように言いました。周辺住民全員したかはわかりません。 【プ】現場には他に誰かいますか。 【コ】いえ、我々のみです。（消防団員2人で現場に行っている） 【プ】豊田―多治見線は完全に寸断されていますか。 【コ】かなりの土砂が道路にかかっていますので、車は通れないと思います。 【プ】わかりました。すぐに対応にとりかかります。そちらには応援を向かわせるので現場待機をお願いします。周辺の住民には避難を促してください。		
ねらい	土砂災害発生状況の確認		

付与番号	基災－土5-2		
件名	東町3丁目　生田川右岸斜面崩壊＆生田川河道閉塞		
付与先	多治見市 消防本部	付与時間	11:05
		想定時間	〃
付与元	消防団 中央南分団	付与方法／担当者	電話、手渡し
付与内容	こちら中央南分団○○です。たった今、東町3丁目の神生橋付近、生田川の右岸側の斜面で大きな崖崩れが発生しました。取り急ぎ、写真を送ります。（緊張した口調で） －想定問答－ 【プ】現在は安全な場所にいるのですか。 【コ】はい、安全をとるために、崩れた場所からは十分な距離をとっています。 【プ】崩壊の規模を教えてください。 【コ】詳しい規模はまだ確認できませんが、かなり大規模です。安全が確認でき次第、調査します。 【プ】そちらの天候は？ 【コ】雨は弱まってきましたが、まだ降り続いています。 【プ】崩壊による被害者はいますか。 【コ】今のところわかりません。 【プ】周囲の状況を教えてください。 【コ】崩れた土砂で神生橋が埋もれています。川の中にも土砂が入っています。 【プ】現場の詳細な状況の確認はできますか。 【コ】もう少し様子を見ないとわかりません。だれか応援に来ていただけるといいのですが。 【プ】わかりました。応援が到着するまで、現場待機をお願いします。ただし、危険な状況になったらすぐに退避してください。		
ねらい	土砂災害・河道閉塞情報に対する対応		

図 4.25　状況付カードの作成例

⑤ 訓練の実施・運営

訓練の実施・運営に当たっては，訓練が機能的に行われるよう参加関係機関を配置する。また，コントローラーによる円滑な運営が重要となることから，特に以下の点に留意し，運営する。なお，図4.26に訓練会場の配置計画平面図を示す。

1. プレーヤーの行動、訓練実行状況をチェックする

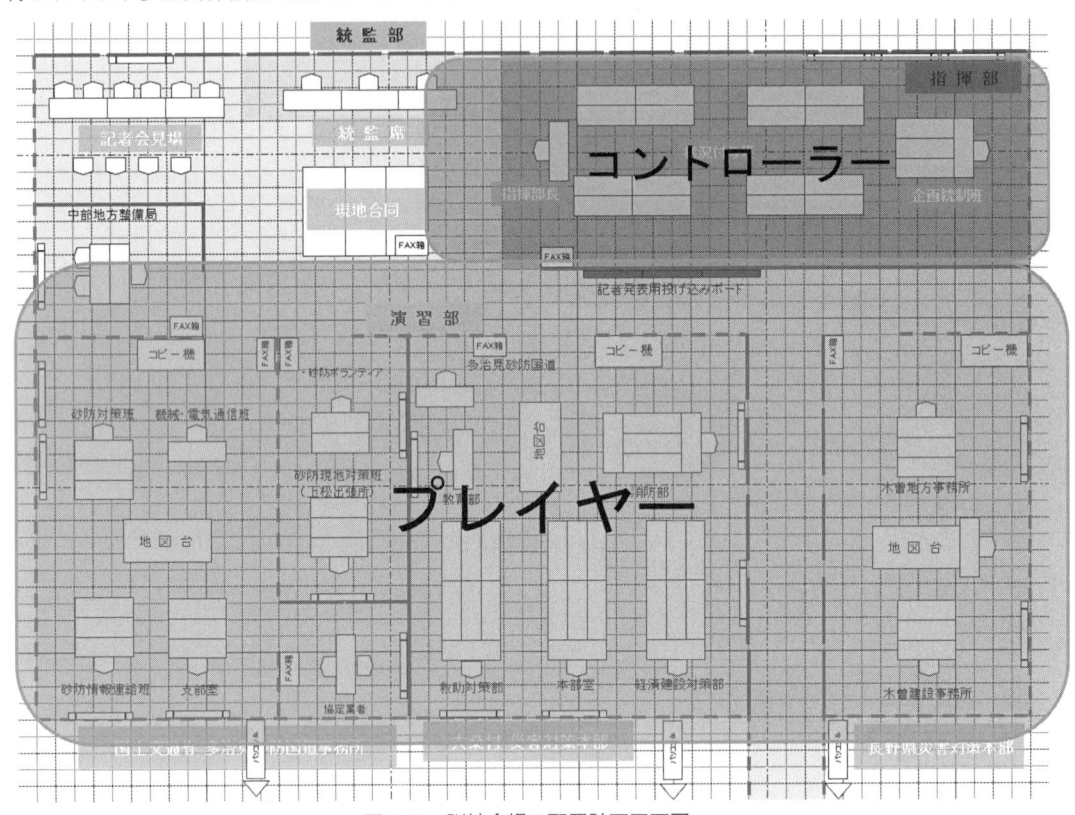

図4.26 訓練会場の配置計画平面図

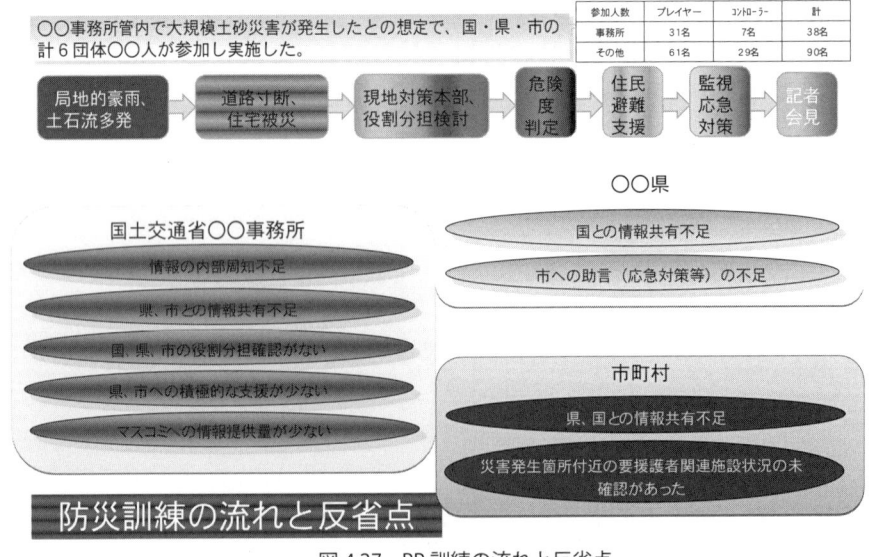

図4.27 RP訓練の流れと反省点

2. 状況付与カードが計画通りに状況付与されているチェックする。
3. プレーヤーの計画外の災害対応行動に対する修正（訓練の軌道修正）

⑥ 防災訓練の評価

防災訓練の評価は，訓練時に使用作成したファックス等の資料や訓練後に実施するアンケート調査等を分析し，訓練の目的及び主要訓練項目が適正に実施されたか，また，適正に実施されなかった場合は、その原因等を把握するものとする。

⑦ 反省会の実施

反省会は，防災訓練に参加した機関の参加を得て，防災関係者の意見を聞くとともに，「防災訓練の評価」により課題となった点を相互に確認することが重要である。また，課題等を踏まえ，現状の防災体制等の見直しに反映させる。

図 4.27 に RP 訓練の流れと反省点，図 4.28 に RP 訓練等による防災体制や防災業務計画への反映の事例をしめす。

4） DIG 方式の訓練

DIG 方式とは、災害（Disaster）の D、想像力（Imagination）の I、ゲーム（Game）の G の頭文字をとって名付けられた誰でも企画・運営・参加できる簡単な災害図上訓練方式である。

具体的な訓練方法としては、例えば、訓練参加者を各班に分け、数種類の地形図を用意し、過去の災害履歴、土砂災害危険箇所、防災拠点などを指示に従いプロットし、「危険が予想される箇所の抽出」や「安全に避難させるためのルート抽出」などを検討し、各班に発表させる。それらを相互に議論・評価し、課題等を抽出する訓練である。事例を写真

大規模土砂災害対応の訓練結果を踏まえて、現状の防災体制や防災業務計画等の課題が明確になることにより、以下のような改善策の検討に反映することになる。

① 現状の防災体制の修正。

② 地域の特性（限界集落、地すべり地域など）を踏まえ、具体的に必要となる災害対応項目を地域防災計画等へ反映する。

③ 課題の検証も含めた、さらなる合同防災訓練（人事移動等を考慮し、定期的に実施）の実施により危機管理意識を醸成する。

④ 国と県、市町村との抽出された連携内容（情報共有、天然ダム対応、土砂災害危険箇所等の緊急点検対応など）を地域連携マニュアルとして具体化する。

図 4.28　RP 訓練結果による防災体制や防災業務計画への反映

写真 4.21　DIG 訓練の状況②
（危険箇所等を地形図で確認）

写真 4.20　DIG 訓練の状況①
（危険箇所の抽出）

写真 4.22　DIG 訓練の状況③
（避難ルート等の抽出）

4.20～4.22 に示す。

5) 実働・実技訓練
　実働訓練としては、住民の方々が安全に避難するため、土砂災害が発生したことを想定して、「実際、所定の避難路、避難場所に避難する訓練」、「土砂災害に関する防災意識の向上のための講習会や降雨体験」等がある。

　実技訓練としては、「災害対策資機材の設置」、「土嚢等の設置」、「無人化機械の操作」、「ヘリ調査実施」

図4.29　住民等の実働避難訓練

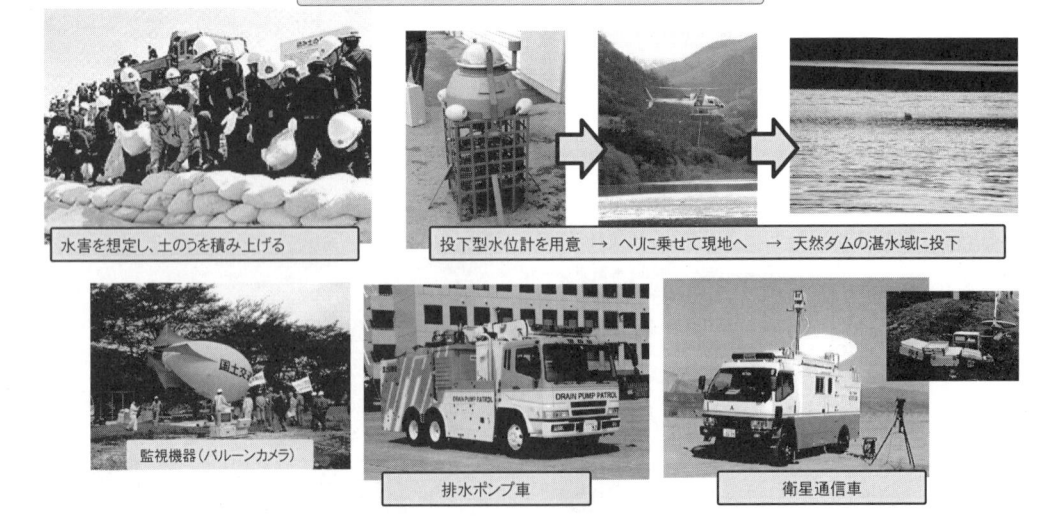

図4.30　災害対策資機材の活用

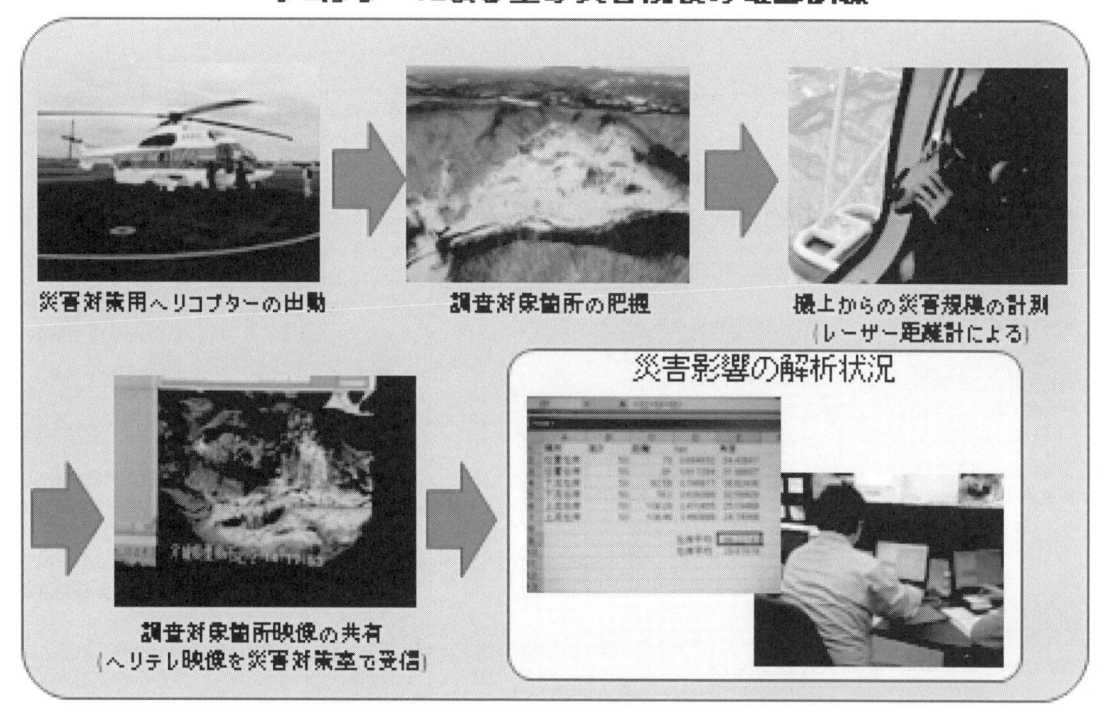

図 4.31　災害対策用ヘリコプターを活用した画像伝送及び飛行ルート

等が挙げられる。
　訓練状況を図 4.29 〜 4.31 に示す。

参考・引用文献

1章・参考・引用文献

青空文庫（http://www.aozora.gr.jp/）

安曇村誌編纂委員会（1998a）：安曇村誌，第一巻，自然，718p.

安曇村誌編纂委員会（1998b）：安曇村誌，第三巻，歴史下，833p.

安部剛・斎藤克浩・荻田滋（2010）：山形県肘折カルデラ周辺の地すべりダムの特徴と対応事例，日本地すべり学会誌，47巻6号，p.53-59.

安部真郎・林一成（2011）：近年の大規模地震に伴う地震地すべりの運動形態と地形・地質的発生の場，日本地すべり学会誌，48巻1号，p.52-61.

阿部勇治・阿部美和（2009）：鈴鹿山脈北部，大君ヶ畑地区にみられる天然ダム湖堆積物，地球惑星科学関連学会2009年合同学会予稿集，Y229-010

安間荘（1987）：事例からみた地震による大規模崩壊とその予測手法に関する研究，東海大学学位論文，205p.

飯田汲事（1979）：明応地震・天正地震・宝永地震・安政地震の震害と震度分布，愛知県防災会議地震部会，109p.

飯田汲事（1987）：天正大地震誌，名古屋大学出版会，580p.

池田暁彦（2011）：大規模崩壊地からの土砂流出とその対策，—常願寺川砂防事業の歴史—，砂防学講座「日本の国土の変遷と災害」，砂防学会誌，64巻3号，p.57-63.

ICIMOD（2011）：Glacial Lakes and Glacial Lake Outburst Floods in Nepal, 97p.

井上公夫（1997）：流域の地形特性と土砂災害，1996年12月6日蒲原沢土石流調査報告書，地盤工学会蒲原沢調査団，p.2-11.

井上公夫（1998）：北陸地方における地震などに起因した大規模土砂移動の事例紹介，北陸の建設技術，p.24-27.

井上公夫（2003）：御岳崩れとデザスターマップ（災害実績図），測量，2003年10月号，p.52-56.

井上公夫（2004a）：Ⅲ2 地震，地すべりに関する地形地質用語委員会編（2004）：地すべり，—地形地質的認識と用語—，日本地すべり学会，p.219-248.

井上公夫（2004b）：イタリア・バイオントダムの被災地を訪ねて，測量，2004年12月号，p.36-38.

井上公夫（2005a）：地震に起因した土砂災害地点を訪ねて，—関東地震（1923年）と北伊豆地震（1930年）に学ぶ—，Fukadaken Library, 70号，73p.

井上公夫（2005b）：中越地震と河道閉塞による湛水（天然ダム），測量，2005年2月号，p.7-10.

井上公夫（2005c）：河道閉塞による湛水（天然ダム）の表現の変遷，地理，50巻2号，p.8-13.

井上公夫（2006）：建設技術者のための土砂災害の地形判読実例問題中・上級編，古今書院，142p.

井上公夫（2007a）：1章3節 土砂災害，1章4節 天然ダムの形成と決壊洪水，中央防災会議，災害教訓の継承に関する専門調査会：1847善光寺地震報告書，p.46-66.

井上公夫（2007b）：映画『掘るまいか 手掘り中山隧道の記録』の地形的背景，—旧版地形図から山古志の地形と歴史を読む—，地理，52巻8号，口絵p.1-4, 本文p.62-73.

井上公夫（2008a）：日本と世界の天然ダム（河道閉塞）による土砂災害の事例紹介，第20回日本地すべり学会特別セッション，テーマ「中国四川大地震／岩手・宮城内陸地震」

井上公夫（2008b）：震災地応急測図原図と土砂災害，歴史地震研究会（2008）：地図にみる関東大震災，日本地図センター，p.18-39, p.50-61.

井上公夫（2009）：大規模天然ダムの形成と決壊洪水の事例紹介，地球惑星科学関連学会2009年合同学会予稿集，Y229-001

井上公夫・今村隆正（1999）：高田地震（1751）と伊賀上野地震（1854）による土砂移動，歴史地震，15号，p.107-116.

井上公夫・今村隆正・西山昭仁（2002）：琵琶湖西岸地震（1662）と町居崩れによる天然ダムの形成と決壊，平成14年度砂防学会研究発表会講演集，p.324-325.

井上公夫・南哲行・安江朝光（1987）：天然ダムによる被災事例の収集と統計的分析，昭和62年度砂防学会研究発表会概要集，p.238-241.

井上公夫・向山栄（2007）：建設技術者のための地形図判読演習帳，古今書院，82p.

井上公夫・森俊勇・伊藤達平・我部山佳久（2005）：1892年に四国東部で発生した高磯山と保勢の天然ダムの決壊と災害，砂防学会誌，58巻4号，p.3-12.

Inoue K., Mizuyama T. & Mori T. (2010) : The Catastro-phic Tombi Landslide and Accompanying Landslide Dams Induced by the 1858 Hietsu Earthquake, Journal of Disaster Research, Vol.5,No.3, P.245-256.

今村隆正・井上公夫・西山昭仁（2002）：琵琶湖西岸地震（1662年）と町居崩れによる天然ダムの形成と決壊，歴史地震，18号，p.52-58.

井口隆・八木浩司（2010）：会津地震（1611年）によって発生した地すべり変動，日本地すべり学会誌，47巻6号，p.60-62.

茨城県砂防課（1994）：茨城県北茨城市地すべり及び河道埋塞災害，二次災害の予知と対策，No.6, p.180-185.

植木岳雪・永田秀尚・小嶋智・沼本晋也・飯島文男（2011）：紀伊半島中部，富士川流域における山体崩壊の発生時期と発生頻度；せき止め湖堆積物を用いて，日本第四紀学会講演要旨集2011年大会，p.44-45.

宇佐美竜夫（1987,96）：新編日本被害地震総覧，及び増補改定版416-1995，東京大学出版会，434p.

渦岡良介・松富英夫・風間聡・金子和亮・小松順一・千葉則行（2009）：第5章 構造物の被害—河道閉塞，平成20年岩手・宮城内陸地震4学協会合同調査委員会：平成20年(2008年)岩手・宮城内陸地震災害調査報告書，p.260-272.

内田太郎・松岡暁・松本直樹・松田如水・秋山浩一・田村圭司・一戸欣也（2009）：天然ダムの越流侵食の実態：宮城県三迫川沼倉裏沢の事例，砂防学会誌62(3), 23-29.

愛媛大学「四国防災八十八話」編集委員会（2008）：先人の教えに学ぶ四国防災八十八話，国土交通省四国地方整備局，204p.

大分県砂防課（1994a）：大分県日田郡天瀬町山腹崩壊及び河道埋塞災害，二次災害の予知と対策，No.6, p.170-174.

大分県砂防課（1994b）：大分県南海部本匠村河道埋塞災害，二次災害の予知と対策，No.6, p.191-196.

大町市史編纂委員会（1984）：大町市史，第一巻，自然環境，1239p.

大町市史編纂委員会（1985）：大町市史，第四巻，近代・現代，1315p.

大八木規夫（2000-06）：地すべり地形の判読，Fukadaken News, No,1～18

大八木規夫（2007）：地すべり地形の判読法，―空中写真をどう読み解くか―，近未来社，316p.

大橋良一（1915）：大正三年，秋田地震ニテ，震災予防調査報告，82号，p.37-42, 及び，図，写真

小川内良人・大坪俊介・橋本純・笠井史宏・宮城豊彦（2009）：第4章 地盤災害 ―迫川上流域の地すべり・崩壊の概要，平成20年岩手・宮城内陸地震4学協会合同調査委員会：平成20年（2008年）岩手・宮城内陸地震災害調査報告書，p.80-85.

沖津進・安田正二編著（2010）：亜高山・高山域の環境変遷，―最新の成果と展望―，日本地理学会，86p.

奥田秀夫（1972）：バイオントダム地すべりのその後の経緯，地すべり，8巻3号，p.26-29.

O'Connor J.E. & Costa E. (2004): The World's Largest Floods, Past and Present: Their Causes and Magnitudes, U.S.G.S., Circular 1254, 13p.

尾沢建造・杉本好文・高橋忠治（1975）：北アルプス小谷ものがたり，信濃路，243p.

尾崎雅篤（1966）：バイオントダムの地すべりについて，地すべり，2巻2号，p.26-29.

尾田榮章（2009）：古代の水管理体制―荒（麁）玉河―, "記紀と続記"の時代を『水』で読み解く（25），河川，2009年1月号，p.80-86.

尾田榮章（2009）：古代の水管理体制―荒（麁）玉河（2）―, "記紀と続記"の時代を『水』で読み解く（27），河川，2009年2月号，p.74-81.

尾田榮章（2009）：古代の水管理体制―荒（麁）玉河（3）―, "記紀と続記"の時代を『水』で読み解く（28），河川，2009年3月号，p.73-80.

鏡村（1976）：かがみ広報，台風17号特集，No.30

加茂豊策（2009）：遠江地震と天竜川の変遷，100号，p.67-79.

苅谷愛彦（2010）：北アルプス周辺の大規模地すべりと古環境変遷，沖津進・安田正二編著（2010）：亜高山・高山域の環境変遷，―最新の成果と展望―，日本地理学会，p.22-37.

川邉洋・権田豊・丸井英明・渡部直喜・土屋智・北原曜・小山内信智・笹原克夫・中村良光・井上公夫・小川喜一朗・小野田敏（2005）：2004年新潟県中越地震による土砂災害（速報），砂防学会誌，57巻5号，口絵，及び，p.45-52.

川邉洋・権田豊・丸井英明・渡部直喜・土屋智・北原曜・内田太郎・栗原淳一・中村良光・井上公夫・小川喜一朗・小野田敏（2005）：新潟県中越地震による土砂災害と融雪後の土砂移動状況の変化，砂防学会誌，58巻3号，口絵，及び，p.44-50.

北沢秋司（1986）：長野県西部地震における河道埋塞の事例，二次災害の予知と対策，No.1, p.33-62.

Cruden, D.M. & Varns, D.J. (1996): Landslide types and processes, in edited by Turner, A.K., & Schuster, R.L., Landslides Investigation and Mitigation, TRB—National Research Council, Special Report, No.247, p.36-75.

黒川将・岩田英也・柴崎達也・大野亮一・小澤幸彦・寺村保（2010）：平成20年（2008年）岩手・宮城内陸地震で発生した増沢地区の地すべりと地すべりダムの調査結果，日本地すべり学会誌，47巻6号，p.33-40.

建設省越美山系砂防事務所（1999）：越美山系の地震と土砂災害，―濃尾地震（M＝8.0）とその後の土砂移動―，日本工営株式会社，32p.

建設省河川局砂防部（1995）：地震と土砂災害，砂防広報センター，61p.

建設省土木研究所砂防部砂防研究室（1997）：地震による大規模土砂移動現象と土砂災害の実態に関する研究報告書，261p.

建設省土木研究所新潟試験所（1992）：大所川巨礫調査報告書，土木研究所資料，3107号，62p.

建設省中部地方建設局（1987）：昭和61年度震後対策調査検討業務，天然ダムによる被災事例調査実例資料の統計的分析，（財）砂防・地すべり技術センター，145p.

建設省中部地方建設局河川計画課（1987）：天然ダムによる被災事例調査事例集，119p.

国土開発研究センター編（2010）：改訂版貯水池周辺の地すべり調査と対策，古今書院，口絵，8p., 本文，286p.

国土交通省河川局（2005）：国土交通省河川砂防技術基準同解説，計画編，230p.

国土交通省河川局砂防部監修（2005）：平成17年9月台風14号豪雨により各地で発生した土砂災害，NPO法人砂防広報センター

国土交通省国土技術政策総合研究所・（独）土木研究所（2008）：平成20年岩手・宮城内陸地震によって発生した土砂災害の特徴，土木技術資料，50巻10号，p.34-39.

国土交通省四国山地砂防事務所（2004）：四国山地の土砂災害，日本工営株式会社，68p.

国土交通省多治見工事事務所（2002）：御岳崩れ，Ontake Landslides and Debris Avalanche induced by the 1984 Earthquake at Mount Ontake, 日本工営株式会社，日本語版，12p., 英語版，12p.

国土交通省中部地方整備局富士砂防事務所（2007）：富士山周辺の地震と土砂災害，日本工営株式会社，72p.

国土交通省北陸地方整備局（2004a）：「平成16年新潟県中越地震」による被害と復旧状況（平成16年11月15日現在），16p.

国土交通省北陸地方整備局（2004b）：「平成16年新潟県中越地震」による被害と復旧状況（第2報）～復旧から復興へ～，（平成16年12月28日現在），16p.

国土交通省松本砂防事務所（2003）：松本砂防管内とその周辺の土砂災害，48p.

国土交通省湯沢砂防事務所（2001）：湯沢砂防の管内とその周辺の土砂災害，日本工営株式会社，44p.

国土地理院（2004年10月29日作成）：新潟県中越地震災害状況図，縮尺，1/30,000

国土地理院（2004年11月01日作成）：新潟県中越地震災害状況図，縮尺，1/30,000

国土地理院（2004年11月12日作成）：新潟県中越地震災害状況図，縮尺，1/30,000

小嶋智・諏訪浩・横山俊治コンビーナ（2009）：地すべりダムとせき止め湖：形成から発展，消滅まで（セッション名：Y229），地球惑星科学関連学会2009年合同学会予稿集

小嶋智・永田秀尚・近藤遼一・野崎保・鈴木和博・池田晃子・中村俊夫・大谷具幸（2009）：富山県下のせき止め湖堆積物の特徴および形成史，地球惑星科学関連学会2009年合同学会予稿集，Y229-007

小林惟司（2005）：寺田寅彦と地震予知，東京図書，297p.

J.Costa（1988）：Floods From Dam Failure, Floods Geomorphology, p.436-439.

古代中世地震史料研究会（2009）：[古代・中世]地震・噴火史料データベース，静岡大学防災総号センター

後藤（桜井）晶子・村松武・寺岡義春（2009）：長野県南部，遠山川の堰き止め湖跡から得られた埋れ木の年代測定，地球惑星科学関連学会2009年合同学会予稿集，Y229-P001

斎藤隆志（2009）：せき止め湖を生じる可能性のある崩壊・土石流の発生位置の予測手法，地球惑星科学関連学会2009年合同学会予稿集，Y229-002

斎藤豊（1978）：姫川断層と小土山地すべり，信州大学教育学部紀要，30号，p.203-214.

坂井亜規子・西村浩一・竹内望（2009）：ヒマラヤの氷河湖の急速拡大開始について，地球惑星科学関連学会2009年合同学会予稿集，Y229-011

坂部和夫（2002）：天正地震（1586年）時の飛騨白川における大規模山体崩壊による庄川の堰き止めとその浸水域，歴史地震，18号，p.44-49.

砂防学会（1998）：平成9年度地震による伊豆半島の土砂災害調査業務委託報告書，148p.

鷺谷威（2002）：1914年秋田仙北地震に伴う地殻変動，日本地震学会講演予講集秋季大会，p.288

桜田勉・鈴木啓介（2010）：岩手・宮城内陸地震への対応とその後について，砂防学会誌，63巻3号，p.54-59.

三六災害50年誌編集委員会（2011）：想いおこす三六災害，―三六災害から50年―，中部建設協会，127p.

産業技術総合研究所地質調査総合センター（2010年版）：20万分の1日本シームレス地質図，基本版

信濃教育会北安曇支部（1979）：北安曇郡郷土誌稿，第1輯，口碑傳説編，第一冊，198p.

澁谷拓郎・久保田哲也・塩野計司・諏訪浩・寒川典昭・吉田雅穂・米山望（2006）：オープンフォーラム「宮城県沖地震対策の現状と課題〜いま，宮城県沖地震を迎え撃てるか〜」，自然災害科学，25巻1号，p.3-34.

宍倉正展・遠田晋次・苅谷愛彦・永井節治・二階堂学・髙瀬信一（2002）：地形・地質調査から明らかになった木曽谷における13世紀頃の地震，歴史地震，18号，p.42-43.

宍倉正展・二階堂学・臼井武志・德光雅章・木曽教育研究会（2006）：木曽山脈・大棚入山で発見された大規模山体崩壊跡，第四紀研究，45巻6号，p.479-587.

宍倉正展・澤井祐紀・行谷佑一・岡村行信（2010）：平安の人々が見た巨大津波を再現する，―西暦869年貞観津波―，AFERC NEWS，16号，p.1-10．産業技術総合研究所活断層・地震研究センター

信州長野市信更町湧池区（2011）善光寺地震と虚空蔵山の崩壊，―弘化四年そのとき湧池でなにが起きたか―，187p.

鈴木堯士（2003）：寺田寅彦の地球観，―わすれてはならない科学者―，高知新聞社，299p.

Schuster, R.L.(1986)：Landslide Dams : Processes. Risk and Mitigation, Geotechnical Special Publication, No.3, American Society of Civil Engineers, 163p.

Strahler, A.H. (1952): Hypsometric (area-altitude) analysis of erosional topography., Geol. Soc. Am. Bull. Vol.63, p.1117-1142.

Strom, A.(2010)：Landslide dams in Central Asia region, 日本地すべり学会誌，47巻6号，p.1-16.

島通保（1987）：兵庫県一宮の地すべり，二次災害の予知と対策，No.2，p.101-123.

島根県砂防課（1994）：島根県浜田市地すべり及び河道埋塞災害，二次災害の予知と対策，No.6，p.163-169.

鈴木和博・中村俊夫・加藤丈典・池田晃子・後藤晶子・小川寛貴・南雅代・上久保寛・梶塚泉・足立香織・壷井基裕・常磐哲也・太田友子・西田真砂美・江坂直子・田中敦子・森忍・Dunkley, D.J.・Kusiak, M.A.・鈴木里子・丹生越子・中崎峰子・仙田量子・金川和世・熊沢裕代（2008）：恵那市上矢作町の地名「海」は天正地震の堰止め湖に由来した，名大加速器質量分析計業績報告書，19号，p.27-38.

Strahler（1952）：Hypsometric (area-altitude) analysis of erosional topography., Geol. Soc. Am. Bull. Vol.63, p.1117-1142.

総理府地震調査研究推進本部地震調査委員会編（1999）：日本の地震活動，―被害地震から見た地域別の特徴―，追補版，地震予知総合研究振興会，391p.

田方郡教育長会・校長会・教育研究会（1981）：昭和5年の北伊豆地震に学ぶ，165p.

高橋保（1988）：昭和40年奥越豪雨災害，―真名川の河道埋塞―；二次災害の予知と対策，全国防災協会，No.3，p.7-23.

武居有恒（1987）：河道埋塞に関する事例研究，―昭和28年有田川水害―，二次災害の予知と対策，No.2，p.47-71.

武村雅之（2009）：未曾有の大災害と地震学，―関東大震災―，シリーズ繰り返す自然災害を知る・防ぐ，第6巻，古今書院，210p.

谷口義信・内田太郎・大村寛・落合博貴・海堀正博・久保田哲也・笹原克夫・地頭薗隆・清水收・下川悦郎・寺田秀樹・寺本行芳・日浦啓全・吉田真也（2005）：2005年9月台風14号による土砂災害，砂防学会誌，58巻4号，p.46-53.

田畑茂清・池島剛・井上公夫・水山高久（2001）：天然ダム決壊による洪水のピーク流量の簡易予測に関する研究，砂防学会誌，54巻4号，p73-76.

田畑茂清・水山高久・井上公夫（2002）：天然ダムと災害，古今書院，口絵カラー，8p.，本文，205p.

WP/WLI. (1993)：A suggested method for describing the activity of a landslide, Bulletin of the International Association of Engineering Geology, No.47, p.53-57.

地すべりに関する地形地質用語委員会編（2004）：地すべり，―地形地質的認識と用語―，日本地すべり学会，318p.

千木良雅弘（1998）：災害地質学入門，近未来社，206p.

千木良雅弘（2007）：崩壊の場所〜大規模崩壊の発生場所予測，近未来社，256p.

千葉則行・井良沢道也・加藤彰・瀬野孝浩・三上登志男・宮城豊彦・笠井史宏（2009）：第4章 地盤災害 磐井川で発生した地すべり・崩壊，平成20年岩手・宮城内陸地震4学協会合同調査委員会：平成20年(2008年)岩手・宮城内陸地震災害調査報告書，p.86-89.

千葉幹・森俊勇・内川龍男・水山高久・里深好文（2007）：平成18年台風14号により宮崎県耳川で発生した天然ダムの決壊過程と天然ダムに対する警戒避難のあり方に関する提案，砂防学会誌，60巻1号，p.43-47.

三六災害50年誌編集委員会（2011）：想いおこす三六災害，

―三六災害から50年―, 中部建設協会, 127p. 削除
辻和毅 (2006)：東南チベット・易貢措（インゴンツオ）の天然ダムと大洪水, 地理, 51巻8号, 表紙, 口絵 p.1-4, 本文 p.91-103.
土屋智 (200a)：3.2 大谷崩, 地震砂防, 古今書院, p.28-32.
土屋智 (200b)：3.4 白鳥山崩壊, 地震砂防, 古今書院, p.35-37.
都司嘉宣 (2009)：安政東海・南海地震 (1854) による河川閉塞, および新湖出現記録, 地球惑星科学関連学会 2009 年合同学会予稿集, Y229-009
寺岡義治 (2001)：遠山川埋没林の検証, 伊那, 883号, p.28-33.
寺岡義治・松島信幸・村松武義治 (2006)：遠山川の埋没林, ―古代の地変を未来の警鐘に―, 南信濃自治振興センター・飯田市美術博物館, 32p.
土砂災害年報編集委員会 (1996)：土砂災害の実態, 1995（平成7年）, 砂防・地すべり技術センター, 64p.
豊島正幸 (1989)：過去 2 万年間の下刻過程にみられる 103 年オーダーの侵食段丘形成, 地形, 10巻4号, p.309-321.
永田秀尚・小嶋智 (2009)：紀伊半島東部宮川流域におけるせき止め湖をともなうランドスライド, 地球惑星科学関連学会 2009 年合同学会予稿集, Y229-008
長野県建設部砂防課 (2009)：青木雪卿が描いた善光寺地震絵図〜現在との比較, 長野県の地すべり, p.73-137.
長野県姫川砂防事務所 (1992)：姫川砂防事務所開設 50 年記念誌, 180p.
中村浩之・土屋智・井上公夫・石川芳治 (2000)：地震砂防, 古今書院, 口絵 16p., 本文 190p.
日本地すべり学会 (2010)：特集：近年の地すべりダム, 日本地すべり学会誌, 47巻6号, p.1-62.
日本列島の地質編集委員会編（コンピューターグラフィックス日本列島の地質）, CD-ROM版, 産業技術総合研究所地質調査研究センター監修, 丸善株式会社, 82p.
新潟県 (2000)：新潟県地質図 2000 年版 (1/20 万)
新潟県土木部砂防課 (2005)：新潟県中越地震と土砂災害, 68p.
新潟大学・中越地震新潟大学調査団 (2005)：新潟県連続災害の検証と復興への視点, ―2004.7.13 水害と中越地震の総合的検証―, 217p.
二次災害防止研究会 (1986)：二次災害の予知と対策, 全国防災協会, No.1, 178p.
二次災害防止研究会 (1987)：二次災害の予知と対策, 全国防災協会, No.2, 194p.
二次災害防止研究会 (1988)：二次災害の予知と対策, 全国防災協会, No.3, 432p.
二次災害防止研究会 (1990)：二次災害の予知と対策, 全国防災協会, No.4, 164p.
二次災害防止研究会 (1994)：二次災害の予知と対策, ―アドバイザー制度活用のために―, 二次災害防止研究会, No.5, 196p.
布原啓史・吉田武義・山田亮一・前田修吾・池田浩二・長橋良隆・山本明彦・工藤健 (2010)：平成 20 年岩手・宮城内陸地震の震源域周辺の地質と地質構造, 月刊地球, 369号, p.356-366.
野崎保・井上裕治 (2005)：天正地震 (1586) による前山地すべりの発生機構, 日本地すべり学会誌, 42巻2号, p.13-18.
ハスバートル・石井晴雄・丸山清輝・寺田秀樹・鈴木聡樹・中村章 (2011)：最近の逆断層地震により発生した地すべりの分布と規模の特徴, 日本地すべり学会誌, 48巻1号, p.23-38.
長谷川修一 (2009)：四国における地すべりダムの分布と誘因, 地球惑星科学関連学会 2009 年合同学会予稿集, Y229-004
林一成・若井明彦・田中頼博・安部真郎 (2011)：地形・地質解析と有限要素解析の連携による地震時の地すべり危険度評価手法, 日本地すべり学会誌, 48巻1号, p.1-11.
原山智・河合小百合 (2009)：上高地における過去 2 万 6 千年間の山岳環境変遷, 地球惑星科学関連学会 2009 年合同学会予稿集, Y229-006
原山智・河合小百合 (2010)：上高地学術ボーリングから判明した地形発達史と山岳の環境変遷, 沖津進・安田正二編著 (2010)「亜高山・高山域の環境変遷, ―最新の成果と展望―」, 日本地理学会, p.22-37.
Varns, D.J. (1958)：Landslide types and Processes, in Landslide and Engineering Practice, Eckel, E.B. edited by Highway Research Board, Special Report, No.29, p.20-47.
Varns, D.J. (1978)：Slope movement types and Processes, in Landslides-Analysis and control edited by Schuster, R.L. and Krizek, R.L., Transp. Res Board, Special Report, No.176, p.11-33.
檜垣大助・山田知充・石渡幹夫・服部修 (2009)：ネパールイムジャ湖・ドドコシにおける氷河湖決壊洪水対策の検討, 平成 21 年度砂防学会研究発表会概要集, p.212-213.
檜垣大助・井良沢道也・林信太郎・渡辺一史 (2010)：平成 20 年岩手・宮城内陸地震で発生した地すべり性斜面変動の地形・地質的発生素因と危険度指標, 平成 22 年度砂防地すべり技術研究成果報告会講演論文集, p.131-148.
兵庫県土木部砂防課 (1996)：昭和 51 年兵庫県宍粟郡一宮町災害―福知の地すべり―, 砂防学会誌, 49巻1号, 口絵, p.54-56.
藤田耕史 (2009)：ヒマラヤにおける氷河湖の危険度評価, 地球惑星科学関連学会 2009 年合同学会予稿集, Y229-012
藤田崇・諏訪浩 (2006)：昭和二八年有田川水害, シリーズ日本の歴史災害, 6巻, 古今書院, 240p.
古谷尊彦 (1997)：地すべりと地形形成, ―姫川流域を例として―, 地すべり学会新潟支部シンポジウム, p.1-12.
碧海康温 (1915)：大正三年三月十五日秋田県仙北郡ニ発シタル地震ニ就キテ, 震災予防調査報告, 82号, p.31-36. 及び図・写真
北陸地方整備局中越地震復旧対策室・湯沢砂防事務所 (2004)：平成 16 年 (2004 年) 新潟県中越地震 芋川河道閉塞における対応状況, 12p.
松崎健 (1986)：新潟県外波川河道埋塞と能生の地すべり, 二次災害の予知と対策, No.1, p.63-84. 松林正義 (1987)：明治 44 年 (1911) 稗田山崩壊による姫川の河道埋塞, 二次災害の予知と対策, No.2, p.15-35.
町田尚久・田村俊和 (2009)：荒川上・中流部の寛保 2 年 (1742 年) 水害における天然ダム形成の可能性, 日本地球惑星科学連合 2009 年度連合大会, Z176-003
町田尚久 (2011)：荒川上流部における寛保 2 年洪水 (1742 年) の史料を用いた地形学的解釈, 平成 23 年度砂防学会研究発表会概要集, p.362-363.
松島信幸 (2000)：伊那谷における天正地震, 歴史地震, 16号, p.53-58.

松林正義（1987）：明治44年（1911）稗田山崩壊による姫川の河道埋塞，二次災害防止研究会：二次災害の予知と対策，全国防災研究会，p.15-35.

丸井英明・渡部直喜・川邉洋・権田豊（2005）：中越地震による斜面災害と融雪の影響について，新潟大学・中越地震新潟大学調査団，新潟県連続災害の検証と復興への視点，p.148-155.

水山高久（1994）：第1編 河道埋塞，二次災害防止研究会：二次災害の予知と対策，No.6, p.25-49.

宮崎県（2005）：平成17年砂防調査第1-A1号，天然ダム決壊機構及び緊急・応急体制検討業務報告書，財団法人砂防フロンティア整備推進機構

宮崎県土木部（2006）：宮崎県における災害文化の伝承，宮崎土木事務所，72p.

宮部直巳（1937）：稗田山附近における地辷，地震，9巻1号，p.6-15.

向井俊行（1989）：文芸作品にみる土砂災害と砂防(3)，田辺聖子著「浜辺先生町を行く」，砂防と治水，63号，p.93-96

村松武（2006）：濃尾震災，—明治24年内陸最大の地震—，シリーズ日本の歴史災害，3巻，古今書院，120p.

村松武・寺岡義春・後藤（桜井）晶子（2009）：西暦714年の遠江地震でできた天竜川支流遠山川の天然ダムとその侵食過程，地球惑星科学関連学会2009年合同学会予稿集，Y229-P002

林野庁東北森林管理局（2008）：岩手・宮城内陸地震に係る山地災害対策検討会資料（第1〜8回）

林野庁東北森林管理局宮城北部森林管理署（2009）：三迫川地区（三迫川III）治山工事実施設計業務報告書，土木地質株式会社

歴史地震研究会（2008）：地図にみる関東大震災，—震災直後の調査地図の初公開—，日本地図センター，68p.

八木浩司・佐藤剛・山科真一・山崎孝成（2008）：2008年岩手県・宮城内陸地震により発生した地すべり・崩壊分布 図，http://japan.landslide-soc.org/education/report/iwate_miyagi_EQ_080717

Yagi, H., Sato, G., Higaki, D., Yamamoto, & M., Yamasaki, T. (2009) : Distribution and characteristics of landslides induced by the Iwate-Miyagi Nairiku Earthquake in 2008 in Tohoku District, Northeast Japan, Landslides vol.6, pp.335-344.

柳澤和明（2011）：貞観地震・津波からの陸奥国府多賀城の復興，NPOゲートシティ多賀城，p.1-16.

柳沢幸夫・小林巌雄・竹内圭史・立石雅昭・千原一也・加藤碵一（1986）：小千谷地域の地質，地域地質研究報告（5万分の1地質図福），新潟（7）第50号，地質調査所，177p.

柳原敦・中島勇喜・遠藤治郎・杉浦信男・松浦和樹・日暮雅博（1994）：93年6月に立谷沢川濁沢で発生した大規模地すべりについて，日林東北支誌，46号，p.207-208.

山岸正徳（1977）：清水山地辷状況調書

山崎直方（1896）：陸羽地震調査概報，震災予防調査会報告，11巻，p.50-74., 図3葉

山田知充（2002）：第7章 氷河による天然ダムの形成と決壊，田畑茂清・水山高久・井上公夫（2002）：天然ダムと災害，古今書院，p.129-142.

山邉康晴・丸井英明・吉松弘行・山本悟（2010）：新潟県中越地震によって東竹沢・寺野地区に発生した地すべりダム，日本地すべり学会誌，47巻6号，p.41-52.

山梨県砂防課（1994）：山梨県西八代郡六郷町地すべり及び河道埋塞災害，二次災害の予知と対策，No.6, p.175-179.

横山俊治・村井政徳（2009）：地すべりダムの地形学的検出方法，地球惑星科学関連学会2009年合同学会予稿集，Y229-003

米谷恒春・森脇寛・清水文健（1983）：1982年台風10号と直後の低気圧による三重県一志郡の土石流災害および奈良県西吉野村和田地すべり災害調査報告，防災科学技術研究所，主要災害調査，22号，71p.

米地文夫（2006）：磐梯山爆発，シリーズ日本の歴史災害，4巻，古今書院，200p.

2章・参考・引用文献

青木滋（1984）：稗田山崩壊について，地形，5巻3号，p.205-214.

青森県西北地域県民局・東信技術（株）（2010）：平成21年度追良瀬川河川総合開発流量観測委託報告書．

芦田和男（1987）：河道埋塞に関する事例研究，―1889年（明治22年）十津川水害について―，二次災害の予知と対策，No.2，p.37-57.

安曇村誌編纂委員会編（1997）：安曇村誌，第二巻，歴史，上，安曇村，724p.

安曇村誌編纂委員会編（1998a）：安曇村誌，第三巻，歴史，下，安曇村，849p.

安曇村誌編纂委員会編（1998b）：安曇村誌，第四巻，民俗，安曇村，863p.

安部和時・真鍋征夫・岩井清志・宮下寛彦（1997）：長野県鬼無里村で発生した山地崩壊現地調査報告（速報），砂防学会誌，50巻2号，p.78-81.

荒川義則（1980）：仁和3年（887年）信濃北部の地質に対する疑問，気象庁地震観測技術報告，1号，p.11-14.

安樂城村（1922）：安樂城村誌，44p.

荒牧重雄（1968）：浅間火山の地質（地質図付），地団研専報，14巻，45p.（1993年に地質調査所より『浅間山火山地質図』として刊行されている）

荒牧重雄（1981）：浅間火山の活動史，噴出物およびDisaster Mapと災害評価，噴火災害の特性とDisaster Mapの作製及びそれによる噴火災害の予測の研究，文部省科学研究費特別研究（A），p.25-36.

飯島慈裕・篠田雅人（1998）：八ヶ岳連峰稲子岳の凹地内における暖候期の冷気形成，地理学評論，71巻A-8号，p.559-572.

石田昌一・安田勇次・吉野睦・平松健・井上公夫・笠原亮一（2006）：紀伊半島における地震関連土砂災害の土砂移動現象について，平成18年度砂防学会研究発表会概要集，p.230-231.

石橋克彦（1999）：文献史料からみた東海・南海巨大地震―14世紀前半までのまとめ―，地学雑誌，108号，p.399-423.

石橋克彦（2000）：887年仁和地震が東海・南海地震であったことの確からしさ，地球惑星科学関連学会予稿集，S1-017.

市川隆之（1992）：更埴条里遺跡，長野県埋文センター年報，8号，p.38-43

市川隆之・臼居直之・町田勝則・西山克己・贄田明・市川桂子（1997）：石川条理遺跡，第1分冊，中央自動車道長野線埋蔵文化財発掘調査報告書，15号，長野市内その3，p.307-344

市川大門教育委員会（2000）：市川大門町一宮浅間宮帳，市川大門町郷土資料集，6号，228p.

井上公夫（1997）：流域の地形変化と土砂災害，1996年12月6日蒲原沢土石流調査報告書，（社）地盤工学会蒲原沢土石流調査団，p.2-11.

井上公夫（1998）：北陸地方における地震などに起因した大規模土砂移動の事例紹介，北陸の建設技術，p.24-27.

井上公夫（2003）：地震と土砂災害（地震に関連した土砂災害），四国山地砂防ボランティア講習会―南海地震に備える―，34p.

井上公夫（2004）：浅間山天明噴火と鎌原土石なだれ，地理，49巻5号，表紙，口絵カラー，p.1-4，本文，p.85-97.

井上公夫（2006a）：建設技術者のための土砂災害の地形判読実例問題 中・上級編，古今書院，142p.

井上公夫（2006b）：第1章，第4節 天然ダムの形成と決壊洪水，中央防災会議・災害教訓の継承に関する専門調査会，1847善光寺地震報告書，p.61-66.

井上公夫（2007）：第1章4節 天然ダムの形成と決壊洪水，中央防災会議・災害教訓の継承に関する専門調査会，1847善光寺地震報告書，225p.

井上公夫（2009a）：噴火の土砂洪水災害，―天明の浅間焼けと鎌原土石なだれ―，シリーズ繰り返す自然災害を知る・防ぐ，第5巻，古今書院，220p.

井上公夫（2009b）：八ヶ岳大月川岩屑なだれ（887）によって形成され，302日後に決壊した天然ダム，第26回歴史地震研究会発表会要旨集，p.41-42．歴史地震，25号，p.134-135.

井上公夫（2009c）：富士山の大規模雪代災害―天保五年（1834）―の流下経路，砂防学会誌，62巻2号，p.45-50.

井上公夫（2010a）：長野県内で発生した天然ダムの形成と決壊事例の紹介―日本で最も大きな天然ダム（八ヶ岳・大月川岩屑なだれ，887）―，地盤工学会中部支部信州地盤環境委員会平成21年度第2回講演会

井上公夫（2010b）：887年の八ヶ岳大月川岩屑なだれと天然ダム，第301回資源セミナー講演資料，―大規模山体崩壊と天然ダム決壊洪水の痕跡を探る―，23p.

井上公夫（2010c）：日本最大の天然ダム（887年）の形成と決壊洪水，―八ヶ岳大月川岩屑なだれによる天然ダムの形成と303日後の「仁和洪水」―，測量，60巻12号 p.24-28.

井上公夫（2010d）：自然災害などを題材とした小説の紹介・集計，砂防と治水，198号，p.102-104.

Inoue K. (2010e)：Debris flows and flood-induced disasters caused by the eruption of Asama Volcano in 1783 and restration projects thereafter, Interpraevent 2010, International Symposium in Pacific Rim, Taipei, Taiwan, p.197-205.

井上公夫（2011a）：長野県中・北部で形成された巨大天然ダムの事例紹介，―八ヶ岳大月川岩屑なだれと姫川・岩戸山の大規模地すべり―，歴史地震，26号，p.106-107.

井上公夫（2011b）：西日本の地震などによる大規模土砂災害，九州応用地質学会平成23年度講習会「（九州における）大規模地震による津波災害と土砂災害」，―大規模地震災害に対して，応用地質学はどのような社会貢献ができるか―，講習会資料集，p.4.1-22.

井上公夫（2011）：稗田山崩れ100年シンポジウム現場見学会案内書，稗田山崩れ100年事業実行委員会，40p. 削除して下さい。

井上・石川芳治・山田孝・矢島重美・山川克己（1994）：浅間山天明噴火時の鎌原火砕流から泥流に変化した土砂移動の実態，応用地質，35巻1号，p.12-30.

井上公夫・川崎保・町田尚久（2010）：八ヶ岳大月川岩屑なだれ，―887年の大規模山体崩壊と天然ダム決壊の痕跡を探る―，地理，55巻5号，口絵，p.1-4，本文，p.106-116.

井上公夫・蒲原潤一・本橋和志・渡部康弘（2008）：安倍川中流・蕨野地区の西側山腹崩壊で生じた河道閉塞と1914年の水害，砂防学会誌，61巻2号，p.30-35.

井上公夫・坂口哲夫・町田尚久・平春（2009）：八ヶ岳大月川岩屑なだれ（887）によって形成・決壊した天然ダム，平成21年度砂防学会研究発表会概要集，p.264-265.

井上公夫・桜井亘（2009）：宝永南海地震（1707）で形成された仁淀川中流（高知県越知町）の天然ダム，砂防と治水，187号，p.71-75.

井上公夫・坂口哲夫・町田尚久・平春（2009）：八ヶ岳大月川岩屑なだれ（887）によって形成・決壊した天然ダム，平成21年度砂防学会研究発表会概要集，p.264-265

井上公夫・坂口哲夫・西本晴男（2010）：日本最大の天然ダム（千曲川・八ヶ岳大月川岩屑なだれ）の事例調査，―砂防フロンティアの自主研究成果の紹介―，平成22年度砂防学会研究発表会概要集，p.272-273.

井上公夫・坂口哲夫・渡部文人・服部聡子・町田尚久（2011）：八ヶ岳・千曲川天然ダム決壊時（888）に発生した大洪水の再現，平成23年度砂防学会研究発表会概要集，p.72-73.

井上公夫・向山栄（2007）：建設技術者のための地形図判読演習帳　初・中級編，古今書院，82p.

井上頴繼（1983）：来馬村災害変遷図，図葉（A1判）1葉

井口隆・八木浩司（2011）：空から見る日本の地すべり地形シリーズー19, 発生後100年を迎えた稗田山の崩壊地形，日本地すべり学会誌，48巻4号，口絵，p.35-37.

今井長夫・菊池清人編集（1986）：『南牧村誌』，第二編五章五節，八ヶ岳崩れ南牧湖と松原湖できる，p.532-544.

今村明恒（1948）：善光寺地震の教訓，善光寺地震百年忌記念善光寺地震誌，p.11-30.

上野将司（2009）：姫川流域の地すべりダム，地球惑星科学関連学会2009年合同学会予稿集，Y229-005

上野将司（2010）：姫川流域の斜面変動，糸魚川ジオパークを横目に見て，299回資源セミナー講演資料，10p.

宇佐美龍夫（2003）：新編日本被害地震総覧[増補改訂版]，東京大学出版会，493p.

宇智吉野郡役所（1891, 十津川村1977-81復刻）：吉野郡水災誌，巻之壹〜巻之十一

海野實（1991）：安倍川と安倍街道，安倍薬科歴史民俗研究会，明文出版社，189p.

大石雅之・町田尚久・竹田朋矢（2010）：小規模堆積物からみた八ヶ岳火山における完新世の火山活動（予報），日本第四紀学会2010年大会要旨集，p.22-23.

大石雅之・町田尚久・竹田朋矢（2011）：八ヶ岳火山における歴史時代の小規模噴火堆積物の記載とその意義，日本地球惑星科学連合2011年度連合大会，SVC048-P03

大浦瑞代（2006）：第3章2節　災害の記録と記憶，中央防災会議災害教訓の継承に関する専門調査会『1783天明浅間山噴火報告書』，p.154-180.

大浦瑞代（2008）：天明浅間山噴火災害絵図の読解による泥流の流下特性，―中之条盆地における泥流範囲復原から―，歴史地理学，50巻2号，p.1-21.

大塚勉・木船清（1999）：安曇村地質図，安曇村教育委員会

大塚勉・根本淳（2003）：長野県安曇村梓川流域において一七五七年に生じた「トバタ」の崩壊と天然ダム，信州大学環境科学論集，25号，P.81-89.

多里英・公文富士夫・小林舞子・酒井潤一（2000）：長野県北西部，青木湖の成因と周辺の最上部第四紀層，第四紀研究，39巻1号，p.1-13.

岡林直英・栃木省二・鈴木堯士・中村三郎・井上公夫（1978）：高知県中央部の地形，地質条件と土砂災害との関係，①②，地すべり，15巻2号，p.3-10, 3号，p.30-37.

奥田陽介・川上紳一・中村俊夫・小田寛貴・池田晃子（2000）：八ヶ岳崩壊で発生した大月川岩屑流堆積物中の埋れ木の14C年代，名古屋大学加速器質量分析業績報告書，p.195-198.

奥西一夫（1984）：大規模崩壊のメカニズム，地形，5巻3号，p.179-193.

奥野充・中村俊夫・守屋以智雄（1994）：北八ヶ岳火山，横岳溶岩ドームの完新世噴火活動，日本地質学会101年学術大会講演旨，p.221

大八木規夫（2007）：地すべり地形の判読法，―空中写真をどう読み解くか―，防災科学技術ライブラリー，Vol.1, 316p.

尾沢建造・杉本好文・高橋忠治（1975）：北アルプス小谷ものがたり，信濃路，243p.

小谷村梅雨前線豪雨災害記録編集委員会，1997）：小谷村梅雨前線豪雨災害の記録，信濃毎日新聞社

小谷村誌編纂委員会（1993a）：小谷村誌，歴史編，小谷村誌刊行委員会，p.335-337.

小谷村誌編纂委員会（1993b）：小谷村誌，自然編，小谷村誌刊行委員会，p.121-122, p.194-197.

越知町（1984）：越智町史，1244p.

甲斐黄金村湯之奥金山博物館（1997）：展示図録，80p.

甲斐黄金村湯之奥金山博物館（2011）：湯之奥金山遺跡測量調査報告書【内山金山】，―戦国期金山の歴史を紐解く―，43p.

科学技術庁防災科学技術研究所（1998）：地すべり地形分布図第一集「新庄・酒田」

科学技術庁防災科学技術研究所（2000）：地すべり地形分布図第三集「弘前・深浦」

蒲田文雄・小林芳正（2006）：十津川水害と北海道移住，シリーズ日本の歴史災害，2巻，古今書院，194p.

上富田町史編さん委員会編（1998）：上富田町史，第1巻，1034p.

苅谷愛彦（2011）：氷河性とみなされていた日本アルプスの地すべり地形，―鳳凰山東麓に分布する岩屑なだれの例―，日本地理学会発表要旨集，p.214.

川崎保（1997）：長野県の遺跡における年代決定法について，―相対年代と理化学的年代測定法などの対比と用い方―，長野県考古学学会誌，83号，p.1-3.

川崎保（2000a）：『仁和の洪水』は『八ヶ岳の大崩落』によっておきたのか，―大月川岩屑なだれ年代特定の意義―，佐久考古学通信，78号，p.3-4.

川崎保（2000b）：「仁和の洪水砂層」と大月川岩屑なだれ，長野県埋蔵文化財センター紀要，8号，p.39-49.

川崎保（2003）：長野県の遺跡における地震痕跡および大規模災害痕跡，古代学研究，162号，p.43-48.

川崎保（2010）：仁和三年（887）の八ヶ岳崩壊と仁和四年（888）の千曲川大洪水，佐久，60号，p.2-12.

河内晋平（1983a）：八ヶ岳大月岩屑流，地質学雑誌，89巻3号，p.173-182.

河内晋平（1983b）：八ヶ岳大月川岩屑流の14C年代，地質学雑誌，89巻10号，p.599-600.

河内晋平（1985）：八ヶ岳888年の大月川岩屑流，地質と調査，2号，p.36-42.

河内晋平（1990a）：八ヶ岳相木川岩屑なだれ堆積物と新潟焼山火山の噴火の特性，河内晋平代表：八ヶ岳・焼岳・焼山火山における巨大崩壊の特徴と発生頻度に関する調査研究，平成元年度科学研究費補助金（重点領域1）研究成果

報告書，p.2-8.
河内晋平（1990b）：千百年前の八ヶ岳崩壊と"信濃北部地震"の否定，UP（東京大学出版会），8号，p.6-11.
河内晋平（1992）：1100年前の信濃北部地震（M=7.4）は実在しなかった，40年近い論争に終止符，日本科学者会議北海道支部ニュース，p.118.
河内晋平（1994）：887年の"信濃北部地震（M=7.4）"の否定と888年の八ヶ岳大月川岩屑なだれ，p.460-463.
河内晋平（1994，95）：松原湖（群）をつくった888年の八ヶ岳大崩壊，―八ヶ岳の地質学案内―，その1，2，信州大学教養学部紀要，83号，p.171-183，84号，p.171-183.
河内晋平（2007）：「登った 調べた 40余年」，平成16年度収蔵資料展―河内晋平と八ヶ岳火山列―，茅野市八ヶ岳総合博物館，28p.
河内晋平・光谷拓実・川崎保（未公表・2001年3月12日作成）：八ヶ岳大月川岩屑なだれ堆積物中の埋もれ木の年輪年代，7p.及び図7葉，表2葉．
上林好之（2008）：沖積平野における縄文以来の河道と堤防形成過程に関する研究，平成19年度河川整備基金助成事業報告書
菊地万雄（1980）：日本の歴史災害，―江戸時代後期の寺院過去帳による実証―，古今書院，301p.
菊地万雄（1980）：天明3年浅間山噴火，日本の歴史災害，第1章1節，古今書院，p.32-94.
菊地万雄（1986）：日本の歴史災害，―明治編―，古今書院，396p.
菊地万雄（1986）：明治22年和歌山県富田川洪水，日本の歴史災害，第2章，古今書院，p.87-130.
菊池清人（1984）：浅間山の噴火と八ヶ岳の崩壊，―東信災害史―，千曲川文庫6，201p.
菊池清人（1985）：仁和4年の八ヶ岳の大崩壊，信濃，37巻7号，p.16-23.
菊池清人（1988）：仁和四年八ヶ岳の水蒸気爆発，千曲，58号，p.31-42.
岸川たかあき・絵・浜野安則・文写真（2004）：雑炊橋，安曇野の昔話⑦，湯浅範人・細田明子編集，22p.
北沢秋司（1983）：姫川中流域の地すべり及び崩壊について，地すべり，17巻3号，p.12-21.
北澤秋司（1984）：稗田山崩壊および浦川土石流の巡検記録，地形，5巻3号，p.248-255.
北原糸子（2006）：日本災害史，吉川弘文館，465p.
気象庁（1991作成，1996発行）：日本活火山総覧，p.191-211.
気象庁（2003）：火山噴火予知連絡会による活火山の選定及び火山活動度による分類（ランク分け）について，報道発表資料，平成15年1月21日
気象庁（2011.9.7）：台風12号による大雨，平成23年（2011年）8月30日～9月6日，報道発表資料，15p.
気象庁（2011.9.22）：台風15号による暴風・大雨（第1報），平成23年（2011年）9月15日～9月22日，報道発表資料，20p.
沓澤粂蔵（1922）：案楽城村誌，第六 天変地變，p.17-21. 11 明治十年地殻変動・明治二十七年洪水，p.72-74.
群馬県埋蔵文化財調査団（1995）：遺跡は今，長野原一本松遺跡，4p.
群馬県埋蔵文化財調査団（1996a）：遺跡は今，2号，長野原一本松遺跡「人々の集まる村」，4p.
群馬県埋蔵文化財調査団（1996b）：遺跡は今，3号，横壁中村遺跡「ムラのまつりの場」，4p.

群馬県埋蔵文化財調査団（1996c）：遺跡は今，4号，出土文化財巡回展示会特集「次々と見つかる縄文人の祈りの場」，8p.
群馬県埋蔵文化財調査団（1997a）：遺跡は今，5号，天明3年8月5日の泥流に埋まった畑，8p.
群馬県埋蔵文化財調査団（1998）：遺跡は今，6号，横壁中村遺跡のウッドサークルと黒燿石，8p.
群馬県埋蔵文化財調査団（1999）：遺跡は今，7号，横壁中村遺跡で見つかった大型敷石住居跡，4p.
群馬県埋蔵文化財調査団（2000a）：遺跡は今，8号，横壁中村遺跡で見つかった中世の館，4p.
群馬県埋蔵文化財調査団（2000b）：遺跡は今，9号，徐々に遡る長野原の歴史，4p.
群馬県埋蔵文化財調査団（2000c）：遺跡は今，10号，発掘された天明三年畑遺跡の特集，8p.
群馬県埋蔵文化財調査団（2002）：遺跡は今，11号，稲作農耕がはじまった頃の西吾妻，8p.
群馬県埋蔵文化財調査団（2003）：遺跡は今，12号，上郷岡原遺跡の調査，8p.
群馬県埋蔵文化財調査団（2004）：遺跡は今，13号，特集「長野原の縄文から弥生へ」，8p.
群馬県埋蔵文化財調査団（2006）：遺跡は今，14号，8p.
群馬県埋蔵文化財調査団（2007）：遺跡は今，15号，特集「平成18年度の成果」8p.
群馬県立歴史博物館（1995）：第52回企画展図録，「天明の浅間焼け」，91p.
経済安定本部資源調査会事務局（1949）：日本気象災害年報，－1900年より1947年まで－，中央気象台編纂，資源調査会資料17号
建設省静岡河川工事事務所（1988）：安倍川砂防史，―安倍川砂防50周年記念―，400p.
建設省静岡河川工事事務所（1992）：直轄河川改修60周年記念 安倍川治水史，357p.
建設省中部地方整備局静岡河川工事事務所（1898）：安倍川砂防史，400p.
建設省土木研究所新潟試験所（1992）：大所川巨礫調査報告書，土木研究所資料，3107号，62p.
建設省松本砂防工事事務所（1995）：浦川の災害の歴史を語り継ぐために，83p.
建設省松本砂防工事事務所（1999）：葛葉山腹工検討業務報告書，その1，その2，日本工営株式会社
小疇尚・石井正樹（1996）：真那板山の崩壊と姫川の堰止め，日本地理学会予稿集，49号，p.192-193.
小疇尚・石井正樹（1998）：長野県北部真那板山の崩壊と姫川の堰止め，駿台史学，105号，p.1-18.
小出博（1973）：第3節 群発急性地すべり，日本の国土，下，東京大学出版会，p.434-454.
高知県立図書館（2005）：土佐国資料集成 土佐国群書類従，第七巻，巻七十四 災異部，谷陵記（奥宮正明記），p.2-11.
小海町誌編纂委員会（1963）：小海町誌1，川東編，358p.
国土交通省近畿地方整備局（2005）：紀伊半島の地震等に起因した土砂災害史調査報告書，砂防・地すべり技術センター
国土交通省四国山地砂防事務所（2004）：四国山地の土砂災害，68p.
国土交通省北陸地方整備局松本砂防事務所（2003）：松本砂防管内とその周辺の土砂災害，49p.
国土交通省利根川水系砂防事務所（2004）：天明三年浅間焼け，制作／（財）砂防・地すべり技術センター，82p.

国土交通省中部地方整備局富士砂防事務所（2007）：富士山周辺の地震と土砂災害，日本工営株式会社，72p.

小菅尉多・井上公夫（2007）：鎌原土石なだれと天明泥流の発生機構に関する問題提起，平成19年度砂防学会研究発表会概要集，p.486-487.

笹本正治（2007）：土石流災害と伝承，一身近な防災のために一，日本地すべり学会中部支部講演集，p.1-14.

澤口宏（1983）：天明三年浅間山の大噴火と災害，地理，28巻4号，p.45-52.

澤口宏（1986）：天明三年浅間山火山爆発による泥流堆積物，中村遺跡，関越自動車道（新潟線）地域埋蔵文化財発掘調査報告書（KC-Ⅲ），渋川市教育委員会，p.510-518.

寒川典昭・山下伊千造・南志郎（1992）：千曲川下流の歴史洪水の復元と考察，土木史研究，12号，p.251-262.

四国山地砂防ボランティア協会（2008）：平成20年度土砂災害防止講習会配布資料

静岡河川工事事務所（1979）：高水報告書，Ⅷ. 昭和54年10月19日高水（台風20号による大雨）

静岡県土木部砂防課・全国治水砂防協会静岡県支部（1996）：静岡県砂防誌，431p.

信濃川上流直轄砂防百年史編集委員会（1979）：松本砂防の歩み，一信濃川上流直轄砂防百年史一，893p.

信濃教育会北安曇部会（1930-37）：北安曇郡郷土誌稿，第1集～3集.

信濃毎日新聞（2010）：千曲川上流平安期の天然ダム，一国内で最大規模一，5月12日朝刊1面

信濃毎日新聞出版局編（2002）：寛保2年の千曲川大洪水，戌の満水」を歩く，国土交通省千曲川工事事務所協力，206p.

嶋崎宏樹・檜垣大助・荒川隆嗣（2008）：農地地すべり防災への住民情報活用の検討，第47回（社）日本地すべり学会研究発表会講演集，p.271-274.

島田恵子（1988）：八ヶ岳崩壊の仁和四年説に関する考察，一考古学的調査を中心として一，千曲，56号，p.56-74.

島野安雄・永井茂（1993）：日本水紀行，(4) 甲信越地域の名水，地質ニュース，466号，p.42-52.

清水長正（2009）：日本の風穴，一その利用と先駆的研究をめぐって，地理，54巻7号，徳集夏を涼しくー天然氷と風穴，口絵p.1-4, 本文p.32-39, 2009年全国風穴一覧表，p.76-81.

清水文健・井口隆・大八木規夫（2000）：5万分の1地すべり地形分布図「白馬岳」，防災科学技術研究所資料，第309号，地すべり地形分布図，11集，「富山・高山」

舎川徹・小澤貢二・杉原豊孝・千田正雄（1984）：プレロックボルト工法による土石流堆積中の導水路トンネル改良工事，電力土木，193号，p.23-33.

白石睦弥・檜垣大助・古澤和之（2011）：1793寛政西津軽地震に関する一考察（その1），歴史地震，26号，p.96.

新宮市史編さん委員会（1972）：新宮市史，1076p.

鈴木堯士（2003）：寺田寅彦の地球観，一忘れてはならない科学者，高知新聞社，299p.

鈴木比奈子・苅谷愛彦・井上公夫（2009）：正徳四年(1714)信州小谷地震における岩戸山崩落とそれによる塞き止め湖の浸水範囲，第48回日本地すべり学会予稿集，p.63-64.

関敏明（2006）：天明泥流はどう流下したか，ぐんま史料研究，群馬県立文書館，p.27-54.

善光寺地震災害研究グループ（1994）：善光寺地震と山崩れ，長野県地質ボーリング協会，130p.

鷹野一弥（1965）：長野県南佐久郡松原湖湖沼群の生成年代，信濃，17号，p.726-731.

竹下敬司・鈴木隆介・平野昌繁・諏訪浩・石井孝行・奥西一夫（1984）：巨大崩壊と河床変動に関する総合討論の記録，地形，5巻3号，p.231-247.

竹本弘幸（2011）：八ツ場ダム建設のため蛇行地形に偽装された上湯原の巨大地すべり，日本地理学会発表要旨集，p.242.

田畑茂清・井上公夫・早川智也・佐野史織（2001）：降雨により群発した天然ダムの形成と決壊に関する事例研究，一十津川災害（1889）と有田川災害（1953）一，砂防学会誌，53巻6号，p.66-76.

田畑茂清・水山高久・井上公夫（2002）：天然ダムと災害，古今書院，口絵8P., 本文205p.

地質調査所（1995）：糸魚川－静岡構造線活断層ストリップマップ，1/10万地質図

地質調査総合センター（2007）：伊野地域の地質，地域地質研究報告（5万分の1地質図幅），140p.

地すべり学会実行委員会（1991）：西沢（十谷地すべり），95p.

茅野市八ヶ岳総合博物館（2005）：平成16年度収蔵資料展一河内晋平と八ヶ岳火山列一，「登った　調べた　40余年」，28p.

中央防災会議災害教訓の継承に関する専門調査会（2006a）：1783天明浅間山噴火，報告書，193p.

中央防災会議災害教訓の継承に関する専門調査会（2006b）：1847善光寺地震，報告書，225p.

塚本良則（1984）：シンポジウム「巨大崩壊と河床変動」への序，地形，5巻3号，p.151-154.

津久井雅志（2011）：浅間山天明噴火：遠隔地の史料から明らかになった降灰分布と活動推移，火山，56巻2・3合併号，p.65-87.

都司嘉宣（1993）：糸静線付近に起きた正徳4年（1714）信州小谷地震と安政5年（1858）大町地震の詳細震度分布，日本地震学会講演予稿集1993年度（2）P035.

都司嘉宣（2008.8.25）：高知地震新聞，続歴史地震の話No.19, 崩落による新湖出現，高知新聞記事

都司嘉宣（2010.10.15,11.19）：高知地震新聞，続歴史地震の話，No.46,47, 越知町の河川閉塞ダム，高知新聞記事

土井基（1938）：大糸線稗田山と風吹岳の山崩れ，鉄道省土質調査報告，5輯，p.172-175.

綱木亮介・南哲行・藤本済（1997）：長野県鬼無里村裾花川支流濁川地すべり及び天然ダム現地調査報告（速報），砂防学会誌，50巻2号，p.74-77.

寺内隆夫（2002a）：九世紀後半の洪水災害と復興への道のり，一屋代遺跡群・更埴条里遺跡の発掘調査から一，信濃，54巻8号，p.47-68.

寺内隆夫（2002b）：更埴条里遺跡・屋代遺跡群に見る災害と開発，日本歴史における災害と開発Ⅰ，国立歴史民俗博物館研究報告，96号，p.23-49.

土木学会水理委員会（1985）：水理公式集，第1編　基礎水理編，2.3 等流，土木学会，p.12-16.

中野俊・竹内誠・吉川俊之・長森英明・苅谷愛彦・奥村晃史・田口雄作（2002）：白馬岳地域の地質，1/5万地質図，産総研地質調査総合センター，117p.

長野県教育委員会（1967）：更埴市条里遺構調査報告書，205p.

長野県南佐久郡南牧村誌編さん委員会（1986）：南牧村誌，第六章，社寺と信仰，海尻諏訪神社，海の口湊神社，p.1345-1352.

中村庄八（1998）：吾妻川から失われつつある浅間石の記録保存，―中之条高校文化祭発表のまとめを兼ねて―，群馬県立中之条高等学校紀要，16号，p.15-25.

中村浩之・土屋智・井上公夫・石川芳治（2000）：地震砂防，古今書院，口絵16p.，本文190p.

奈良国立文化財研究所編（1990）：年輪に歴史を読む，―日本における古年輪学の成立―，同朋舎，195p.

西山克己（1997）：遺跡に見られる自然災害，篠ノ井遺跡群成果と課題編，長野県埋蔵文化財センター，p.297-300.

「白馬の歩み」編纂委員会（2000）：白馬の歩み，第二巻，社会環境編，上，白馬村，p.204-205，p.329

萩原進編集・校訂（1985-96）：浅間山天明噴火史料集成，群馬県文化事業振興会，Ⅰ日記編，372p., Ⅱ記録編（一），348p., Ⅲ記録編（二），381p., Ⅳ記録編（三），343p., Ⅴ雑編，354p.

長谷川成一（2004）：弘前藩，吉川弘文館，281p.

馬場平遺跡発掘調査団（1995）：馬場平遺跡，小海町文化財調査報告書第7集，小海町教育委員会，26p.

早川由紀夫（1995）：浅間火山の地質見学案内，地学雑誌，10巻4号，表紙，口絵写真，p.1-3，本文，p.561-571.

早川由紀夫（2007）：浅間山火山北麓の2万5000分の1地質図，A2判，本の六四館

早川由紀夫（2010a）：平安時代に起こった八ヶ岳崩壊と千曲川洪水，地球惑星科学関連学会2010年合同学会予稿集，SSS017-03

早川由紀夫（2010b）：信濃北部地震と平安砂層，第27回歴史地震研究会要旨集，p. 40.

早川由紀夫（2010c）：浅間山火山北麓の5万分の1地質図，A2判，本の六四館

早川由紀夫（2011）：平安時代に起こった八ヶ岳崩壊と千曲川洪水，歴史地震，26号，p.19-23.

早川由紀夫・中島秀子（1998）：史料に書かれた浅間山の噴火と災害，火山，43巻4号，p.213-221.

稗田山崩れ100年事業実行委員会（2011）：稗田山崩れ100年シンポジウム，40p.

檜垣大助・嶋崎宏樹・井上公夫・早田勉（2009）：山形県真室川町鮭川沿いの地すべり発生年代とその意義，第48回（社）日本地すべり学会研究発表会講演集，p.17.

檜垣大助・白石睦弥・古澤和之（2011a）：1793寛政西津軽地震に関する一考察（その2），歴史地震，26号，p.111.

檜垣大助・古澤和之・白石睦弥・井上公夫（2011b）：寛政西津軽地震による白神山地追良瀬川での天然ダム形成，第50回（社）日本地すべり学会研究発表会講演集，p.27-28.

平野昌繁・諏訪浩・石井孝行・藤田崇・奥田節夫（1987）：吉野郡水災誌小字地名にもとづく明治22年（1889）十津川災害崩壊地の比定（その1：西十津川），京都大学防災研究所年報，30号B-1，p.391-407.

平林照雄・宮沢洋介・太田勝一・吉原恒夫・肥田博行（1985）：長野県姫川中流域の地すべり地形について，地すべり，22巻，p.1-10.

藤田至則・青木滋・佐藤修・高浜信行・鈴木幸治・池田伸俊（1986）：稗田山大崩壊の崩積土と崩壊の要因，地質学論集，28号，p.147-159.

古谷尊彦（1997）：地すべりと地形形成，―姫川流域の地形を例として―，地すべり学会新潟支部シンポジウム，p.1-11.

古谷尊彦・町田洋・水野裕（1987）：津軽十二湖を形成した大崩壊について．昭和61年度文部科学省自然災害特別研究(1)「崩災の規模，様式，発生頻度とそれに関わる山体地下水の動態」，p.183-188.

文化財研究所・奈良文化財研究所埋蔵文化財センター（2007）：年輪年代と自然災害，埋蔵文化財ニュース，128号，24p.

防災科学技術研究所（1998）：地すべり地形分布図，第1集「新庄・酒田」，防災科学技術研究所研究資料，69号

防災科学技術研究所（1998）：地すべり地形分布図，第3集「弘前・深浦」，防災科学技術研究所研究資料，

細野繁勝（1923, 2011復刻）：招魂碑の前に立ちて，PSP出版，170p.

堀内成郎・赤沼準一・森俊勇・井上公夫・吉川知弘・黒木健二（2008）：明治時代に発生した大柳川における天然ダムの形成と災害対策，平成20年度砂防学会研究発表会概要集，p.230-231.

毎日新聞高知支局（2002）：歴史探訪南海地震の碑を訪ねて，160p.

町田洋（1959）：安倍川上流部の堆積段丘，―荒廃山地にみられる急激な地形の変化の一例―，地理学評論，32巻，p.520-531.

町田洋（1962）：荒廃河川における侵蝕過程，―常願寺川の場合―，地理学評論，35巻，p.157-174.

町田洋（1964）：姫川流域の一渓流の荒廃とその下流に与える影響，地理学評論，37巻，p.477-487.

Machida, H. (1966): Rapid erosional development of mountain slopes and valleys caused by large landslide in Japan. Geogr. Rev. Tokyo Metropol. Univ., vol.1, p.55-78.

町田洋（1967）：荒廃山地における崩壊の規模と反復性についての一考察，―姫川・浦川における過去約50年間の浸食史と1964〜65年の崩壊・土石流―，水利科学，11巻2号，p.30-53.

町田洋（1984）：巨大崩壊，岩屑流と河床変動，地形，5巻3号，p.155-178.

町田洋（2010）：北アルプスとその周辺の地史及びそれらの第四紀学的意味，沖津進・安田正二編著（2010）「亜高山・高山域の環境変遷，―最新の成果と展望―」，日本地理学会，p.3-11.

町田尚久・井上公夫・島田薫・田村俊和（2009）：千曲川上流の段丘地形にみられる888年八ヶ岳大月川岩屑なだれの影響，地形学連合2009年秋季大会ポスター発表，地形，31巻1号，p.71.

町田尚久・田村俊和・渡辺笑子・井上公夫・川崎保（2010）：大月川岩屑なだれが形成した天然ダムの決壊と大洪水：堆積物の分析による考察，平成22年度砂防学会研究発表会概要集，p.576-577.

町田尚久・田村俊和（2010）：八ヶ岳東麓部大月川付近の地形分類と大月川岩屑なだれ堆積地形の特徴，日本地形学連合2010年秋季大会，P15

松多信尚・池田安隆・今泉俊文・佐藤比呂志（2001）：糸魚川-静岡構造線活動断層系北部神城断層の浅部構造と平均地すべり速度，活断層研究，20号，p.50-70.

松林正義（1987）：明治44年（1911）稗田山崩壊による姫川の河道埋塞，「二次災害の予知と対策 No.2」，全国防災研究会・二次災害防止研究会，p.15-35.

松本市安曇資料館編（2006）：梓川大満水記（松本市島内小宮・

高山元衛文書），「トバタの山崩れと大水，江戸時代の天然ダムによる災害」，p.54-58p.

松本宗順（1949）：来馬変遷 38 年史，昭和 23 年 1 月起稿，35p. 建設省松本砂防工事事務所（1995）：浦川の災害の歴史を語り継ぐために，p.25-72.

真室川町史編集委員会（1969）：真室川町史，第一章　真室川の自然環境，p1-13.，第 7 章　七　災害，p.883-889.

丸山岩三（1990）：寛保 2 年の千曲川洪水に関する研究，Ⅰ～Ⅳ，水利科学，34 巻 1 号（192），p.50-152，2 号（193），p.92-132，3 号（194），p.39-76，4 号（195），p.52-96.

水山高久（1984）：山地河川の河床変動とその土砂水理学的取り扱い，地形，5 巻 3 号，p.179-203.

水山高久（1998）：姫川の大規模土砂流出と土砂管理，河川，628 号，p.8-13.

水山高久・原義文・福本晃久（1987）渓岸侵食，渓岸崩壊実態調査報告書，土木研究所資料，第 2526 号

光谷拓実（1990）：年輪に歴史を読む，－日本における古代年輪学の成立－，同朋舎，195p.

光谷拓実（1995）：年輪から古代を読む，p.1-14.

光谷拓実（2000）：古年輪研究部門－自然災害史に関連した事例，長野県八ヶ岳崩落は 887 年と確定，考古学ニュース，奈文研 COE 研究拠点，1 号，p.12-13.

光谷拓実（2001）：自然災害と年輪年代法．特集年輪年代法と文化財，日本の美術，至文堂，421 号，p.86-97.

南佐久郡誌編集委員会（2002）：南佐久郡誌近世編，南佐久郡誌刊行会，1238p.

南牧村史編纂委員会（1986）：南牧村史，1429p.

宮崎県土木部（2006）：宮崎県における災害文化の伝承，宮崎土木事務所，72p.

明治大水害誌編集委員会（1989）：紀州田辺明治大水害．－100 周年記念誌－，207p.

目代邦康（2006）：トバタの災害の地形・地質学的背景，松本市安曇資料館「トバタの山崩れと大水，江戸時代の天然ダムによる災害」，p.5-16.

目代邦康（2007）：梓川上流トバタの山崩れの地質と地形，日本地球惑星科学連合 1007 年大会，Y162-0001.

望月荒吉（1914）：大正三年安倍川大水害，安倍川沿革誌，23p.

望月巧一（1971）：小土山地すべりについて，地すべり，地すべり学会誌，8 巻 2 号，p.44-82.

望月優・吉川知弘・熊澤至朗・森俊勇・井上公夫・黒木健二（2009）：明治時代に発生した山梨県における大規模土砂災害と災害対策，平成 21 年度砂防学会研究発表会概要集，p.310-311.

森秀太郎（1984）：懐旧録　十津川移民，新宿書房，296p.

森俊勇・井上公夫・水山高久・植野利康（2007）：梓川上流・トバタ崩れ（1757）に伴う天然ダムの形成と決壊対策，砂防学会誌，60 巻 3 号，p.44-49.

Reimer,P.J. et.al.(2004)：IntCal04 Terrestrial radio- carbon Age Calibration 10-26 cal kyr. BP., Radiocarbon, 46, p.1029-1058.

竜神村誌編さん委員会（1985）：竜神村誌，上巻，1115p.

八木浩司・檜垣大助・日本知すべり学会平成 14 年度第三系分布域の地すべり危険個所調査手法に関する検討委員会（2009）：空中写真判読と AHP 法を用いた地すべり地形再活動危険度評価手法の開発と阿賀野川中流域への適用，日本地すべり学会誌，45 巻 4 号，p.8-16.

山内政三（1988）：静岡市の百年，大正，静岡市百周年記念出版会，310p.

山浦直人（2010）：馬車交通による近代道路改修事業成立に関する研究，－明治期における長野県の道路技術と技術者－，日本大学博士（工学）論文，本文 224p.，資料 92p.

山形県最上地方事務所（1991）：平成 3 年大谷地地区地すべり対策調査業務委託報告書，（株）三祐コンサルタント

山形新聞記事（1994 年 7 月 2 日）：ウヒャー「神代杉」がでた，樹齢は 800 年

山形新聞記事（1994 年 8 月 2 日）：1100 年前の大地震，これぞ動かぬ証拠

山崎哲人（1989）：平賀成頼（源心・玄信）による佐久郡支配について，－村上氏との関係を中心に－，信濃，41 巻 7 号，p.1-23.

山崎哲人（1993）：絵図が明かす平賀玄信の佐久支配，郷土出版社，334p.

山下昇・小坂共栄・矢野賢治（1985）：長野県青木湖北岸の佐野坂山の崩壊堆積物，信州大学理学部紀要，20 巻 5 号，p.199-210.

山田啓一・田辺淳（1985）：千曲川における寛保 2 年（1742）8 月大洪水の考察，第 5 回日本土木史研究発表会論文集，p.121-128.

山田孝・石川芳治・矢島重美・井上公夫・山川克己（1993a）：天明の浅間山噴火に伴う北麓斜面での土砂移動現象の発生・流下・堆積実態に関する研究，新砂防，45 巻 6 号，p.3-12.

山田孝・石川芳治・矢島重美・井上公夫・山川克己（1993b）：天明の浅間山噴火に伴う吾妻川・利根川沿川での泥流の流下・堆積実態に関する研究，新砂防，46 巻 1 号，p.20-27.

横山又次郎（1912）：長野県下南小谷村山崩視察報告，地学雑誌，24 巻，p.608-620.

和歌山県（1963）：和歌山災害史，581p.

和歌山県伊都郡花園村（1982）：水害記録誌　よみがえった郷土，84p.

涌池史跡公園記録誌編集委員会（2011）：善光寺地震と虚空蔵山の崩壊，－弘化四年そのとき涌池になにが起きた－，涌池区，189p.

渡辺正幸（1984）：浦川流域における 1911 年の巨大崩壊と現在の砂防計画，地形，5 巻 3 号，p.215-230.

3章・引用・参考文献

石川芳治・井良沢道也・小泉豊（1991）：天然ダムの決壊による洪水流下の予測に関する研究報告書，土木研究所資料，第3013号．

石川芳治・井良沢道也・匡尚富（1992）：天然ダムの決壊による洪水流下の予測と対策，砂防学会誌，45巻1号，p.14-21．

井上公夫・森俊勇・伊藤達平・我部山佳久（2005）：1892年に四国東部で発生した高磯山と保勢の天然ダムの決壊と災害，砂防学会誌，58巻4号，p.3-12．

江頭進治・宮本邦明・伊藤隆郭（1997）：掃流砂量に関する力学的解釈，水工学論文集，41巻，p.789-794．

小田晃・水山高久・宮本邦明（2009）：天然ダム決壊時の流量に関する一考察，平成21年度砂防学会研究発表会概要集，p.40-41．

J.Costa（1985）：Floods From Dam Failures, U.S. Geological Survey Open-File Report, 85-560, 54pp.

砂防フロンティア整備推進機構（SFF，2008）：迫川上流に形成された天然ダムの決壊シミュレーション（試算），自主研究報告書

砂防フロンティア整備推進機構（SFF，2009a）：天然ダム決壊時のピーク流量推定に関する検討，自主研究報告書

砂防フロンティア整備推進機構（SFF，2009b）：湯浜地区天然ダム決壊による洪水流量の予測，自主研究報告書

里深好文・吉野弘祐・小川紀一朗・森俊勇・水山高久・高濱淳一郎（2007a）：高磯山天然ダム決壊時に発生した洪水の再現，砂防学会誌，59巻6号，p.32-37．

里深好文・吉野弘祐・水山高久・小川紀一朗・内川龍男・森俊勇（2007b）：天然ダムの決壊に伴う洪水流出の予測手法に関する研究，水工学論文集，51巻，p.901-906．

里深好文・吉野弘祐・小川紀一朗・水山高久（2007c）：天然ダムの決壊時のピーク流量推定に関する一考察，砂防学会誌，59巻6号，p.55-59．

大規模な河道閉塞（天然ダム）の危機管理に関する検討委員会（2009）：大規模な河道閉塞（天然ダム）の危機管理のありかたについて（提言），15p．

高橋保（1977）：土石流の発生と流動に関する研究，京大防災研年報，20号B-2，p.405-435．

高橋保（1989）：昭和40年奥越豪雨災害－真名川の河道閉塞－，二次災害の予知と対策，No.3，全国防災協会，p.7-23．

高橋保・匡尚富（1988）：天然ダムの決壊による土石流の規模に関する研究，京都大学防災研究所年報，31号B-2，p.601-615．

高橋保・中川一（1993）：天然ダムの越流決壊によって形成される洪水・土石流のハイドログラフ，水工学論文集，41巻，p.699-704．

高濱淳一郎・藤田裕一郎・近藤康弘（2000）：土石流から掃流状集合流動へ遷移する流れの解析法に関する研究，水工学論文集，44巻，p.683-686．

高濱淳一郎・藤田裕一郎・近藤康弘・蜂谷圭（2002）：土石流の堆積侵食過程に関する実験と二層流モデルによる解析，水工学論文集，46巻，p.677-682．

高濱淳一郎・藤田祐一郎・吉野弘祐（2004）：流速と濃度の鉛直分布を考慮した土石流の二層流解析に関する研究，工学論文集，48巻，p.677-682．

田畑茂清・水山高久・井上公夫・池島剛（2001）：天然ダム決壊による洪水のピーク流量の簡易予測に関する研究，砂防学会誌，54巻4号，p.73-76．

寺戸恒夫（1970）：徳島県高磯山崩壊と貯水池防災，地理科学，14号，p.22-28．

徳島県那賀郡鷲敷町史編纂委員会（1981）：鷲敷町史，明治二十五年辰の水，p.673-677．

千葉幹（2011）：「唐家山の天然ダム対策から得られた反省点」についての紹介，砂防学会誌，64巻2号，p.60．

千葉幹・内川龍男・水山高久（2006）：台風14号により宮崎県耳川で発生した天然ダムとそれに関する情報伝達について，平成18年度砂防学会研究発表会概要集，p.198-199．

千葉幹・森俊勇・内川龍男・水山高久・里深好文（2007）：平成18年台風14号により宮崎県耳川で発生した天然ダムの決壊過程と天然ダムに対する警戒避難のあり方に関する提案，砂防学会誌．60巻1号，p.43-47．

水野秀明・小山内信智（2009）：河道閉塞（天然ダム）の形成による土砂災害リスクの低減対策に関する研究，砂防学会誌，62巻6号，p.24-29．

宮崎県（2005）：平成17年砂防調査第1-A1号　天然ダム決壊機構及び緊急・応急体制検討業務報告書，財団法人砂防フロンティア整備推進機構

森俊勇（2007）：天然ダム決壊時の洪水流量の予測と対応に関する研究，京都大学学位論文（論農博）

森俊勇・坂口哲夫・澤陽之・水山高久・里深好文・臼杵伸浩・小川紀一朗・吉野弘祐（2009）：天然ダムの越流浸食の低減手法に関する研究，平成21年度砂防学会研究発表会概要集，p.46-47．

森俊勇・坂口哲夫・澤陽之・臼杵伸浩・柏原佳明・吉野弘祐（2009）：天然ダムの危険度分析及び緊急対策現場の安全管理に関する一考察，平成21年度砂防学会研究発表会概要集，p.54-55．

森俊勇・水山高久・吉野弘祐・臼杵伸浩（2011）：ブータンにおける天然ダム形成・決壊の事例と越流決壊に伴う洪水流量予測，平成23年度砂防学会研究発表会概要集，p.400-401．

Mori T., Sakaguchi T., Sawa Y., Mizuyama T., Satofuka Y., Ogawa K., Usuki N. & Yoshino (2010): Method of estimation for flood discharges caused by overflow erosion of landslide dams and its application in as a countermeasure, Interpraevent 2010, International Symposium in Pacific Rim, Taipei, Taiwan, p.293-302.

Mori T., Chiba M., Mizuyama T. & Satofuka Y. (2010): Estimation of flood discharge caused by landslide dam overflow erosion and the application of countermeasures, IJECE, Vol.3,No.1.p.69-79.

Lin Luo（2008）：Great Sichuan Earthquake and its Impact on Hydraulic Infrastructure, Hydrolik, No.5

山田正雄・蔡飛・王功輝（2010）：中国をよく知る地すべり研究者の四川大地震と山地災害，理工図書株式会社，199p．

鷲敷町（1990）：80年のあしあと，198p．

Xiao Q. C., Peng C., Yong L. & Wan Y. Z. (2009) : Emergency response to the Tangjiashan landslide- dammed lake resulting from the 2008 Wenchuan Earthquake, China, landslide: 10.1007/s 10346-010-0236-6, 8p.

4章・引用・参考文献

井上公夫・堀内成郎・西本晴男・澤陽之（2010）：大規模土砂災害の初動対応に関する一提案，平成22年度砂防学会研究発表会概要集，p.156-158.

草野慎一・中島一郎・福本晃久・中原誠志・坂口哲夫・河合水城・飯沼達夫・松尾環・石井秀樹・平松晋也（2010）：天龍川上流域における大規模土砂災害に対する地域連携の取り組み，平成22年度砂防学会研究発表会概要集，p.140-141.

国土交通省（2008.3）：大規模土砂災害危機管理計画策定のための指針

国土交通省（2009.3）：大規模な河道閉塞（天然ダム）の危機管理のあり方について（提言）

国土交通省国土技術政策総合研究所危機管理技術研究センター砂防研究室（2010.7）：天然ダム形成時対応の基本的考え方（案），92p.，参考資料，50p.

国土交通省砂防計画課・土木研究所土砂管理研究グループ（2010.12素案）：土砂災害防止法に基づく緊急調査実施の手引き（天然ダム対策編），42p.

国土交通省砂防計画課・国土技術政策総合研究所危機管理技術研究センター・土木研究所土砂管理研究グループ（2011.4）：土砂災害防止法に基づく緊急調査実施の手引き（河道閉塞による土砂災害対策編），39p.

国土交通省砂防部（2008.2）：地震後の土砂災害危険個所等緊急点検要領（案）

国土交通省北陸地方整備局（2004a）：「平成16年新潟県中越地震」による被害と復旧状況（平成16年11月15日現在），16p.

国土交通省北陸地方整備局（2004b）：「平成16年新潟県中越地震」による被害と復旧状況（第2報）～復旧から復興へ～，（平成16年12月28日現在），16p.

後藤宏二・儘田勉・笠原治夫・田口和男・川崎孝行・酒井順・三木洋一（2010）：群馬県の災害時要援護者関連施設における警戒避難計画の検討，平成22年度砂防学会研究発表会概要集，p.148-149.

後藤宏二・儘田勉・冨沢今朝雄・田口和男・瀧上守・酒井順・三木洋一・佐光洋一・屋木わかな（2011）：災害時要援護者関連施設における防災訓練を踏まえた警戒避難訓練の検証について，平成23年度砂防学会研究発表会概要集，p.194-195.

後藤宏二・儘田勉・大浦二朗（2011）：投下型水位観測ブイ設置・観測訓練，平成23年度砂防学会研究発表会概要集，p.194-195.

坂口哲夫・西本晴男・渡部康弘・河合水城・千葉幹・小林浩・澤陽之・宮貴大（2010）：大規模土砂災害を想定した防災訓練の効果的な実施に向けての一提案，平成22年度砂防学会研究発表会概要集，p.158-159.

坂口哲夫・西本晴男・河合水城（2010）：大規模土砂災害時の国と地方自治体との連携対応について，平成22年度砂防学会研究発表会概要集，p.164-165.

坂口哲夫・渡部文人・佐光洋一（2011）：土砂災害防止法の一部改正に伴う危機管理訓練について，平成23年度砂防学会研究発表会概要集，p.192-193.

砂防フロンティア整備推進機構（2005）：大規模な天然ダムの形成・決壊を対象とした異常土砂災害対応マニュアル（案）

塩野康浩・池田一・安養寺信夫・中野泰雄・後藤宏二・儘田勉・塩野邦彦（2010）：浅間山での噴火レベル5を想定したロールプレイング方式防災訓練，平成22年度砂防学会研究発表会概要集，p.58-59.

渋谷研一・江藤雅佳子・水野正樹・安斎徳夫・熊澤至朗（2011）：天然ダム形成確認調査のためのヘリコプター搭載レーザー計測機器について，平成23年度砂防学会研究発表会概要集，p.532-533.

水野秀明（2011）：緊急調査マニュアル（河道閉塞）の解説及び演習（1），平成23年度専門課程大規模土砂災害緊急調査研修テキスト，国土交通省国土交通大学校，39p.

水野秀明・小山内信智（2009）：迫川で形成した河道閉塞（天然ダム）の危険度評価に関する考察，国総研資料，522号，55p.

水野秀明・小山内信智（2009）：河道閉塞（天然ダム）の形成による土砂災害リスクの低減対策に関する研究，砂防学会誌，62巻6号，p.24-29.

水野秀明・小山内信智・一戸欣也（2009）：平成20年岩手・宮城内陸地震によって形成した河道閉塞（天然ダム）の決壊危険度評価についての考察，平成22年度砂防学会研究発表会概要集，p.556-557.

水野秀明・清水武志（2011）：土石流氾濫シミュレーション演習（1），平成23年度専門課程大規模土砂災害緊急調査研修テキスト，国土交通省国土交通大学校，39p.

大規模な河道閉塞（天然ダム）の危機管理に関する検討委員会（2009）：大規模な河道閉塞（天然ダム）の危機管理のありかたについて（提言），15p.

田村圭司・前田昭浩・水田貴夫・松尾陽一・三木洋一・坂口哲夫・大矢幸司・小林浩（2011）：島原半島地域での大規模土砂災害に関する防災訓練と危機管理の課題，平成23年度砂防学会研究発表会概要集，p.548-549.

天然ダム対策工事研究会（2010.11）：天然ダム対策工事マニュアル（案）

土木研究所土砂管理研究グループ，火山・土石流チーム（2008.11）：深層崩壊の発生の恐れのある渓流抽出マニュアル（案），土木研究所資料，4115号，21p.

土木研究所土砂管理研究グループ，火山・土石流チーム（2009.1）：深層崩壊に起因する土石流の発生危険度評価マニュアル（案），土木研究所資料，4129号，34p.

土木研究所土砂管理研究グループ火山・土石流グループ（2010.10）：天然ダム監視技術マニュアル（案），土木技術資料，No.4121，113p.

北陸地方整備局中越地震復旧対策室・湯沢砂防事務所（2004）：平成16年（2004年）新潟県中越地震 芋川河道閉塞における対応状況，12p.

森俊勇・堀内成郎・宮川学（2010）：大規模土砂災害時を想定した災害時緊急Webサイトについて，平成22年度砂防学会研究発表会概要集，p.166-167.

森俊勇・渡部文人・河合水城（2011）：ヘリから撮影した写真等を利用した簡易図化による天然ダム地形（規模）の把握について，平成23年度砂防学会研究発表会概要集，p.48-49.

渡部文人・前田昭浩・高場悦郎・松尾陽一・坂口哲夫・井上公夫・渡部康弘・小林浩（2010）：雲仙岳における大規模土砂災害危機管理について，平成22年度砂防学会研究発表会概要集，p.322-323.

田畑茂清・水山高久・井上公夫著
天然ダムと災害　2002年8月　古今書院発行

目　次

口絵
はじめに（田畑茂清）

第1章　天然ダムによる災害事例の収集　　1
　1.1　事例の収集　　1
　1.2　災害事例カルテの記入方法　　6
第2章　天然ダムによる災害事例　　8
　2.1　姫川・真那板山（1502？）　　8
　2.2　天正地震（1586）と帰雲山　　10
　2.3　琵琶湖西岸地震（1662）と町居崩れ　　10
　2.4　日光・南会津地震（1683）と五十里洪水　　18
　2.5　宝永地震（1707）と大谷崩れ　　19
　2.6　高知県：上韮生川・堂の岡（1788）　　20
　2.7　善光寺地震（1847）　　21
　2.8　鳶崩れ（1858）　　24
　2.9　磐梯山の噴火（1888）　　24
　2.10　十津川災害（1889）　　26
　2.11　松川・ガラガラ沢（1891）　　26
　2.12　濃尾地震（1891）　　28
　2.13　徳島県：那賀川・高磯山（1892）　　28
　2.14　徳島県：海部川・保瀬（1892）　　29
　2.15　福島県：半田新沼（1901）　　29
　2.16　稗田山崩れ（1911）　　29
　2.17　焼岳噴火（1915,26）と大正池　　31
　2.18　関東地震（1923）と震生湖　　32
　2.19　大和川・亀の瀬地すべり（1931〜33）　　33
　2.20　大分県；番匠川・大刈野（1943）　　37
　2.21　今市地震（1949）と小規模な天然ダム　　38
　2.22　有田川災害（1953）　　39
　2.23　小渋川・大西山崩壊（1961）　　39
　2.24　姫川・小土山地すべり（1971）　　41
　2.25　西吉野村・和田地すべり（1982）　　41
　2.26　長野県西部地震・御嶽崩れ（1984）　　43
　2.27　神戸市・清水の天然ダム（1985）　　43
　2.28　長野県鬼無里村の天然ダム（1997）　　43
　2.29　新潟県上川村の天然ダム（2000）　　45
第3章　天然ダムとその決壊の特徴　　50
　3.1　天然ダムの特徴　　50
　3.2　天然ダムの決壊とその特徴　　53
第4章　地震による天然ダムの形成と決壊　　63
　4.1　御嶽山・長野県西部地震（1984）　　63
　4.2　濃尾地震（1891）　　71

第5章　降雨による天然ダムの形成と決壊　　86
　5.1　十津川災害（1889）　　86
　5.2　有田川災害（1953）　　100
　5.3　天然ダムの決壊時間　　104
第6章　米国における天然ダムの事例　　105
　6.1　はじめに　　105
　6.2　1983年の緊急事態　　113
　6.3　地すべり移動と調査　　115
　6.4　天然ダム対策　　122
　6.5　現在取り上げられている代替案　　126
第7章　氷河による天然ダムの形成と決壊（山田知充）
　7.1　危険な氷河湖　　129
　7.2　モレーン堰き止め氷河湖を育むデブリ氷河
　7.3　氷河湖決壊洪水　　130
　7.4　モレーン堰き止め湖の決壊洪水の特徴　　133
　7.5　氷河湖の決壊頻度　　134
　7.6　氷河湖の決壊原因　　135
　7.7　氷河湖の形成　　135
　7.8　デブリ氷河の表面低下　　136
　7.9　氷河湖の拡大過程　　137
　7.10　モレーンの強度　　139
　7.11　氷河湖の分布　　140
第8章　天然ダム決壊によるピーク流量の予測　　143
　8.1　天然ダムの決壊過程　　143
　8.2　天然ダムの越流侵食による決壊過程　　144
　8.3　Coata（1988）によるピーク流量の検討　　144
　8.4　天然ダムの決壊シミュレーションによるピーク流量の検討　　149
　8.5　ピーク流量の簡易予測手法　　159
第9章　天然ダム決壊による下流域への影響予測　　163
　9.1　常願寺川と立山　　163
　9.2　鳶崩れ以前の地形面の推定　　163
　9.3　跡津川断層と飛越地震　　167
　9.4　飛越地震時の鳶崩れによる土砂流出　　175
　9.5　数値シミュレーションによる氾濫状況の再現
　9.6　まとめと今後の問題　　184
第10章　天然ダム形成時の対応と対策　　187
　10.1　天然ダムの概略・詳細調査　　187
　10.2　危険度予測・拡大予測・安定性の検討　　190
　10.3　住民避難と天然ダムの監視　　193
　10.4　応急対策と恒久対策　　194
結　論　　197

中村浩之・土屋智・井上公夫・石川芳治編著
社団法人　砂防学会　地震砂防研究会
地震砂防　　2000年2月　古今書院発行

目　次

口絵（編集責任者：井上公夫）
まえがき（中村浩之）
第1章　地震の発生と地震動 1
　　　　（編集責任者：中村浩之）
　1.1　はじめに（川邉洋） 1
　1.2　地震の発生メカニズムと活断層（川邉洋） 1
　1.3　地震動の性質（川邉洋） 8
第2章　地震による崩壊発生（中村浩之） 14
　2.1　はじめに 14
　2.2　地震による地盤災害 14
　2.3　斜面安定と地震力 20
第3章　地震による大規模崩壊と土砂移動 28
　　　　（編集責任者：土屋智）
　3.1　はじめに（土屋智） 28
　3.2　大谷崩れ（土屋智） 28
　3.3　七面山崩壊（土屋智） 32
　3.4　白鳥山崩壊（土屋智） 35
　3.5　加奈木崩れ（千木良雅弘） 38
　3.6　雲仙眉山崩壊（川邉洋） 41
　3.7　御岳大崩壊（吉松弘行） 45
第4章　直下型地震による土砂移動 52
　　　　（編集責任者：石川芳治）
　4.1　はじめに（石川芳治） 52
　4.2　善光寺地震（井上公夫） 52
　4.3　関東地震（井上公夫） 60
　4.4　北丹後地震（石川芳治） 70
　4.5　今市地震（川邉洋） 76
　4.6　兵庫県南部地震（沖村孝） 83
　4.7　鹿児島県北西部地震 88
　　　　（地頭薗隆・下川悦郎）
第5章　地震による土砂移動の予測（井上公夫） 102
　5.1　はじめに 102
　5.2　地震による土砂移動現象の特徴 102
　5.3　地震による土砂災害の発生要因 114
　5.4　崩壊面積率による予測 118

第6章　土砂移動シミュレーション 121
　　　　（中村浩之）
　6.1　はじめに 121
　6.2　計算手法の概要 121
　6.3　解析事例 127
　6.4　摩擦係数と運動様式 132
第7章　米国による予測手法（石川芳治） 136
　7.1　はじめに 136
　7.2　米国における地震発生メカニズム 136
　7.3　米国における地震による土砂災害の概要 136
　7.4　土砂移動現象の発生限界予測 140
第8章　地震による土砂災害の回避（石川芳治） 156
　8.1　震前対策 156
　8.2　震後対策 159
索　引（井上公夫） 183

あとがき

　本書の最終の校正作業中の2011年8月30日〜9月6日に台風12号が襲来し、紀伊半島を中心として広範囲に連続降雨量が1000mm（奈良県上北山で最大1808.5mm、気象庁、2011.9.7）を超える降雨があり、国土交通省のレーダー雨量観測では、奈良県上北山村大台ヶ原で2436mmにも達した。このため、多くの天然ダムが形成され、マスコミ関係では、土砂崩れダム、土砂ダム、堰き止め湖、天然ダムなどという用語が使われ、混乱した状態となった。監修者・著者にもマスコミ関係から多くの取材があった。

　表1.1に示したように、今までにもこのような現象は色々な用語で表現された。突然河道が閉塞され、上流部が湛水して徐々に水位が上昇して行く現象や満水後の決壊による洪水被害を目の当たりにした当時の住民や為政者は、大変な驚異を感じたのであろう。

　ヘリコプターからの観察によって、17ヶ所の天然ダム（土砂崩れダム）が認められたが、そのうち5ヶ所は、堰き止め高が20mを超えていることが明らかとなったため、「土砂災害警戒区域等における土砂災害防止対策の推進に関する法律」（土砂災害防止法）の改正（2011年5月1日施行）に基づき、緊急調査対象地区に指定され、国土交通省近畿地方整備局が緊急調査を行った。独立行政法人土木研究所が開発した投下型ブイ式水位計（2008年の岩手・宮城内陸地震時に開発）をヘリコプターから投下して設置し、常時観測（1時間毎に測定結果と降雨量を公開）しながら、天然ダムの状況を監視した。それらの結果や越流・決壊時の氾濫シミュレーションをもとに、氾濫想定範囲などを推定し、「土砂災害緊急情報」として奈良県・和歌山県や関係市町村に通知した。市町村長は土砂災害緊急情報を受けて、避難勧告・指示を出し、氾濫範囲の地域住民を避難させ、一部地域では警戒区域も設定された。このような天然ダムの土砂災害緊急情報による警戒・避難活動は、2011年5月から制度化され、台風12号後に初めて実施されたものである。

　その後、9月18〜21日の台風15号の襲来によって、再び豪雨（連続降雨量300〜500mm、気象庁、2011.9.22）となり、一部の天然ダムは満水となって、溢れ出したが、幸いにも土石流の発生には至らなかった。

　裏表紙袖の図は、1889年と1953年と今回の天然ダムなどの位置を示した図で、防災科学技術研究所の地すべり地形（移動体）分布図の上に追記してある。また、防災科学技術研究所が把握した崩壊・大規模崩壊の地点も示している。

　前書である『天然ダムと災害』の5章や本書の2.9項でも詳述したように、明治22年（1889）8月19〜20日の台風襲来によって、奈良県十津川流域では大規模な崩壊・地すべりが1146箇所、天然ダムが28ヶ所以上発生し（芦田1987では53箇所）、245名もの死者・行方不明者を出した。しかし、明治大水害誌編集委員会（1989）によれば、和歌山県の富田川流域や秋津川流域を中心として、死者・行方不明者が1247名にも達していたことが記されているが、砂防関係者でもあまり知られていないことであった。本書の2.9項では、和歌山県西牟婁郡の秋津川流域と富田川流域で天然ダム（5箇所が判明）が形成・決壊し、十津川流域よりも多い死者・行方不明者が出ていることを整理した。

　1889年と2011年の土砂災害（特に天然ダムの位置と決壊の有無）との比較検討を今後慎重に行う必要がある。1889年には表1.3に示したように、和歌山・奈良県で33ヶ所の天然ダムの位置・形状が判明しているが、そのうち半分近くの16ヶ所が1日以内、4ヶ所が1日〜10日未満、4ヶ所が10日〜1ヶ月未満、1ヶ所が4年後に決壊し、現存している天然ダム（大畑瀞）は1ヶ所に過ぎない。この大畑瀞は、台風12号時の降雨により越流浸食が進み、台風15号の接近

に伴って、下流域の避難勧告が出された。

　1889年では、十津川本川沿いで多くの天然ダムが形成され、その後ほとんどの天然ダムが決壊し、本川の河床が50m前後上昇して、険しいV字谷から少し谷底の広い谷地形に変わったと言われている。一方、2011年の台風12号による天然ダムは十津川の支流域で多く形成された（本川沿いでも数ヶ所で発生したが、比較的規模も小さく、1日以内に決壊している）。このため、各天然ダムへの流入量は比較的少なく、すぐには満水にならなかった。また、河道閉塞した物質がかなり硬質な岩屑（新潟県中越地震時のような軟質な土砂ではない）からなるため、角礫の隙間から流入水が湧出したことも、越流・侵食や大規模な土石流の発生に至らなかった要因の一つであろう。しかし、河道閉塞した岩屑が不安定な状態で堆積しているので、今後の豪雨や地震によって、大規模な土石流が発生する可能性がある。表1.3によれば、天然ダム形成後、数ヶ月・数年・数十年後に決壊している事例もあるので、十分な監視が必要である。

　また、国土交通省水管理・国土保全局砂防部や近畿地方整備局の総力を上げて恒久的な対策に取り組まれており、早期に地域が復興されることを期待したい。

　今回のような災害現象を含め、本書が天然ダムの形成・決壊により引き起こされる土砂災害の軽減に向けて、基礎的な情報提供の一助となれば幸いである。

　なお、表1.3で61災害168事例の天然ダムをリストアップすることができたが、個々の数値については修正すべき点があると思われるので、お気付きの方は教えて頂きたい。また、この一覧表には記載されていない事例をご存じの方は教えて頂きたい。一方、河道閉塞の痕跡地形が残り、天然ダムが形成されたことが明らかな事例（14C年代が分かっている）も多いが、表1.3には記載しなかった。これらの事例についても、今後リストアップしていきたいと思う。

　本書をまとめるにあたって、国土交通省水管理・国土保全局砂防部、気象庁、国土地理院、国土技術政策総合研究所、各地方整備局、各事務所、関係都道府県・市町村、独立行政法人土木研究所などの公開資料を引用させて頂いた。また、独立行政法人防災科学技術研究所社会防災システム研究領域災害リスク研究ユニットの井口隆総括主任研究員から、斜め航空写真や地すべり地形分布図を提供して頂いた。貴重な絵図や文献図表・写真を掲載させて頂いた所蔵機関・所蔵者の各位に厚く御礼申し上げます。

　終りに、図・表・写真の整理などを手伝って頂いた財団法人砂防フロンティア整備推進機構の職員や協力機関の方々に感謝いたしますと共に、本書の出版にあたり、種々のアドバイスを頂いた古今書院編集部、関田伸雄氏に深く感謝いたします。

2011年10月　　　　　　　　　　　　　著者一同

監修者

水山　高久　みずやま　たかひさ
　　京都大学大学院農学研究科教授

編著者

森　俊勇　もり　としお（第3章）
　　財団法人砂防フロンティア整備推進機構理事長

坂口　哲夫　さかぐち　てつお（第4章）
　　財団法人砂防フロンティア整備推進機構統括研究員

井上　公夫　いのうえ　きみお（第1、2章）
　　財団法人砂防フロンティア整備推進機構技師長

分担執筆者

桧垣　大助　ひがき　だいすけ（1.5項、2.7項、2.8項）
　　弘前大学農学生命科学部地域環境工学科教授

土志田　正二　どしだ　しょうじ（1.1項）
　　独立行政法人防災科学研究所　社会防災システム研究領域災害リスク研究ユニット

千葉　幹　ちば　みき（1.4項）
　　財団法人砂防フロンティア整備推進機構　企画調査部

服部　聡子　はっとり　さとこ（2.1項）
　　アジア航測株式会社　防災地質部SABO課

町田　尚久　まちだ　たかひさ（2.1項）
　　立正大学大学院地球科学研究科博士課程

鈴木　比奈子　すずき　ひなこ（2.1項）
　　独立行政法人防災科学研究所　社会防災システム研究領域アウトリーチ・国際研究推進センター

白石　睦弥　しらいし　むつみ（2.7項）
　　弘前大学大学院特別研究員

古澤　和之　ふるさわ　かずゆき（2.7項）
　　弘前大学農学生命科学部地域環境工学科（現宮城県東部地方振興事務所）

書　名	日本の天然ダムと対応策
コード	ISBN978-4-7722-6110-4　C3051
発行日	2011年10月29日　初版第1刷発行
監修者	水山高久
	Copyright ©2011 MIZUYAMA Takahisa
発行者	株式会社古今書院　橋本寿資
印刷所	三美印刷株式会社
製本所	三美印刷株式会社
発行所	古今書院
	〒101-0062　東京都千代田区神田駿河台2-10
WEB	http://www.kokon.co.jp
電　話	03-3291-2757
FAX	03-3233-0303
振　替	00100-8-35340
	検印省略・Printed in Japan